# Le Vivant Transparent

Francis Leroy

Editions Biocosmos Centre

Biologie Cellulaire Illustrée

**LE VIVANT TRANSPARENT**

Imprimé et broché en Belgique par Bindery Gutenberg Editions

Traitement des textes et mise en pages : Pierre Vandewalle
Photolithographie : PAG - Roscan



D1989 / Francis Leroy, Editeur

Dépôt légal : Septembre 1989 ISBN : 2-87294-000-6

# SOMMAIRE

## La structure des cellules vivantes



## Comment les cellules produisent de l'énergie ?



## La synthèse des protéines

# Préface

Ce texte décrit les caractéristiques essentielles de la cellule eucaryote. Il expose les principaux thèmes traités dans les ouvrages de ce genre et est accompagné d'une documentation iconographique originale. A ce titre, et c'est son objet, il constitue un précieux complément de la collection de diapositives didactiques Biocosmos Centre. Nous espérons qu'il sera apprécié par les professeurs, les enseignants et les étudiants, dont il se veut humblement la cible et dont nous souhaitons les remarques, les suggestions, et les critiques.
Je les en remercie d'avance.

Les illustrations qui accompagnent cet ouvrage ont été exposées dans de nombreux musées des sciences d'Europe. Elles ont été réalisées par quatre artistes, Francis De Larivière, Luc Chaufoureau, Rudy Verrecken et Olivier Larose. Il me plaît ici de souligner leur courage et leur talent. Et tout autant, sinon plus encore, leur patience et leur ténacité. Plus de 9.000 heures de travail ont été nécessaires pour achever l'iconographie complète des différents chapitres. Qu'ils soient ici sincèrement félicités.

Plusieurs personnes ont accepté de relire bénévolement le manuscrit et m'ont fait, en outre, d'intéressantes suggestions. J'exprime tout particulièrement ma reconnaissance à Paulette Van Gansen, Henri Christian et Pierre Dustin, professeurs à l'Université Libre de Bruxelles ainsi qu'à Pierre Baudhuin, P. Masson, Philippe Van den Bosch de Aguilar et Marianne Bodson, Professeurs à l'Université Catholique de Louvain.

J'adresse enfin mes sincères remerciements à mon épouse, Claudie, pour l'aide dont elle a été plus que généreuse tout au long de ce travail. Et surtout pour la patience et la bonne humeur soutenues dont elle a fait preuve pour résoudre les mille petites difficultés qui ont jalonné les étapes de sa fabrication.

Francis Leroy

# Chapitre I

# La structure de la cellule.

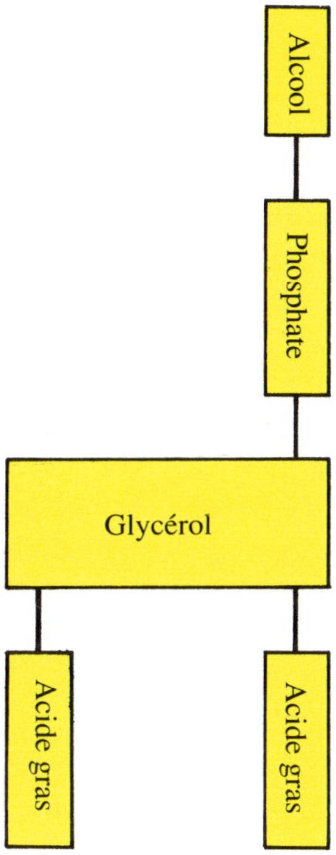


Figure 1
Structure d'un phospholipide de la membrane plasmique.

De nombreux atomes composent les êtres vivants. L'hydrogène, l'oxygène, le carbone, l'azote et le phosphore sont les plus abondants. On y trouve également du fer, du zinc, du soufre, du calcium, du sodium et du chlore, bien que dans des proportions plus faibles. D'autres atomes, comme le zinc, le molybdène et le lithium, n'y sont décelés qu'à l'état de traces.

Les molécules organiques des cellules sont essentiellement constituées d'une quantité variable des premiers éléments cités. Ceux-ci se greffent, suivant une grande diversité de combinaisons sur un squelette fait d'atomes de carbone enchaînés les uns aux autres par des liens covalents. Bien que la structure des molécules des êtres vivants repose sur ce principe d'édification simple, nombre d'entre elles déploient une richesse architecturale impressionnante : on les appelle macromolécules. Certaines macromolécules comprennent plus de 100.000 atomes !

## La cellule est constituée de populations de molécules.

Une catégorie de molécules cellulaires de petite taille, mais quantitativement importante, est représentée par les phospholipides (figure 1). Ces composés, assemblés en immenses agrégats bidimensionnels, édifient la structure de base des membranes entourant toutes les cellules ainsi que celle de leurs membranes internes. On les rencontre également, parfois agglomérés en gouttelettes volumineuses, dans la masse semi-fluide du cytosol.

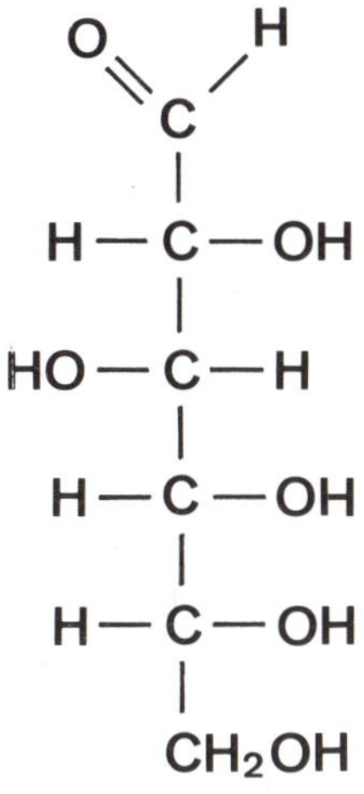

Figure 2
Structure du D-glucose.

La cellule contient une autre collection de petites molécules, appelées monosaccharides ou plus communément hydrates de carbone ou sucres (figure 2). La plus connue d'entre elles, le glucose, est d'une importance cruciale pour le métabolisme énergétique : la majeure partie du "fuel" du cytoplasme provient en effet de sa dégradation par l'oxygène. De nombreux monosaccharides sont apparentés au glucose. Beaucoup en sont des dérivés cataboliques. D'autres, comme ceux qui alimentent le cycle de Calvin au cours de la photosynthèse, en sont des précurseurs anaboliques. Les monosaccharides sont parfois polymérisés en chaînons courts et ramifiés, exposés sur la surface externe de la membrane enveloppant les cellules.

Il existe également des polymères saccharidiques géants ou polysaccharides, constitués de centaines de sous-unités monosaccharidiques soudées entre elles par des liens covalents. Un polysaccharide ramifié de grande taille, le glycogène, constitue une réserve importante de sucres dans les cellules du foie et des muscles. Un autre, la cellulose, est le composant principal de la paroi des cellules végétales.

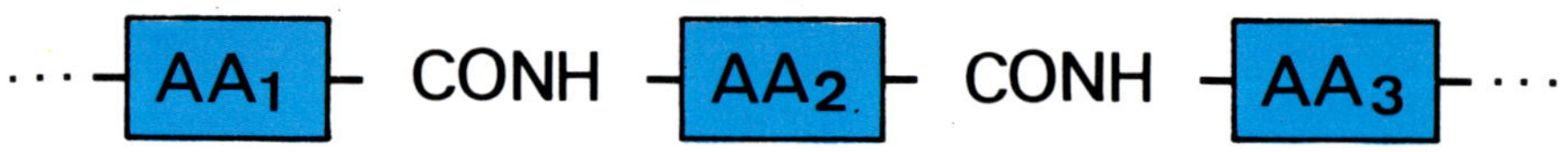


Figure 3 A
Structure primaire d'une chaîne polypeptidique. Les résidus d'acides aminés sont unis entre eux par des liens peptidiques (-CONH-).

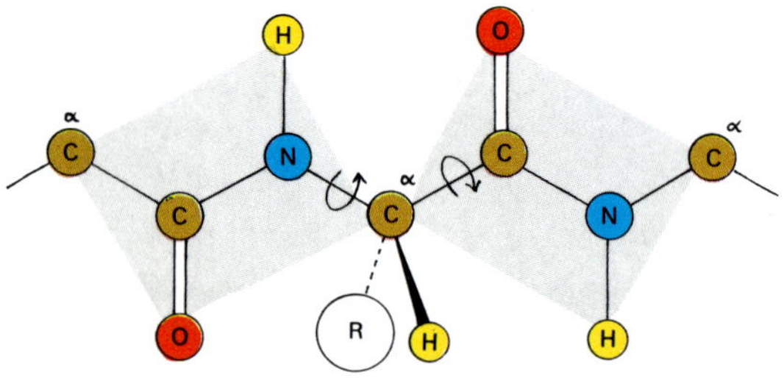


Figure 3 B
Structure spatiale de la liaison peptidique.

Une troisième classe de molécules cellulaires est représentée par les protéines. Toutes les protéines sont des polymères d'acides aminés. Les protéines naturelles en contiennent une vingtaine d'espèces. Chaque acide aminé est composé d'un atome de carbone tétravalent, appelé carbone α, auquel sont liés un groupement aminé (-$NH_2$), un groupement carboxyle (-COOH) et un atome d'hydrogène. Une chaîne latérale carbonée de composition variable, appelée groupement R, est fixée sur le même carbone. C'est la nature de ce groupement qui permet de distinguer les acides aminés entre eux.

Les acides aminés d'une protéine sont unis par des liaisons covalentes appelées liaisons peptidiques. Celles-ci résultent de la condensation d'un groupement carboxyle d'un acide aminé avec le groupement amine de l'acide aminé qui le suit dans la chaîne polypeptidique. La figure 3 B montre que les atomes engagés dans la liaison peptidique forment un plan rigide mais que des rotations sont permises autour des liens qui lient l'atome de carbone α aux atomes de carbone et d'azote situés immédiatement de part et d'autre. Il en résulte qu'une chaîne d'acides aminés évolue dans l'espace en fonction des orientations adoptées par les plans peptidiques successifs. Une chaîne d'acides aminés est appelée oligopeptide ou polypeptide suivant qu'elle contient une dizaine ou plusieurs dizaines d'unités. Aux deux extrêmes, elle peut ne contenir que quelques sous-unités (dipeptide, tripeptide, ...) ou en contenir plusieurs centaines, voire même plusieurs milliers.

Une protéine est composée d'une ou de plusieurs chaînes peptidiques n'ayant pas obligatoirement la même succession -ou séquence-, d'acides aminés. L'hémoglobine, par exemple, est constituée de deux types de chaînes polypeptidiques, α et ß, différant entre elles par plusieurs résidus.

La séquence d'acides aminés d'une protéine est caractéristique et détermine sa configuration spatiale. Des acides aminés appartenant à des segments repliés d'une même chaîne polypeptidique sont généralement unis par des liens spécifiques covalents ou non covalents tels que des liens ioniques, des liens plus faibles de type hydrogène ou des liens plus faibles encore, dûs à des interactions hydrophobes. Des liens non covalents unissent également les chaînes polypeptidiques constitutives d'une protéine comportant plusieurs sous-unités (voir Encart : Hélice α et feuillet β).

Pour comprendre la structure spatiale adoptée par un polypeptide en solution, il est également important de considérer le degré d'affinité des chaînes latérales résiduelles des acides aminés pour l'eau. Celles qui portent une charge électrique nette et celles qui ont un caractère polaire établissent des liens hydrogène avec les molécules d'eau. Ces chaînes sont plus ou moins hydrophiles. Les chaînes latérales non polaires, n'ayant pratiquement aucune affinité pour l'eau, sont dites hydrophobes. Une protéine en solution dispose préférentiellement ses groupements ioniques et polaires en surface. Cette distribution se comprend dans la mesure où elle autorise la formation d'une quantité optimale de liens stabilisants avec le solvant aqueux. Les résidus hydrophobes qui, au contraire, ont tendance à éviter au maximum les contacts déstabilisants avec l'eau sont généralement enfouis au sein de la macromolécule.

Faisons enfin remarquer que les chaînes polypeptidiques peuvent, dans certains cas, lier un groupement de nature non peptidique -appelé groupement prosthétique-, indispensable à la fonction de la protéine. Un exemple est donné par le groupement hème, qui lie la molécule d'oxygène dans l'hémoglobine. Une molécule d'hémoglobine en contient 4, associés à chacune de ses sous-unités polypeptidiques.

La structure tridimensionnelle d'une protéine lui confère une activité propre, souvent très spécifique. Comme nous allons le montrer amplement dans la suite de cet ouvrage, les protéines sont les pièces maîtresses de la structure et du dynamisme de la cellule. Leur synthèse dépend d'une autre variété de polymères : les acides nucléiques.

Les acides nucléiques constituent la quatrième catégorie importante de molécules des êtres vivants. On en distingue deux classes : les acides déoxyribonucléiques (ADN) et les acides ribonucléiques (ARN). Ces polymères sont composés de sous-unités appelées nucléotides, organisées en séquences polynucléotidiques (figure 4). La diversité des nucléotides est limitée à quatre espèces, mais ils forment des enchaînements beaucoup plus longs que les acides aminés dans les chaînes polypeptidiques. Les ADN, localisés dans le noyau de la cellule, renferment l'information requise pour la synthèse de toutes les protéines du cytoplasme. Les ARN sont des copies chimiquement proches de l'ADN. Bien qu'ils soient fabriqués dans le noyau la plupart exercent leurs fonctions dans le cytoplasme, au niveau des sites de synthèse des protéines. Parmi ces derniers, on rencontre les copies d'ADN appelées ARN messagers. C'est le déchiffrement des messages génétiques contenus dans ces ARN qui permet leur traduction en séquences d'acides aminés des protéines. Les autres ARN, appelés ARN de transfert (ARNt) et ARN ribosomiques (ARNr), interviennent pour une part importante dans la lecture des ARN messagers. Les principaux aspects de ces mécanismes seront examinés en détail dans un chapitre ultérieur.

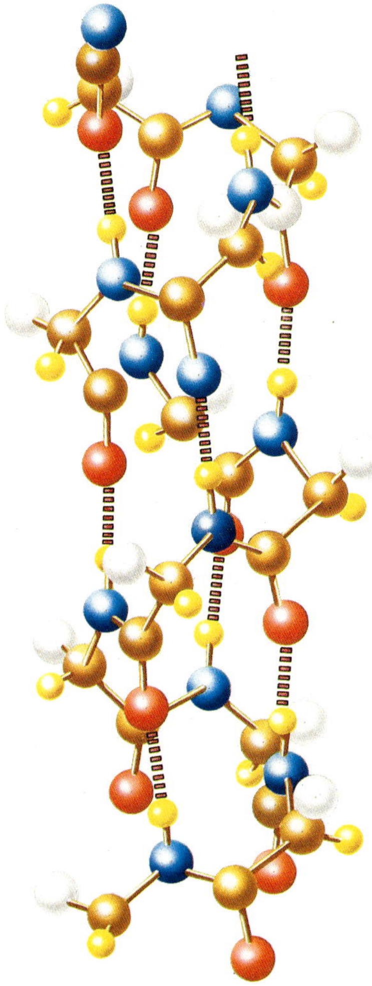

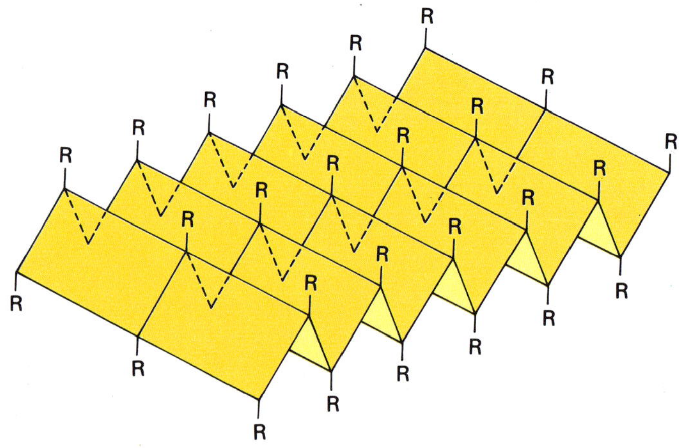

Une structure faite d'atomes disposés en feuillets plats antiparallèles, appelée feuillet β, caractérise d'autres régions des protéines. (B)

Structure secondaire, en hélice α, d'une chaîne polypeptidique. (A) Des rotations autour des liens qui unissent les groupements peptidiques -CONH- aux carbones α et la formation de liaisons hydrogène entre les groupements -CO- et -NH- d'une même chaîne favorisent la formation de structures répétitives stables. L'hélice α est une structure secondaire fréquemment rencontrée dans les protéines, mais en proportions variables toutefois. Les liens hydrogène sont représentés par des traits discontinus (en brun dans l'illustration: carbone; en rouge: oxygène; en bleu: azote; en jaune: hydrogène).

**Encart : Hélice α et feuillet β.**

Il arrive assez souvent que des segments d'une chaîne polypeptidique adoptent une structure en hélice. Cette configuration est due à l'existence de "ponts hydrogène" unissant des résidus d'acides aminés à intervalles réguliers. Une autre configuration est réalisée grâce au pontage hydrogène de segments d'une même chaîne repliée sur elle-même ou par le pontage hydrogène de chaînes polypeptidiques différentes associées au sein d'une même protéine (feuillet β). Dans l'un et l'autre cas, les chaînes latérales résiduelles des acides aminés sont disposées en rangées antiparallèles. Leur ensemble forme une succession de plans plissés, les chaînes latérales résiduelles alternant régulièrement de part et d'autre d'un même feuillet.

Figure 4
Eléments d'une chaîne polynucléotidique d'ARN (acide ribonucléique). Les différentes bases sont reliées entre elles par des groupements sucre-phosphate. Le sucre est un ribose. L'acide déoxyribonucléique (ADN) diffère de l'acide ribonucléique par l'absence de l'atome d'oxygène en position 3'du ribose et par la nature d'une des bases nucléiques (thymine au lieu de l'uracile).

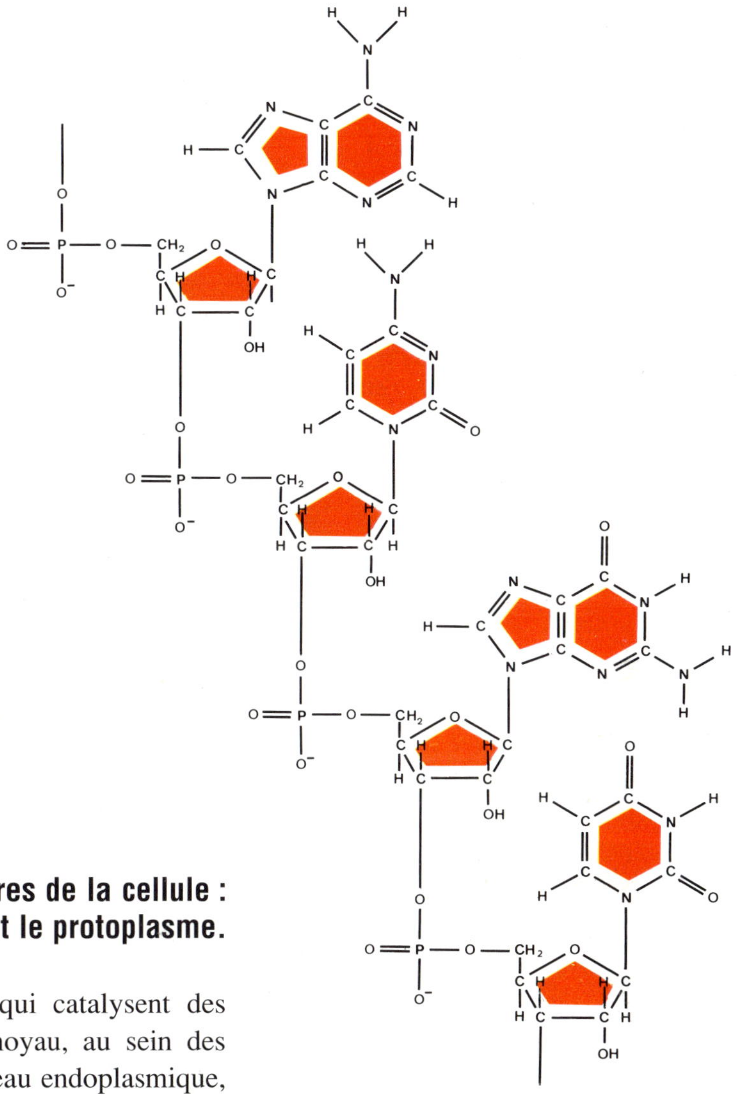

## Les protéines sont les acteurs moléculaires de la cellule : elles structurent et dynamisent le protoplasme.

La plupart des protéines sont des enzymes qui catalysent des réactions chimiques dans le hyaloplasme, dans le noyau, au sein des organites ou encore au niveau des membranes du réseau endoplasmique, de l'appareil de Golgi ou de la membrane cellulaire (figure 5). D'autres sont des macromolécules effectuant la reconnaissance de substances ayant une fonction de signalisation (hormones), ou encore des protéines transporteuses de petites molécules, d'ions ou d'électrons.

La cellule contient également des protéines appelées protéines de structure. Ne citons à titre d'exemple que celles qui forment les filaments d'actine, les microtubules ou encore les filaments intermédiaires. Ces derniers regroupent une variété de macromolécules fibreuses dont plusieurs sont spécifiques de types cellulaires particuliers. Parmi eux, on rencontre les neurofilaments des axones ainsi que les kératines des cellules épithéliales. Certaines protéines de structure comme le collagène ou les fibronectines sont situées dans la matrice extracellulaire. D'autres, comme les protéines des jonctions intercellulaires, sont ancrées dans la membrane plasmique. D'une manière générale, les protéines de structure interviennent dans l'organisation du microsquelette des cellules ainsi que dans leur adhérence au sein des tissus.

L'activité d'une protéine, enzymatique ou non, repose sur la spécificité avec laquelle elle reconnaît d'autres molécules et interagit avec elles. Très souvent, cette activité implique une ou plusieurs modifications de sa configuration spatiale.

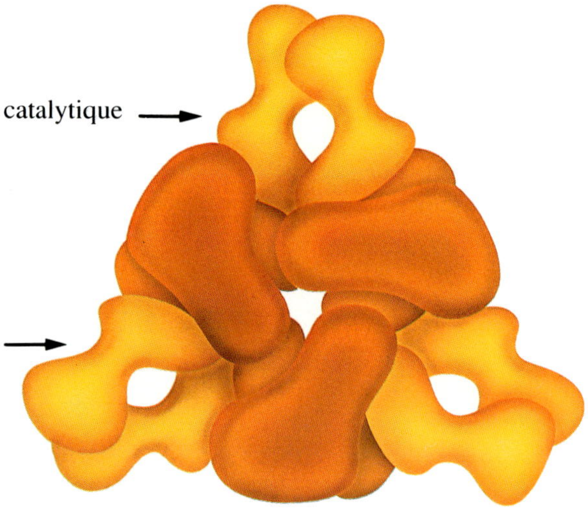


Figure 5
Aspartate transcarbamylase. Une des nombreuses molécules impliquées dans les interactions spécifiques intracellulaires. Cet enzyme est une macromolécule constituée de plusieurs sous-unités polypeptidiques. Celles qui sont situées au centre du complexe ont une fonction catalytique. Les autres ont une fonction régulatrice. L'activité de cet enzyme implique des modifications précises de sa structure spatiale. (D'après K.L. Kranse et Coll., Proc. Natl. Acad. Sci. 82 : 1643, 1985).

Comme nous allons le voir dans la suite de ce texte, l'adoption de diverses configurations temporaires et réversibles par les protéines est à la base du comportement étonnamment subtil d'une grande variété d'enzymes, de récepteurs et de transporteurs.

## Les enzymes contrôlent la vitesse des réactions chimiques.

Une réaction chimique transforme une substance (le substrat) en une autre (le produit), de structure et de propriétés différentes. La vitesse avec laquelle elle se déroule est tributaire de paramètres physiques et chimiques ambiants tels que la température, la lumière ou l'environnement ionique.

Une réaction chimique ne peut être amorcée que si les molécules réagissantes accèdent à un état dit "réactionnel", encore appelé état de transition. Celui-ci désigne une configuration moléculaire dans laquelle certaines liaisons, défavorablement orientées, sont rendues instables et fragiles. Cette situation favorise des réaménagements électroniques, la formation de nouvelles liaisons et partant, celles de produits différant des molécules de départ. Pour amener des molécules à l'état de transition, il est nécéssaire de les activer en y incorporant en quelque sorte un supplément d'énergie. Ce supplément est appelé énergie d'activation. Sa valeur dépend de la nature des molécules interagissantes. En laboratoire, on porte souvent les réactifs à l'état de transition en augmentant la température du milieu dans lequel se déroule la réaction.

Une telle méthode ne peut évidemment être appliquée in vivo, puisqu'une élévation anormale de la température des cellules perturberait leur fonctionnement. Ce paramètre y est au contraire maintenu à une valeur constante. Pour accélérer leurs réactions, les cellules font plutôt appel aux enzymes (figure 6). En captant les réactifs sur des sites catalytiques très spécifiques, ces protéines leur imposent des contraintes,

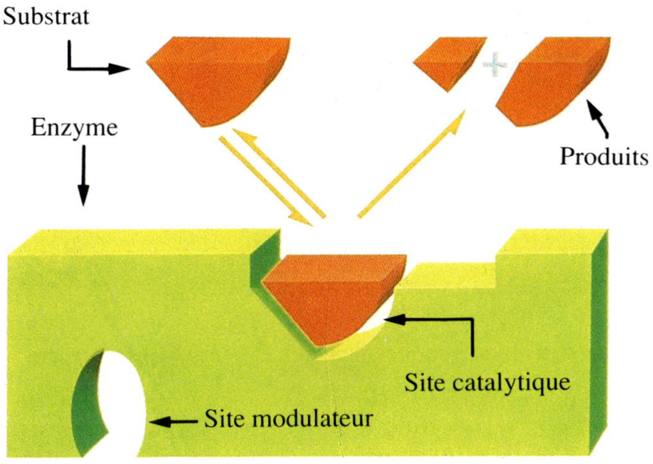


Figure 6
Le site catalytique de l'enzyme fixe un substrat et "fragilise" une ou plusieurs de ses liaisons covalentes. Il en résulte des cassures et la formation de molécules de nature différente appelées produits de réaction.

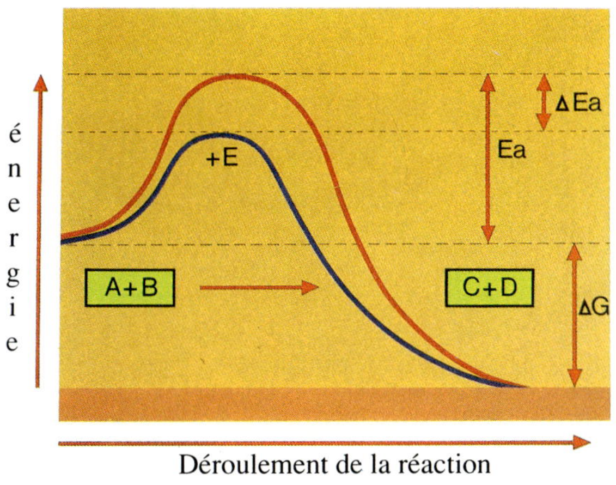


Figure 7
Abaissement du seuil énergétique d'une réaction catalysée par un enzyme. La quantité d'énergie nécéssaire pour atteindre l'état de transition est plus faible en présence de l'enzyme qu'en son absence. L'enzyme ne modifie pas les concentrations des substrats et des produits à l'équilibre. Seule la vitesse de la réaction est augmentée.

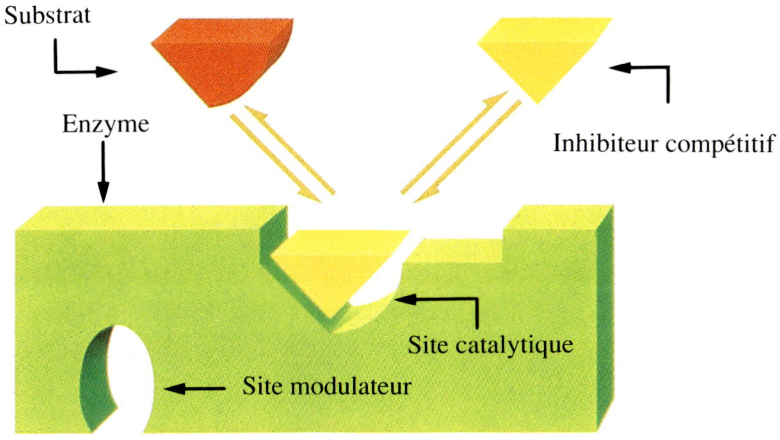


Figure 8
Inhibition compétitive. L'enzyme lie soit l'inhibiteur, soit le substrat, mais non les deux à la fois.

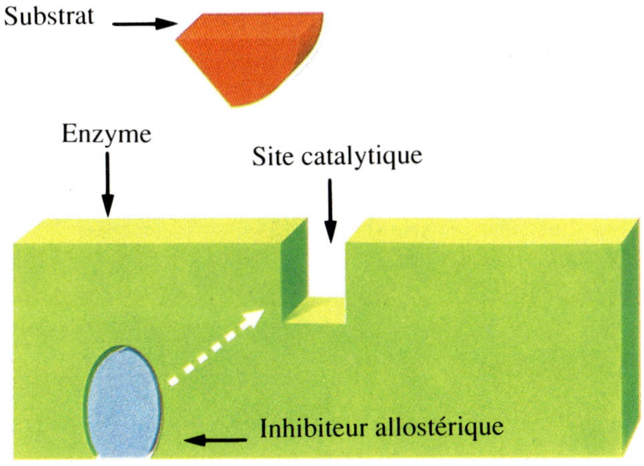


Figure 9
Inhibition non compétitive allostérique. La fixation de l'inhibiteur sur un site propre modifie la configuration du site actif, ce qui gêne ou empêche la liaison du substrat.

affaiblissent certaines de leurs liaisons et abaissent ainsi le seuil énergétique nécéssaire pour les rompre et former les produits de réaction (figure 7). La réaction enzymatique est extrêmement localisée : point n'est besoin de modifier et encore moins de perturber l'environnement physico-chimique du cytoplasme entier pour amorcer et développer une seule réaction.

Les catalyseurs utilisés en chimie minérale ou organique ont des propriétés très semblables aux enzymes : ils accélèrent les réactions chimiques et, comme eux, se retrouvent inchangés en fin de processus. Cependant, leur spécificité est moins nette. Les enzymes sont des catalyseurs biologiques, et leurs capacités de reconnaissance au niveau moléculaire sont beaucoup plus subtiles.

Le substrat de l'enzyme a le plus souvent une petite taille comparée à celle de l'enzyme lui-même. Par exemple le glucose, qui est le substrat d'un enzyme de la glycolyse appelé hexokinase, est une molécule beaucoup plus petite que lui. Cette prépondérance de la taille de l'enzyme est souvent justifiée. Par exemple, on sait que, outre leur site catalytique, de nombreux enzymes ont des sites de liaison pour de petites molécules qui influencent leur activité. Certains domaines constituent des motifs permettant de les ancrer à un support. Beaucoup d'enzymes ont en effet une localisation privilégiée dans le cytoplasme, particulièrement ceux qui sont situés dans les membranes intracellulaires. Les particules phosphorylantes des mitochondries, qui fabriquent de l'ATP, sont ainsi serties dans leur membrane interne.

## L'activité des enzymes peut être influencée par de petites molécules.

La manière avec laquelle fonctionnent les enzymes suscitent l'image de robots moléculaires. Ils agissent de façon précise, mécanique, en réponse à la fixation de leurs substrats et à divers facteurs de l'environnement comme la température ou la présence d'ions. Beaucoup d'entre eux n'opèrent cependant la catalyse qu'avec l'aide d'une autre petite molécule, appelée coenzyme, ou avec un ion métallique co-catalyseur. Comme nous venons de le mentionner plus haut, l'activité des enzymes dépend aussi de l'intervention de molécules modulatrices qui, en occupant l'un ou l'autre site régulateur sur leur surface, la favorisent ou l'inhibent. Les modulateurs négatifs sont appelés inhibiteurs. Selon les effets de leur fixation, on distingue essentiellement trois types d'inhibition : l'inhibition compétitive, l'inhibition non compétitive simple et l'inhibition non compétitive allostérique.

Dans l'inhibition compétitive, la structure de l'inhibiteur est très semblable à celle du substrat de l'enzyme (figure 8). Comme ce dernier est incapable d'opérer la distinction entre les deux molécules, celles-ci entrent en compétition pour le site actif. Dans ce type d'interaction, la fixation de l'inhibiteur est réversible et sa concentration relative détermine la probabilité de son accès au site catalytique de l'enzyme. Une élévation de la concentration du substrat décroît et, à la limite, empêche la fixation de l'inhibiteur. Dans ces conditions en effet, celui-ci n'a pratiquement plus accès au site actif de l'enzyme.

Au cours de l'inhibition non compétitive simple, l'inhibiteur occupe une région voisine du site actif ou masque au moins partiellement le site actif lui-même, empêchant ou gênant de ce fait la fixation du substrat. Au cours de l'inhibition non compétitive allostérique, l'inhibiteur reconnaît également un site différent du site actif, mais sa fixation modifie la configuration spatiale de l'enzyme (figure 9). Il en résulte que le site actif perd la géométrie requise pour lier son substrat d'une manière stable. Au cours de l'inhibition non compétitive simple ou allostérique, la molécule inhibitrice n'entre donc pas en compétition avec le substrat mais, en s'attachant de manière plus ou moins durable à l'enzyme, elle empêche sa transformation.

De nombreux poisons cellulaires miment les inhibiteurs normaux : ils provoquent des effets analogues mais durant un temps plus ou moins long ou même définitivement. L'arsenic et des métaux comme le cuivre et l'argent doivent leur toxicité à leur action en tant qu'inhibiteurs non compétitifs. Il en est de même de médicaments tels que les sulfamidés utilisés contre les bactéries, ou encore des insecticides organophosphorés et des gaz de combats qui sont des inhibiteurs de l'acétylcholinestérase, un enzyme important des relais nerveux.

Le métabolisme cellulaire fait aussi appel à des modulateurs positifs, qui stimulent l'activité des enzymes; on les appelle activateurs. Enfin, de nombreux enzymes sont sensibles à l'action de modulateurs aussi bien activateurs qu'inhibiteurs (voir chapitre II). Par leur intervention, activateurs et inhibiteurs contrôlent étroitement le déroulement de grands processus métaboliques comportant des étapes multiples comme la glycolyse et la respiration cellulaire.

## Dans un milieu aqueux, les molécules de lipides s'assemblent spontanément pour former des feuillets bimoléculaires.

La tendance au regroupement et à la fusion de micelles lipidiques initialement réparties dans un volume d'eau est un fait d'observation commun. Paradoxal si on le compare à la tendance dispersive des molécules solubles, elle s'explique par une particularité structurale des lipides eux-mêmes. Du point de vue de son affinité pour l'eau, chaque molécule de phospholipide comprend deux régions. La première contient des atomes polarisés et est hydrophile. On l'appelle "tête" du lipide. L'autre région comprend deux chaînes d'acides gras très hydrophobes. Ces chaînes constituent la "queue" du lipide. Le manque d'affinité des queues pour l'eau crée une forte instabilité thermodynamique dans leurs rapports avec le milieu ambiant. Pour compenser cet effet au maximum, elles renforcent leur voisinage hydrophobe en se réunissant entre elles. Ce comportement grégaire se traduit par la formation de structures faites de deux feuillets disposés en miroir l'un par rapport à l'autre. Ce sont elles qui constituent le motif de base des membranes des cellules. Les membranes cellulaires forment des films minces refermés sur eux-mêmes. Lorsqu'elles sont obtenues artificiellement en laboratoire, on les appelle liposomes.

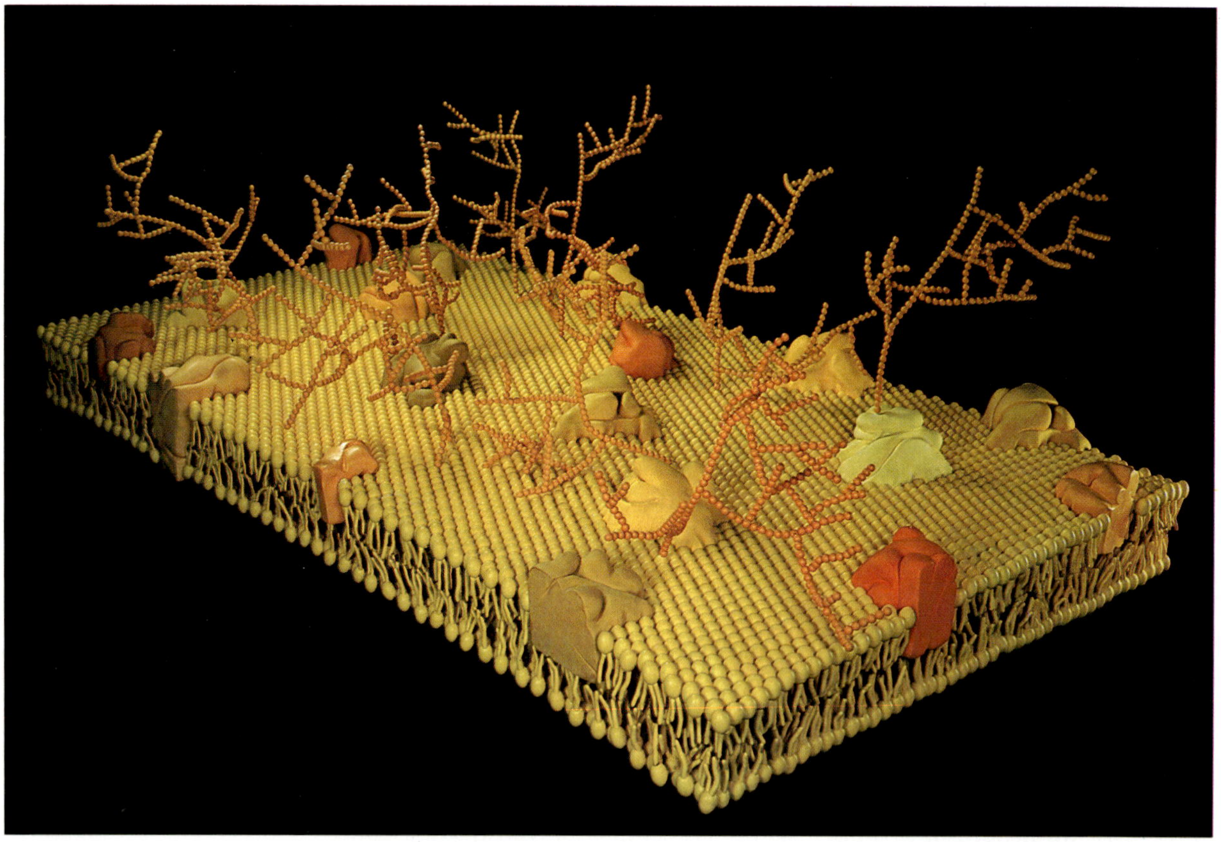

Figure 10
La membrane plasmique. Elle constitue la membrane externe de la cellule. Elle est formée d'un double feuillet de phospholipides dans lequel sont incrustées des protéines. Certains lipides et protéines sont liés à des chaînes de sucres, formant respectivement des glycolipides et des glycoprotéines. Les protéines et les sucres détiennent l'essentiel des propriétés spécifiques de la membrane plasmique, notamment le contrôle de la perméabilité aux échanges avec le milieu (perméases, pompes), la capacité d'adhérence à d'autres cellules (protéines de jonction) ou encore la réception d'une variété de signaux moléculaires ou ioniques (récepteurs).

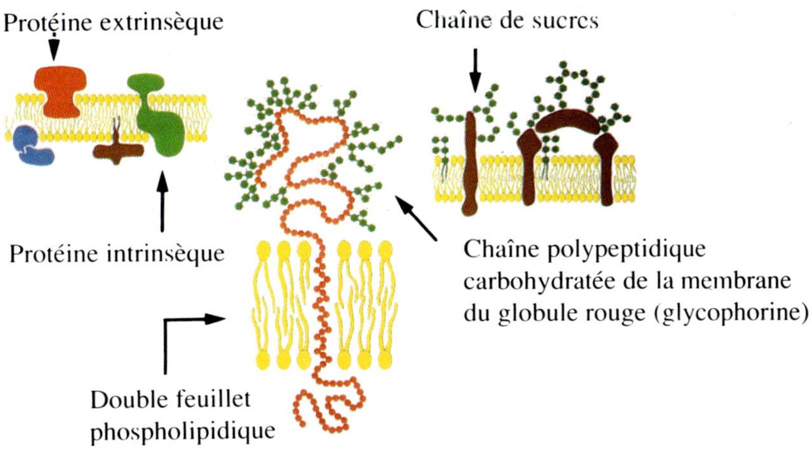


Figure 11
Coupe schématique de la membrane plasmique. Les protéines de la membrane plasmique sont groupées en deux classes. La première comprend les protéines intrinsèques qui traversent l'épaisseur du feuillet bimoléculaire phospholipidique. La seconde comprend les protéines extrinsèques, dont seule une partie est en contact avec le milieu intra- ou extracellulaire. Les chaînes de sucres liées aux lipides et aux protéines n'existent que sur la face externe de la cellule.

## Les membranes de la cellule compartimentent le hyaloplasme et sont garnies de protéines.

Les progrès de la cristallographie et d'autres techniques utilisées pour étudier la structure des membranes de la cellule ont révélé l'existence de nombreuses protéines au sein des feuillets bimoléculaires phospholipidiques.

La membrane plasmique qui enveloppe toute la cellule, et le réseau des membranes internes qui baigne dans le cytosol constituent les édifices lipoprotéiques majeurs du cytoplasme. La membrane plasmique en particulier contient plusieurs millions de protéines sur sa face externe, en contact avec le milieu ambiant (figure 10). Quantité d'autres sont logées dans le double feuillet ou émergent sur sa face interne, cytosolique. Les protéines de la membrane plasmique exercent une variété de fonctions qu'on peut mettre globalement en rapport avec leur distribution sur la région frontalière qui sépare le cytosol du milieu ambiant. La majeure partie d'entre elles sont constituées de récepteurs, de perméases, de pompes, de "tunnels" ou encore d'enzymes.

Chez de nombreuses cellules, la membrane plasmique exhibe un relief complexe et changeant. Ceci est particulièrement frappant chez les cellules figées en cours d'un déplacement, observées au microscope électronique à balayage. Les globules blancs en culture illustrent bien ce phénomène. Ces cellules émettent des pseudopodes, des lames ou des microvillosités dans toutes les directions, les rétractant ensuite en intériorisant leur enveloppe. D'autres cellules, comme celles qui tapissent certaines muqueuses, sont garnies de cils qui sont autant de prolongements digitiformes de leur enveloppe. D'autres encore, comme les neurones, ont un corps central pourvu d'excroissances ramifiées.

Les cellules à noyau sont riches en membranes lipoprotéiques internes et les exploitent à titre divers. Certaines d'entre elles servent de supports à des protéines enzymatiques, à des récepteurs ou à d'autres macromolécules comme des ribosomes, des pompes ioniques ou des canaux. Le réseau membranaire interne crée par ailleurs une compartimentation hyaloplasmique complexe, faite de multiples cavités vésiculeuses ou aplaties, indépendantes ou anastomosées entre elles.

La cellule, l'unité structurelle et fonctionnelle du vivant apparaît ainsi comme un microenvironnement concentrant une grande variété de molécules et de membranes et limité par une enveloppe superficielle.

## Un feutrage glucidique revêt la face externe de la membrane plasmique.

Chez les cellules eucaryotes, de nombreux lipides et protéines exposés au milieu environnant portent de petites chaînes carbohydratées (oligosaccharides). Leur ensemble forme un feutrage appelé glycocalyx (figure 11). Mis à part quelques cas, on ne connaît pas très bien le rôle joué par ces polymères. Il est par exemple bien établi que les antigènes A, B et O du sang sont constitués de motifs glucidiques attachés à des lipides ou à des protéines. Comme ces antigènes peuvent être reconnus par des anticorps lors des transfusions, leur présence atteste l'importance de la couverture glucidique des cellules rouges dans cet aspect particulier de l'immunité.

Les chaînes glucidiques pourraient également renforcer l'adhérence spécifique des cellules au sein d'un même tissu. Les cellules cancéreuses métastasiques, qui n'ont plus d'affinité pour leur tissu d'origine, ont un glycocalyx altéré.

Figure 12
Feutrage glucidique et stockage d'ions calcium. Certaines cellules, comme les cellules musculaires cardiaques, accumulent et stockent des ions calcium sur leur enveloppe glycoprotéique. La plupart de ces ions se lient aux chaînes hydrocarbonées. La protéine insérée dans l'épaisseur du feuillet bimoléculaire est un transporteur spécifique des ions $Ca2^{+}$.

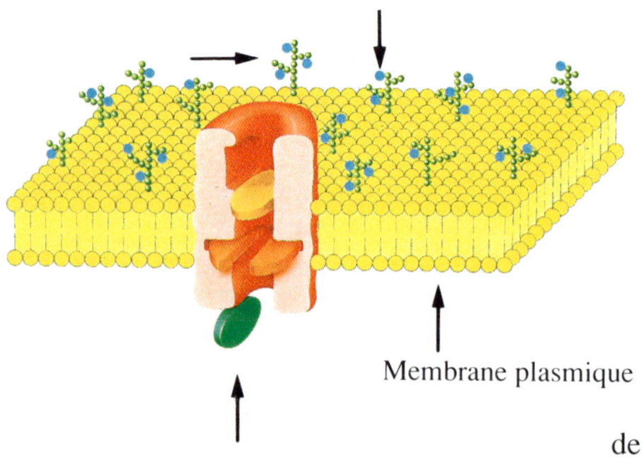


Le feutrage glucidique des cellules musculaires cardiaques piège une grande quantité d'ions calcium (figure 12). Comme nous le verrons plus loin, ces ions déclenchent la contraction des fibres musculaires striées. Il est possible que d'autres cellules maintiennent ainsi, au moyen de ce revêtement, un microenvironnement propre à l'une ou l'autre fonction.

## Les mouvements des lipides et des protéines des membranes de la cellule.

Les lipides et les protéines de la membrane plasmique sont animés de mouvements de rotation et de translation (figure 13). Les phospholipides tournent rapidement autour de leur axe et changent latéralement de position avec leurs voisins, en moyenne $10^7$ fois par seconde. Ils n'effectuent pratiquement jamais de mouvements de basculement d'un feuillet au feuillet opposé. De nombreuses protéines dérivent dans cet "océan" de phospholipides, s'entrechoquent, se dispersent de façon aléatoire ou au contraire se rassemblent en divers endroits.

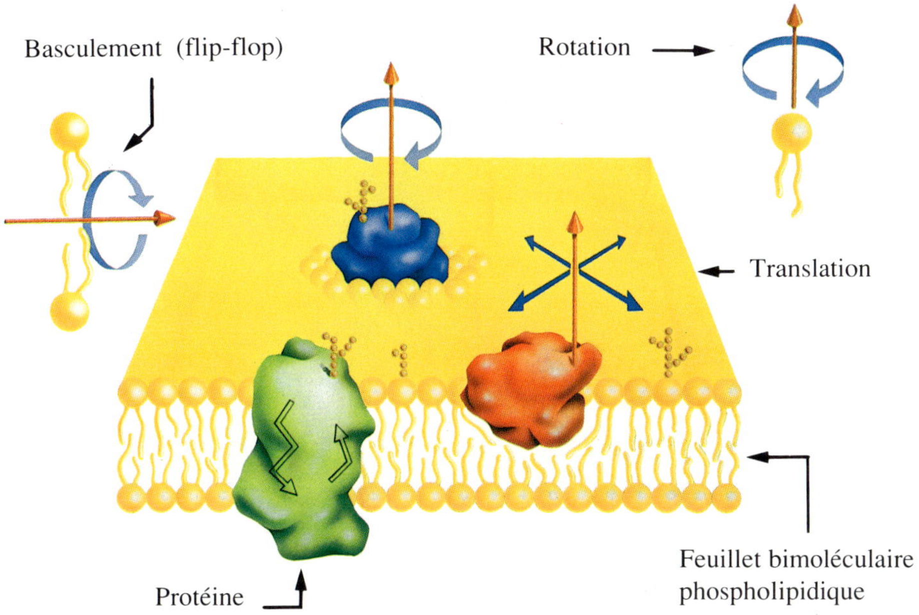


Figure 13
Illustration résumant les principaux types de mouvements des protéines dans la membrane plasmique. L'agitation moléculaire des lipides crée un milieu bidimensionnel semi-fluide dans lequel les protéines se déplacent, soit de façon aléatoire, soit guidées par des structures sous-membranaires. Les basculements des molécules des lipides d'un feuillet à l'autre sont rares.

Des indices du mouvement des protéines dans la membrane plasmique sont fournis par l'observation du comportement d'un groupe de protéines végétales, les lectines. Additionnées à un milieu de culture, ces substances reconnaissent spécifiquement des glycoprotéines réparties sur la totalité de la surface des cellules. Ces glycoprotéines, initialement diffuses, sont ensuite agglomérées en quelques amas.

La mobilité des protéines s'observe également dans les membranes du réseau endoplasmique et chez divers organites. Elle a pu être montrée en particulier dans la membrane interne des mitochondries. Des transporteurs d'électrons y diffusent sans ordre apparent et transmettent leurs charges au cours de collisions.

Les mouvements des lipides et des protéines renforcent la fluidité des membranes et sont à la base de certaines de leurs propriétés dynamiques. Par exemple, ils facilitent la fusion de portions de l'enveloppe de la cellule au cours de phénomènes comme l'endocytose ou la cytodiérèse. Ou bien ils favorisent la fusion d'enveloppes d'origine différente au cours de processus comme l'exocytose, la formation des lysosomes secondaires ou la fécondation.

Il semble bien que les cellules tirent parti de la fluidité des membranes pour permettre la diffusion de protéines vers des destinations particulières. Par exemple, des récepteurs membranaires peuvent se rassembler dans des régions déterminées de la membrane plasmique pour faciliter la capture et l'absorption de substances au profit de la cellule.

## Certaines protéines membranaires ne sont pas mobiles ou ont une mobilité limitée.

Plusieurs variétés de protéines de structure sont figées au sein des membranes. Les exemples les mieux connus sont les protéines des jonctions intercellulaires. Souvent associées en complexes, elles forment des "rivets" qui juxtaposent étroitement des domaines appartenant à des enveloppes voisines et renforcent la cohésion des cellules. Certaines jonctions, appelées jonctions ouvertes, sont des structures polypeptidiques disposées entre elles d'une telle manière qu'elles peuvent ménager un passage au travers de l'épaisseur formée par la juxtaposition des deux enceintes membranaires (figure 14). Outre leur rôle dans l'adhérence des cellules, elles facilitent des transports de molécules et d'ions entre les cytoplasmes voisins. A titre d'exemple, les jonctions ouvertes laissent diffuser des substances comme l'adénosine monophosphate, ou encore l'adénosine di- ou triphosphate vers des cellules qui sont incapables de les fabriquer. Des molécules d'adénosine monophosphate cyclique, un messager intracellulaire jouant le rôle de relais hormonal, peuvent également diffuser d'une cellule à l'autre par des jonctions ouvertes. En agissant sur seulement quelques cellules d'un tissu, une hormone peut ainsi induire la synthèse d'un signal susceptible d'atteindre d'autres cellules. Ces voies de passage rappellent, à une importante différence d'échelle toutefois, les structures lacunaires formées par les plasmodesmes des cellules végétales. D'autres jonctions, les desmosomes, sont des complexes protéiques d'adhérence intercellulaire servant en même temps de supports membranaires pour des faisceaux de filaments (figure 15).

Figure 14 A, B
Jonctions "ouvertes" et jonctions "serrées". (A) Outre leur fonction dans l'adhérence intercellulaire, les jonctions de type ouvert peuvent servir de canaux permettant un transport de molécules entre deux cellules contiguës. (B) Les jonctions serrées sont constituées d'un treillis de protéines assurant l'étanchéité entre des cellules voisines.

Figure 15
Desmosome. Ce complexe protéique d'adhérence intercellulaire est constitué de 2 plaques juxtaposées dans lesquelles sont ancrées des protéines filamenteuses (kératine); ces protéines traversent le cytosol et unissent des desmosomes voisins. Un réseau serré de filaments intercellulaires cimente les deux plaques.

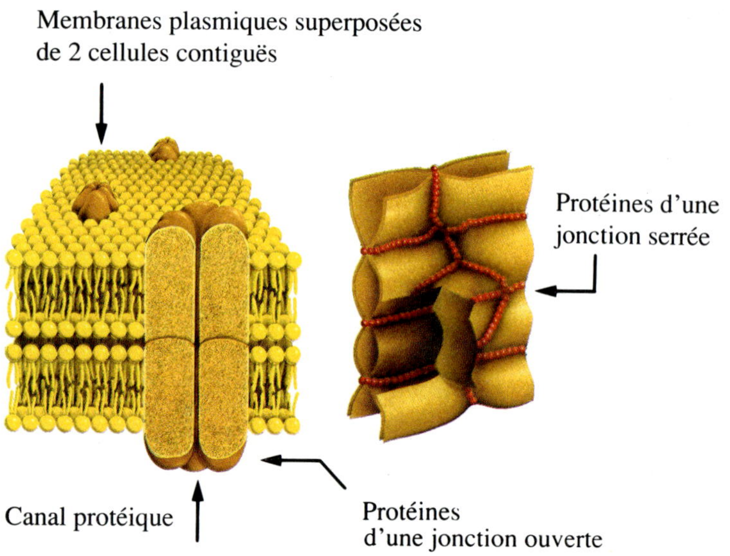


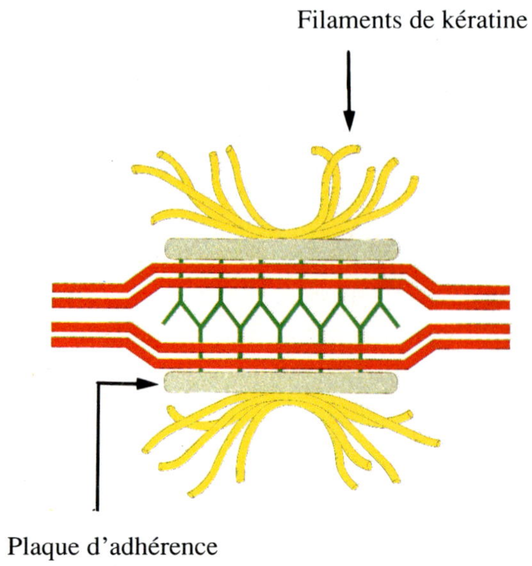

Il existe également une catégorie de jonctions appelées jonctions "serrées", qui concourent à l'adhérence entre les cellules voisines en créant des lignes de suture protéiques continues entre leurs enveloppes juxtaposées. Du fait de leur imperméabilité aux petites molécules et peut-être aussi à l'eau, on les appelle encore jonctions étanches. Ces jonctions limitent en outre la mobilité des protéines membranaires par diffusion latérale, obligeant ainsi certaines d'entre elles à rester confinées à l'une ou l'autre partie de l'enveloppe cellulaire. Par exemple, chez de nombreuses cellules épithéliales, des enzymes et des transporteurs spécifiques sont ainsi maintenus dans la région apicale de la membrane plasmique, face à la lumière des cavités qu'elles bordent.

Enfin, il est probable que la mobilité de certaines protéines membranaires est étroitement contrôlée, voire même bloquée temporairement, grâce à des éléments protéiques structuraux du hyaloplasme sous-jacent.

## Les protéines transporteuses de l'enveloppe cellulaire.

La cellule n'est pas un monde clos. Une variété de molécules nutritives y pénètrent pour satisfaire ses besoins énergétiques et assurer son maintien et sa croissance. En sens inverse, des molécules-déchets provenant de la dégradation des aliments doivent la quitter, sous peine d'une accumulation excessive qui la polluerait.

Plusieurs espèces d'ions sont également échangées de part et d'autre de la membrane plasmique, ce qui leur permet de créer les gradients électrochimiques indispensables à la cellule. Nous allons montrer que le transport de molécules, d'agrégats de molécules ou de microorganismes au travers de l'enveloppe cellulaire engage une grande variété de moyens qui font intervenir, soit des protéines de surface spécialisées, soit des mouvements et des transformations impliquant l'enveloppe elle-même.

## Certaines protéines transporteuses facilitent le passage des substances qu'elles prennent en charge.

Le transport d'une substance au travers d'une membrane dépend essentiellement de sa concentration et de sa solubilité dans les lipides. Beaucoup de molécules sont cependant trop polaires ou trop volumineuses pour traverser un double feuillet phospholipidique de cette façon. Bien que leur gradient de concentration soit favorable, elles sont prises en charge par des systèmes de transport qui facilitent leur entrée dans la cellule en "perméabilisant" la membrane. Ces systèmes sont appelés perméases.

Les perméases connues sont en général des dimères ou des oligomères de chaînes polypeptidiques implantés dans l'épaisseur des membranes. Elles fixent des molécules et des ions de manière spécifique et effectuent leur transfert du milieu environnant dans la cellule ou en sens contraire. Le modèle hypothétique illustré par la figure 16 décrit le fonctionnement d'une perméase membranaire transportant de petites molécules dissoutes (par exemple le glucose). Le modèle suppose que la protéine transporteuse est composée de deux masses symétriques pouvant osciller autour d'un axe central et que chacune d'elles contient un site récepteur spécifique du glucose. L'occupation de chacun des deux sites par une molécule du glucose induit un changement de la configuration spatiale de la protéine. Au cours de cette transformation, les deux parties symétriques basculent et transfèrent le soluté dans le cytoplasme.

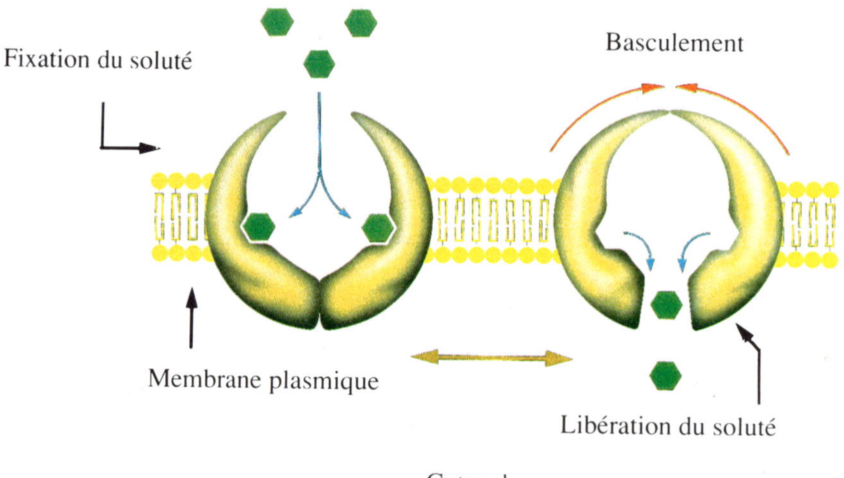


Figure 16
La perméase. L'illustration schématise un mode conceptuel de transport d'un soluté au travers de la membrane d'une cellule. La molécule qui effectue le transport n'est pas rigide mais adopte au moins deux configurations. Dans la première, le soluté est fixé sur un site extracellulaire. Sa liaison induit un changement de la configuration spatiale de la protéine transporteuse, ce qui a pour effet d'exposer le soluté au cytosol et de diminuer son affinité pour son site récepteur. La libération du soluté entraîne le retour du transporteur à sa configuration initiale.

Lorsque le transport d'une molécule se fait dans le sens de son gradient de concentration, la protéine transporteuse fonctionne sans nécéssiter une source d'énergie extérieure. Dans le modèle qui vient d'être décrit, la fixation de la molécule de glucose force la protéine à adopter une configuration instable, et son basculement la libère de cette contrainte. On désigne ce mécanisme par transport passif.

Il n'en est pas de même lorsque des molécules sont transportées vers un milieu où leur concentration est supérieure. Dans ce cas, la protéine transporteuse ne fonctionne que moyennant un apport d'énergie,

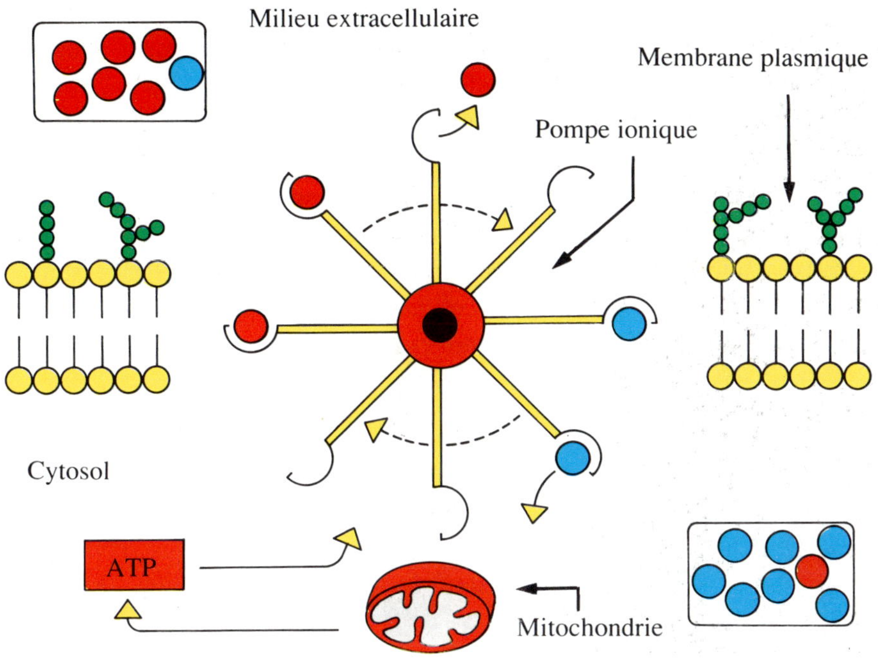


Figure 17
Le transfert actif, simultané mais en sens inverse, des ions $Na^+$ et $K^+$ est effectué par une pompe énergisée par l'hydrolyse enzymatique de l'ATP. La structure hypothétique de la pompe illustrée ci-dessus met le double transfert en évidence : les ions $Na^+$ et $K^+$ sont déplacés contre leur gradient de concentration. La pompe qui effectue ce double transfert est appelée $Na^+/K^+$ ATPase. Plusieurs protéines membranaires transporteuses maintiennent, à l'instar de la $Na^+/K^+$ ATPase, des gradients de concentration élevés en ions ou en molécules de part et d'autre des feuillets bimoléculaires.

le plus souvent constitué par l'hydrolyse de l'ATP (figure 17). L'activité ATPasique est exercée par la protéine transporteuse elle-même ou par un enzyme qui lui est associé. Par analogie avec les machines effectuant des transports et qui sont énergétiquement dépendantes, une telle protéine est appelée "pompe": elle effectue un transfert à contre-courant, contre un gradient de concentration ou contre un gradient de potentiel. Comme la dépense énergétique active dans ce cas un processus qui ne pourrait se faire sans elle, on désigne ce dernier par transport actif.

Un transport passif peut cependant accumuler un produit dans les cellules à condition que ce dernier y soit rapidement transformé lors de son entrée. C'est le cas du glucose qui, après sa pénétration dans le hyaloplasme par perméase interposée, est transformé en glucose 6-phosphate au cours d'une réaction de phosphorylation enzymatique. Comme la concentration cytosolique du sucre est maintenue à un taux assez bas, son transfert peut se poursuivre un certain temps.

## Certains transports de molécules au travers des membranes sont commandés par des gradients d'ions, maintenus eux-mêmes par une pompe ATP-dépendante.

Il arrive que des transports de molécules à contre-courant mettent à profit des pompes opérant parallèlement un transfert d'ions. Le retour de ces ions dans la cellule, dans le sens de leur gradient, crée un courant qui les draine sur son passage. Plusieurs sucres et acides aminés entrent dans certaines cellules grâce à ce mécanisme. L'ion draineur est le plus souvent le $Na^+$, très concentré dans le milieu ambiant.

La figure 18 présente un modèle de ce système perméasique. La perméase est munie non seulement d'un site extracellulaire spécifique du métabolite à transporter mais aussi d'un site propre à l'ion draineur. La fixation de l'ion induit un changement de la configuration spatiale du transporteur et une augmentation consécutive de son affinité pour le métabolite. Lorsque celui-ci est fixé, la protéine "s'ouvre" vers l'intérieur de la cellule et le décharge en même temps que l'ion.

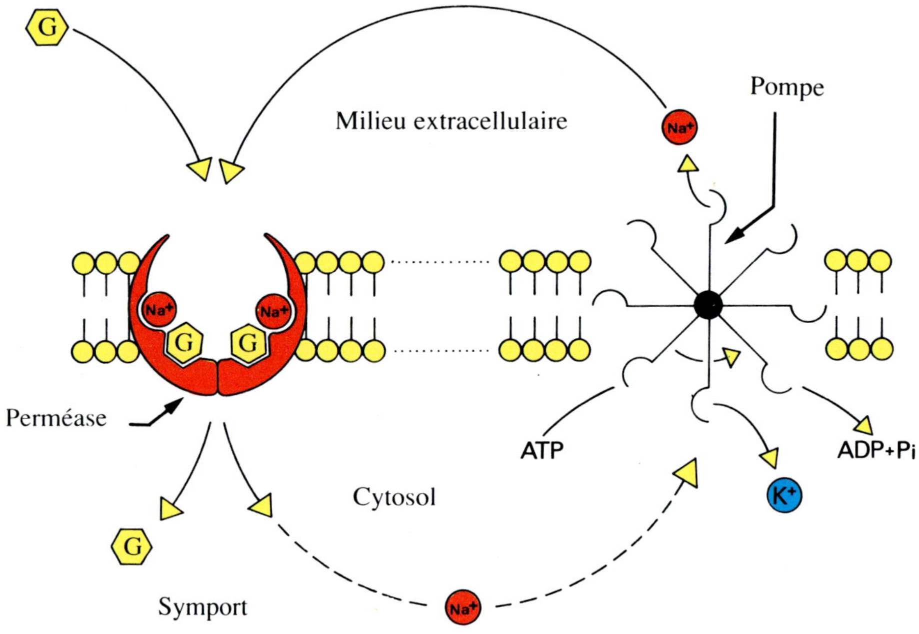


Figure 18
Un transport passif peut être commandé par un gradient d'ions. Un mécanisme de ce type opère le transport du glucose dans la cellule. Un ion draineur, dans ce cas le sodium, se fixe sur une perméase et entraîne le soluté dans le hyaloplasme, dans le sens de son gradient de concentration. Ce symport est entretenu par le refoulement actif de l'ion $Na^+$ dans le milieu ambiant. Un tel mécanisme devrait progressivement cesser de fonctionner lorsque la concentration intrahyaloplasmique du glucose devient égale à celle du milieu ambiant. Cependant, comme le sucre est rapidement transformé en glucose 6-phosphate, un intermédiaire de la dégradation glycolytique, son taux est maintenu à un niveau assez bas et le transport peut se poursuivre un certain temps.

Tout le fonctionnement du système opérant le double transport repose sur le maintien d'une faible concentration intracellulaire de l'ion draineur. Son rejet continu du hyaloplasme est assuré par une pompe transportant en sens inverse des ions potassium et requérant l'hydrolyse enzymatique de l'ATP. Cette pompe est appelée $Na^+/K^+$ ATPase. Un système assurant le transport simultané dans le même sens est nommé symport. Il arrive aussi que le dispositif perméasique véhicule le soluté et l'ion en sens contraire l'un de l'autre; on parle alors de système antiport.

Un symport peut aussi être utilisé pour commander un transfert transcellulaire (figure 19). C'est de cette manière que le glucose de la lumière intestinale est transporté dans le sang via des cellules épithéliales. Le sucre est pompé dans ces cellules grâce à des ions $Na^+$ qui l'entraînent dans leur sillage, comme dans le cas précédent. Il en sort ensuite, cette fois dans le sens de son gradient, et pénètre dans le sang via une autre perméase, située au pôle cellulaire opposé. Quant au gradient de sodium,

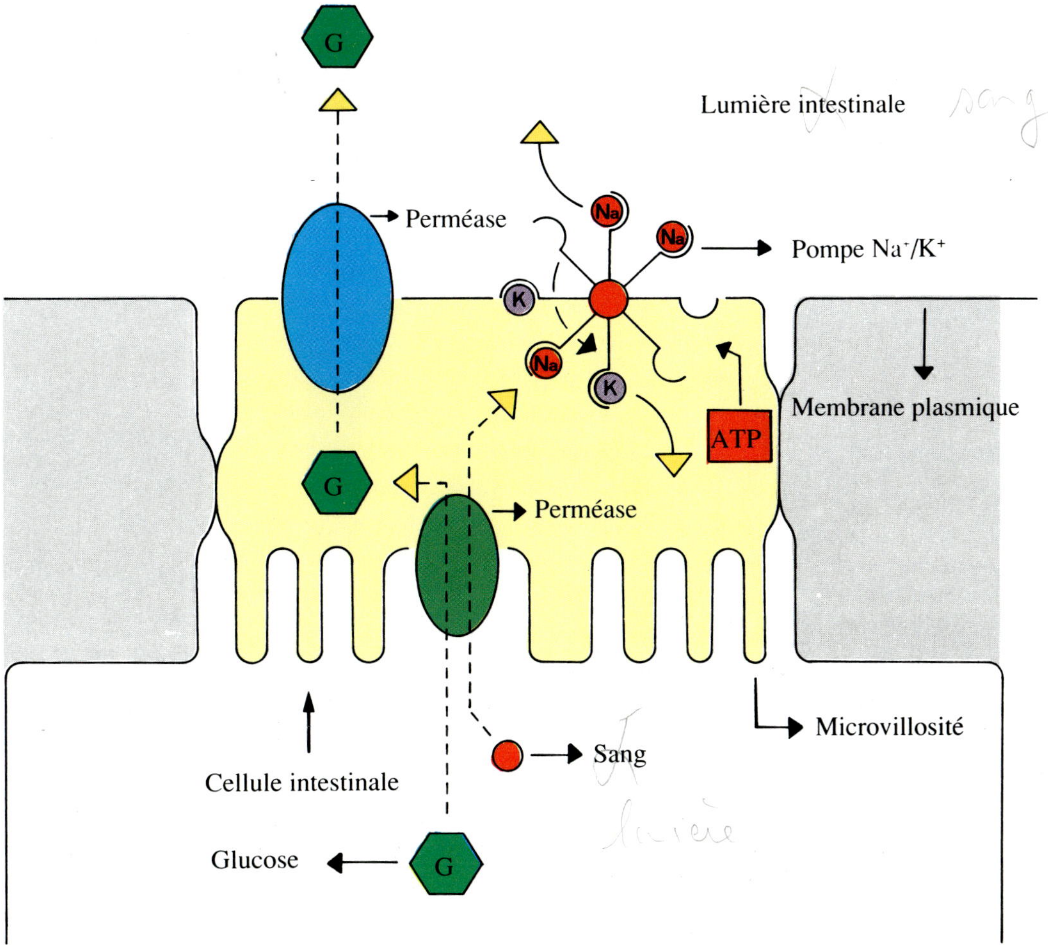


Figure 19
Le transport transcellulaire du glucose (G) dans une cellule épithéliale de l'intestin.
Il utilise l'énergie d'un gradient d'ions entretenu par une pompe à sodium/potassium. Le soluté provenant de la lumière du tube digestif pénètre dans la cellule épithéliale grâce à un système symport situé dans la membrane absorbante. Il traverse ensuite la cellule par le biais d'une perméase de la membrane basale et entre dans le sang.

il est contrôlé par une $Na^+/K^+$ ATPase qui maintient sa concentration intracytosolique à un taux suffisamment faible.

La membrane plasmique contient plusieurs pompes et plusieurs transporteurs spécifiques dont le fonctionnement est tributaire d'une dépense d'énergie. Les pompes à ions sodium et potassium sont abondantes dans celle de toutes les cellules de l'organisme, lesquelles doivent constamment maintenir d'importantes différences de concentration en ces éléments entre le milieu et le cytosol. On rencontre également de nombreux systèmes de transport et de pompage similaires au niveau des membranes intracellulaires.

## L'endocytose par récepteurs interposés.

Les mécanismes de transport que nous avons examiné jusqu'à présent ne concernent que des petites molécules dissoutes ou des ions. Dans certains cas, des mécanismes similaires peuvent également faire transiter des protéines ou des acides nucléiques de grande taille du cytosol au travers de la membrane d'un organite, par exemple une mitochondrie. Les protéines transporteuses et les canaux sont toutefois inopérants pour permettre l'absorption de la plupart des macromolécules et des particules de masse plus importante. Pour ce faire, les cellules font intervenir leur enveloppe dans une variété de processus groupés sous le terme endocytose.

Souvent, des macromolécules dissoutes sont entraînées avec du liquide extracellulaire dans des invaginations fines et sinueuses de la membrane plasmique; ces invaginations se pincent à leur embouchure et se fragmentent rapidement en petites vésicules. On appelle pinocytose

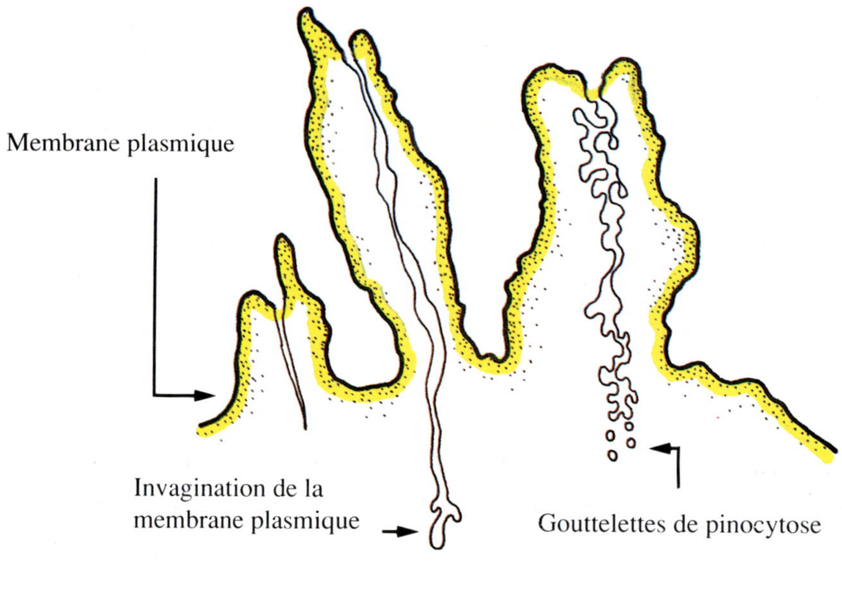


Figure 20
La pinocytose. De fines invaginations de la membrane plasmique se fragmentent peu à peu en gouttelettes qui s'enfoncent dans le hyaloplasme. La pinocytose est un processus d'absorption non spécifique.

cette absorption en phase liquide (figure 20). Elle implique une importation de substances en vrac et se déroule de façon continue chez la plupart des cellules. Contrairement au transport moléculaire, qui met en jeu des protéines transporteuses et laisse la membrane plasmique intacte, l'endocytose intériorise en même temps la région de l'enveloppe cellulaire impliquée dans l'échange. L'endocytose est donc un transport de type vésiculaire.

Certains transports endocytaires utilisent des structures moléculaires permettant d'opérer un tri. Elles comprennent une protéinc cytosolique appelée clatrine et une variété de récepteurs spécifiques associés à la membrane. Des molécules de clatrine peuvent s'agréger et "tapisser" des portions de la membrane plasmique concernées par les échanges, ce qui justifie le nom de "puits recouverts" donné à ces régions (figure 21). Les récepteurs sont des protéines membranaires; un récepteur donné ne lie généralement qu'un ligand bien déterminé. Le récepteur libre est normalement situé dans le puits recouvert ou n'y accède que secondairement, après avoir fixé son ligand. Il est probable que dans ce cas, la fixation du ligand modifie sa configuration de manière à ce qu'il puisse se stabiliser dans l'épaisseur du double feuillet phospholipidique au niveau du puits recouvert. La présence de récepteurs à l'état diffus sur la surface de la membrane plasmique permet en principe à la cellule d'accroître le volume total de ses captures. Puits recouverts et récepteurs sont caractéristiques d'un mode d'intériorisation appelé endocytose par récepteurs interposés. Il permet aux cellules d'absorber des substances comme des microorganismes, des hormones ou d'autres molécules ayant une fonction signalisatrice. Parfois, il débarasse le milieu extracellulaire de substances nocives.

C'est par un mécanisme d'endocytose par récepteurs interposés que le cholestérol, un lipide entrant dans la constitution de la membrane plasmique, est capté par les cellules de foie (figure 22 A, B). On sait qu'une fraction du cholestérol véhiculé par le sang existe sous la forme d'amas globulaires appelés lipoprotéines de faible densité. On désigne ces formations par le sigle LDL, de l'anglais : Low Density Lipoprotein. Il s'agit de complexes dont le noyau est constitué d'un amas de molécules de cholestérol estérifiées à un acide gras. Ces complexes sont enveloppés d'une monocouche de phospholipides et de cholestérol non estérifié, dans laquelle est incrustée une protéine appelée Apo-B. Les protéines Apo-B sont reconnues par les récepteurs associés de manière permanente aux puits recouverts. Normalement ces puits subissent un recyclage continu, même lorsque les récepteurs sont inoccupés : la membrane du puits et ses récepteurs -éventuellement associés aux LDL-, sont intériorisés par invagination et la perte de membrane plasmique qui en résulte est compensée par un renouvellement continu en provenance du cytosol. Au cours de l'intériorisation, le réseau de clatrine garnissant le puits recouvert prend la forme d'une cage sphérique qui se détache de la membrane plasmique et constitue une vésicule. Ce processus consomme de l'énergie.

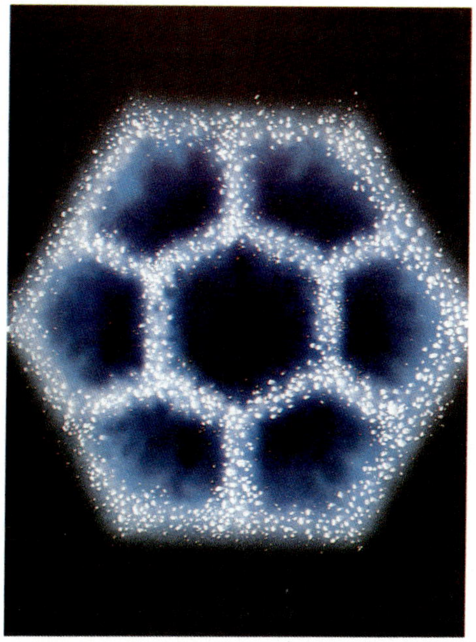

Figure 21
Le réseau de clatrine. Ce réseau est constitué d'arrangements flexibles de chaînes polypeptidiques d'une protéine fibreuse appelée clatrine. Le manteau de clatrine d'une vésicule d'endocytose ne se maintient que pendant quelques temps et se désagrège ensuite. Il pourrait jouer un rôle important dans la reconnaissance intervésiculaire dans le cytosol. La polymérisation de la clatrine en une structure en forme de panier débute et se poursuit parallèlement à la formation de la vésicule d'endocytose.

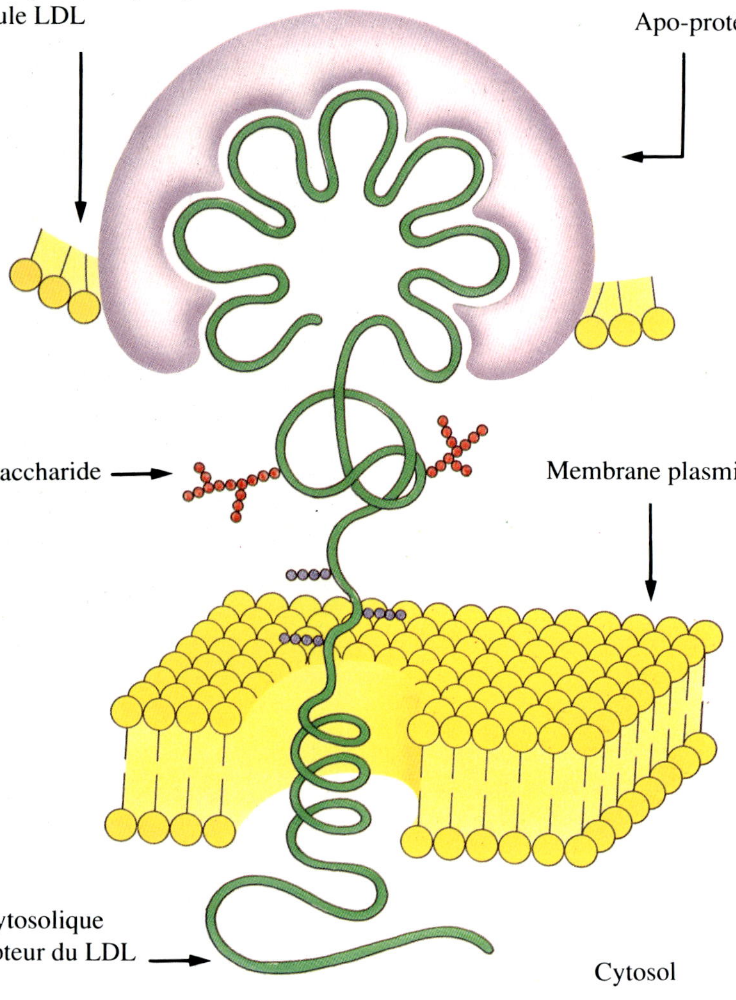


Figure 22 A1
Structure du récepteur membranaire de la vésicule LDL. La glycoprotéine est surtout développée dans sa partie extracellulaire et son domaine terminal forme le site reconnaissant l'apo-protéine B.

La vésicule d'endocytose contenant le LDL fusionne parfois avec d'autres vésicules et se transforme en une vésicule plus grosse appelée endosome (figure 22 C). Celui-ci contient d'une part une certaine quantité de récepteurs occupés par leur ligand et d'autre part un milieu acidifié par une pompe à protons ATP-dépendante. L'acidité du milieu endosomial est responsable de la dissociation des LDL des récepteurs. Une fois libérés, ces derniers se concentrent progressivement dans des déformations tubulaires de la vésicule. On assiste alors à un mouvement de scission qui ségrège la poche endosomiale contenant les LDL dissociés et les régions tubulaires portant les récepteurs. La fusion des membranes tubulaires avec la membrane plasmique permet aux récepteurs de recommencer un cycle de capture et d'intériorisation. Ceci constitue évidemment une économie importante pour la cellule, ainsi allégée du coût

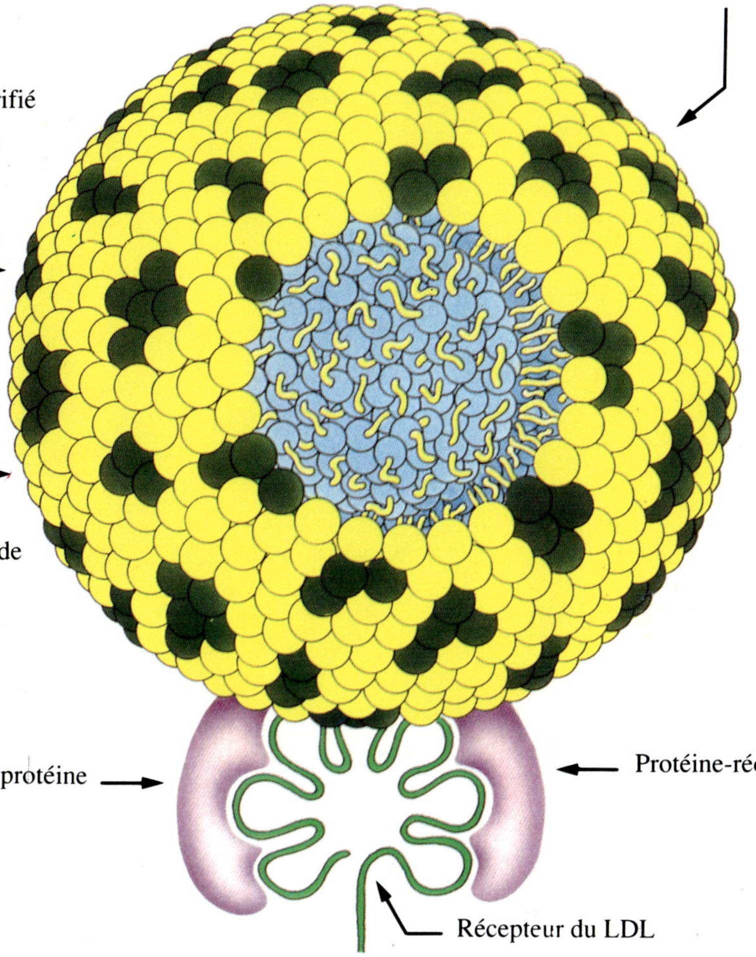


Figure 22 A2
La vésicule LDL. Elle est constituée d'un feuillet monomoléculaire de phospholipides et de cholestérol non estérifié. La cavité de la particule contient environ 1500 molécules de cholestérol estérifiées à une chaîne d'acide gras.

exhorbitant qu'entraînerait une resynthèse massive des macromolécules de masse imposante que sont généralement les récepteurs. Ceci est également vrai des membranes qui sont recyclées au cours du même processus. Quant à l'endosome amputé, il fusionne avec un lysosome et son contenu en LDL est dégradé. Il en résulte une libération de cholestérol non estérifié dans le cytosol. L'approvisionnement en cholestérol exogène s'ajoute à celui que la cellule est capable de synthétiser et en contrôle la quantité. En effet, le lipide en excès inhibe aussi bien la transcription du gène d'un enzyme qui intervient au cours de cette synthèse que la transcription du gène codant pour le récepteur spécifique du LDL (figure 23). On a montré que l'hypercholestérolémie familiale, une affection caractérisée par une teneur du sang plus ou moins élevée en cholestérol, était due à une déficience en récepteurs.

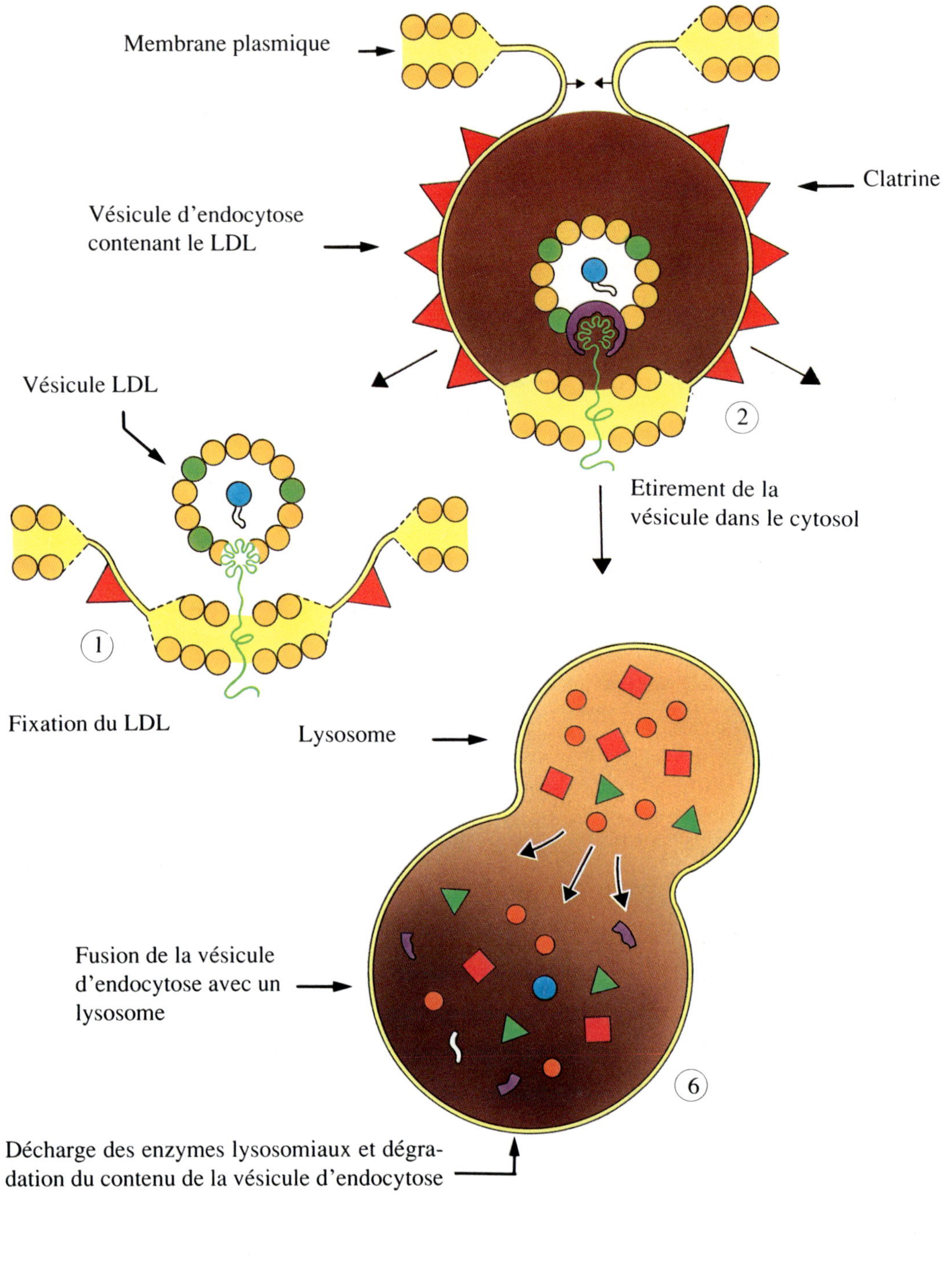


Figure 22 B
Représentation schématique de l'intériorisation par récepteurs interposés d'une vésicule LDL par la cellule de foie.
La capture de la vésicule est suivie de son incarcération dans une poche membranaire qui se détache de la membrane plasmique et pénètre dans le cytosol. L'acidification progressive de la poche (endosome) libère les vésicules de leurs

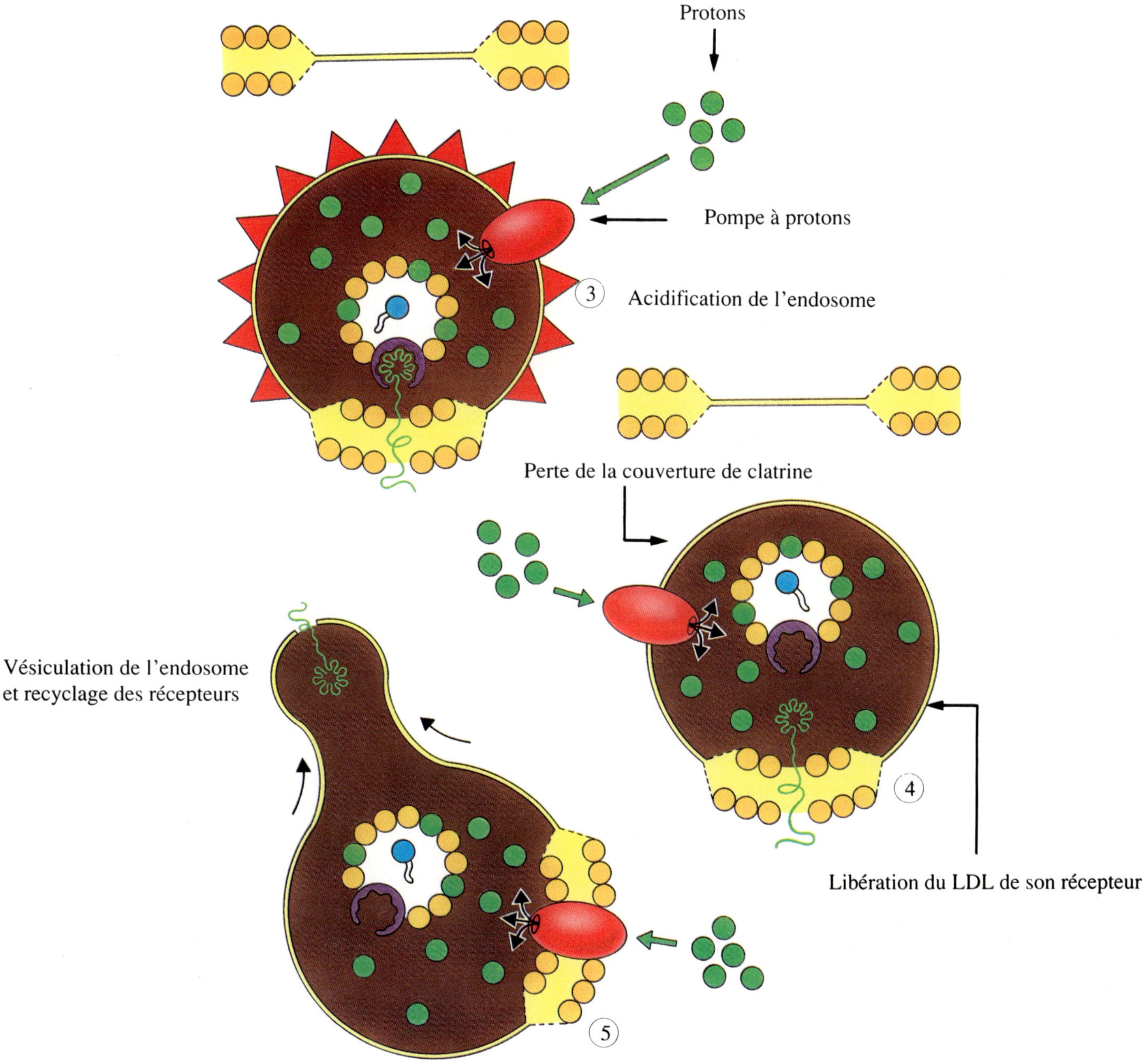


récepteurs et permet le recyclage de ces derniers.
La fusion de l'endosome avec un lysosome permet de traiter le cholestérol estérifié de manière à le transformer en cholestérol libre celui-ci pénètre dans le cytosol et s'ajoute au cholestérol produit par la cellule.

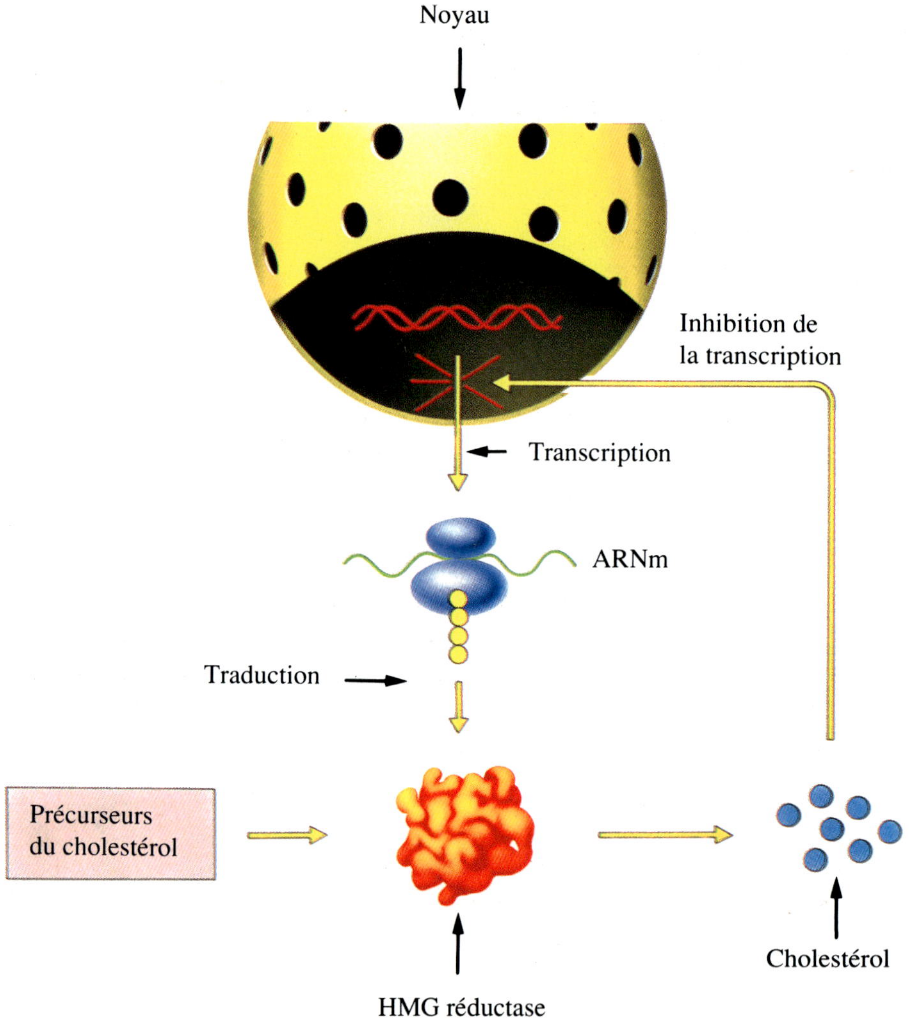


Figure 23
Inhibition de la HMG réductase, un enzyme important de la synthèse cellulaire du cholestérol, par le cholestérol cellulaire en excès. Le contrôle inhibiteur s'excerce sur la transcription du gène codant pour cet enzyme.

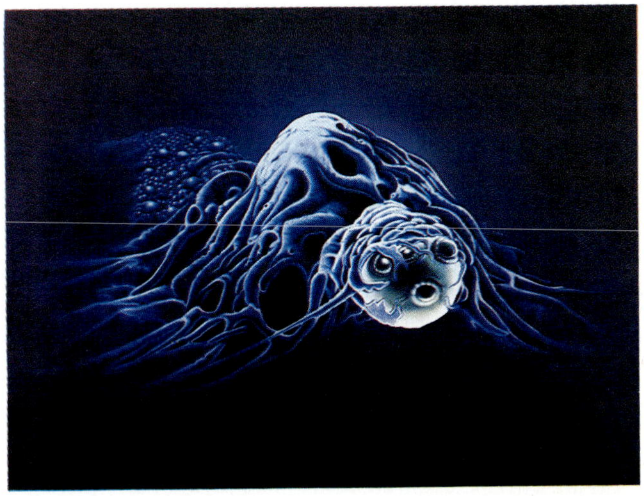

Figure 24
Capture d'une cellule de levure par un globule blanc macrophage.
Des récepteurs membranaires du macrophage reconnaissent des anticorps fixés sur le microorganisme. Ce phénomène commande l'intériorisation de la levure et sa digestion.Sur cette microphotographie, la cellule de levure est en train de bourgeonner.

L'endocytose par récepteurs interposés est pratiquée par des phagocytes professionnels comme les globules blancs macrophages (figure 24). Pour exercer leurs fonctions dans les défenses immunitaires, ces leucocytes disposent de multiples exemplaires d'un récepteur qui décèle des anticorps ou d'autres molécules sur la surface de microorganismes. La phagocytose des globules rouges vieillis par des macrophages spécialisés de la rate fait appel à un mécanisme de reconnaissance similaire (voir chapitre : les défenses immunitaires).

Les mécanismes endocytaires contrôlant la dégradation sélective de matériaux et impliquant d'importants mouvements d'invagination de membranes se soldent par une dépense énergétique. Celle-ci est d'autant plus importante qu'ils font appel à des systèmes de traction moléculaire de type actine-myosine, situés immédiatement sous l'enveloppe de la cellule et constituant un réseau squelettique spécialisé dans ce type d'effort.

L'endocytose par récepteurs interposés n'est qu'un exemple illustrant l'existence d'un contrôle du transport de protéines au niveau d'une membrane lipoprotéique. Nous verrons plus loin que d'autres mécanismes sont impliqués dans le transport de ces substances au sein du cytosol et des membranes intracellulaires.

## Encart : Les liposomes et le transport de substances dans la cellule.

Les liposomes sont des structures artificielles constituées d'une bicouche phospholipidique refermée sur elle-même et enveloppant complètement une poche liquide. Ils peuvent, sous certaines conditions, se former spontanément en milieu aqueux (figure 25). Leur intérêt en biologie et en médecine provient de ce qu'on peut y introduire diverses substances, notamment des molécules médicamenteuses, et transvaser ces dernières dans des cellules-cibles après fusion de leur membrane avec la membrane plasmique .

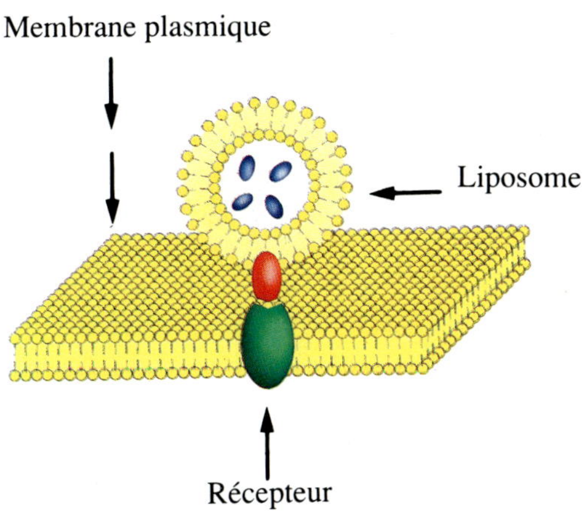


Figure 25
Liposomes et transport de médicaments dans les cellules. La fusion de la vésicule lipidique liposomiale avec la membrane plasmique d'une cellule permet d'y introduire une substance médicamenteuse ou une autre molécule. La membrane de la vésicule vectrice a été munie d'une protéine pouvant être reconnue par un récepteur de la cellule ciblée.

## Des récepteurs membranaires agissent comme des transmetteurs des messages hormonaux.

Ces récepteurs traversent l'épaisseur de la membrane plasmique. La partie des protéines qui émerge du côté extérieur de la cellule comprend un site reconnaissant une hormone. Ici encore, comme chez les perméases transporteuses d'ions, l'occupation du site récepteur détermine un changement de configuration de la protéine toute entière. La figure 26 A, B montre, à titre d'exemple, comment agit le glucagon, une hormone du pancréas, sur l'enveloppe de la cellule hépatique. La nouvelle configuration du récepteur occupé déclenche, grâce à l'intermédiaire d'une protéine non représentée ici, le fonctionnement d'un enzyme membranaire voisin, appelé adénylcyclase. Celui-ci est muni d'un domaine ATPasique scindant la molécule d'ATP en une molécule d'AMPc (adénosine monophosphate cyclique) et une molécule de ppi (pyro-

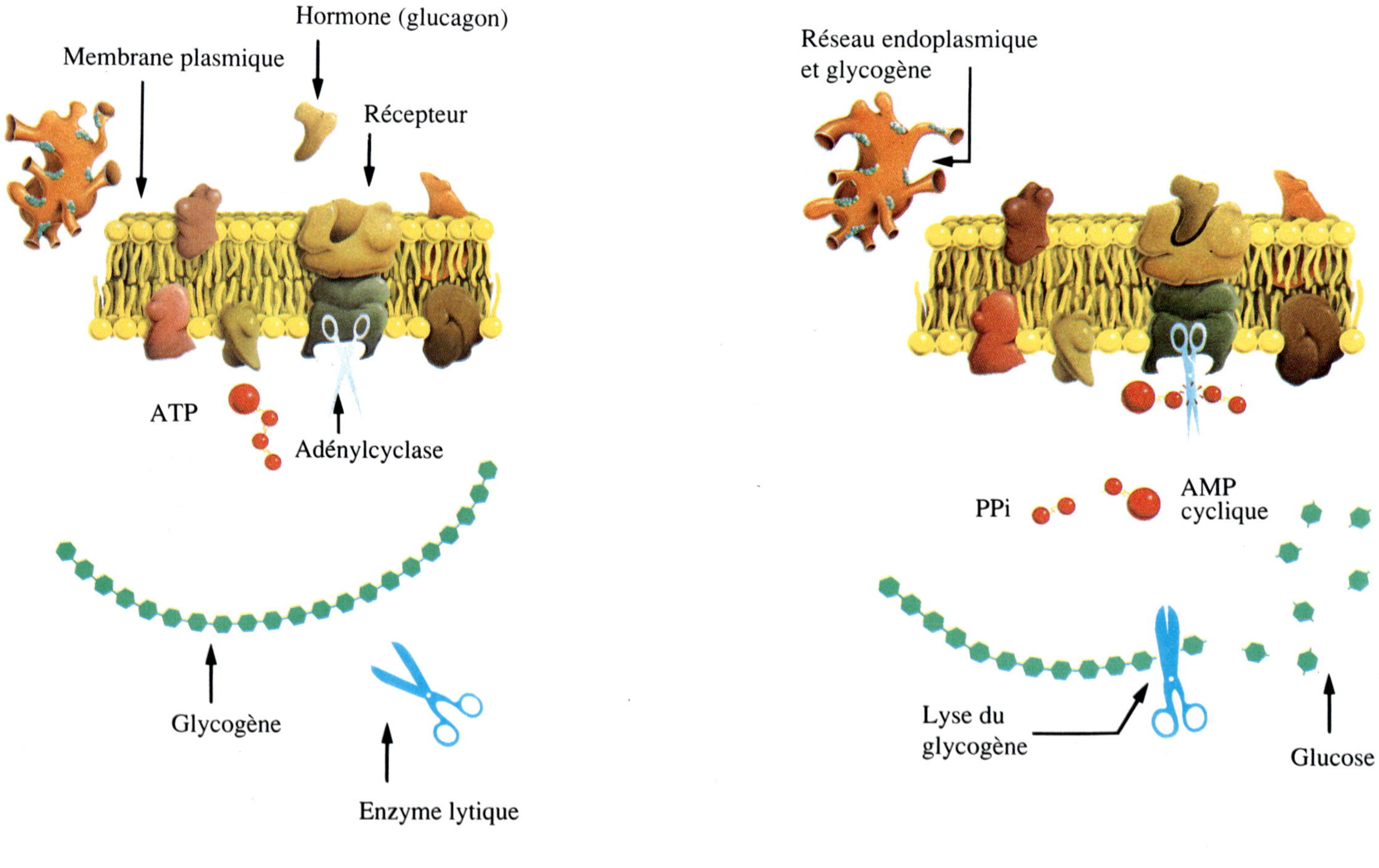


Figure 26 A, B
Glucagon et récepteur du glucagon de la membrane plasmique de l'hépatocyte. L'hormone se fixe sur un récepteur qui lui est spécifique (A) et stimule une adénylcyclase, qui produit de l'AMP cyclique.

Le second messager induit une cascade de réactions (non représentées ici) aboutissant à la scission du glycogène et à la libération de molécules de glucose dans le sang (B).

phosphate). La molécule d'AMPc prend le relais de l'hormone et joue le rôle de second messager hormonal. Elle stimule un enzyme cytosolique et déclenche une réaction enzymatique en cascade aboutissant à une réponse cellulaire spécifique de l'hormone.

Une autre forme de conversion intracytosolique d'un signal moléculaire externe a lieu dans la membrane des cellules musculaires motrices, qui contient des récepteurs sensibles à l'acétylcholine. Il s'agit ici d'un neurotransmetteur mais le mécanisme d'action est le même : il y a induction d'une réaction spécifique chez les cellules cibles. L'acétylcholine se lie à une protéine oligomérique sertie dans la membrane plasmique du muscle et provoque l'ouverture d'un canal permettant le passage d'un excédent d'ions positifs ($Na^+$) dans le hyaloplasme. L'entrée des ions déclenche la dépolarisation du sarcolemme et la contraction de la fibre musculaire.

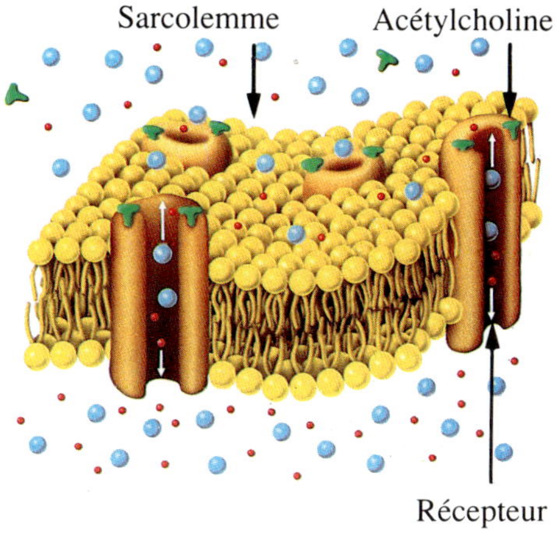


Figure 27
Le récepteur de l'acétylcholine. La protéine comprend 5 sous-unités. Sa configuration peut être modifiée de manière à aménager un canal pour le transport des ions sodium et potassium. L'ouverture du canal est commandée par la liaison du récepteur à l'acétylcholine.

## Des signaux physiques et moléculaires contrôlent l'ouverture et la fermeture de canaux protéiques.

Notre étude de la cellule nous a déjà permis de rencontrer une structure protéique faisant office de tunnel à ouverture réglable (jonction ouverte). Stimulés de manière appropriée, des édifices moléculaires de ce type se "creusent" ou s'obturent pour céder ou empêcher le passage de molécules ou d'ions. On a montré que leur mécanisme d'ouverture-fermeture était commandé par des signaux de nature chimique ou physique. Un exemple de structure fonctionnant par commande physique est illustré par les canaux à ions calcium des terminaisons nerveuses des axones. Ceux-ci ne s'ouvrent que lorsque la dépolarisation du neurilemme axonal atteint un seuil critique. On dit qu'ils ont une ouverture réglée par le potentiel de membrane et sont appelés canaux voltage-dépendants. Comme nous le verrons plus loin au cours de notre étude de la contraction musculaire, la dépolarisation du sarcolemme, la membrane plasmique de la fibre musculaire, par l'acétylcholine commande également l'ouverture de canaux ioniques situés dans cette membrane.

Les canaux ioniques chimio-dépendants répondent à des signaux moléculaires; on dit alors qu'ils ont une ouverture réglée par un ligand (figure 27). Les ligands n'agissent pas obligatoirement sur les protéines formant les canaux : ils peuvent tout d'abord se fixer sur des récepteurs spécifiques indépendants, initialement dispersés dans la membrane. Une fois formés, les complexes récepteurs-signaux se déplacent dans le plan de l'enveloppe cellulaire et commandent l'ouverture de canaux avec lesquels ils entrent en relation.

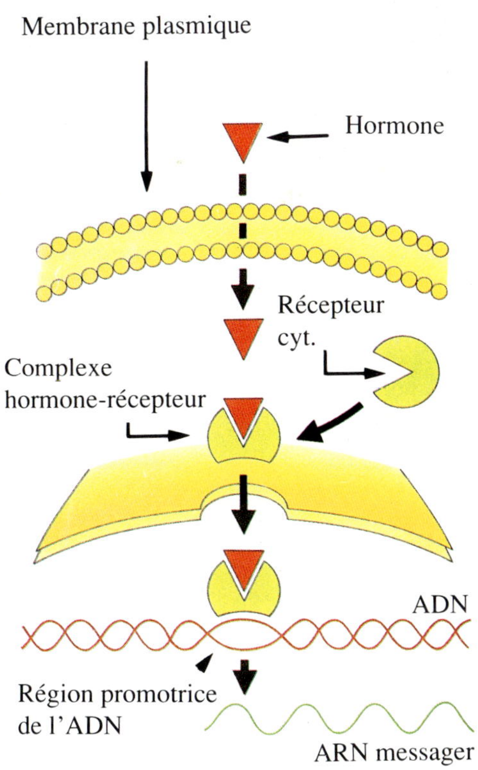


Figure 28
Hormone stéroïde et commande de gènes nucléaires. La fixation de l'hormone sur son récepteur intracytosolique induit un changement allostérique de sa configuration spatiale et augmente son affinité pour certaines régions de l'ADN.

## Les hormones stéroïdes traversent directement la membrane plasmique et sont guidées vers le noyau de la cellule.

Contrairement aux hormones qui, comme le glucagon ou l'adrénaline se fixent sur des récepteurs membranaires spécialisés, les hormones stéroïdes traversent directement la membrane plasmique (figure 28). Cette propriété s'explique par leur petite taille -elles ne sont constituées que de quelques dizaines d'atomes- et leur nature lipophile. L'agitation moléculaire crée une force de pénétration suffisante pour permettre l'entrée de ces molécules dans le cytoplasme. Sitôt introduites, elles se lient à des protéines réceptrices. Les complexes hormones-récepteurs sont enfin fixés dans le noyau, après avoir traversé la membrane nucléaire. On a montré que la liaison de l'hormone stéroïde modifiait la forme de son récepteur cytosolique et le rendait capable de reconnaître des séquences spécifiques d'ADN dans le noyau. Par l'intermédiaire de ces récepteurs, les hormones stéroïdes stimulent la transcription d'ARN messagers et de protéines caractéristiques.

## L'exocytose est un processus inverse de l'endocytose.

Les transports intracytoplasmiques des petites molécules via les perméases et les pompes ou l'endocytose qui permet d'intérioriser des matériaux de gros calibre sont autant de mécanismes capables d'assurer les approvisionnements indispensables de la cellule. Cependant, la membrane plasmique est une voie à double sens : des transferts ont également lieu en direction du milieu extracellulaire. Parfois, comme nous l'avons vu plus haut, les cellules utilisent à cet effet des perméases ou encore des pompes échangeuses. Par exemple, la pompe à ions sodium-potassium expulse des ions potassium pendant qu'elle fait entrer des ions sodium.

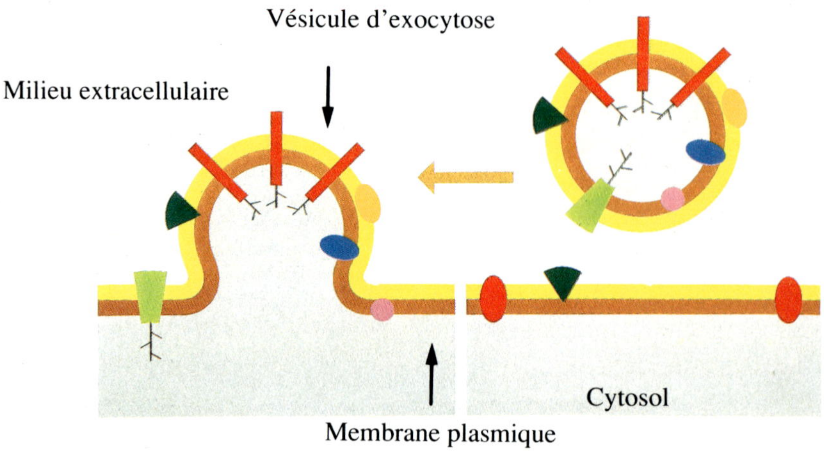


Figure 29
Fusion de membranes et exocytose.
La fusion de la vésicule d'exocytose avec la membrane plasmique enrichit celle-ci en protéines et glycoprotéines synthétisées dans les membranes du réseau interne.
On remarquera que la face cytosolique de la vésicule d'exocytose correspond à la face interne de la membrane cellulaire. La flèche montre qu'une vésicule provenant du milieu ambiant (par exemple, un liposome) peut, en sens inverse, fusionner avec la membrane plasmique.

Toutefois, dans les cellules sécrétrices, on assiste à une décharge de substances en bloc par un mécanisme appelé exocytose. Ce mécanisme fait intervenir, comme dans l'endocytose, un transport de type vésiculaire et des fusions de membranes : dans ce cas, les membranes des vésicules contenant les sécrétions et la membrane plasmique (figure 29). La fusion des feuillets bimoléculaires entraîne la désorganisation des molécules de lipides en contact et leur réorganisation en un feuillet bimoléculaire unique. Ce réarrangement a pour conséquence d'exposer directement le contenu de la vésicule d'exocytose au milieu ambiant.

Observée par la microcinématographie, la décharge exocytaire est un phénomène impressionnant : les particules sécrétées sont littéralement projetées dans le microespace environnant. De même que les vésicules d'endocytose, celles qui sont destinées aux décharges sont guidées dans le cytoplasme jusqu'à leur point de rendez-vous. Il est assez probable qu'ici également des éléments du cytosquelette, peut-être des microtubules (voir plus loin), les aiguillent vers la membrane plasmique.

La membrane de la vésicule d'exocytose s'intègre à la membrane plasmique et l'approvisionne simultanément en protéines et glycoprotéines. Comme nous l'avons mentionné en parlant du recyclage des récepteurs endocytaires, l'apport de feuillets bimoléculaires de lipides, néosynthétisés ou récupérés, et munis de leur garniture protéique compensent l'ingestion de membranes entraînée par le mécanisme inverse d'endocytose. A l'instar de ce dernier, l'exocytose est un processus contrôlé, comme cela se voit dans de nombreuses glandes. La stimulation de la sécrétion peut-être due, par exemple, à une hormone agissant sur un récepteur de l'enveloppe cellulaire.

Les produits de sécrétion d'une cellule sont parfois récupérés. Des médiateurs chimiques comme l'acétylcholine sont exocytés et endocytés un certain nombre de fois par les neurones qui les recyclent. La réutilisation de matériaux exocytés est une nécéssité chez les cellules qui sécrètent des produits qui, comme ce médiateur synaptique, ont une durée de vie très courte, de l'ordre d'une fraction de seconde. Comme nous l'avons fait remarquer plus haut à propos des membranes, les activités de synthèse normale d'une cellule ne pourraient suppléer à des demandes trop importantes de médiateur sans entraîner une dépense d'énergie prohibitive.

## Le cytoplasme est finement compartimenté.

Considéré du point de vue moléculaire, la cellule est un édifice très complexe. Des milliers de réactions catalysées par des enzymes s'articulent les unes aux autres et s'intègrent à un immense réseau métabolique. Parmi elles figurent principalement celles au cours desquelles des molécules sont dégradées avec libération et récupération partielle de leur énergie. Ces réactions sont groupées sous le nom de catabolisme. Les

1. Noyau
2. Réseau endoplasmique granuleux
3. Réseau endoplasmique lisse
4. Golgi
5. Sécrétions
6. Lysosome
7. Mitochondrie
8. Globule lipidique
9. Cavité du réseau endoplasmique
10. Membrane plasmique
11. Jonctions ouvertes
12. Desmosome
13. Jonctions serrées
14. Macrophage
15. Cellule endothéliale du sinus veineux
16. Lipocyte
17. Nucléole
18. Microvilosités

Figure 30
La cellule animale. (Dessin illustrant les différents composants d'une cellule de foie). Les espaces constitués par les sinus favorisent les échanges sanguins et contiennent des macrophages (cellules de Kupffer) et des lipocytes (cellules graisseuses).

Les cellules endothéliales qui bordent les sinus ont un aspect déchiqueté et troué. Les orifices observés créent peut-être un passage direct permettant aux grosses protéines du sang sinusal d'avoir accès à la surface de l'hépatocyte.

1. Membrane plasmique
2. Membrane cellulosique
3. Noyau
4. Réseau endoplasmique granuleux
5. Réseau endoplasmique lisse
6. Chloroplaste
7. Granum
8. Membrane thylacoïde
9. Golgi
10. Lysosome
11. Vacuole cristalline
12. Vacuole cristalline
13. Chloroplaste en division
14. Mitochondrie
15. Grain d'amidon
16. Grain d'amidon en coupe

Figure 31
La cellule végétale verte. Elle est dotée d'ultrastructures semblables à celles de la cellule animale, mais elle possède en outre des chloroplastes et une paroi épaisse faite de cellulose. A cela s'ajoutent une ou plusieurs vacuoles aqueuses contenant des cristaux en solution. Ces vacuoles occupent souvent une grande partie du volume de la cellule et refoulent en périphérie le hyaloplasme, les membranes internes et les organites du cytosol. Grâce aux chloroplastes, la cellule végétale verte fabrique ses glucides à partir de composés minéraux, le gaz carbonique ($CO_2$) et l'eau ($H_2O$). L'énergie requise pour cette synthèse lui est fournie par la lumière solaire.

autres, qui forment de nouvelles molécules, sont résumées sous le terme anabolisme.

On comprend intuitivement que dans un espace aussi vaste que le cytosol (du point de vue de la taille moyenne des molécules), une telle quantité d'événements chimiques ne peut évoluer de manière aléatoire. Il en résulterait une situation chaotique, précisément contraire au degré très élevé d'organisation qui caractérise la cellule. Cette organisation s'observe à plusieurs niveaux : moléculaire, plurimoléculaire et supramoléculaire.

L'organisation moléculaire repose essentiellement sur la spécificité des nombreux enzymes du cytoplasme et sur les caractéristiques propres des protéines de structure. La spécificité d'un enzyme favorise l'évolution d'une réaction chimique intra- ou extracellulaire dans une direction déterminée. De même, les propriétés des protéines de structure permettent d'édifier une variété de charpentes cellulaires microsquelettiques ainsi que des structures associées à la motilité.

De nombreuses étapes des voies de dégradation et de biosynthèse sont contrôlées par des systèmes d'organisation plus complexes (multienzymes) regroupant plusieurs activités catalytiques distinctes. Un exemple d'organisation multienzymatique est donné par la pyruvate déshydrogénase de la matrice des mitochondries. Ce complexe, qui catalyse la déshydrogénation et la décarboxylation du pyruvate de la chaîne glycolytique ne comprend pas moins de 44 polypeptides représentant 3 types principaux. Le poids moléculaire du complexe pyruvate déshydrogénase-décarboxylase isolé de la bactérie E. coli (3.800.000 daltons) est supérieur à celui d'un ribosome complet de la même espèce.

Un état d'organisation plurimoléculaire plus complexe est illustré par les chaînes de réactions dans lesquelles une variété d'enzymes et de substrats concourent à la formation d'un produit. A titre d'exemple, la biosynthèse de certains acides aminés requiert le jeu concerté d'une dizaine d'enzymes qui métabolisent un substrat jusqu'à sa transformation finale.

Le niveau d'organisation supramoléculaire est caractéristique des cellules à noyau (cellules eucaryotes) et repose sur l'existence d'une fine compartimentation intracellulaire. Les cellules eucaryotes des protistes, des animaux et des plantes ont développé au cours de l'évolution un impressionnant dispositif de cloisons internes paraissant répondre aux exigences d'une compartimentation cellulaire à la fois sophistiquée et pratique (figure 30 et 31). Rappelons que ces cloisons sont des feuillets bimoléculaires comme la membrane plasmique, mais elles sont garnies de protéines différentes. Un remarquable exemple d'organisation supramoléculaire est fourni par la membrane interne des mitochondries : celle-ci renferme les enzymes et les transporteurs de la chaîne respiratoire (voir plus loin). De plus, les membranes internes isolent des domaines cytoplasmiques dans lesquels se déroulent des fonctions propres. C'est ainsi que la cavité délimitée par la membrane interne de la mitochondrie renferme une variété d'enzymes spécialisés dans la dégradation des aliments, principalement des sucres et des graisses. D'autres membranes internes, appartenant à un vaste réseau appelé réseau endoplasmique, constituent le support de nombreux ribosomes actifs, tandis que les cavités qu'elles délimitent servent de voies de transport pour des chaînes polypeptidiques. Un local particulier, appelé noyau, détient l'information de la cellule et préserve les moyens de l'exprimer. Ce local communique de manière permanente avec le cytoplasme grâce à un transfert continu de molécules effectué dans les deux sens.

Le plus haut degré d'organisation supramoléculaire est constitué par la cellule elle-même. Celle-ci fonctionne comme un tout indivisible, répondant dans son ensemble à une vaste gamme de signaux extracellulaires et ce, de manière à garantir sa croissance, l'expression de ses particularités et sa reproduction.

## Des transports de molécules ont lieu dans le cytosol et dans les organites.

Le transport de substances est une activité essentielle de la cellule. Celui qui est effectué par des protéines de la membrane plasmique ainsi que par l'endocytose et l'exocytose règle les échanges entre le cytoplasme et le milieu environnant. Mais il existe également un trafic intracellulaire de matériaux. Ainsi de nombreuses protéines sont acheminées au travers du cytosol ou dans divers organites, ou encore dans les dédales du réseau endoplasmique (figure 32). Le trafic cytosolique concerne en outre les organites eux-mêmes, des vésicules, certains

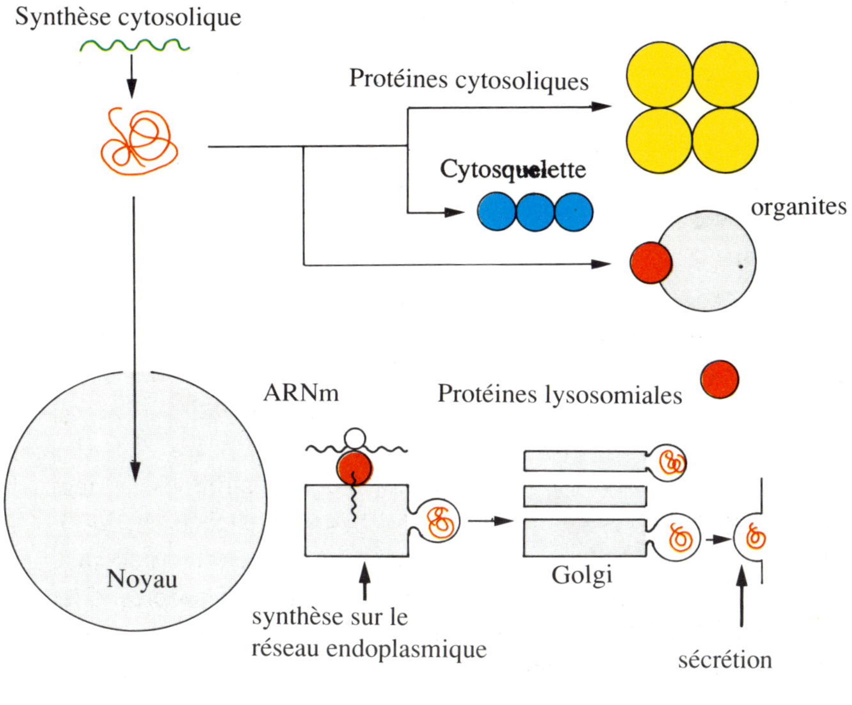


Figure 32
La destinée des protéines néosynthétisées. Celles qui sont produites dans le cytosol sont destinées, soit au cytosol lui-même (par exemple les enzymes de la glycolyse), soit aux organites ou à la membrane plasmique. Les protéines formées au niveau des membranes du réseau endoplasmique sont, pour une part importante, destinées à être excrétées dans le milieu ambiant (par exemple, les enzymes des cellules digestives ou les anticorps produits par les lymphocytes B) et, pour une autre part, destinées aux lysosomes (enzymes lytiques).

éléments du cytosquelette et des ribosomes. Nous n'examinerons ici que le transport des protéines dans le réseau endoplasmique et les organites à double membrane, comme les mitochondries et les chloroplastes.

On sait aujourd'hui que l'assemblage des acides aminés de toutes les protéines de la cellule est amorcé au niveau des ribosomes dans le cytosol. Beaucoup d'entre elles deviendront par exemple les enzymes de la glycolyse ou d'autres protéines du hyaloplasme. L'assemblage de nombreuses autres protéines ne se poursuit et ne s'achève cependant qu'au niveau des membranes du réseau endoplasmique. On avait d'abord pensé que les ribosomes fixés sur ces membranes possédaient des motifs chimiques qui leur permettraient d'y reconnaître des sites d'ancrage. Or, de telles différences n'ont jamais pu être observées entre ribosomes fixés et ribosomes libres. En réalité, ceux qui s'attachent au réseau membranaire interne transportent une amorce de chaîne polypeptidique débutant elle-même par une séquence d'acides aminés appelée séquence signal. Riche en résidus hydrophobes, cette dernière est reconnue par une particule cytosolique appelée protéine de reconnaissance du signal (figure 33). Il en résulte un blocage de l'élongation cytosolique de l'amorce polypeptidique jusqu'à ce que la protéine de reconnaissance rencontre une protéine du réseau endoplasmique et se fixe sur elle, autorisant enfin la poursuite de la synthèse entamée précédemment. Quant à la protéine de reconnaissance du signal, elle est recyclée pour guider d'autres amorces vers la surface du réseau.

Figure 33
Synthèse d'une protéine et séquence signal. La séquence signal est reconnue par une protéine cytosolique et acheminée au niveau d'une membrane du réseau endoplasmique. La chaîne d'acides aminés y poursuit sa croissance et est entraînée au fur et à mesure dans la cavité du réseau. Sa séquence signal est excisée par une peptidase membranaire (Pep). La chaîne complétée se détache du ribosome et ce dernier redevient disponible. (ARNm : ARN Messager; UAG : codon de terminaison de la traduction).

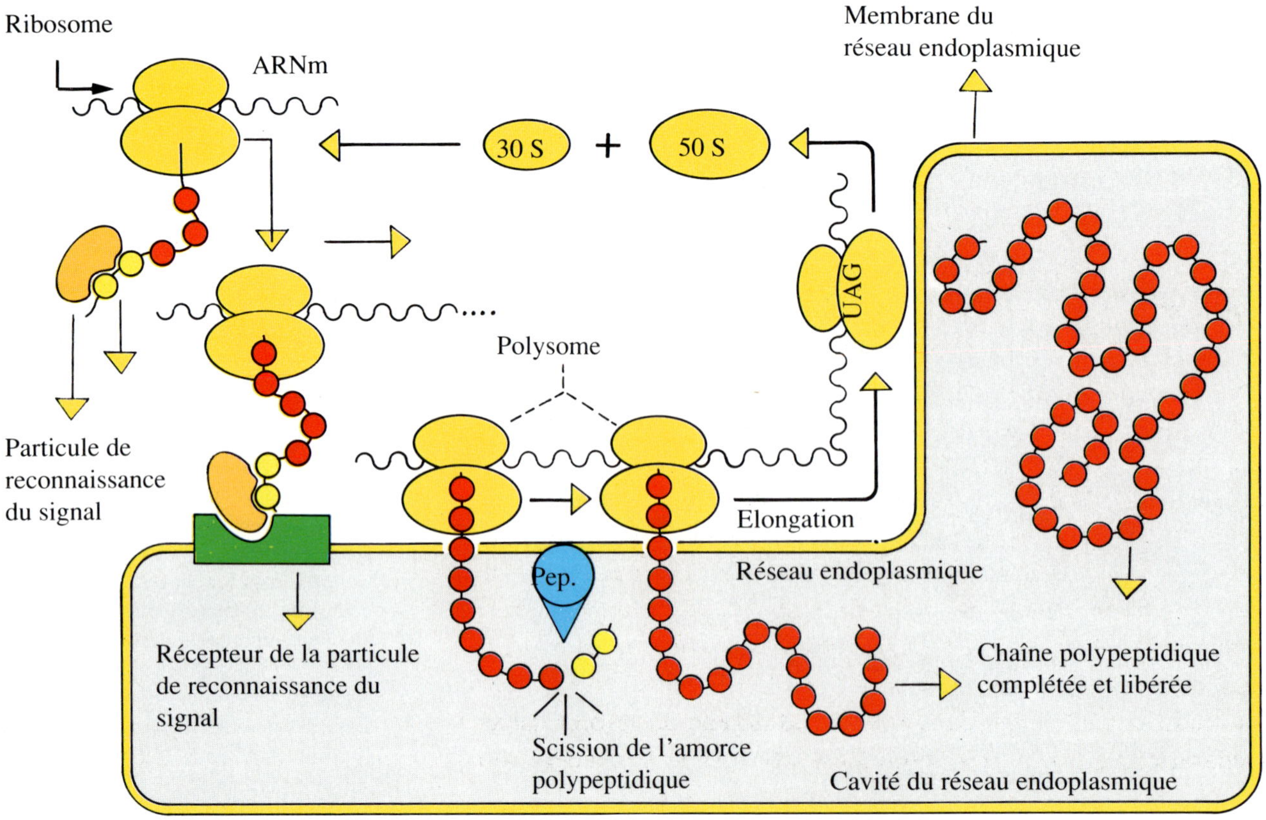

Au fur et à mesure de sa synthèse, la chaîne polypeptidique s'allonge et s'engage dans la lumière du réseau, d'une manière qui laisse supposer l'existence d'un dispositif macromoléculaire capable de l'y entraîner résidus par résidus. Il pourrait s'agir d'un tunnel protéique spécialisé dans le transfert de longues chaînes de polymères et associé à un système de pompage consommant de l'énergie. Arrivée dans la lumière du réseau endoplasmique, la séquence signal est excisée de la chaîne naissante par une peptidase, localisée sur la face luminale du réseau. Une fois sa synthèse achevée, la protéine se détache du ribosome et est transférée vers l'appareil de Golgi. Entretemps, elle s'est repliée sur elle-même et a adopté une forme tridimensionnelle spécifique.

On a remarqué que les protéines entièrement formées dans le cytosol et destinées aux mitochondries et aux chloroplastes sont munies de séquences signaux comparables à celles que nous venons de mentionner. Cependant, la manière avec laquelle de telles séquences y faciliteraient leur transport dans les organites n'est pas bien élucidée. Le passage des protéines a peut-être lieu aux endroits où leurs deux membranes sont accolées et qui ont été appelés sites d'adhésion. Le problème se complique cependant du fait que ces structures doivent au préalable débrouiller des protéines tridimensionnelles en leurs chaînes constitutives, linéaires, pour leur permettre de se faufiler par des conduits appropriés. Ici encore, on peut invoquer l'existence de pompes protéiques consommant de l'énergie.

Pour ce qui est des petites molécules comme le pyruvate, des travaux récents laissent penser qu'elles franchiraient les double membranes des mitochondries grâce à des canaux ou des pompes spécialisés, situés sur l'une et l'autre membrane. Après avoir diffusé au travers de la membrane externe, perméable à de nombreux métabolites, et après avoir franchi l'espace intermembranaire, elles seraient sélectionnées au niveau de transporteurs spécifiques situés dans la membrane interne.

## De nombreuses chaînes d'acides aminés destinées à être sécrétées subissent des modifications chimiques au cours de leur transfert dans les cavités du réseau endoplasmique.

Dans beaucoup de cas, une modification chimique de la chaîne d'acides aminés a lieu quasi dès sa pénétration dans la cavité du réseau. Elle consiste en l'addition enzymatique d'un polysaccharide lié à un lipide membranaire d'un type particulier, le dolichol. Le greffage du polymère de sucre se fait le plus souvent sur un résidu asparagine de la chaîne en croissance (figure 34). Cet enrichissement chimique de la protéine marque le début d'une série de remodelages qui se poursuivra lors de son transit ultérieur vers l'appareil de Golgi. Comme les modifications post-traductionnelles qui consistent à additionner des groupements oligosacchararidiques sur des protéines naissantes dépendent de

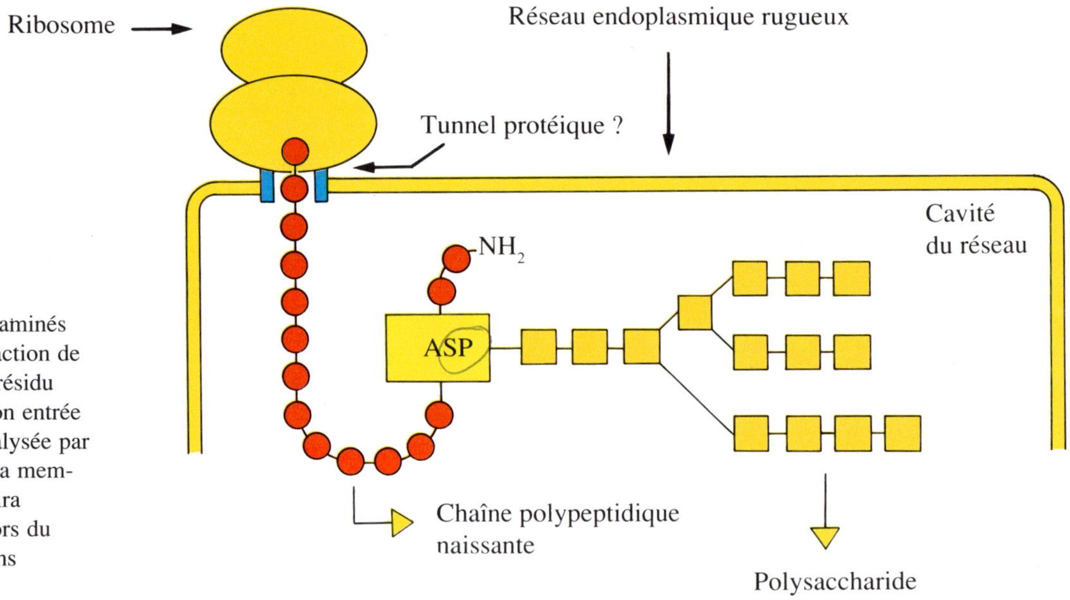


Figure 34
Glycosylation d'une chaîne d'acides aminés dans le réseau endoplasmique. La réaction de transfert d'un polysaccharide sur un résidu asparagine a lieu rapidement après son entrée dans la cavité du réseau. Elle est catalysée par un enzyme lié à la face luminale de la membrane interne. Le polysaccharide subira plusieurs remaniements importants lors du passage de la jeune glycoprotéine dans l'appareil de Golgi.

molécules et d'enzymes opérant uniquement du côté luminal du réseau endoplasmique, les protéines dont la synthèse est entièrement cytosolique ne peuvent être glycosylées.

## L'appareil de Golgi est formé d'un système complexe de membranes.

Cet organite, présent dans les cellules végétales et animales, est constitué d'un ou de plusieurs groupements de saccules membranaires aplatis, à surface lisse, et superposés les uns aux autres à la manière d'une pile d'assiettes. Un groupement de saccules porte le nom de dictyosome. Lorsqu'il existe plusieurs dictyosomes dans une même cellule, ils sont reliés entre eux par de fins canaux anastomosés, difficilement discernables des tubules du réseau endoplasmique lisse. Les dictyosomes ont généralement une allure pyramidale et sont environnés d'une multitude de vésicules de taille variée (figure 35). De plus ils paraissent avoir, ainsi que leur cortège vésiculeux, une orientation définie dans le cytosol. Le saccule le plus interne -et le plus large- d'un dictyosome, situé au voisinage du réseau endoplasmique lisse, forme sa face cis. Le saccule le plus externe, situé au sommet de la pyramide, est orienté vers la membrane plasmique et forme sa face trans. L'orientation des dictyosomes est fonc-

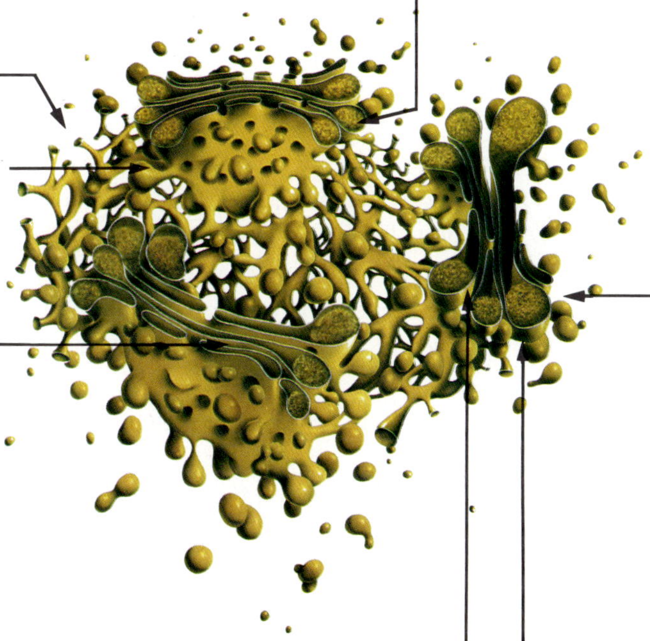


Figure 35
L'appareil de Golgi. C'est un composant essentiel du vaste réseau de membranes internes qui baigne dans le hyaloplasme. Il est en relation avec ce réseau et avec le reste de la cellule par des systèmes de transport vésiculaires. Des vésicules provenant du réseau endoplasmique lui apportent des protéines néosynthétisées, tandis que lui-même exporte des produits finis qui aboutissent, soit à la cellule elle-même, soit dans le milieu extracellulaire. Tous ces transports vésiculaires sont accompagnés d'importants remaniements de membranes. Les paquets de saccules formant les dictyosomes sont parfois reliés entre eux par de fins tubules anastomosés. Il est possible que ces canaux favorisent des échanges de substances traitées entre les différents dictyosomes.

tionnelle et commande le sens du trajet ainsi que la nature des modifications apportées à de nombreuses protéines néosynthétisées et exportables. Chez les cellules qui, comme les cellules caliciformes de l'épithélium intestinal ont une vocation sécrétrice marquée, l'appareil de Golgi est bien développé et des vésicules de grande taille, bourrées de produits sécrétoires, sont associées à sa région trans.

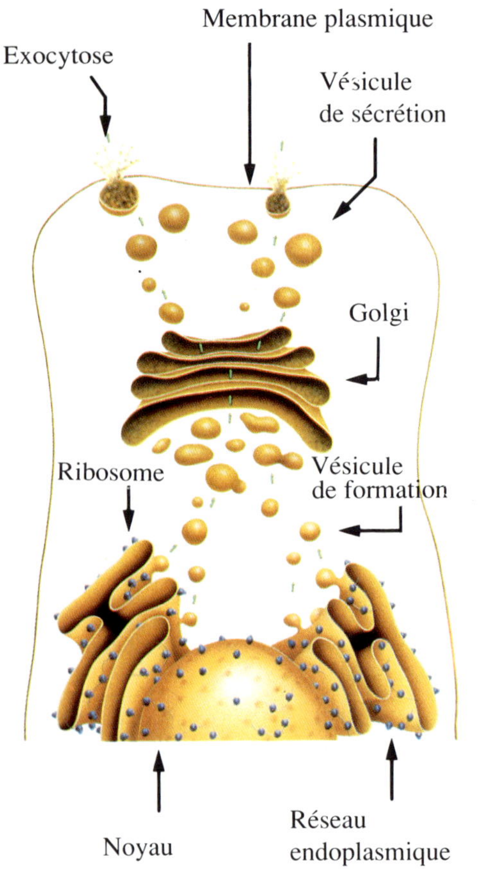


Figure 36
Rapports topographiques entre le réseau endoplasmique, l'appareil de Golgi et la membrane plasmique. Un flux de produits de sécrétion et de membranes est dirigé du réseau endoplasmique situé en profondeur dans le hyaloplasme vers la membrane externe de la cellule. Les produits exportés et les produits lysosomiaux font un séjour obligé dans l'appareil de Golgi pour y subir les remaniements ou les enrichissements chimiques nécéssaires.

## Les protéines néosynthétisées provenant du réseau endoplasmique sont véhiculées vers les saccules golgiens cis au moyen de petites vésicules.

L'observation des cellules sécrétrices en microscopie électronique permet de visualiser et d'apprécier l'importance de ce type de transport dans la région située entre les saccules cis des dictyosomes et les membranes du réseau endoplasmique lisse. Des vésicules bourgeonnent continuellement de ce dernier, s'en détachent, fusionnent entre elles et avec la membrane dictyosomiale, déchargeant enfin leur produit dans la lumière de l'appareil golgien. Ce moyen de transport, qui implique simultanément des échanges de membranes est, en l'occurence, le seul possible : les produits destinés à l'exportation ne peuvent diffuser hors des lumières des conduits ou des vésicules car ils se disperseraient dans le hyaloplasme. Leur maintien dans des compartiments cloisonnés est donc indispensable (figure 36).

A partir du saccule dictyosomial cis, les jeunes protéines poursuivent un trajet qui les fait passer successivement d'un saccule à l'autre dans le sens cis-trans. Ce transport se fait probablement par une alternance continue de formations de vésicules et de fusions de membranes dans les espaces qui séparent les saccules. Il semblerait par ailleurs que les tubules anastomosés qui relient les dictyosomes ouvrent des voies de passage latérales pour les substances véhiculées. D'une manière générale, on peut soupçonner que les voies de circulation gérées par l'appareil de Golgi sont variées et adaptées aux fonctions de remaniement et de tri moléculaires. Nous n'examinerons ici que succinctement cet aspect de la physiologie des dictyosomes.

## Les glycoprotéines subissent un élagage important au cours de leur transfert dans les dictyosomes.

Comme nous l'avons dit plus haut, l'addition d'un oligosaccharide ramifié de sucres sur un résidu asparagine des polypeptides naissants dans l'endoplasme est la première étape d'une série de transformations aboutissant à la maturation des protéines. Celle-ci se poursuit dans le dictyosome. Les recherches récentes indiquent que les enzymes de maturation sont disposés dans les membranes empilées des différents saccules golgiens de manière à opérer de façon concertée. Les produits de sécrétion peuvent ainsi être traités séquentiellement au fur et à mesure de leur déplacement, des régions cis vers les régions trans de l'appareil de Golgi. Certains enzymes sont confinés dans les saccules cis, d'autres dans les saccules trans, d'autres encore sont logés dans les saccules intermédiaires.

Une fonction importante des enzymes golgiens consiste à créer des ponts disulfures dans les protéines, contribuant ainsi à stabiliser leur structure secondaire. Une autre fonction est de remanier la composition du polymère saccharidique initial, en lui enlevant ou en lui ajoutant des résidus jusqu'à ce que la protéine acquière sa part glucidique définitive.

L'appareil de Golgi peut également transformer une protéine mûre, complètement formée mais non encore fonctionnelle, en une protéine active. Ceci se fait par le biais d'un ou de plusieurs clivages protéolytiques. Un exemple bien connu de protéine nécéssitant ce type de maturation est celui de l'hormone parathyroïdienne. Au moment de sa synthèse dans le réseau endoplasmique, l'extrémité amino-terminale de la protéine est dépouillée de sa séquence signal. Cependant, il lui reste encore une pièce de six résidus, appelée séquence pro, et dont la présence l'empêche de fonctionner, peut-être par masquage du site actif. L'excision protéolytique de cette séquence a lieu dans un saccule dictyosomial.

Le rôle de l'appareil de Golgi ne consiste pas seulement à renforcer l'armature des jeunes protéines ou à les modifier chimiquement. Selon qu'ils sont destinés à l'exportation ou à rester dans la cellule, les produits néosynthétisés doivent être reconnus et identifiés d'une manière ou d'une autre par des systèmes de transport en vue de les guider vers leur site fonctionnel. L'appareil de Golgi doit donc faire un tri, emballer et expédier les protéines selon leur destination.

Cette fonction de tri et d'emballage est relativement mieux connue chez les enzymes lytiques des lysosomes. On a remarqué que ces hydrolases, qui sont synthétisées au niveau du réseau endoplasmique, n'aboutissent à leur destination correcte que si elles sont pourvues d'une sorte d'étiquette, d'adresse, constituée par un groupement mannosyl phosphaté (figure 37 A, B). En l'absence de ce groupement elles suivent le parcours des glycoprotéines exportées.

On pense que les étiquettes polysaccharidiques et peut-être aussi l'une ou l'autre région de nombreuses autres protéines qui empruntent le parcours dictyosomial cis-trans sont identifiées par des récepteurs spécifiques présents sur la face luminale des différents saccules. Il y auraient autant de récepteurs que de substances reconnues. De cette manière, un tri précis permettrait de sélectionner des produits de synthèse vers leur destination propre, soit dans des vésicules cytoplasmiques, par exemple les lysosomes, soit dans le milieu environnant.

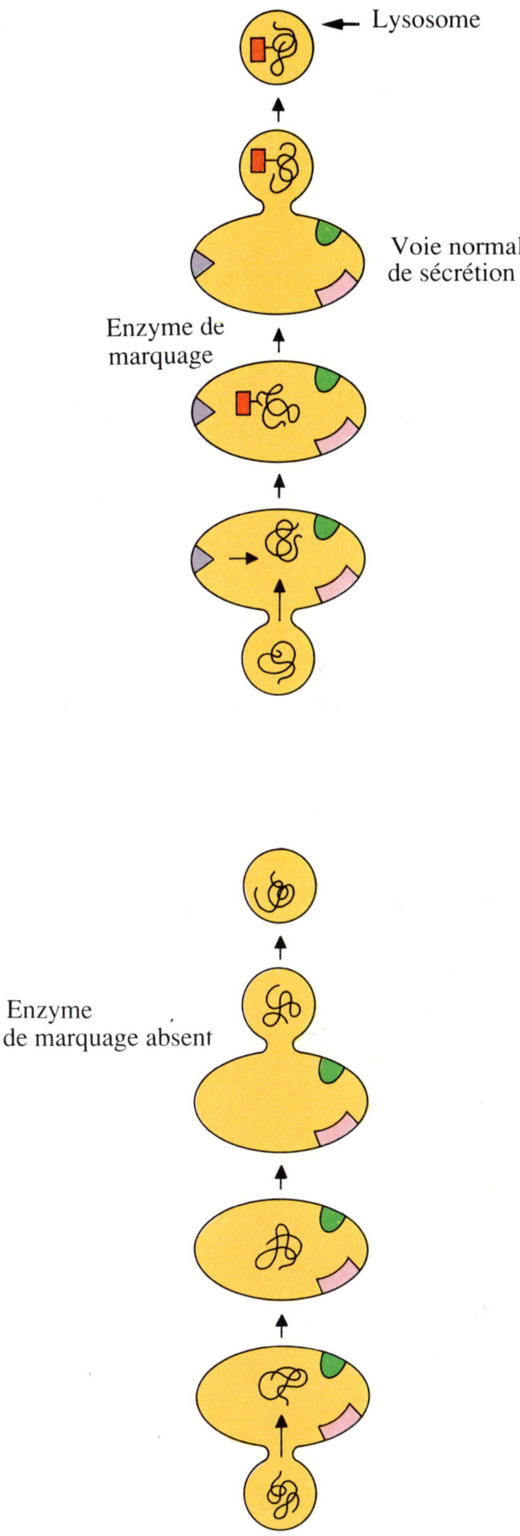


Figure 37 A, B
Les membranes des saccules golgiens sont pourvues d'enzymes fixant sur les jeunes protéines une sorte d'étiquette chimique qui leur permet d'être guidées vers leur destination normale (A). L'absence d'un enzyme de marquage peut créer une perturbation dans le cheminement cellulaire d'une protéine (B).

## L'appareil de Golgi est aussi un centre de recyclage de membranes.

Les événements impliqués dans les fonctions de remaniements chimiques ainsi que dans les processus de tri, d'emballage et d'expédition de l'appareil de Golgi mettent en jeu de nombreux transports de vésicules (figure 38). Nous avons mentionné plus haut ceux qui ont lieu dans la région cis du dictyosome ainsi qu'entre les saccules étagés. Du côté trans un important trafic, à deux voies au moins, relie le dictyosome à la membrane plasmique. Les vésicules de sécrétion golgiennes fusionnent avec elle et déchargent leurs produits dans le milieu extracellulaire. Ce faisant, elles incorporent leur propre membrane et leur assortiment de glycoprotéines neuves dans l'enveloppe de la cellule. Les vésicules qui font route en sens inverse, vers l'appareil de Golgi, recyclent des morceaux de membrane plasmique. Cette opération est particulièrement nécéssaire chez les cellules spécialisées dans l'exportation. Les cellules sécrétrices doivent en effet rapidement réinvestir dans le cytosol les surplus de membrane plasmique apportés lors des décharges exocytaires. Il existe également un trafic aller-retour de membranes entre l'appareil de Golgi et les lysosomes, ainsi qu'entre l'appareil de Golgi et les endosomes.

On pense qu'une variété de navettes de vésicules membranaires fonctionnent de manière continue dans le hyaloplasme. Ici encore, on peut soupçonner l'intervention d'une large gamme de signaux moléculaires qui pourraient d'une manière générale jouer un rôle important dans leur pilotage au sein du cytosol. Gains de membrane plasmique par exocytose, pertes par endocytose et échanges membranaires internes s'équilibrent tout au long de la vie de la cellule avec la synthèse de nouvelles membranes pour garantir une surface adéquate entre le milieu environnant et le milieu cytoplasmique ainsi qu'entre différents compartiments internes de la cellule.

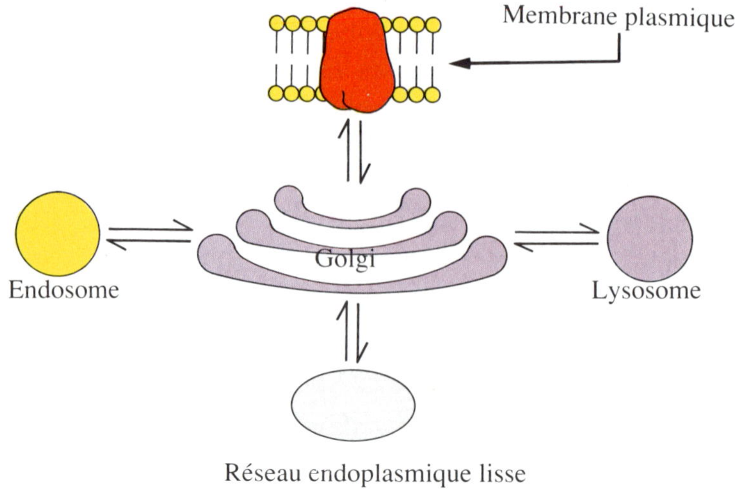


Figure 38
L'appareil de Golgi et le recyclage des membranes. L'appareil de Golgi est probablement le principal responsable de cette fonction. Comme le montre l'illustration, des échanges et des renouvellements de membranes ont lieu entre le dictyosome et l'endosome, le réseau endoplasmique et la membrane plasmique.

## La mucolipidose est une maladie golgienne qui peut être partiellement expliquée au niveau moléculaire.

La mucolipidose est une maladie qui a son origine dans l'incapacité de l'appareil de Golgi d'étiqueter certains enzymes lipolytiques et en conséquence de les conditionner correctement dans leurs emballages propres, les lysosomes. Il en résulte que les lipides introduits dans la cellule par endocytose ou ceux qui proviennent de la cellule ne sont pas digérés et s'accumulent dans les lysosomes primaires. Quant aux enzymes non étiquetés, ils suivent la voie exocytaire des produits non lysosomiaux traités dans les saccules golgiens et sont déchargés dans la périphérie de la cellule. On les retrouve dans le sang et les urines des malades. A l'analyse, on constate qu'ils diffèrent des enzymes normaux par l'absence d'un groupement mannosyl-phosphate. Il est probable que ce sucre est normalement fixé sur eux chez les individus sains, et permet à l'appareil de Golgi de les expédier vers leur destination correcte.

## Les lysosomes constituent l'estomac de la cellule.

Les lysosomes sont formés par bourgeonnement des membranes des saccules golgiens. Ils contiennent des hydrolases qui digèrent des substances introduites par endocytose ainsi que des matériaux endogènes comme les organites et les membranes vieillis. La capture d'éléments proprement cellulaires par les lysosomes s'appelle autophagie. Elle se produit de manière intense lors des diètes prolongées, ou dans certaines circonstances pathologiques mais elle est relativement rare par ailleurs. D'une manière générale, les macromolécules ainsi que les microorganismes piégés dans les lysosomes sont dissociés en leurs composants lipidiques, protéiques ou nucléiques, et les polymères sont rompus en leurs sous-unités constitutives par hydrolyse de leurs liaisons covalentes.

Les enzymes lysosomiaux ne sont pleinement fonctionnels qu'en milieu acide. La cavité du lysosome maintient à cet effet un pH voisin de 5, optimal pour leur fonctionnement. On a montré que la concentration élevée des lysosomes en protons était maintenue par une pompe ATPasique, qui les importe contre leur gradient. Un lysosome peut contenir plusieurs dizaines d'enzymes lytiques différents.

L'incarcération des enzymes lysosomiaux dans des cavités propres se comprend sans peine. Si de telles molécules diffusaient librement dans le cytosol, elles endommageraient une foule de composants cellulaires, en rompant leurs liaisons covalentes. Par ailleurs, le milieu acide des lysosomes serait à lui seul préjudiciable aux nombreux enzymes hyaloplasmiques, qui ne fonctionnent qu'à pH neutre.

Face à la multitude de vésicules de toutes sortes qui occupent le hyaloplasme, les lysosomes doivent opérer un choix précis de celles avec lesquelles ils fusionnent. Il est fort vraisemblable que les membranes lysosomiales sont équipées à cet effet de systèmes de détection appropriés. On pense que des protéines superficielles des lysosomes reconnaissent des motifs moléculaires à la surface des endosomes ou d'autres vésicules. La reconnaissance correcte d'une vésicule par un lysosome est aussitôt suivie de la fusion des membranes en contact et du mélange du contenu acide lysosomial avec le liquide et les substances qu'elle renferme. La vésicule unique résultant de la fusion est une vaste poche dans laquelle hydrolases et substrats sont mêlés. Des erreurs d'aiguillage, dues à des déficiences en systèmes de détection normaux peuvent en principe se produire et il se pourrait que des dérangements cellulaires soient causés par la fusion de lysosomes avec des éléments du cytoplasme.

Un lysosome n'ayant pas encore fusionné avec une vésicule d'endocytose ou d'autophagocytose est appelé lysosome primaire tandis qu'un lysosome ayant déjà opéré une première digestion est appelé lysosome secondaire (figure 39).

Il convient de faire remarquer ici que la fonction de digestion lysosomiale d'éléments nutritifs décrite plus haut n'est exercée que par les protozoaires et quelques espèces primaires. Chez les animaux supérieurs et chez l'homme, elle n'intervient que suite à l'autophagie, une activité mineure si on se place d'un point de vue quantitatif. Chez l'homme, les aliments sont préalablement digérés dans le tube digestif et les molécules nutritives qui entrent dans ses cellules sont des sucres, des acides aminés, etc... La digestion opérée par nos lysosomes concerne plutôt des substances ou des microorganismes pathogènes. Ce qui fait des lysosomes d'importants agents de la défense immunitaire. Nous savons que cette importante fonction est assurée principalement par des globules blancs tels que les leucocytes polynucléaires et les macrophages. Ces derniers, qui se nourrissent normalement de molécules simples puisées dans le milieu extracellulaire ont une enveloppe munie de détecteurs leur permettant de reconnaître et de phagocyter des substances et des microorganismes infectieux. Les endosomes contenant ces éléments fusionnent avec les lysosomes et ceux-ci y déversent leurs enzymes digestifs.

## Les peroxysomes renferment des enzymes dégradateurs.

Les peroxysomes sont des vésicules membranaires mesurant approximativement 0,5µm. On les rencontre surtout dans les cellules de foie et de rein. Une variété de peroxysomes de plus petite taille, appelés microperoxysomes et mesurant 0,2µm, sont observés dans la plupart des cellules de mammifères. Leur bagage enzymatique comporte des enzymes qui utilisent l'oxygène pour déshydrogéner des substrats. Les réactions catalysées par ces enzymes produisent du peroxyde d'hydrogène ($H_2O_2$), un agent oxydant puissant (on l'appelle communément eau oxy-

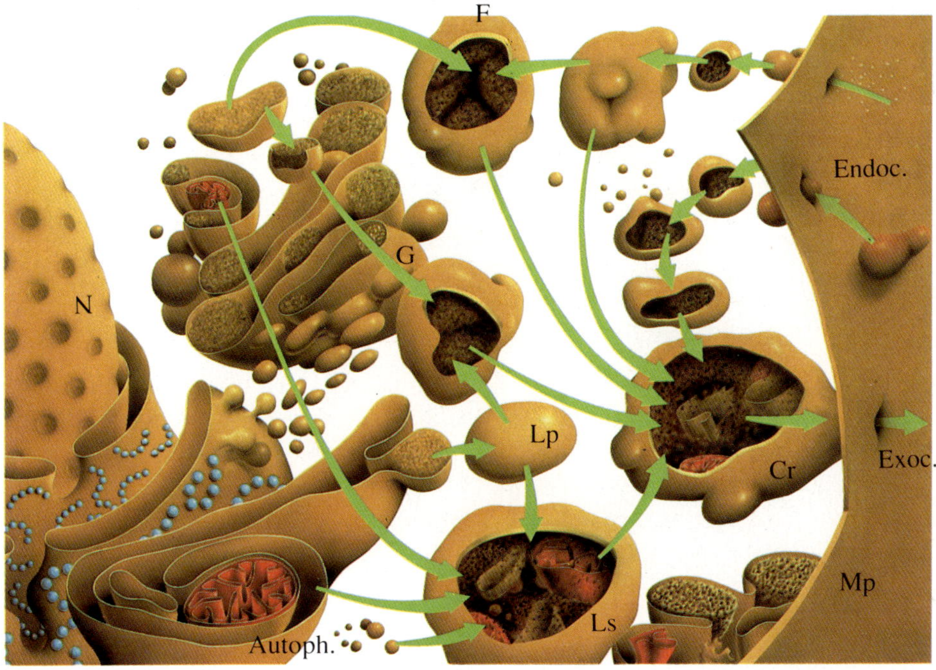


Figure 39
Lysosomes primaires et lysosomes secondaires. Ce sont des vésicules d'aspect et de contenu fort différents, selon l'âge et les résidus ou débris de toutes sortes qu'ils contiennent. Il est probable que le lysosome primaire est doté de récepteurs spécifiques capables de cibler correctement les vésicules dont le contenu est à digérer. Le lysosome secondaire résulte de la fusion d'un lysosome primaire avec un endosome ou une vésicule autophagique. (Lp : lysosome primaire; Ls : lysosome secondaire; Cr : corps résiduel; Endoc. : endocytose; Autoph. : autophagocytose; Mp : membrane plasmique; G : golgi; F : fusion d'un lysosome primaire et d'un endosome; exoc. : exocytose; N : noyau.

génée). Cet agent toxique est neutralisé par la catalase, un autre enzyme des peroxysomes, qui l'oxyde au cours d'une réaction libérant de l'eau. La catalase est en outre pourvue d'une activité peroxydasique au cours de laquelle elle utilise l'eau oxygénée elle-même pour oxyder des substances potentiellement toxiques comme les alcools. La réaction générale est du type : $RH_2 + H_2O_2 \rightarrow R + 2H_2O$.

Au cours de ces réactions, qui sont des respirations "manquées", des substrats hydrogénés sont directement oxydés et leur énergie potentielle est entièrement dissipée sous forme de chaleur. Dans les mitochondries au contraire, les électrons arrachés aux substrats oxydés cèdent graduellement leur énergie potentielle aux cellules qui tirent ainsi parti de l'utilisation d'oxygène. On peut dès lors se demander comment les peroxysomes, qui accomplissent une respiration sans profit énergétique, ont pu être maintenus jusqu'à nos jours.

Dans les cellules de foie, qui contiennent de grandes quantités de peroxysomes, on pense qu'au moins deux fonctions justifient leur maintien actuel. Une première consisterait à oxyder une fraction importante de l'éthanol que nous absorbons en acétaldéhyde. Si elle se vérifie, cette fonction pourrait suffire à elle seule à faire des peroxysomes des éléments cellulaires indispensables et les suppositions selon lesquelles ils ne seraient que des "reliques" de formations ancestrales ne pourraient, dès lors, être entièrement fondées. On pense toutefois que l'utilisation de l'oxygène par ces organites a débuté très tôt chez les protoeucaryotes, qui furent nos lointains parents cellulaires. Puisque cette utilisation n'était pas accompagnée d'une récupération d'énergie par la cellule, on peut supposer qu'elle avait au moins l'avantage d'incorporer

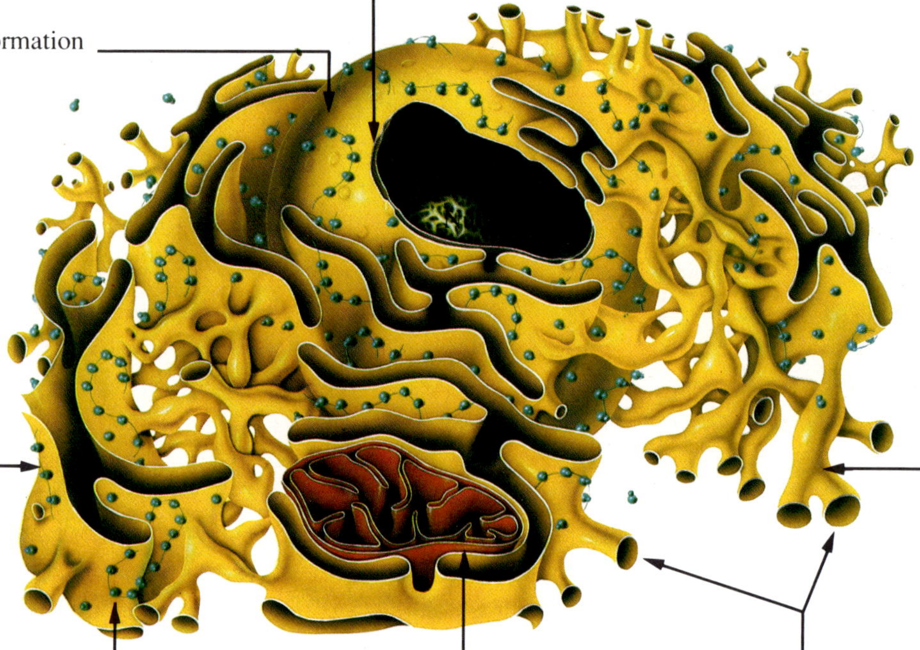


Figure 40
Le noyau de la cellule. Il est limité par une double membrane. La membrane externe se prolonge dans le réseau endoplasmique. Une partie plus ou moins importante de ce réseau est couverte de ribosomes assemblés en polysomes.

l'oxygène photosynthétique naissant dans des molécules d'eau, neutralisant ainsi son caractère oxydant -et donc toxique- et le rendant inoffensif. La respiration perfectionnée des mitochondries aboutit d'ailleurs au même résultat si on fait abstraction de ses avantages énergétiques. Dans un chapitre ultérieur, traitant des origines de la vie et des cellules, nous verrons que le dégagement d'oxygène moléculaire par les premiers autotrophes utilisant l'eau comme source d'hydrogène a progressivement obligé les cellules à s'adapter à cet élément, qui ne cessait de s'accumuler dans leur environnement, sous peine de disparaître. Une première adaptation intéressante aurait été l'oxydation peroxysomiale, énergétiquement non rentable, mais comportant l'avantage cité plus haut.

Une seconde fonction des peroxysomes apparaît être de plus en plus l'oxydation des acides gras, fonction qu'ils partagent avec les mitochondries.

## Le noyau est une cavité délimitée par une double membrane.

Contrairement aux bactéries, presque toutes les cellules des protozoaires et toutes celles des animaux et des plantes possèdent un vrai noyau, enveloppé d'une double membrane. Une membrane interne isole complètement la substance nucléaire proprement dite. Une membrane externe, dont la face cytosolique est tapissée de ribosomes, s'appose assez étroitement à la première mais s'en éloigne à divers endroits, pour se prolonger dans le réseau endoplasmique (figure 40). Les deux membranes nucléaires délimitent entre elles une cavité aplatie appelée espace périnucléaire. Sa lumière communique avec celle du réseau endoplasmique et, comme elle, véhicule des chaînes polypeptidiques.

L'enveloppe nucléaire est percée de pores. Ces formations sont en réalité des structures protéiques complexes, contrôlant des échanges entre le nucléoplasme et le hyaloplasme environnant. Chaque pore est constitué par l'agencement de huit granules protéiques de grande taille, disposés concentriquement et émergeant des faces hyaloplasmiques et nucléoplasmiques de la double enceinte. L'ensemble des granules circonscrit un canal central dont l'ouverture paraît contrôlée. Le bord d'un pore est formé par la continuité de la membrane interne et de la membrane externe du noyau (figure 41). Un noyau typique de mammifère contient entre 3000 et 4000 pores.

L'existence de l'enveloppe nucléaire ne s'explique pas de manière claire. Les cellules qui n'en n'ont pas utilisent tout aussi bien leur contenu génétique. Toutefois, elle pourrait avoir des avantages importants pour une cellule évoluée. Il convient tout d'abord d'observer qu'elle sépare du cytoplasme environnant non seulement les ADN qui forment le capital transmissible de la cellule, mais aussi une variété de protéines qui contrôlent leur expression. De plus elle abrite, en un premier temps, de nombreux ARN qui sont des copies fidèles des gènes. L'enceinte nucléaire assigne donc une région entière de la cellule à ces substances d'importance centrale et leur garantit un environnement moléculaire approprié. Indirectement, elle les protège contre une action lytique ou nocive de la part de l'un ou de l'autre enzyme extranucléaire.

On remarquera en outre que la membrane nucléaire articule dans le temps et dans l'espace la synthèse des protéines à celles des messagers. Ces derniers, dont la maturation chez les eucaryotes se fait au cours de processus à étapes multiples, ne sont distribués au cytoplasme que sous une forme traduisible, accessible aux mécanismes qui amorcent la synthèse des chaînes polypeptidiques.

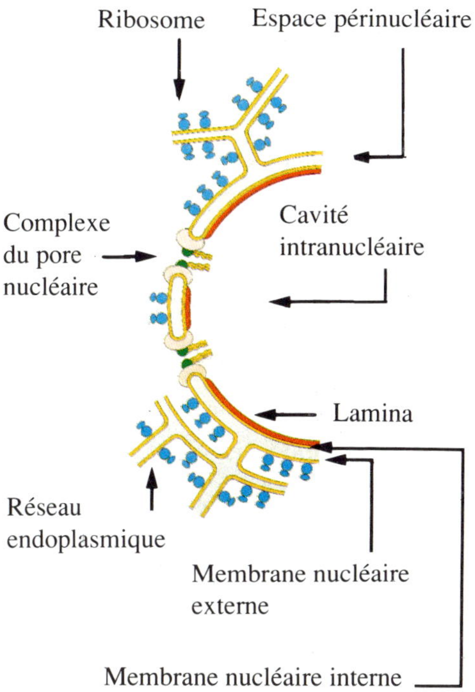


Figure 41
Structure schématique de la membrane nucléaire. Elle est constituée par la superposition de deux double feuillets phospholipidiques. Le double feuillet externe se prolonge dans le réseau endoplasmique voisin. La double enceinte est percée de pores. Chaque pore est un édifice formé de 8 complexes protéiques entourant un canal central. Leur fonctionnement n'est guère compris, si ce n'est que le canal paraît pouvoir s'élargir ou se rétrécir. Ceci pourrait expliquer le passage d'agrégats de molécules parfois très volumineux comme les sous-unités des ribosomes.

## Les échanges nucléoplasmiques sont nombreux.

En tant que directeur des activités cellulaires le noyau doit être en communication dynamique avec le cytoplasme environnant. De multiples échanges sont en fait impliqués entre les deux compartiments principaux de la cellule. Citons, du cytoplasme vers le noyau, le passage de protéines qui ont une affinité particulière pour l'ADN et qui sont appelées histones. On a calculé que le noyau d'une cellule en interphase devait importer du cytoplasme plusieurs centaines de milliers d'histones par minute, ce qui correspond à une centaine de molécules par minute et par pore. Sont également concernées des polymérases, d'autres protéines enzymatiques et des protéines de structure propres au noyau (figure 42). Il faut aussi mentionner le transit de petites molécules comme l'ATP, qui alimente en énergie de nombreux processus intranucléaires, ou encore les nucléotides nécéssaires à la fabrication des acides nucléiques. Enfin, les protéines des ribosomes requises pour l'assemblage des nouvelles sous-unités ribosomiques dans le nucléole constituent une part importante du trafic opérant dans cette direction.

L'exportation vers le cytoplasme constitue l'autre part de ce trafic. Elle concerne entre autres les sous-unités achevées des ribosomes. Celles-ci sont constituées des protéines ribosomales qui ont été transférées dans le noyau après leur synthèse ainsi que des acides ribonucléiques, appelés ARN ribosomiques, qui y sont associés. Enfin, les pores nucléaires paraissent constituer la voie de transport privilégiée des longues chaînes d'ARN messagers ainsi que des ARN de transfert destinés aux services cellulaires spécialisés dans la traduction.

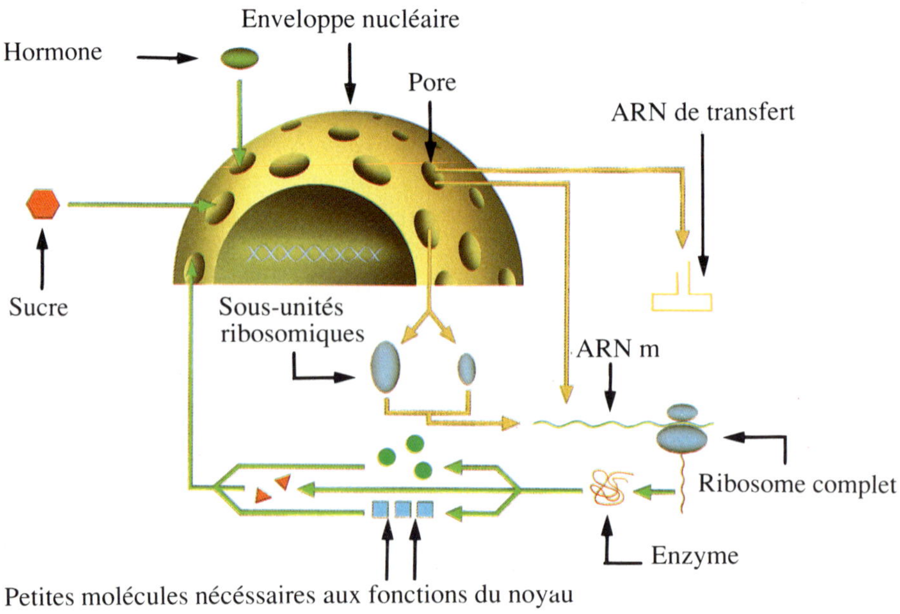


Figure 42
Echanges nucléoplasmiques.
Outre les échanges qui s'effectuent par les pores et qui sont symbolisés par les flèches de cette illustration, des protéines pourraient également être échangées entre le cytosol et le nucléoplasme par diffusion latérale dans le plan des deux feuillets bimoléculaires formant la double enveloppe nucléaire.
(ARNm : ARN messager)

# Chapitre II

# Le métabolisme des cellules.

Ce que les biologistes et les biochimistes ont appris sur les cellules laissent entrevoir un univers moléculaire d'une redoutable complexité. De nos jours encore, maints aspects de leur délicate structure et de leur physiologie restent à élucider. Nous savons cependant que le maintien et le comportement d'une cellule reposent sur sa capacité de fabriquer d'une part une variété de grosses molécules comme les enzymes, les protéines de structure et les acides nucléiques et d'autre part, des molécules plus petites mais d'importance vitale comme les sucres, les acides aminés ou les nucléotides. Nous savons également que les biosynthèses dépendent en dernier ressort de substances dites alimentaires, dont l'exploitation leur apporte atomes et énergie nécéssaires.

Chez les cellules animales, les aliments sont constitués de substances riches en sucres, en lipides et en protéines et contiennent une forte proportion d'hydrogène. Les cellules végétales se contentent d'une nourriture beaucoup plus rudimentaire, constituée d'eau et de gaz carbonique. Cependant, elles compensent l'extrême simplicité de cet apport par son abondance ainsi que par l'utilisation d'une énergie physique virtuellement inépuisable, contenue dans les radiations lumineuses visibles.

## Les molécules des aliments contiennent une énergie appelée énergie de liaison chimique.

La chimie nous apprend que les molécules sont constituées d'atomes liés entre eux. Un lien chimique unissant 2 atomes est formé par une paire d'électrons et sa formation nécéssite l'apport d'une quantité déterminée d'énergie. Celle qui est investie dans la formation d'une liaison chimique est, à l'inverse, libérée lors de sa rupture (figure 43).

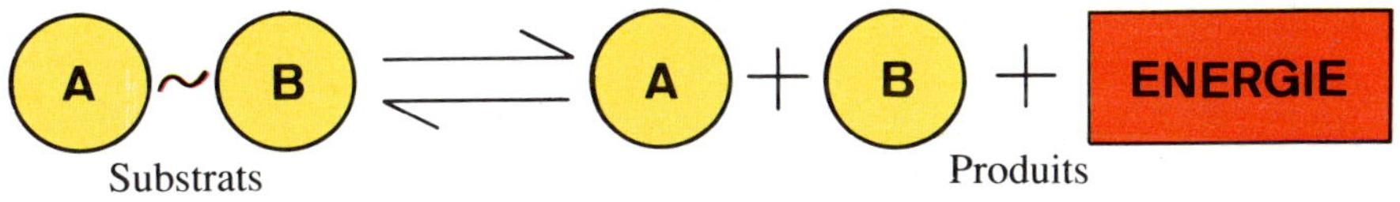


Figure 43
Rupture et formation d'une liaison chimique.

En fait, les molécules des aliments que nous ingérons contiennent dans leurs liaisons une énergie potentielle relativement élevée pouvant être libérée et exploitée par les cellules.

Plusieurs systèmes permettant de récupérer cette énergie potentielle se sont développés dans le protoplasme tôt au cours de l'évolution. Deux d'entre eux, primitifs et simples, interviennent respectivement au cours de la glycolyse et des fermentations (figure 44). Le terme fermentation regroupe en réalité une variété de stratégies métaboliques permettant de dégrader des substrats suivant des voies propres à différentes espèces, principalement bactériennes. Un autre mode de récupération de l'énergie alimentaire, plus complet, est constitué par la respiration et fait intervenir l'oxygène moléculaire. Les organismes qui, pour subvenir à leurs besoins énergétiques dépendent de l'oxygène sont appelés aérobies. Chez les plantes vertes et chez les bactéries photosynthétiques, les réserves énergétiques sont constituées aux dépens de mécanismes qui opèrent au cours de la phase lumineuse, qui précède la synthèse des glucides.

Comme nous allons le montrer dans les paragraphes qui suivent, le stockage de l'énergie alimentaire ou de l'énergie lumineuse aboutit aux mêmes formes de "conditionnement" dans les deux règnes. Il consiste d'une part à fabriquer de nouvelles liaisons chimiques, dites liaisons "à haute énergie", que ce soit aux dépens de liaisons alimentaires rompues ou d'énergie photonique. Ces nouvelles liaisons sont des liaisons esterphosphate des molécules d'ATP. D'autre part, il fait intervenir dans chaque cas le transfert d'électrons alimentaires énergisés sur des molécules porteuses. Ces électrons satisfont directement ou à plus long terme aux besoins des biosynthèses, qui utilisent comme point de départ des substrats électroniquement pauvres.

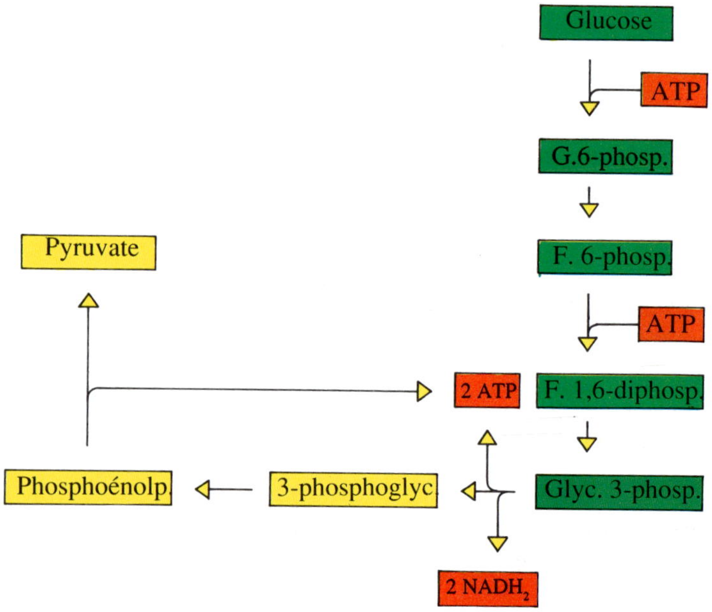


Figure 44 A
Schéma de la glycolyse. On n'a représenté que les principaux intermédiaires de la chaîne. Chaque étape de la dégradation du glucose est catalysée par un enzyme spécifique. Le bilan énergétique est favorable, bien que faible : 4 molécules d'ATP sont produites contre deux molécules d'ATP investies au cours des premières étapes. 2 molécules de coenzyme réduit (NADH + $H^+$) représentent l'énergie électronique récupérée en fin du processus. (Notez que le fructose 1,6 biphosphate est scindé en deux molécules de glycéraldéhyde 3-phosphate; à partir de cet intermédiaire la chaîne dégradatrice est donc constituée de deux branches identiques. (F.6-phosp. : Fructose 6-phosphate; G.6-phosp : Glucose 6-phosphate; F. 1,6 biphosp. : Fructose 1,6 biphosphate; Glyc. 3-phosp. : Glycéraldéhyde 3-phosphate; 3-phosphoglyc. : 3-phosphoglycérate; Phosphoénolp. : Phosphoénolpyruvate.

## La glycolyse est un processus archaïque et anaérobie de dégradation du glucose.

La dégradation anaérobie du glucose procède suivant la séquence schématisée dans la figure 44. En une première étape, la molécule de sucre à six carbones est enrichie en groupements phosphate et est décomposée enzymatiquement en deux trioses phosphatés. Chacun des trioses est ensuite oxydé en pyruvate. Plusieurs autres composés phosphatés échelonnent cette voie catabolique. Des mécanismes appropriés extrayent une fraction de leur énergie et l'emmagasinent dans des liaisons ester-phosphate de l'ATP. L'un d'eux enlève un groupement phosphate à deux intermédiaires, le glycéraldéhyde-3-phosphate et le phosphoénolpyruvate et les transfère à deux molécules d'adénosine diphosphate (ADP). L'autre couple l'oxydation du glycéraldéhyde-phosphate à la réduction d'un coenzyme accepteur d'électrons, le $NAD^+$, transformant celui-ci en $NADH + H^+$. Au cours de cette réaction, deux électrons sont arrachés au substrat et deux protons les accompagnent. On a calculé que l'énergie extraite au cours des cassures de liaisons et des remaniements moléculaires associés à ces événements n'est stockée que pour une faible part dans l'ATP. La récupération la plus importante a lieu au niveau de la forme réduite du coenzyme accepteur. Cette dernière a peu d'affinité pour sa charge électronique et la cède facilement. Suivant l'orientation de la voie dégradatrice, cette charge enrichit divers substrats.

Soit elle est rétrocédée à la voie glycolytique elle-même, au niveau de son métabolite final, le pyruvate. Ce dernier est alors transformé en éthanol ou en acide lactique au terme d'un mécanisme fermentaire qui régénère le coenzyme accepteur et annule son bilan. Soit elle alimente les voies anaboliques en augmentant le contenu électronique de divers substrats. Cependant, le destin le plus remarquable de la paire d'électrons porté par le coenzyme réduit est son transfert final sur la molécule d'oxygène. Comme nous le verrons d'ici peu ce transfert, qui ne se fait que chez les bactéries aérobies et chez les cellules à noyau, a des conséquences fort avantageuses pour elles.

Ce schéma succint de la glycolyse et de la fermentation nous permet cependant d'en dégager au moins trois traits essentiels. En premier lieu, ces mécanismes offrent un moyen simple de récupération de l'énergie des aliments sous les deux formes de conditionnement chimique constituées par l'ATP et les coenzymes réduits. Leur distribution ubiquitaire dans le monde vivant laisse soupçonner leur origine lointaine. Il est fort probable que les enzymes de ces voies dégradatrices se sont formés très tôt dans les cellules pour répondre à des besoins croissants en énergie stockable. Alors que, à l'origine, l'abondance de la soupe organique abiotique permettait à ces dernières de se dispenser d'un approvisionnement à long terme, celui-ci s'est avéré nécessaire au fur et à mesure que les apports nutritifs se raréfiaient. Chez les bactéries anaérobies actuelles, qui ne disposent que de l'apport glycolytique, la fabrication d'une quantité suffisante d'ATP implique une consommation élevée de leurs substrats alimentaires.

En second lieu, la quantité de coenzymes réduits produite à l'issue de la voie glycolytique est limitée par la proportion infime de coenzymes à l'état oxydé disponibles dans les cellules; il est donc vital que ceux-ci soient rapidement régénérés. Comme nous venons de le faire observer plus haut, le moyen amplement utilisé dans ce but est la fermentation. En transférant leur charge électronique sur le pyruvate, qui joue le rôle d'accepteur endogène, les coenzymes réduits reprennent leur forme oxydée. Ceci entraîne comme conséquence que les produits de fermentation obtenus à partir de la réduction du pyruvate sont encore riches en énergie. Bien qu'ils soient excrétés par leurs producteurs, leur énergie résiduelle n'est cependant pas perdue pour tout le monde. Ethanol, acide lactique et autres petites molécules produites par les fermentations peuvent encore livrer une fraction énergétique exploitable par des organismes équipés d'enzymes pouvant dégrader ces molécules jusqu'à un stade plus avancé.

Enfin, une partie de la voie glycolytique peut fonctionner partiellement en sens inverse. Ceci a lieu au cours de la photosynthèse, une remarquable trouvaille métabolique permettant de construire du glucose aux dépens de molécules minérales et d'énergie solaire.

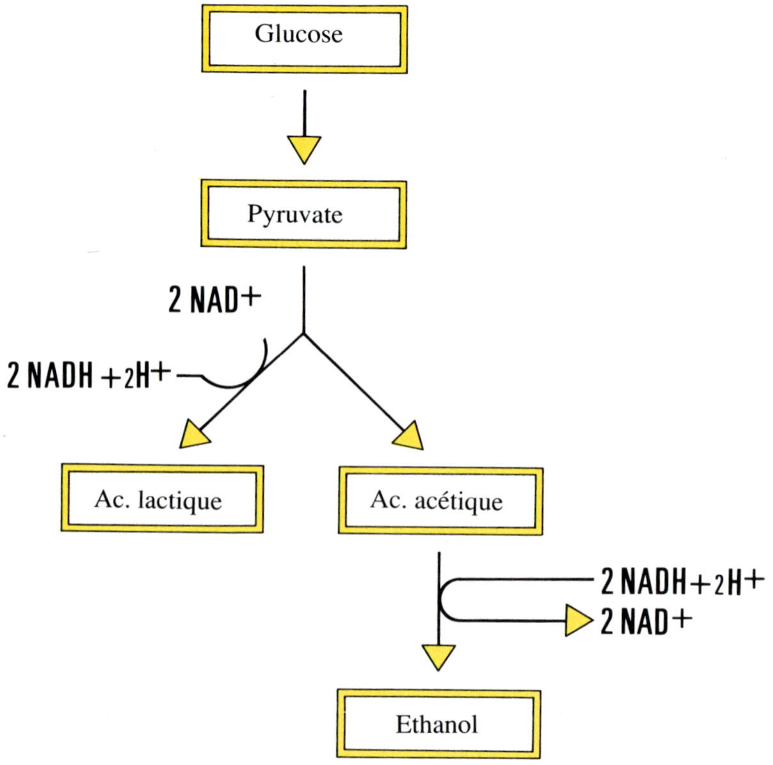


Figure 44 B
Fermentation lactique et fermentation alcoolique. Dans les deux cas le pyruvate est enrichi en électrons aux dépens du coenzyme réduit synthétisé dans la chaîne glycolytique. Ceci annule le bilan en énergie électronique et permet de réutiliser les coenzymes oxydés. Au cours de la fermentation alcoolique, le pyruvate est préalablement décarboxylé en acide acétique.

Figure 45
La mitochondrie. C'est la centrale énergétique de la cellule. Grâce à un équipement structurel et à un équipement enzymatique appropriés, elle convertit une large fraction de l'énergie chimique des aliments en une forme d'énergie chimique utilisable par la cellule : les "liaisons à haute énergie" de l'ATP. Les cellules dont l'activité requiert une grande consommation d'énergie -par exemple, les cellules musculaires motrices- renferment de nombreuses mitochondries.

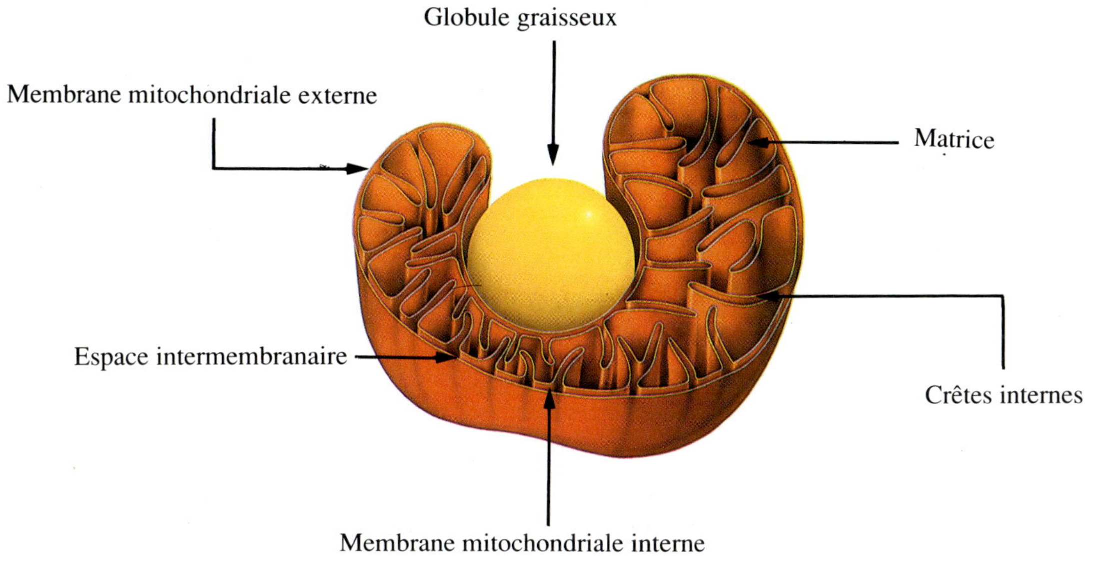


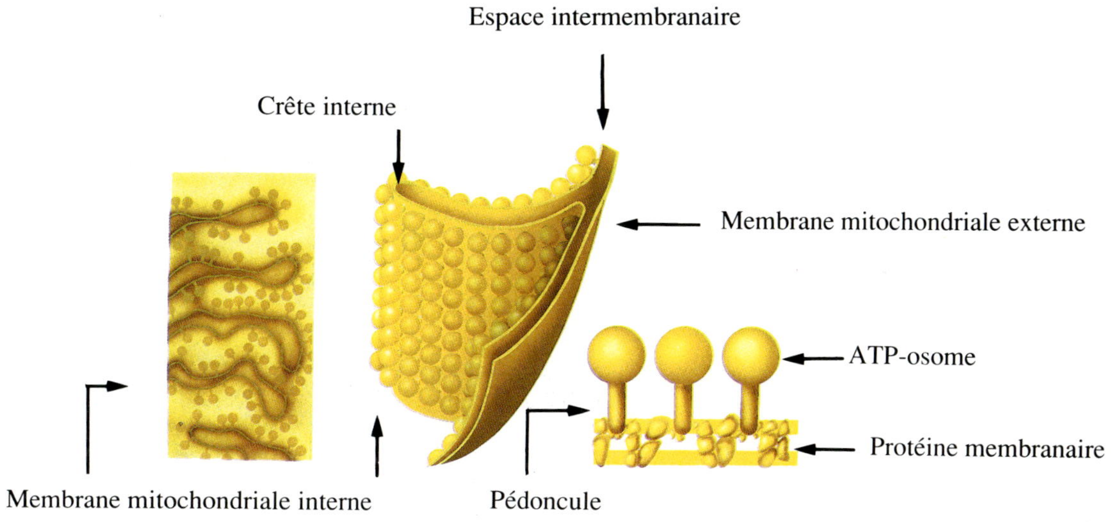


Figure 46
La membrane interne de la mitochondrie. Elle est invaginée en replis ou crêtes, plus ou moins nombreux suivant les types cellulaires. Ces replis en augmentent la surface et constituent le support d'une variété de protéines, notamment de celles qui composent la chaîne respiratoire.
Un complexe protéique (ATPosome) fonctionnellement associé à cette chaîne est spécialisé dans la synthèse de l'ATP. Chaque ATP-osome est inséré dans le feuillet bimoléculaire de la membrane interne à l'aide d'un pédoncule.

### Encart : La mitochondrie a une structure adaptée à la synthèse de l'ATP.

La mitochondrie est un organite enveloppé de deux membranes. Une membrane externe, perméable à de nombreuses petites molécules et une membrane interne, à perméabilité beaucoup plus sélective et incrustée d'enzymes et d'autres protéines. L'espace situé entre les deux membranes est appelé espace intermembranaire (figure 45). La membrane interne est invaginée en un plus ou moins grand nombre de replis appelés crêtes. Celles-ci plongent dans une cavité fermée, la matrice.

La matrice de la mitochondrie et son enveloppe sont le siège d'importants groupes de réactions qui transforment le pyruvate, les lipides et les acides aminés en produits finaux de la respiration, le gaz carbonique et l'eau. Une étude minutieuse des crêtes a permis d'y déceler une variété de protéines transporteuses d'électrons. En outre, des images de microscopie électronique y révèlent la présence d'une multitude d'agrégats protéiques volumineux et protubérants, apparemment implantés par une excroissance polypeptidique dans le feuillet bimoléculaire et plongeant leur tête dans la matrice de l'organite (figure 46). Ces agrégats sont des complexes protéiques synthétisant l'ATP, appelés ATP-synthétases. On a montré qu'une ATP-synthétase contient un canal protonique qui traverse l'épaisseur du feuillet bimoléculaire interne. L'imperméabilité du reste de la membrane mitochondriale interne aux ions et particulièrement aux protons paraît être due à sa composition lipidique, riche en un composé appelé cardiolipide. Notons enfin que l'anfractuosité de la membrane interne, qui varie d'un type cellulaire à l'autre, augmente considérablement sa superficie et donc sa capacitié de synthétiser l'ATP (voir encart : La molécule d'ATP).

Chez les cellules musculaires, qui consomment de grandes quantités d'énergie, les crêtes sont particulièrement nombreuses et serrées les unes contre les autres. Il arrive parfois que les invaginations de la membrane interne soient tubulaires plutôt que palissadiques. D'autres formes existent chez certaines cellules, mais on en connaît pas la signification physiologique.

## La dégradation du glucose et d'autres molécules alimentaires en molécules de $CO_2$ et en électrons transférables se produit au cours du cycle de Krebs.

La dégradation anaérobie du glucose est fort incomplète. Pour être poussée plus loin, elle nécéssite un outillage enzymatique capable de cataboliser le pyruvate, mais dont le cytosol est dépourvu.

Cette tâche est assurée par des mitochondries. Ces organites d'importance centrale ont développé le moyen d'importer le métabolite final

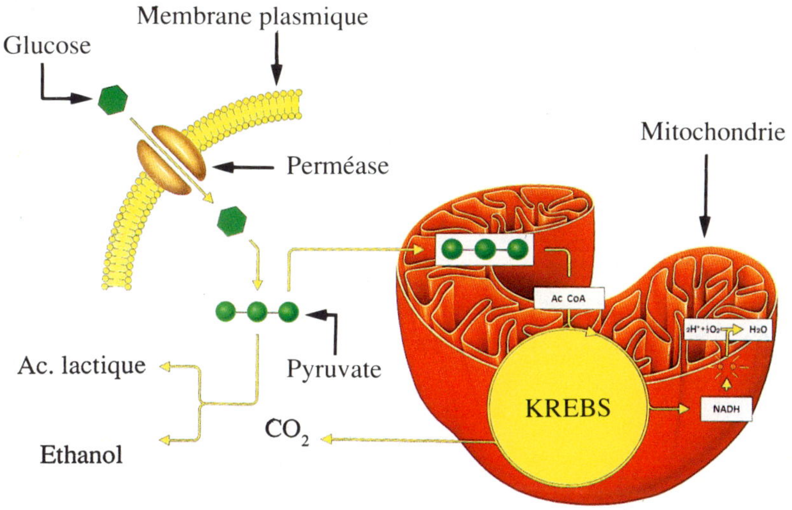


Figure 47
Le pyruvate, un métabolite-clé. Le dérivé catabolique du glucose est situé à un carrefour important du métabolisme dégradateur de la cellule. L'illustration montre qu'il peut être enrichi en électrons et fermenté, ou introduit dans le cycle de Krebs de la mitochondrie pour y subir une dégradation plus poussée et être finalement transformé en gaz carbonique et en eau.

de la glycolyse mais aussi la machinerie moléculaire capable d'exploiter au maximum son importante énergie résiduelle (figure 47).

Le passage du pyruvate au travers des deux membranes des organites et son entrée dans le milieu matriciel entraîne en un premier temps sa transformation en un dérivé à deux atomes de carbone, l'acétyl-coenzyme A (en abrégé: acétyl-CoA). Le complexe multienzymatique qui catalyse cette réaction, la pyruvate déshydrogénase, est un des exemples les plus frappants du gigantisme de certaines architectures moléculaires propres au vivant (figure 48). Il comprend trois enzymes distincts mais fonctionnellement associés, répartis respectivement dans l'édifice protéique à raison de 8, 12 et 24 exemplaires. Les trois enzymes participent de concert à la réaction, les intermédiaires réactionnels étant transférés directement de l'un à l'autre. La décarboxylation du pyruvate est accompagnée de son oxydation, qui lui soustrait une paire d'électrons et la transfère au $NAD^+$ intramitochondrial. Le coenzyme acétylé alimente ensuite un cycle de transformations qui rompt le groupement acétyl et le transforme en deux molécules de $CO_2$, -le gaz carbonique que nous expirons-. Au cours de ce cycle, 4 paires d'électrons sont arrachés à des substrats et transférés sur le coenzyme accepteur $NAD^+$ ainsi que sur un autre coenzyme accepteur, désigné FAD.

A l'apport énergétique constitué par les 4 paires d'électrons alimentaires arrachées aux substrats à l'issue d'un tour de cycle, il faut ajouter une molécule de guanosine triphosphate (GTP), un dérivé nucléotidique analogue à l'ATP. La phosphorylation de son précurseur, le GDP, a lieu au cours d'une réaction du même type que celle qui enrichit l'ADP pendant la glycolyse et est appelée comme elle phosphorylation au niveau du substrat.

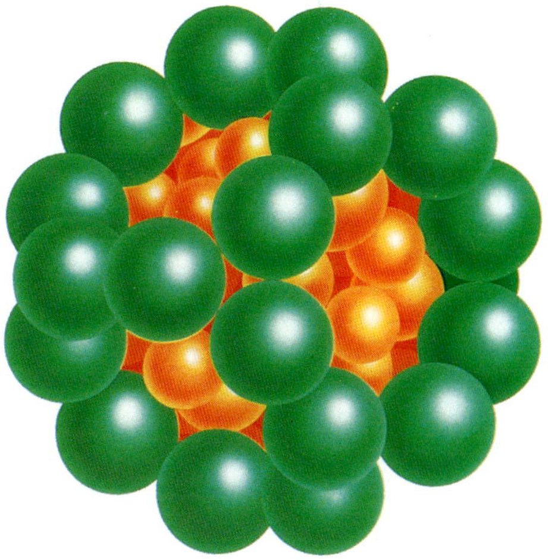

Figure 48
Structure de la pyruvate déshydrogénase. Le complexe protéique catalyse la dégradation du pyruvate en un composé à deux carbones : l'acétyl-CoA. Celui-ci alimente le cycle de Krebs. Le complexe isolé de la bactérie E. coli ne comprend pas moins de 44 chaînes polypeptidiques !

Le cycle "broyeur" de l'acétyl-CoA est appelé cycle de krebs, du nom de Sir Hans Krebs, le biochimiste germano-britannique qui l'a découvert (figure 49). Il se répète autant de fois qu'il y a de molécules d'acétyl-CoA introduites dans le processus. De plus, il accepte ce dérivé en provenance non seulement du pyruvate, mais également des acides gras et de certains acides aminés. La figure 49 montre que quelques acides aminés y sont directement admis.

Comme nous l'avons annoncé plus haut, les électrons fixés sur les coenzymes accepteurs ont une destinée biologique particulièrement intéressante : ils alimentent une voie métabolique de transport d'électrons aboutissant à l'oxygène moléculaire et connue sous le nom de chaîne de transport d'électrons.

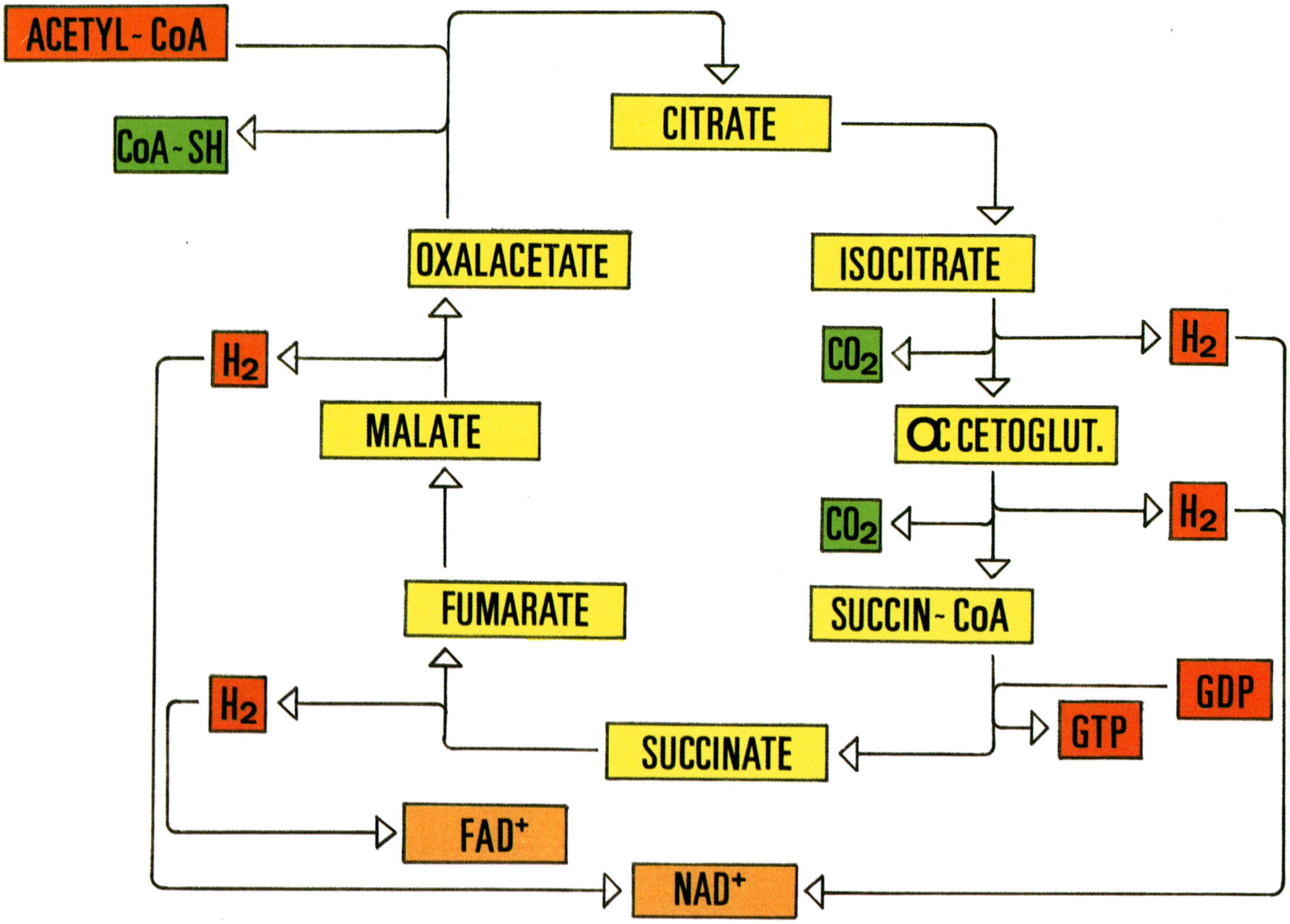


Figure 49
Le cycle de Krebs. Deux atomes de carbone font leur entrée dans le cycle dégradateur sous forme d'acétyl-CoA, le dérivé obtenu à partir du pyruvate par décarboxylation oxydative. Le traitement d'un groupement acétyl par les enzymes du cycle aboutit à la formation d'un composé monocarboné ($CO_2$). Une molécule de GTP et 4 coenzymes réduits ($NADH + H^+$, $FADH_2$ ) sont produits pour chaque molécule d'acétyl-CoA alimentant le cycle.

## Dans la chaîne de transport d'électrons de la mitochondrie, des électrons alimentaires sont transférés à l'oxygène moléculaire.

Le transfert des électrons alimentaires à l'oxygène moléculaire se fait suivant une voie à sens unique et revêt la forme d'un cérémonial biochimique parfaitement mis au point (figure 50). Cette voie est garnie d'un assortiment de protéines transporteuses spécialisées dans l'écoulement du flux des électrons cataboliques vers un accepteur ultime : l'oxygène. Enchâssées dans la membrane mitochondriale interne, ces protéines captent et rétrocèdent tour à tour les électrons émanant d'une variété de substrats oxydés. Nous avons vu dans le chapitre précédent que ces échanges reposent sur la diffusion des protéines mitochondriales transporteuses dans le plan du feuillet bimoléculaire interne. A cause de chocs aléatoires et répétés, ces protéines favorisent le "jumping" des électrons cataboliques entre elles. Ce transport saltatoire est cependant physiologiquement organisé.

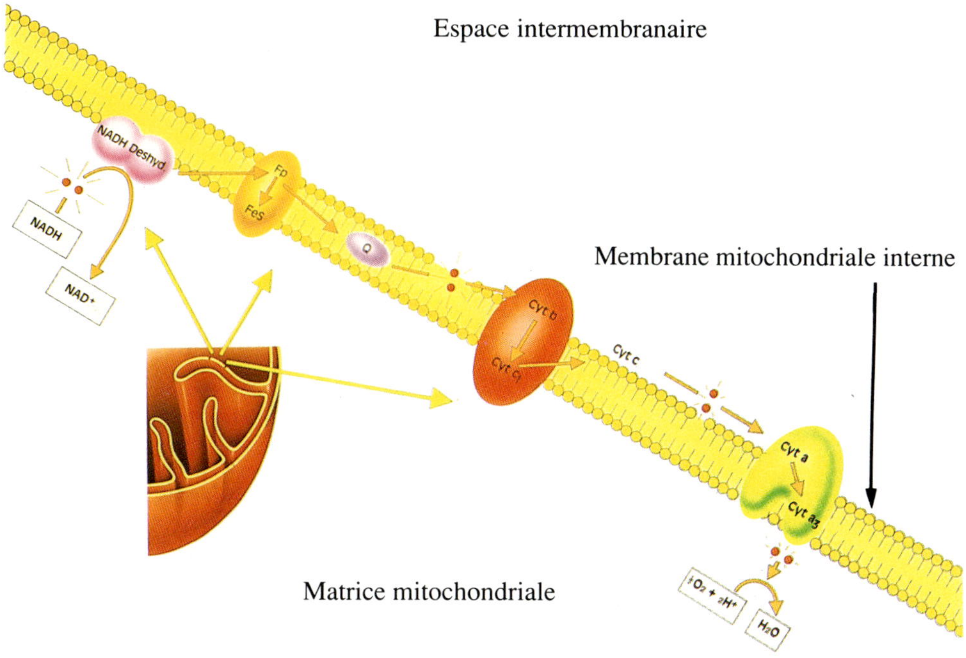


Figure 50
Modèle schématique de la distribution des transporteurs d'électrons dans la membrane mitochondriale interne. Les transporteurs sont représentés comme s'il s'agissaient de molécules fixes de façon à montrer leurs rapports fonctionnels. En réalité, ils se meuvent rapidement et s'entrechoquent de manière aléatoire dans le feuillet bimoléculaire qui leur sert de support.

Comme le montre la figure 51, les différents transporteurs d'électrons sont répartis sur des paliers de potentiel électronique décroissants.

Figure 51
Les transporteurs d'électrons de la membrane mitochondriale interne sont représentés ici suivant la valeur décroissante de leur potentiel électronique. On distingue trois paliers de potentiel principaux : à chacun d'eux est associé un complexe protéique pompant les protons hors de la matrice et un complexe fabriquant de l'ATP. L'énergie nécéssaire à cette synthèse et celle qui est préalablement requise pour le pompage des protons dans l'espace intermembranaire proviennent du flux des électrons alimentaires dévalant les paliers électroniques (En vert : ATP-osome).

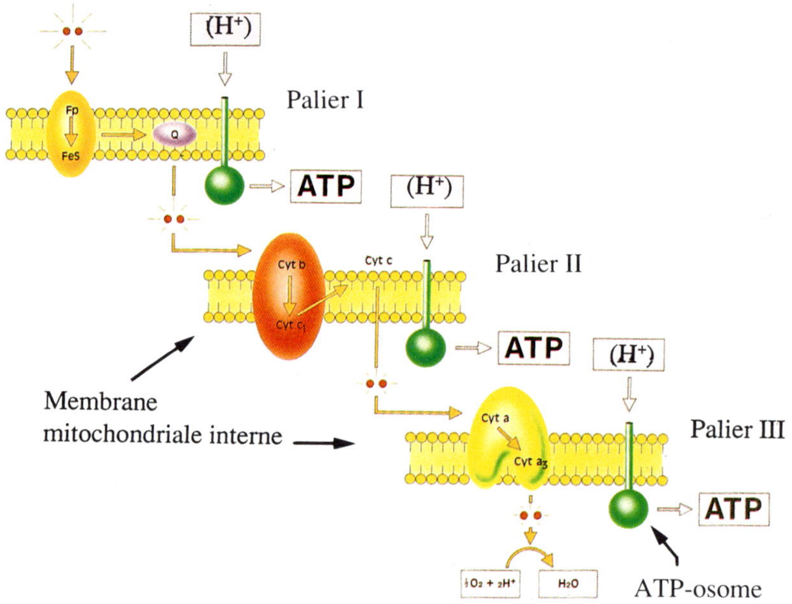


Ils forment trois complexes principaux entre lesquels de petites protéines transporteuses, l'ubiquinone et le cytochrome C, font office de navettes. Le complexe NADH déshydrogénase, qui a le potentiel le plus élevé, est situé à l'entrée de la chaîne respiratoire et accepte les électrons provenant du pool des coenzymes réduits qui se pressent à ce niveau. Ce faisant, il régénère leur forme oxydée. Comme l'affinité de ce complexe pour les électrons est faible, il a une forte tendance à les céder aux complexes de potentiel plus bas, les complexes b-c et cytochrome oxydase, situés successivement en aval dans la chaîne de transport. Ces derniers ont au contraire tendance à lier davantage les électrons parce qu'ils ont une affinité électronique plus élevée. Le palier de potentiel le plus bas est occupé par l'oxygène moléculaire. Les électrons qui l'atteignent réduisent d'emblée le gaz dissous et, grâce à leurs protons accompagnateurs, alimentent la synthèse de molécules d'eau. Au cours de leur chute en cascade, ils ont libéré graduellement une fraction importante de leur énergie potentielle.

### L'intérêt du mécanisme de transfert des électrons alimentaires dans la chaîne respiratoire provient de ce que la fraction d'énergie qu'ils libèrent est récupérée par la cellule.

On a montré que les mécanismes qui fabriquent les molécules d'ATP fonctionnent sur la base d'un système qui couple cette synthèse au flux d'électrons dévalant les paliers de potentiel décroissants de la chaîne respiratoire. Au cours d'une première étape, chaque groupe de transporteurs utilise l'énergie libérée par le flux cascadeur d'électrons pour pomper des protons ($H^+$) arrachés aux intermédiaires du cycle de Krebs en même temps qu'eux, et les concentrer dans l'espace intermembranaire de la mitochondrie. Cette accumulation y crée un gradient de concentration élevé, orienté vers la matrice de l'organite (figure 52). Au cours d'une seconde étape, les protons accumulés refluent dans la cavité, dans le sens de leur gradient, en passant par les canaux protéiques des ATP-synthétases. Ces complexes fonctionnent comme des turbines convertisseuses d'énergie, emmagasinant l'énergie du flux transmembranaire de protons dans les liaisons à haute énergie chimique de l'ATP (figure 53). Comme l'addition de phosphate inorganique à l'ADP est alimentée à l'origine par un flux d'électrons canalisé vers l'oxygène moléculaire, on l'appelle phosphorylation oxydative.

La dégradation aérobie du glucose constitue la source énergétique majeure de la cellule (figure 54). Elle complète la voie glycolytique et, comme elle, rentabilise l'exploitation énergétique du sucre en fabriquant de l'ATP et des coenzymes réduits. Mais elle en diffère par un rendement quantitatif nettement plus important. Alors que la glycolyse ne fournit en net que deux molécules d'ATP par molécule de glucose catabolisée, le processus qui fait intervenir l'oxygène engrange sous cette forme une quantité d'énergie 18 fois supérieure.

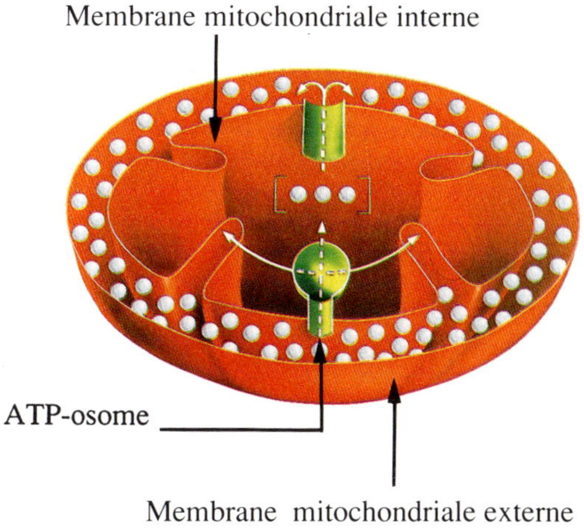


Figure 52
Gradient de protons dans la mitochondrie. Des protons (en bleu dans l'illustration) sont accumulés dans la cavité intermembranaire, située entre les deux membranes, à l'aide de l'énergie libérée par le transfert d'électrons le long de la chaîne transporteuse. Le reflux des protons dans la matrice actionne le complexe synthétisant l'ATP (en vert).

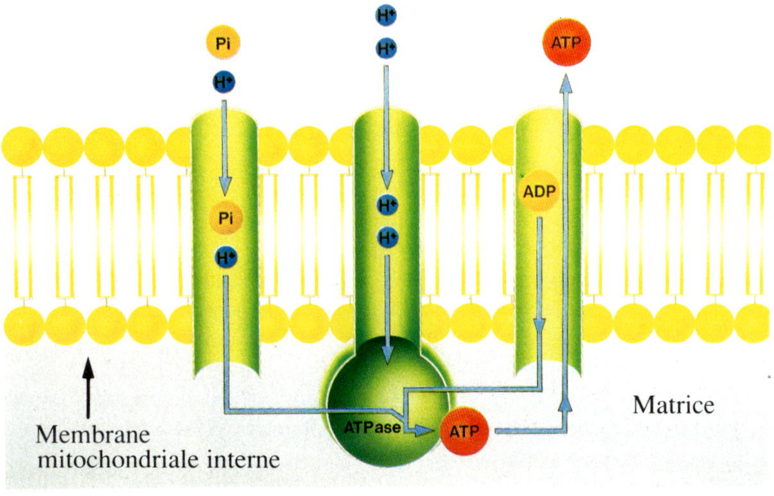


Figure 53
ATP sytnhétase. C'est le complexe enzymatique qui synthétise la molécule d'ATP au dépens d'ADP, de Pi et d'un flux de protons. On le rencontre aussi bien chez les chloroplastes que chez les mitochondries. Les principaux éléments du complexe ont été séparés pour mettre en évidence les échanges d'ions nécéssaires à la phosphorylation de l'ADP.

Le rendement énergétique élevé du traitement aérobie du glucose et des autres aliments observé de nos jours a dû certainement constituer un moteur de l'évolution des cellules qui avaient inventé ce procédé. En extrayant une fraction optimale de l'énergie de leurs substrats nutritifs, ces organismes ancestraux furent en partie délivrés de la contrainte de devoir en absorber de très grandes quantités pour satisfaire leurs besoins minimaux. L'énergie en excès stockée dans les molécules d'ATP est venue ultérieurement à point pour alimenter généreusement une variété de mécanismes qui en réclamaient abondamment, comme les transports membranaires, la synthèse de l'ADN ou encore la division cellulaire. Il est par ailleurs fort probable que, par le truchement des pressions sélectives, ce supplément d'énergie a donné le coup d'envoi à l'avènement des organismes pluricellulaires.

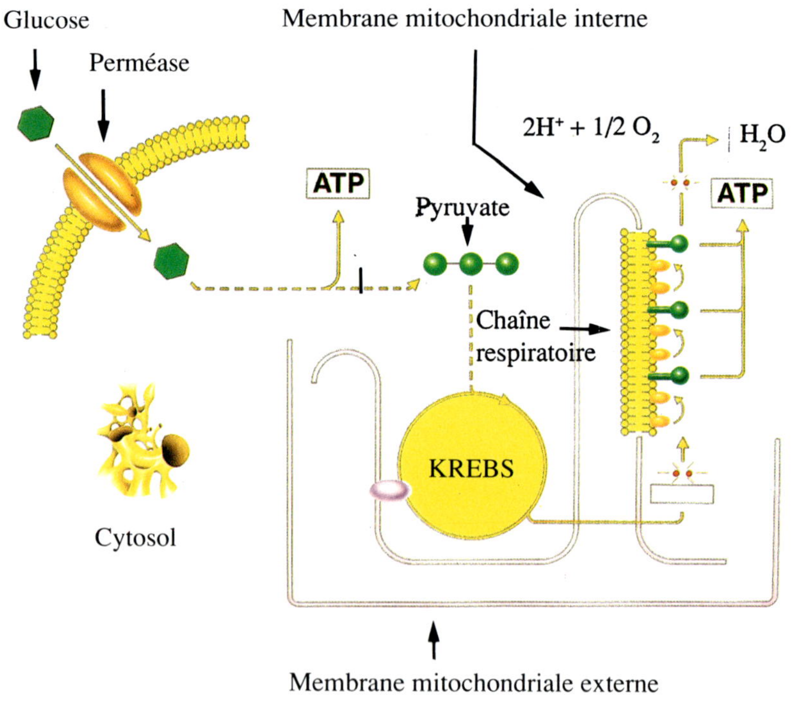


Figure 54
Vue générale de la respiration. La dégradation complète du glucose a lieu en deux grandes étapes, localisées respectivement dans le cytosol et la mitochondrie. L'entrée du pyruvate dans l'organite articule la voie glycolytique au cycle de Krebs et à la chaîne respiratoire. Cette dernière agit globalement comme un mécanisme de production d'ATP couplé à un flux de protons dirigé de l'espace intermembranaire vers la matrice mitochondriale. Les protons et les électrons sont fournis par les coenzymes réduits.

## Encart : La molécule d'ATP.

L'adénosine triphosphate, plus communément désignée par l'abréviation ATP, est un nucléotide (figure 55 A, B). Son importance, ainsi que celle de ses précurseurs ou dérivés dans la vie de la cellule, est soulignée par plusieurs aspects. L'un d'eux dérive de la structure de cette petite molécule. Du fait de leur étroite proximité, les 4 charges anioniques répulsives des groupements phosphate y créent une forte tension interne et la rendent instable. La rupture d'une seule liaison ester-phosphate soulage partiellement la molécule de cette tension et libère une quantité d'énergie considérable. Il en va de même pour les autres liaisons ester-phosphate et c'est la raison pour laquelle elles sont appelées "liaisons à haute énergie". On pourrait en quelque sorte comparer la molécule d'ATP à un ressort à plusieurs bras comprimés. La cassure d'un bras, puis des autres, le détendrait progressivement et libérerait la tension accumulée au cours de la compression.

La capacité de l'ATP de stocker et de libérer facilement de l'énergie et l'évolution des enzymes ATPasiques scindant les liaisons ester-phosphate ont consacré cette petite molécule comme réserve idéale pour répondre aux besoins du cytoplasme. Son choix assez

Figure 55 A
Origine de l'ATP des cellules musculaires striées. Plusieurs sources importantes contribuent à stocker l'énergie dans ces cellules. Les principales sont les oxydations cellulaires. La phosphorylation au niveau du substrat au cours de la glycolyse et du cycle de Krebs constitue également une source d'ATP non négligeable. Dans les cellules musculaires, l'énergie du nucléotide triphosphate est provisoirement stockée sous forme de créatine phosphate. Le réseau sarcoplasmique symbolise le cytosol d'où provient l'ATP de la glycolyse.

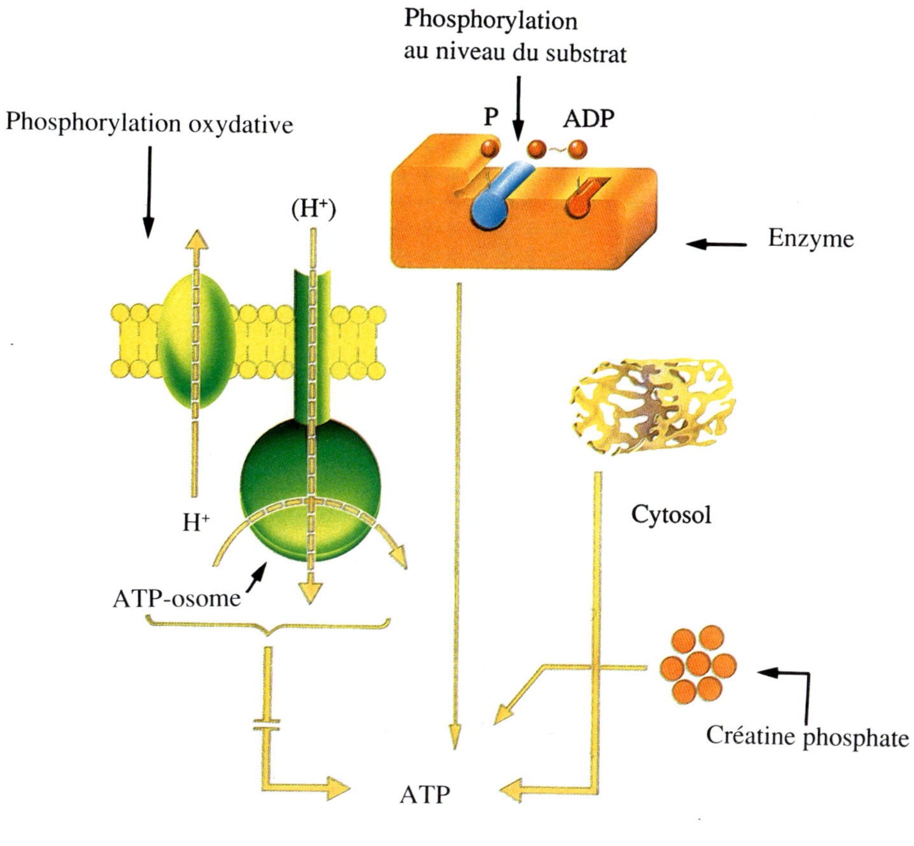

général en tant que molécule-crédit d'énergie pour la cellule est encore justifié par son caractère soluble et diffusible. L'ATP peut ainsi satisfaire rapidement aux demandes cellulaires, de quelque endroit qu'elles émanent : du cytosol, du nucléoplasme ou des organites.

La liste des activités cellulaires impliquant l'utilisation de l'énergie d'hydrolyse de l'ATP ne peut être présentée ici que de manière sommaire. Qu'il suffise de citer, outre la grande variété des biosynthèses, les mouvements liés aux transports cytosoliques, le fonctionnement des pompes membranaires et les interactions microtubulaires au cours de la mitose ou du battement des cils ou des flagelles. Rappelons d'autre part que, en plus de cette fonction de stockeuse et de convoyeuse d'énergie, la molécule d'ATP peut engendrer une forme cyclique ne contenant qu'un seul groupement phosphate : l'AMP cyclique. En étudiant l'effet de l'hormone glucagon sur la cellule hépatique, nous avons vu précédemment que ce dérivé a une fonction de relais capitale dans la transmission intracellulaire des messagers chimiques.

Sous sa forme diphosphate, le nucléotide entre dans la constitution de plusieurs coenzymes. Ceux-ci sont des coéquipiers indispensables dans la fonction catalytique de certains enzymes. Nous en avons illustré un exemple avec le coenzyme $NAD^+$, transporteur d'électrons et de protons du hyaloplasme et de la mitochondrie. Sa forme reduite, le $NADH^+ + H^+$ constitue la principale source d'électrons de la chaîne respiratoire.

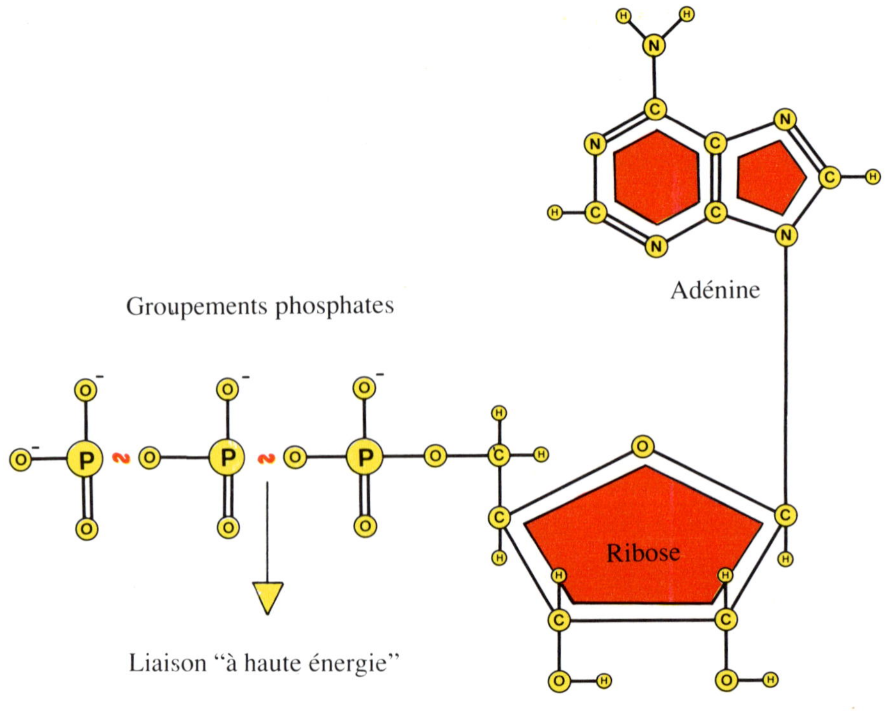


Figure 55 B
Structure de l'ATP. Le nucléotide triphosphate est composé d'un groupement adénosine et de trois groupements phosphate. La rupture des liens phosphodiesters unissant les groupements phosphate libère une grande quantité d'énergie. C'est pourquoi ces liens sont dits "à haute énergie".

## La dégradation du glucose est contrôlée.

Les besoins énergétiques d'une cellule varient en fonction de l'importance des travaux qu'elle exécute. Aussi, la demande d'ATP est-elle parfois réduite, parfois amplifiée. Divers mécanismes permettant de satisfaire aux exigences cellulaires contrôlent des enzymes qui occupent des points stratégiques de la voie glycolytique, du cycle de Krebs ou d'autres voies cataboliques, et font intervenir de petites molécules qui en modulent l'activité. Parmi celles-ci, la molécule d'ATP elle-même : le nucléotide autorégule sa propre concentration en agissant sur la phosphofructokinase de la voie glycolytique (figure 56). Cet enzyme transforme le fructose-phosphate en un composé appelé fructose

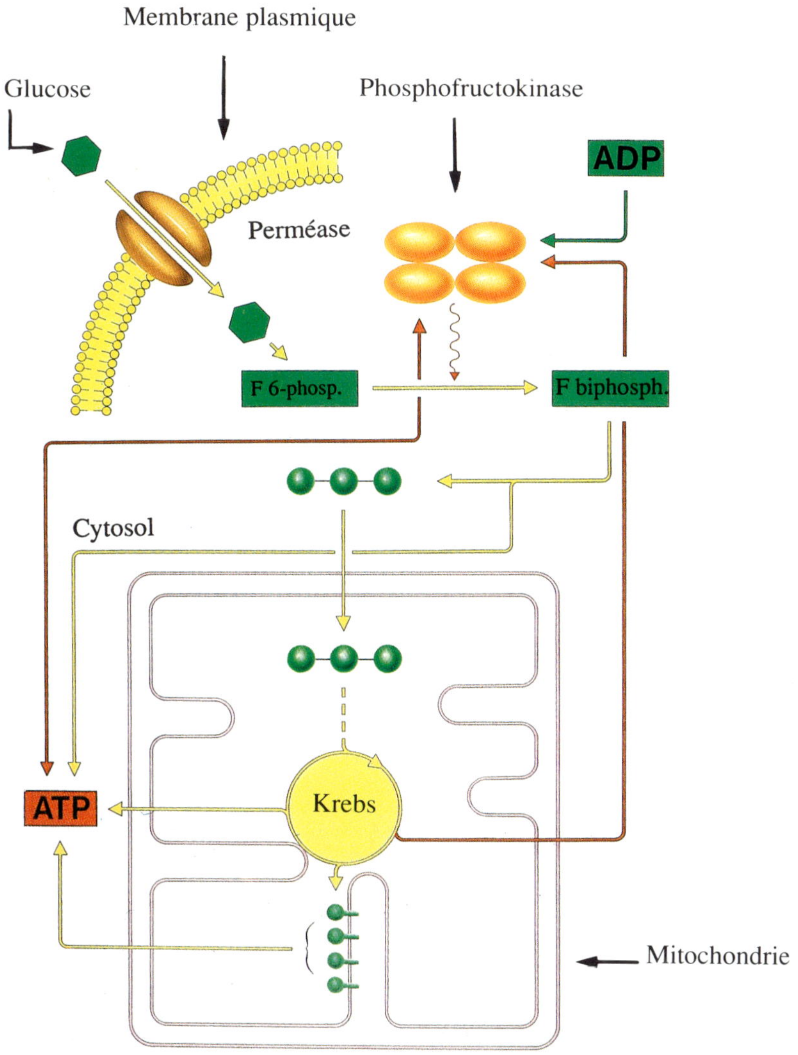


Figure 56
Contrôle de la respiration. La figure met l'accent sur le contrôle allostérique exercé au niveau de la phosphofructokinase. L'enzyme glycolytique possède plusieurs sites de fixation pour de petites molécules qui modulent son activité. Les flèches rouges provenant de l'ATP et du métabolite intermédiaire du cycle de Krebs indiquent que ces deux molécules ont un effet inhibiteur sur l'enzyme. Par contre, l'ADP (flèche verte) stimule l'enzyme et partant, la glycolyse.

biphosphate. Lorsque sa concentration augmente, le nucléotide triphosphate se comporte comme inhibiteur allostérique et ralentit la dégradation du sucre. Au contraire, lorsque sa concentration diminue, la molécule d'ADP (dont la concentration augmente en proportion) intervient comme activateur allostérique et relance le processus. Le modulateur ATP exerce donc une surveillance étroite de la séquence des réactions menant à sa propre synthèse, limitant celle-ci au prorata des besoins des cellules.

L'effet rétroinhibiteur de l'ATP sur l'enzyme est à priori surprenant puisque le nucléotide triphosphate est en même temps le substrat qui alimente la réaction menant de l'intermédiaire fructose phosphate à l'intermédiaire fructose biphosphate de la glycolyse. En réalité, l'enzyme est doté de deux sites distincts, tous deux spécifiques de l'ATP mais d'affinité différente. Le site catalytique lie plus fortement l'ATP que l'autre, qui est un site régulateur. Ce n'est qu'aux concentrations excessives du nucléotide triphosphate que ce site est occupé, avec pour effet de freiner l'activité de l'enzyme. Le coenzyme NADH + $H^+$ est également un inhibiteur puissant de la phosphofructokinase, mais seulement en absence d'ADP. La cellule qui, dans ces conditions, possède un excès d'ATP n'a pas intérêt à produire des coenzymes réduits inutilisables. La phosphofructokinase dispose également d'un site de fixation spécifique pour ce modulateur.

La phosphofructokinase est encore inhibée par une élévation de la concentration en citrate, un intermédiaire du cycle de Krebs. Ce contrôle supplémentaire est important car, comme le montre la figure 56, il permet de synchroniser le métabolisme de l'acétyl-CoA avec l'activité glycolytique. L'enzyme régulateur occupe ainsi une position-clé dans la voie de dégradation du glucose, dont elle constitue une sorte de pacemaker. A partir de cette étape, les réactions de la glycolyse suivent un parcours irréversible, décidant ainsi définitivement du sort de son substrat initial, le glucose.

## La source première d'énergie de la biosphère est constituée par les radiations lumineuses.

Les aliments que nous absorbons ont une origine biologique et sont en définitive composés de substances élaborées par les plantes. Il n'en a pas toujours été ainsi. Comme nous le verrons ultérieurement, les protobiontes ancestraux se nourrissaient de molécules organiques synthétisées abiotiquement grâce à l'intervention d'énergies diverses, comme par exemple le rayonnement ultraviolet. Ce n'est que plus tard que des cellules plus évoluées ont appris à considérer leurs semblables comme "aliments" et à les phagocyter à leur profit. Le succès relatif de telles formules alimentaires abiotiques ou biotiques ne pouvait cependant combler indéfiniment les besoins de populations dont la croissance dépassait celle de l'apport nutritif. Par ailleurs, l'aspect bénéfique de la fonction "nourricière" des radiations ultraviolettes était contrebalancé par les dégâts qu'elles occasionnaient aux acides nucléiques des cellules d'alors, en les rompant ou en les dégradant de l'une ou l'autre manière. Pour ces raisons et d'autres, il devenait impérieux qu'une forme d'énergie à la fois non dommageable et illimitée, puisse être exploitée en vue de garantir aux cellules la possibilité de se suffire à elles-mêmes. On pense que, les pressions sélectives aidant, des molécules sensibles aux radiations lumineuses visibles et ancêtres des chlorophylles actuelles se sont diversifiées chez de nombreuses bactéries et ont constitué les éléments de base de leur autarcie. En évoluant au sein de systèmes photocapteurs primitifs, ces molécules auraient appris à convertir l'énergie des radiations lumineuses en ATP et en coenzymes réduits. Une autre étape, constituant la photosynthèse proprement dite, a dû permettre l'utilisation des énergies stockées dans une voie anabolique requérant des substrats minéraux et menant à la formation de glucides.

Globalement, l'appareil photosynthétique couple la capture de l'énergie solaire et l'absorption de matériaux nutritifs minéraux à la formation de glucides. La source d'hydrogène nécessaire à cette synthèse chez les premières formes de vie photodépendantes fut constituée par des substances réductrices chimiquement simples et abondantes. Une des premières fut sans doute la molécule d'acide sulfhydrique ($H_2S$). Son remplacement par l'eau ($H_2O$) intervint voici quelques deux milliards et demi d'années, et préluda à l'avènement de la photosynthèse actuelle. La source de carbone et d'oxygène des premiers glucides fut sans doute très tôt le gaz carbonique ($CO_2$) dissous dans les eaux primitives.

Figure 57
Le chloroplaste. Sa fonction essentielle ressemble à celle de la mitochondrie : stocker de l'énergie. Cependant, les éléments qui constituent l'apport énergétique brut diffèrent. Chez la mitochondrie, il s'agit de composés organiques à potentiel énergétique élevé. Chez le chloroplaste, il s'agit de l'énergie physique contenue dans les radiations lumineuses. Une autre différence porte sur le système de membrane interne des deux organites. Alors que chez la mitochondrie la membrane interne est unique, chez le chloroplaste, on en rencontre deux types. Comme ces membranes sont fermées sur elles-mêmes, elles délimitent ici deux cavités, dont l'une emboîte l'autre. Ces deux cavités ont une composition matricielle différente.

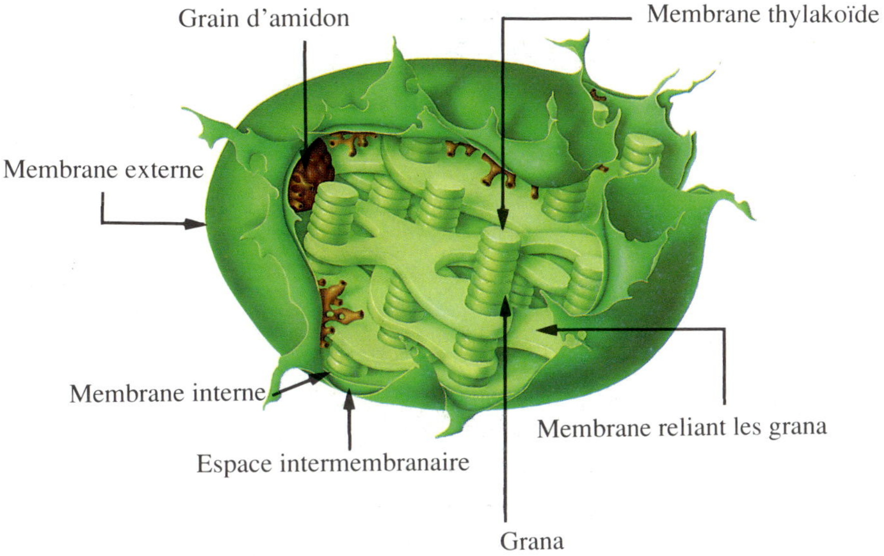

## Le chloroplaste a une structure adaptée à la photosynthèse.

Comme la mitochondrie, le chloroplaste est un organite enveloppé d'une double membrane délimitant un espace intermembranaire (figure 57). De même, la membrane interne délimite entièrement une cavité, appelée ici stroma. Elle ne s'invagine pas en replis dans l'espace interne, mais donne plutôt naissance à un système indépendant de membranes hautement différenciées appelées membranes thylakoïdiennes. Celles-ci sont repliées sur elles-mêmes et forment des saccules discoïdes, disposés ci et là par piles. Un empilement porte le nom de granum tandis qu'un saccule individuel est appelé thylakoïde. Les cavités de certains saccules appartenant à des granas différents sont anastomosées entre elles par des prolongements de membranes thylakoïdiennes. La membrane thylakoïdienne d'un saccule délimite un espace chloroplastique supplémentaire, l'espace intrathylakoïde (figure 58). Comme l'enveloppe interne des mitochondries, l'enveloppe du thylakoïde renferme une chaîne de transport d'électrons (figure 59), établit des gradients de protons (figure 60) et contient une synthétase productrice d'ATP. Cependant, elle possède en plus des pigments sensibles aux radiations lumineuses, les chlorophylles, ainsi que des pigments accessoires (figure 61). Les molécules de chlorophylle de la membrane thylakoïdienne sont groupées en amas de plusieurs centaines d'unités appelés antennes (figure 62). Chaque molécule de

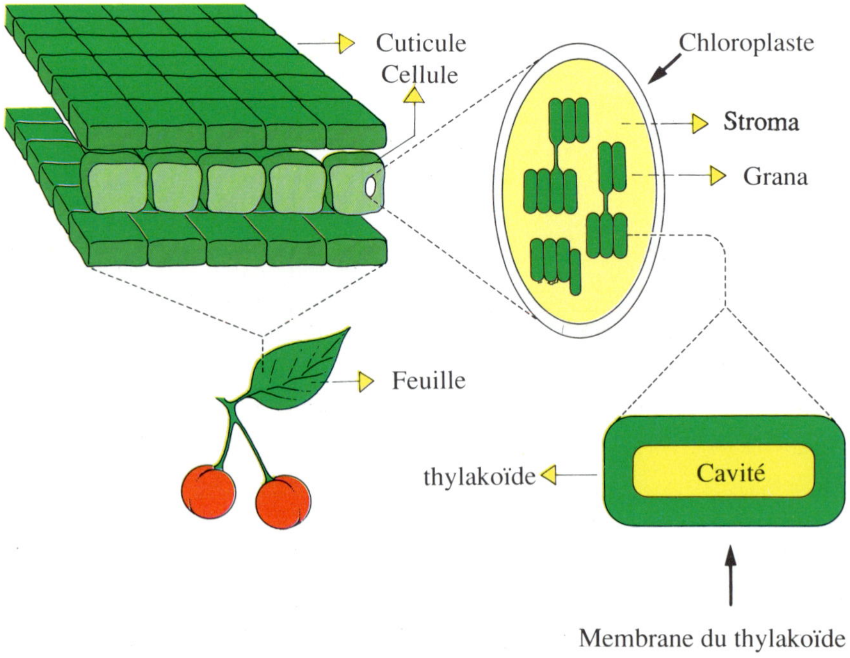


Figure 58
De la feuille verte à la cavité intrathylakoïde.

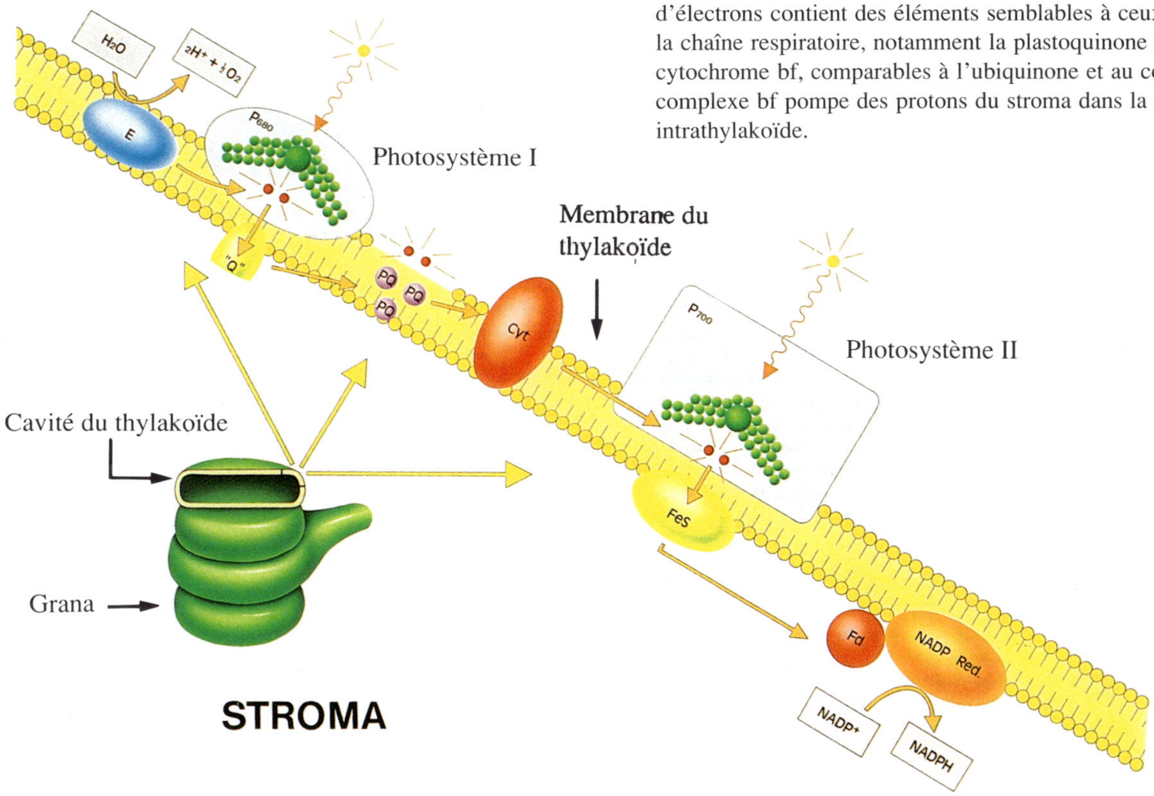


Figure 59
Modèle schématique de la distribution des transporteurs d'électrons dans la membrane thylakoïdienne. La chaîne des transporteurs d'électrons contient des éléments semblables à ceux qui composent la chaîne respiratoire, notamment la plastoquinone et le complexe cytochrome bf, comparables à l'ubiquinone et au complexe bf. Le complexe bf pompe des protons du stroma dans la cavité intrathylakoïde.

chlorophylle est constituée d'une "tête" porphyrique renfermant un atome de magnésium et d'une "queue" hydrophobe qui la positionne dans la membrane des saccules.

Une quelconque molécule de chlorophylle d'une antenne peut absorber un photon; ce faisant, un de ses électrons est excité et transféré de proche en proche jusqu'à une molécule de cholorophylle spéciale. Ce transfert a lieu en un temps très court, de l'ordre du milliardième de seconde.

On a montré que les cholorophylles de l'antenne étaient disposées dans la membrane thylakoïde suivant un potentiel électronique décroissant, de sorte qu'elles entraînent les électrons photoexcités vers la molécule de chlorophylle spéciale. L'antenne joue ainsi en quelque sorte le rôle d'entonnoir à électrons.

La chlorophylle spéciale est étroitement associée à un donneur et à un accepteur d'électrons, appelé accepteur primaire. Le donneur d'électrons est une chlorophylle de l'antenne. Lorsque la chlorophylle spéciale capte un électron énergisé, elle le cède à son accepteur primaire. Le "trou électronique" qui apparaît dans la chlorophylle spéciale est aussitôt comblé par son donneur d'électrons, lui-même alimenté en fin de compte par un fournisseur exogène. Le trio moléculaire constitué par la molécule de chlorophylle spéciale, son donneur et son accepteur d'électrons s'appelle centre réactionnel. Celui-ci fait partie d'un vaste ensemble comprenant, outre les pigments, les transporteurs d'électrons.

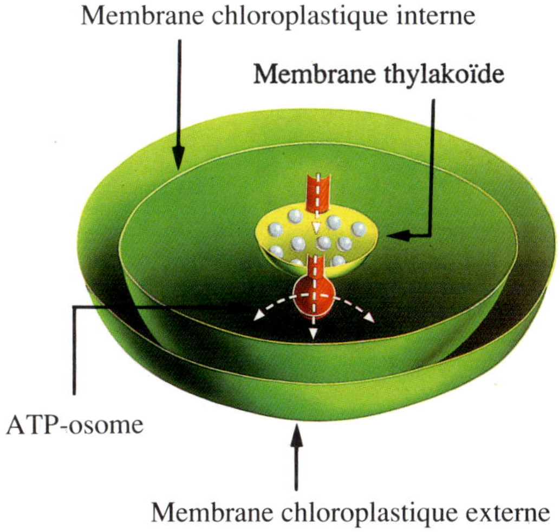


Figure 60
Gradient de protons dans le chloroplaste. Des protons accumulés dans la cavité intrathylakoïde refluent dans le stroma et actionnent, comme dans les mitochondries, un complexe synthétisant l'ATP.

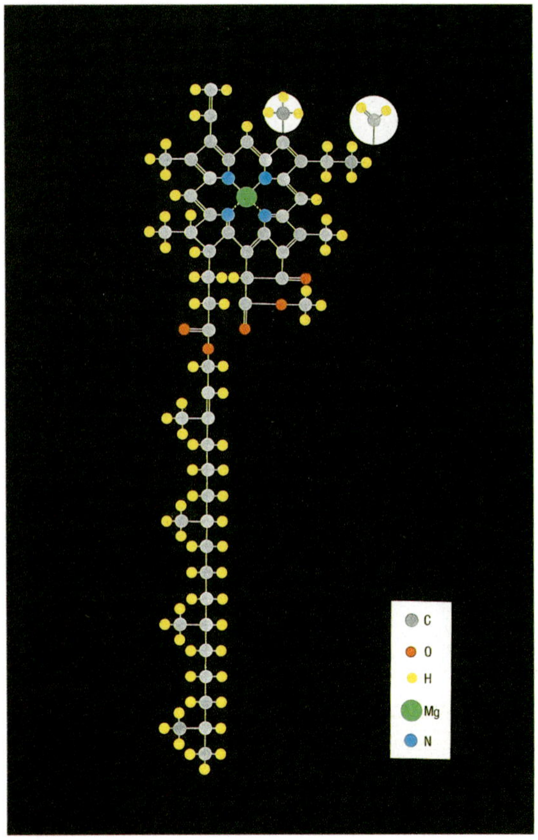


Figure 61
La molécule de chlorophylle. Elle est constituée d'une sous-unité porphyrine associée à une chaîne hydrophobe. Le noyau plan de la porphyrine est formé de 4 groupements pyrroles associés à un ion $Mg^{2+}$ (en vert). L'alternance des liaisons doubles et simples du noyau (conjuguaison) permet d'y absorber et d'y répartir l'énergie d'un large spectre de photons. Les queues hydrophobes des molécules de chlorophylle permettent leur insertion dans la membrane des thylakoïdes.

## Certaines bactéries photosynthétiques sont pourvues d'un seul photosystème.

Ce photosystème unique comprend un centre réactionnel, dont un accepteur primaire qui cède ses électrons à un coenzyme $NAD^+$ par l'intermédiaire d'une ferredoxine (figure 63). Chez les bactéries photosynthétiques sulfureuses, le trou électronique créé dans la molécule de chlorophylle est comblé par le donneur d'électrons exogène $H_2S$. Une chaîne de transport d'électrons munie d'une ATP-synthétase établit le lien entre l'hydrogène sulfuré et la chlorophylle acceptrice.

## Chez les cyanobactéries et les plantes vertes actuelles, il existe deux photosystèmes distincts.

Dans le groupe des cyanobactéries -improprement appelées algues bleues vertes- et chez les plantes vertes, le photosystème qui donne naissance au coenzyme réduit (ici, le $NADP^+$, un coenzyme semblable au $NAD^+$) est appelé photosystème I (figure 64). Il est alimenté en électrons par un photosystème distinct mais qui lui est physiologiquement associé dans la membrane thylakoïdienne : le photosystème II. Le centre réactionnel II fait lui-même appel à l'eau pour remplacer les électrons cédés au photosystème I. La molécule $H_2O$ constitue donc ici le nutrient faisant fonction de donneur exogène d'électrons, semblable au donneur $H_2S$ des bactéries sulfureuses actuelles et sans doute aussi de nombreuses bactéries primitives.

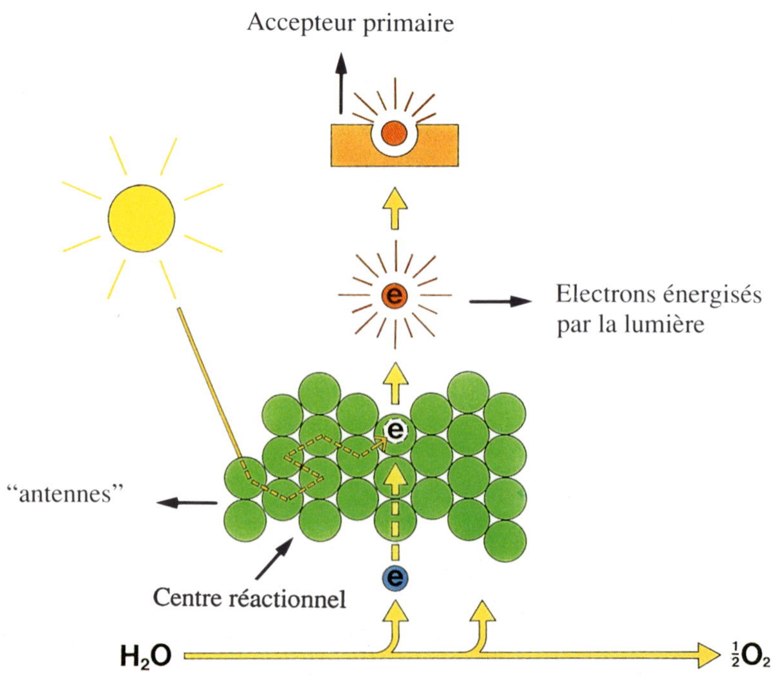


Figure 62
Molécules antennes et centre réactionnel. Ce schéma montre que les molécules de chlorophylle sont disposées de manière à canaliser l'énergie lumineuse vers une molécule de chlorophylle spéciale, appelée chlorophylle du centre réactionnel. Cette molécule est étroitement associée à un donneur et à un accepteur d'électrons. Au cours de la photosynthèse des cyanobactéries et des plantes vertes, la source primaire d'électrons est constituée par l'eau.

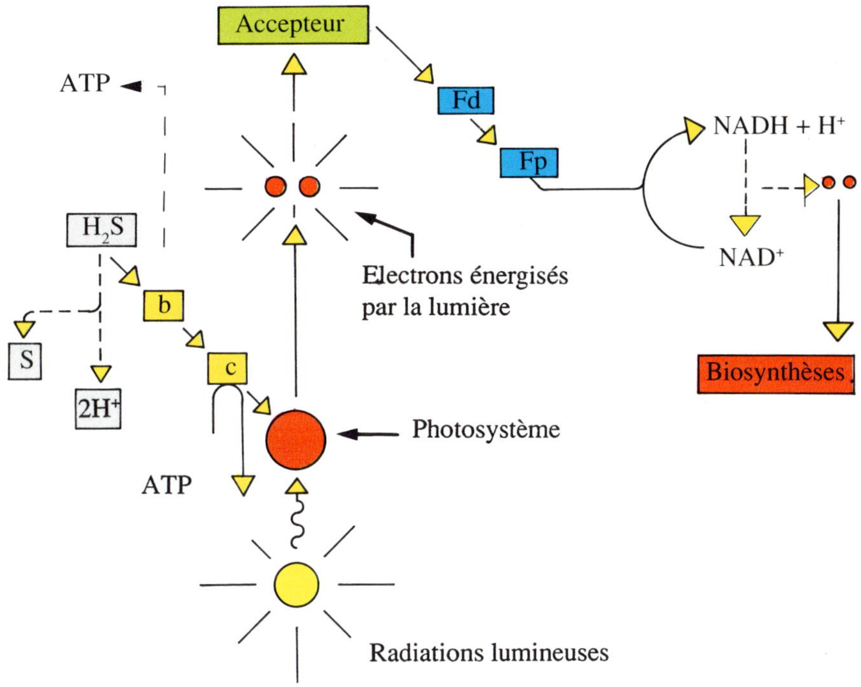


Figure 63
La photosynthèse bactérienne. Elle fonctionne à l'aide d'un seul photosystème. Les électrons énergisés de la chlorophylle sont fixés sur un coenzyme accepteur, le $NAD^+$. Le vide électronique ainsi créé est immédiatement rempli par des électrons provenant d'une molécule donneuse exogène, le plus souvent $H_2S$. Une synthèse d'ATP est associée à la chaîne de transport des électrons alimentant le centre réactionnel du photosystème unique.

Les électrons de l'eau ont un potentiel plus bas que ceux de l'acide sulfydrique. Leur accès au nouveau centre réactionnel requiert de ce fait un supplément adéquat d'énergie. Cette énergie est fournie par des photons lumineux de longueur d'onde plus courte, et donc plus énergisés que ceux qui sont absorbés par le photosystème I. La réaction permettant la capture et la valorisation énergétique des électrons de l'eau est une scission photolytique. Elle libère en même temps des protons ($H^+$) dans la cavité intrathylakoïde et rejette de l'oxygène gazeux. L'accepteur primaire II transfère les électrons de l'eau au photosystème I par l'intermédiaire d'une chaîne de transport d'électrons.

On a montré que les chaînes de transport photosynthétiques des électrons des bactéries se nourrissant d'$H_2S$ ainsi que celles des cyanobactéries et des plantes vertes sont pourvues de protéines transporteuses d'électrons et de pompes à protons semblables à celles de la chaîne respiratoire des mitochondries. Chez les plantes vertes les pompes, alimentées par l'énergie de transfert des électrons chlorophylliens entre les centres réactionnels I et II, concentrent les ions $H^+$ dans la cavité intrathylakoïde. De ce fait, elles créent un gradient, dirigé ici vers le stroma du chloroplaste. Les protons pompés dans la cavité s'ajoutent à ceux qui sont libérés lors de la scission photolytique de l'eau. De la même manière que chez les mitochondries une "détente" de protons, canalisée dans un conduit intramoléculaire ATPasique, force la synthèse de molécules d'ATP.

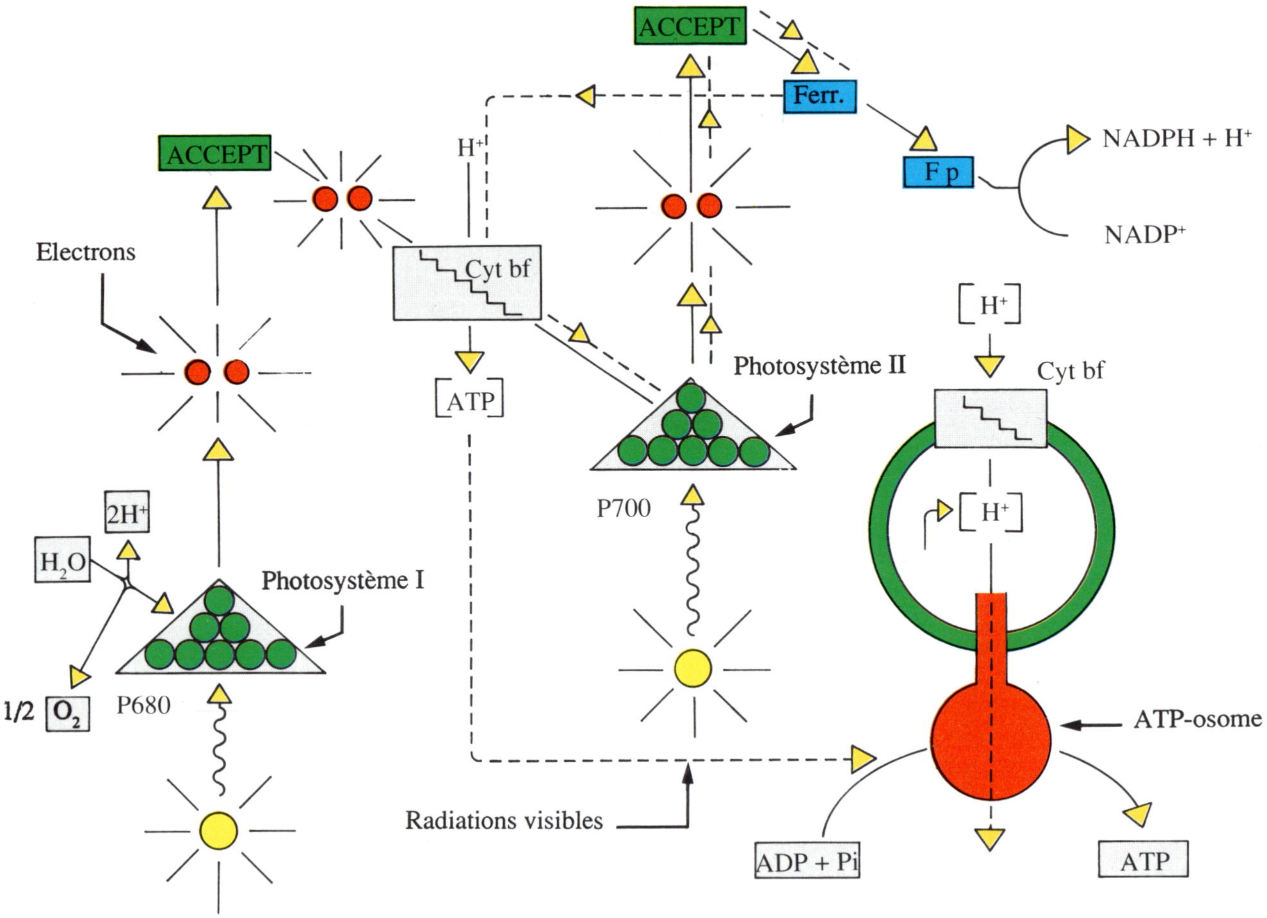


Figure 64
La photosynthèse chez les cyanobactéries et les plantes vertes. L'appareil photosynthétique est constitué de deux centres réactionnels, désignés respectivement P 680 et P700 et absorbant des photons lumineux de longueurs d'onde différentes. Les deux centres sont reliés par une chaîne de transport d'électrons productrice d'ATP. Le coenzyme accepteur d'électrons final est le $NADP^+$ et le donneur initial est l'eau. Le gradient de protons servant à produire l'ATP est alimenté par un flux d'électrons, comme dans les mitochondries. C'est le reflux de protons dans le stroma du chloroplaste qui commande la synthèse de l'ATP. Remarquez la voie de dérivation cyclique partant de la ferredoxine et ramenant les électrons dans la chaîne de transport.

En résumé, chez les cyanobactéries et chez les plantes vertes, deux systèmes activés par des photons sont nécéssaires pour arracher des électrons à une substance de potentiel faible, l'eau, qui a donc une forte tendance à les retenir, et à les transférer sur un accepteur final de potentiel élevé, le $NADP^+$ qui a, au contraire, une forte tendance à les céder. Cet accepteur final collecte ainsi, en fin de compte, une fraction importante de l'énergie lumineuse captée par la plante. Electrons et protons de l'eau, acheminés à son niveau, constituent la source de potentiel réducteur requise pour la synthèse des glucides. Les molécules d'ATP synthétisées aux dépens du flux d'électrons photoexcités reliant les deux centres réactionnels constituent l'autre part de l'apport énergétique nécéssité par la photosynthèse proprement dite.

## Les chloroplastes peuvent synthétiser de l'ATP sans fabriquer de coenzymes réduits grâce à un court-circuitage électronique : la photophosphorylation cyclique.

Au cours des deux étapes précédentes, les paires d'électrons arrachées à l'eau décrivent un trajet qui, à cause de son allure graphique en zig-zag, est appelé schéma Z. Comme nous venons de le voir, une molécule d'ATP et une molécule de coenzyme réduit (NADPH + $H^+$) sont synthétisées à l'issue de ce parcours. Suivant ce schéma, la synthèse d'ATP aux dépens de la lumière se fait donc de manière non cyclique et on parle de photophosphorylation non cyclique.

La fabrication des glucides exige cependant une quantité nettement plus grande d'ATP que de NADPH + $H^+$; il importe donc que sa synthèse puisse avoir lieu indépendamment de celle du coenzyme réduit. La cellule verte résoud ce problème en dérivant des électrons énergisés par le photosystème I vers un accepteur situé en amont dans la chaîne de transport, au sein du photosystème II (figure 65). En décrivant ensuite un trajet identique au précédent, ces électrons accomplissent un parcours cyclique.

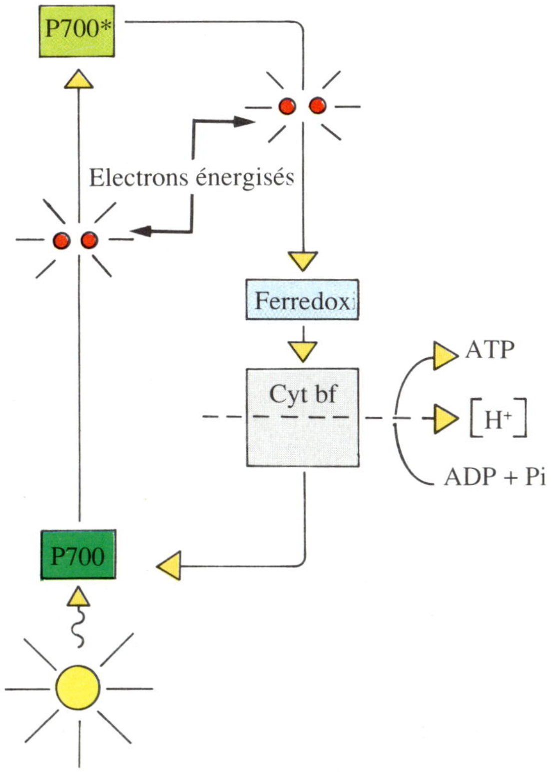


Figure 65
La photophosphorylation cyclique. Un court-circuitage dévie les électrons captés par la ferredoxine vers un accepteur situé en amont de la chaîne, sur le trajet qui relie les deux centres réactionnels (voir aussi figure 64). Les électrons recyclés sont rééenergisés à chaque passage au niveau du centre réactionnel P700. La réutilisation photocyclique des électrons permet de fabriquer des molécules d'ATP sans consommation d'eau supplémentaire.

A chaque tour de cycle, ils sont repropulsés par les photons lumineux agissant sur le centre réactionnel I. Au cours de ce périple, leur énergie est convertie dans un excédent utile d'ATP. A l'opposé du schéma en Z cet itinéraire, qui peut être réemprunté un certain nombre de fois par les mêmes électrons, permet donc une photophosphorylation cyclique et répétée. La synthèse d'ATP, qui se fait dans ce cas sans consommation d'eau supplémentaire, n'exige que de la lumière.

## Les molécules de glucides sont synthétisées dans le chloroplaste au cours d'une phase appelée phase "obscure".

Les synthèses d'ATP et de coenzymes réduits $NADPH^{+}H^{+}$ sont toutes deux sous la dépendance de la lumière. Il n'en n'est pas de même des réactions enzymatiques qui conduisent à la fabrication des glucides. Ces réactions ne requièrent que les deux formes d'énergie stockées élaborées au cours de la phase lumineuse et se déroulent aussi bien en absence de lumière qu'en sa présence. C'est pourquoi, elles sont appelées réactions de la phase obscure, par opposition aux précédentes, appelées réactions de la phase lumineuse.

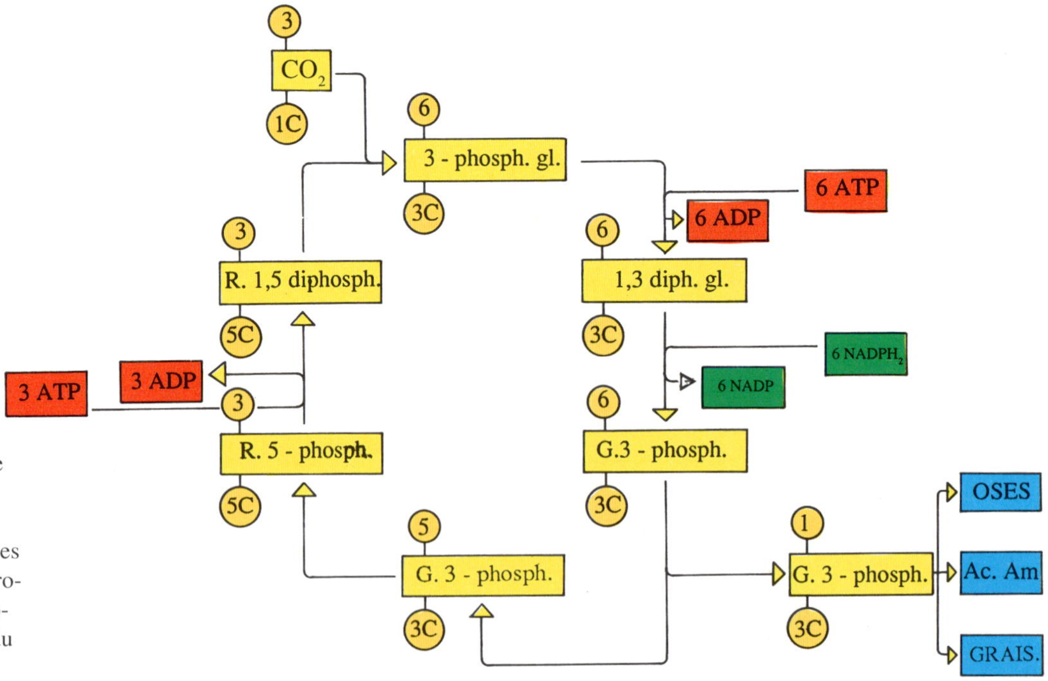


Figure 66
Le cycle de Calvin. Il fixe le gaz carbonique sur un intermédiaire d'une chaîne de réactions menant à la synthèse des glucides. Une partie des sucres est convertie en graisses et en acides aminés dans le stroma des chloroplastes. Une grande quantité d'ATP et de coenzymes réduits sont consommés au cours du processus. Cependant, ce tribut énergétique est largement compensé par les avantages liés à l'autotrophisme. (3-phosph.gl. : 3-phosphoglycérate; 1,3 diphosph.gl. : 1,3 diphosphoglycérate; Glyc. 3-phosph. : glycéraldéhyde 3-phosphate; R.5 phosph. : Ribulose 5-phosphate. Ac.Am. : Acides Aminés; Grais. : Graisses).

La synthèse des glucides est amorcée par un évènement important : la fixation d'une molécule de $CO_2$ exogène, atmosphérique ou dissoute dans l'eau, dans une chaîne de sucre à cinq carbones, le ribulose 1, 5-biphosphate (figure 66). Cette fixation, qui a lieu dans le stroma du chloroplaste déclenche un cycle complexe de réactions qui régénère son amorceur, le ribulose 1,5- biphosphate lui-même, et produit un glucide à trois carbones, le glycéraldéhyde -3- phosphate. Elle nécéssite l'intervention d'un enzyme chloroplastique, la ribulose biphosphate carboxylase.

A chaque tour de cycle, une molécule inorganique de $CO_2$ est convertie en carbone glucidique, et 3 ATP ainsi que 2 NADPH + $H^+$ produits par la phase lumineuse sont consommés. Trois tours de cycle sont nécéssaires pour élaborer le triose, qui est en même temps un substrat intermédiaire dans la glycolyse. Le glycéraldehyde-3-phosphate est exporté du stroma chloroplastique vers le hyaloplasme où il est converti en glucose par l'intermédiaire d'une réaction inverse de la glycolyse et de deux étapes de la gluconéogenèse.

## La ribulose 1,5 biphosphate carboxylase.

C'est probablement l'enzyme le plus abondant de toute la biosphère. Sa teneur dans les chloroplastes varie de 16% du total des protéines chez une plante comme l'épinard à environ 50% chez certaines autres espèces. On le rencontre également chez les bactéries photosynthétiques pourpres et vertes. L'enzyme a un poids moléculaire de 560.000 daltons, ce qui en fait une très grosse molécule. Il est composé de seize sous-unités polypeptidiques. Sa fonction la plus importante est de fixer le $CO_2$ et de l'intégrer dans une courte chaîne de carbone préexistante, le ribulose biphosphate. L'autotrophie proprement dite repose sur cette spécificité, compte tenu de l'apport énergétique requis.

L'affinité de la ribulose biphosphate carboxylase pour le dioxyde de carbone est fortement atténuée lorsque la pression intrachloroplastique du gaz descend sous un certain seuil. On a montré que, dans ces conditions, l'enzyme fonctionne comme une oxygénase : à l'aide d'oxygène, il amorce la transformation du ribulose biphosphate et produit en fin de compte du $CO_2$ et une molécule de phosphoglycérate au lieu de deux. Selon la teneur du chloroplaste en $CO_2$, la ribulose biphosphate carboxylase catalyse donc deux réactions compétitives, dont l'une qui l'assimile, et l'autre qui le produit en consommant de l'oxygène. On donne à ce dernier processus le nom de photorespiration. Bien que le comportement de l'enzyme en tant qu'oxygénase soit normalement assez faible, il se manifeste davantage aux faibles concentrations en $CO_2$, ce qui est le cas dans l'atmosphère. Il en résulte un gaspillage pour les plantes, qui dégradent un composé organique, le ribulose biphosphate, en $CO_2$ sans produire ni ATP ni coenzymes réduits. Dans les plantes des pays chauds, la photorespiration pose un sérieux problème. En effet, afin d'éviter les pertes d'eau, les feuilles ferment leurs stomates, ce qui limite d'autant l'entrée du $CO_2$ et baisse sa concentration dans le stroma des chloroplastes. L'enzyme préfère alors utiliser l'oxygène.

Fort heureusement, certaines espèces vivant dans ces conditions ont développé un stratagème ingénieux pour limiter la photorespiration. Elles confinent le cycle de fixation du $CO_2$ dans les cellules des gaines périvasculaires tout en y maintenant la concentration en $CO_2$ élevée. Comme le montre la figure 67, le gaz carbonique est d'abord capté par les cellules du mésophylle qui entourent les gaines et qui sont en contact avec l'air, grâce à une pompe activée par l'ATP. Il est ensuite transporté par

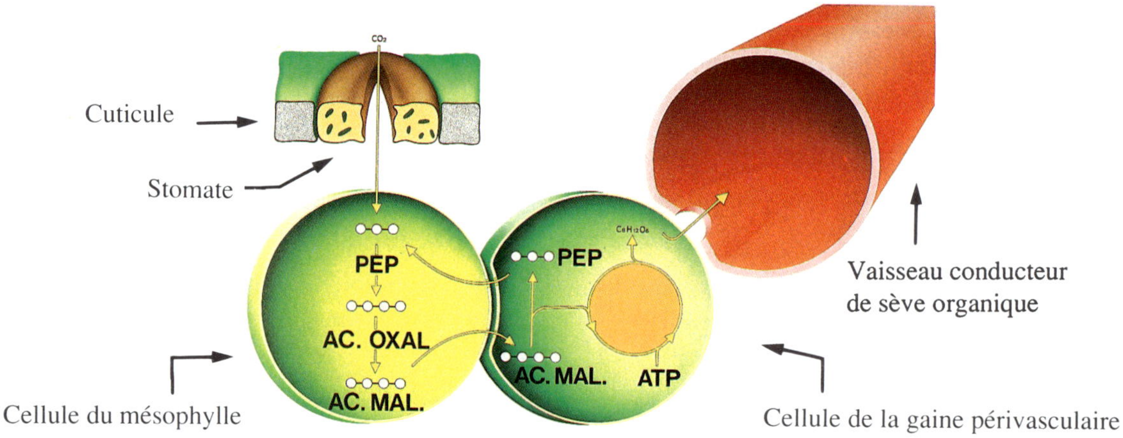


Figure 67
La photosynthèse dans la feuille C4. Elle se départage entre deux types cellulaires. Le cycle de Calvin et l'enzyme fixant le $CO_2$ sont exclusivement situés dans les cellules de la gaine périvasculaire. Le $CO_2$ est capté par les cellules du mésophylle environnant grâce à un pompage actif. Les glucides néosynthétisés pénètrent dans les conduits vasculaires pour être distribués aux tissus de la plante.

diffusion dans les gaines par un système de navettes faisant intervenir des intermédiaires de la chaîne glycolytique et du cycle de Krebs. Comme chez ces plantes le premier composé glucidique formé est une molécule à quatre carbones, on les appelle plantes $C_4$ (figure 68). Elles prédominent dans les régions ensoleillées et sèches. Dans la grosse majorité des plantes des régions humides et pluvieuses, le premier composé détecté est le phosphoglycérate, un composé à trois carbones; c'est pourquoi on les appelle plantes $C_3$ (figure 69).

La photorespiration est de toute manière un processus relativement courant, ne serait-ce qu'à cause de la faible teneur de l'atmosphère en $CO_2$. Il en résulte un défaut général de croissance des plantes, qui ne peuvent éviter ce problème. Un moyen qui permettrait d'affaiblir la fonction oxygénase de l'enzyme incorporant le gaz carbonique aurait sans doute un effet répercutant bénéfique sur la croissance des cultures.

Figure 68
Structure de la feuille C4. Seules les cellules de la gaine périvasculaire contiennent des chloroplastes capables d'effectuer la fixation du gaz carbonique. Les cellules du mésophylle, qui forment un manchon autour de la gaine, captent le $CO_2$ de manière active et le transmettent aux cellules fixatrices.

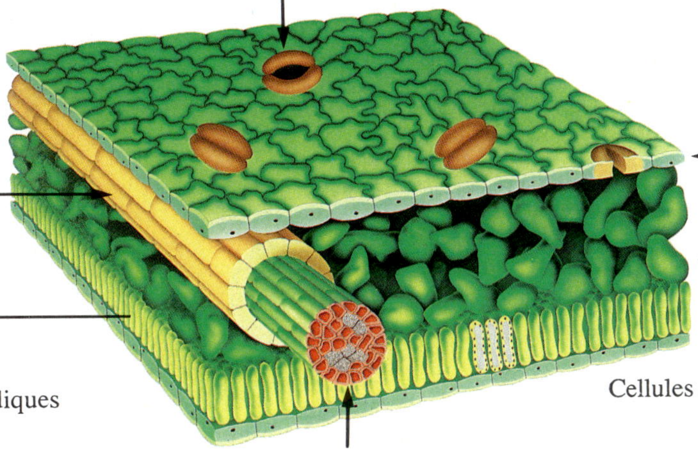


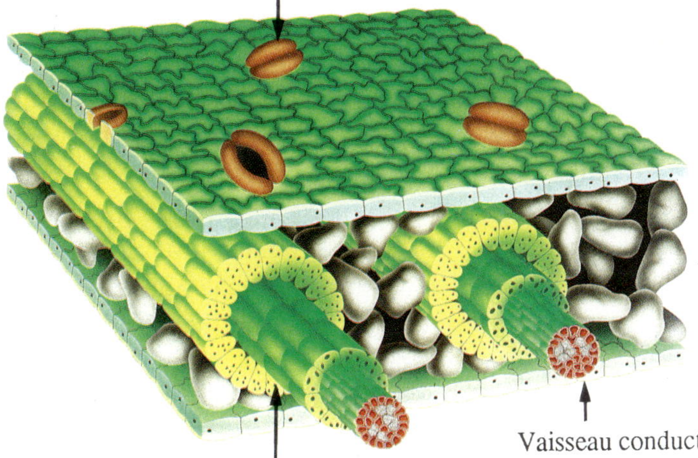


Figure 69
Structure de la feuille C3. Ce sont les cellules du mésophylle (cellules palissadiques et cellules spongieuses) qui contiennent les chloroplastes fixateurs du gaz carbonique et qui effectuent la synthèse des glucides.

# Chapitre III

## La synthèse des protéines.

Notre étude de la cellule nous a montré qu'elle constitue l'habitat d'une immense variété de molécules et notamment d'acides nucléiques et de protéines. C'est la spécificité des protéines qui garantit le déroulement correct d'activités aussi précises et complexes que la dégradation des aliments, les mouvements et la signalisation cellulaires, la conduction de l'influx nerveux ou la mitose.

Nous avons évoqué dans le premier chapitre un trait commun de leur structure : toutes sont formées par la polymérisation de monomères, les acides aminés. La séquence des acides aminés d'une protéine la distingue d'une autre et cette différence se reflète dans ses propriétés. Puisqu'une protéine donnée a toujours la même séquence d'acides aminés, une question se pose : quel est le mécanisme qui maintient cette conservation ? On sait par exemple que le cytochrome C de cheval a une séquence de 104 acides aminés ordonnée de manière caractéristique (figure 70). Par exemple, la phénylalanine, un acide aminé situé en position 82 est toujours suivi par l'acide aminé alanine en position 83. De même, la thréonine, située en position 47 est toujours suivie par la tyrosine en position 48. Il est aisé de comprendre qu'un mécanisme qui polymériserait au hasard les 104 acides aminés de cette macromolécule ne pourrait jamais rendre compte d'une telle exactitude dans leur séquence.

Nous avons également fait observer que l'ordre de succession des acides aminés dans une chaîne polypeptidique était dicté par un plan préétabli. Ce plan est un plan moléculaire constitué par une séquence, également ordonnée, de bases nucléotidiques de l'ADN. Il a été claire-

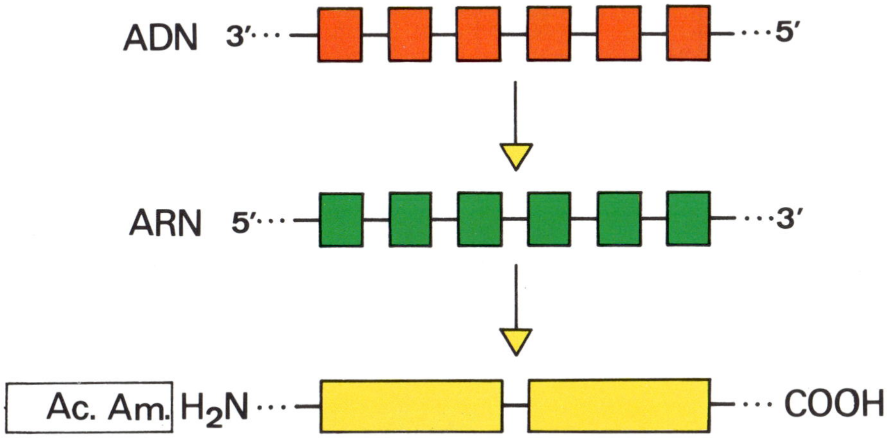


Figure 71
Schéma montrant la correspondance entre la séquence de l'ADN, la séquence de l'ARN messager et la séquence des acides aminés. Un acide aminé correspond à un triplet de bases nucléiques.

ment démontré qu'il existait une correspondance linéaire entre une séquence donnée d'ADN et la séquence d'acides aminés d'une chaîne polypeptidique correspondante (figure 71). D'une manière générale, l'ADN des cellules renferme l'information requise pour synthétiser toutes les protéines. Il doit donc exister un mécanisme qui exprime une séquence de bases de l'ADN en une séquence d'acides aminés d'une protéine. Il était tentant à priori d'imaginer l'existence d'un processus qui permettrait d'utiliser une séquence d'ADN comme telle pour positionner des acides aminés en une séquence correspondante. Une traduction, aussi simple en principe, exigerait toutefois un appariement entre nucléotides de l'ADN et acides aminés au moyen de liaisons chimiques faibles, pouvant être facilement rompues. En réalité, on n'a jamais décelé chez les cellules une quelconque aptitude qui leur permettrait d'utiliser directe-

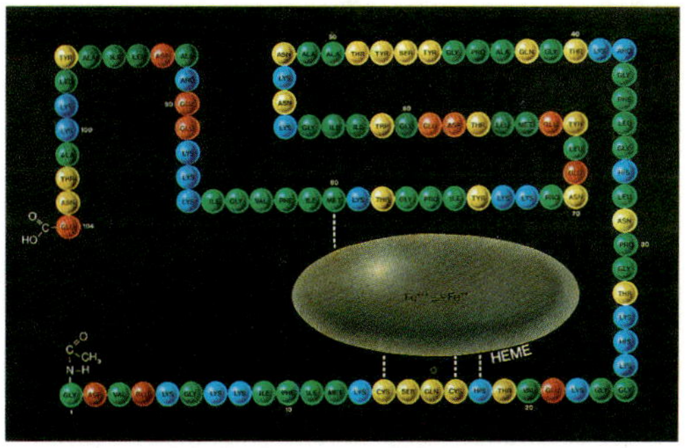


Figure 70
Séquence d'acides aminés du cytochrome C de cheval. Un groupement hème, comprenant un atome de fer ionisé est associé à la chaîne d'acides aminés. Bien que la séquence des acides aminés d'une protéine varie en principe d'une espèce à l'autre, celle du cytochrome C a été bien conservée au cours de l'évolution, aussi bien chez les bactéries que chez les animaux et les végétaux.

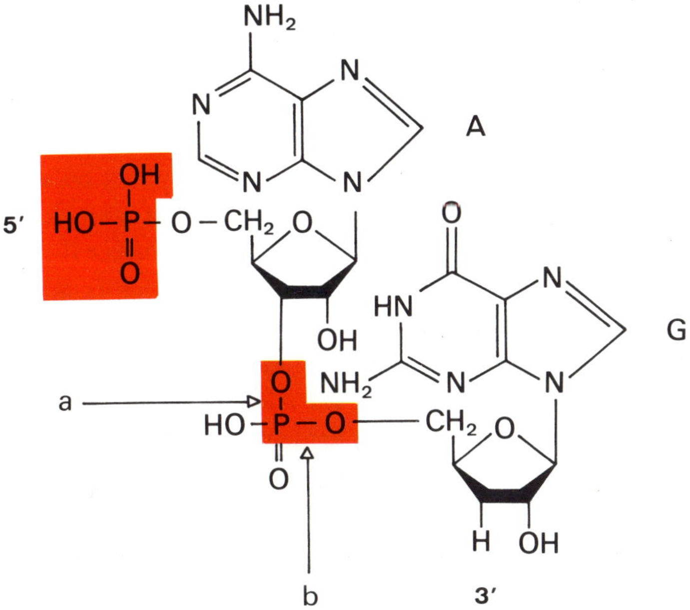


Figure 72
La structure de l'ARN. Chaque ribonucléotide est constitué d'un sucre (ribose), d'une base (A, U, G ou C) et d'un acide phosphorique. A et B indiquent l'emplacement des liaisons phosphoesters unissant deux ribonucléotides.

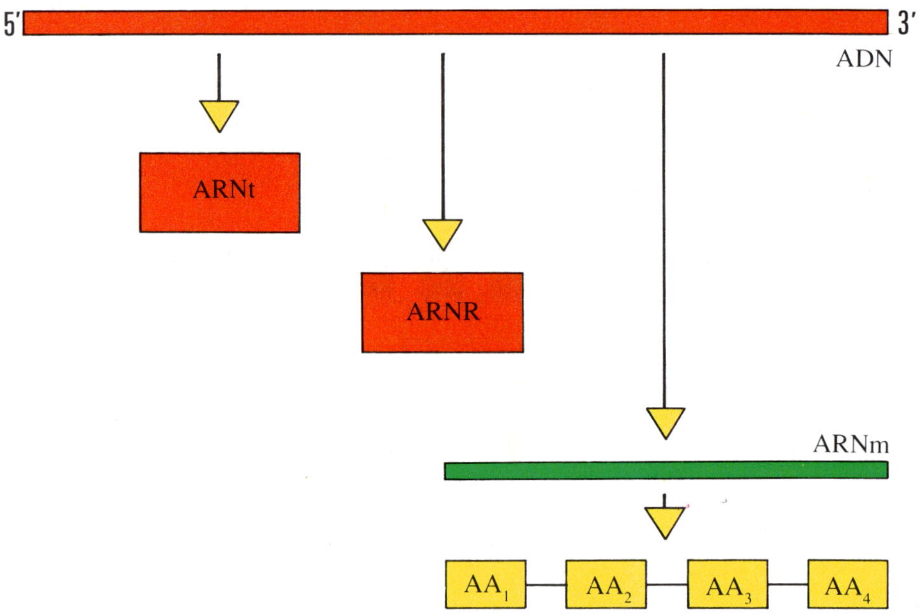


Figure 73
Schéma montrant les principales catégories d'ARN synthétisées aux dépens de l'ADN. Seul l'ARN messager code pour les chaînes polypeptidiques.

ment l'ADN pour diriger l'assemblage d'une chaîne d'acides aminés. De plus, chez les cellules eucaryotes, l'ADN nucléaire est isolé du compartiment cytoplasmique par une membrane, et c'est dans ce compartiment qu'a lieu la synthèse des protéines. D'où l'idée qu'un dispositif intermédiaire devait établir une correspondance entre une séquence d'ADN et une séquence d'acides aminés mais au niveau duquel la structure même de l'acide aminé n'intervient pas directement. Ce dispositif est centré sur l'existence d'un autre polynucléotide appelé ARN de transfert (ARNt). En établissant des liaisons faibles internucléotidiques avec des copies d'ADN appelées ARN messagers d'une part et en liant, par une autre partie de leur structure, les acides aminés correspondants, les ARN de transfert constituent le pont moléculaire permettant la conversion du langage nucléotidique en langage polypeptidique (voir plus bas dans le texte).

L'ARN messager est un polynucléotide, ressemblant à l'ADN mais il en diffère sous certains aspects. En premier lieu, la molécule ne comprend qu'une seule chaîne et le sucre est un ribose plutôt qu'un déoxyribose (figure 72). De plus, la thymine de l'ADN y est remplacée par une base analogue, l'uracile. La synthèse de l'ARNm au départ d'un des brins ADN est appelée transcription. Le transfert de son information dans la structure d'une chaîne d'acides aminés s'appelle traduction. Ce processus est plus complexe que la transcription et fait intervenir, en plus de l'ARN messager et de l'ARN de transfert, les ARN et les protéines des ribosomes. Les ARNr et les ARNt sont également codés par des séquences contenues dans la molécule d'ADN (figure 73). Les données exposées dans la suite de ce texte, proviennent essentiellement de l'étude des cellules bactériennes. Nous évoquerons cependant quelques aspects spécifiques de la synthèse des protéines chez les cellules eucaryotes.

## La transcription de l'ADN fait intervenir un enzyme : l'ARN polymérase.

L'ARN polymérase est une molécule capable de se fixer sur la double hélice d'ADN, de la dérouler localement et d'opérer la lecture séquentielle d'un de ses brins, appelé matrice. Au fur et à mesure qu'elle progresse le long du brin matrice, elle incorpore des ribonucléotides dans une chaîne d'ARN de séquence complémentaire (figure 74). Ce mécanisme de lecture respecte donc les lois d'appariement entre les bases nucléiques énoncées par Watson et Crick lorsqu'ils ont proposé leur modèle en double hélice de l'ADN. Cependant, comme l'ARN polymérase insère la base uracile aux positions normalement occupées par la thymine, les appariements entre les bases nucléiques sont du type A-U et G-C. Enfin, contrairement à ce qui se passe lors de la réplication de l'ADN (voir plus loin), le brin d'ARN néosynthétisé ne reste pas lié au brin d'ADN copié mais s'en détache au fur et à mesure de sa synthèse, permettant à la double hélice d'ADN de se reformer.

L'ARN polymérase est un des enzymes les plus complexes de la cellule bactérienne. Son poids moléculaire est d'environ 500.000 daltons, ce qui signifie que cette molécule est composée de plusieurs dizaines de milliers d'atomes. Il s'agit en réalité d'une molécule composite, renfermant plusieurs sous-unités : parmi celles-ci, une sous-unité complexe appelée enzyme "cœur" et une sous-unité appelée sigma (σ).

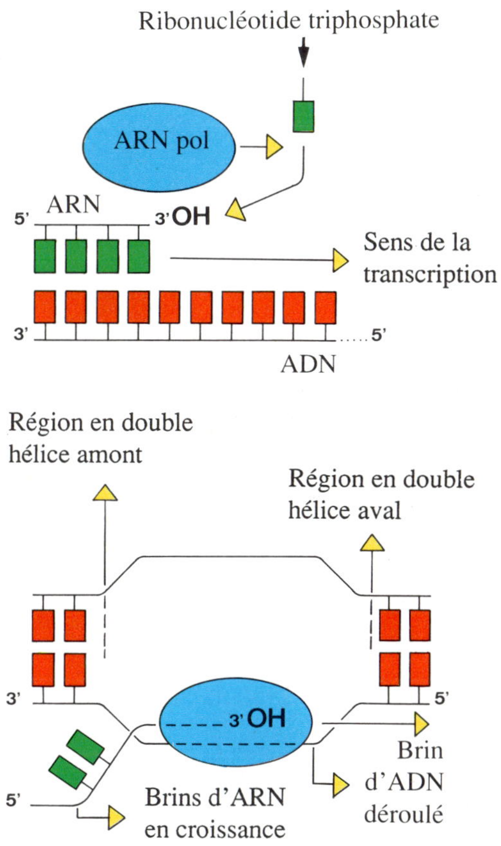


Figure 74
Schéma de la transcription chez les cellules bactériennes. (A) L'ARN polymérase copie le brin modèle d'ADN et additionne séquentiellement des ribonucléotides à la chaîne d'ARN en croissance. (B) L'ARN polymérase déroule les brins de la double hélice et progresse dans le sens 3' → 5' de la matrice. Au fur et à mesure de la croissance de la chaîne polyribonucléotidique, la double hélice se reforme en amont du sens de la progression. L'ARN néosynthétisé se désapparie rapidement de la matrice.

Il est parfois difficile de comprendre pourquoi des protéines et des enzymes en particulier sont dotés d'une taille aussi importante. Ces raisons apparaissent au moins plus clairement chez les macromolécules transcriptionnelles comme celles que nous examinons ici. Songeons simplement que, pour transcrire une séquence d'ADN complète, l'enzyme doit non seulement reconnaître ses sites d'initiation corrects mais il doit en plus dérouler séquentiellement la double hélice dans un sens donné, lire le brin matrice, et sélectionner les nucléotides complémentaires. Il faut ajouter à cela qu'il doit détecter des signaux d'arrêt et répondre à d'autres signaux de régulation. Une telle diversité d'activités requiert des surfaces ou d'autres régions détenant les spécificités requises et seuls les enzymes de taille volumineuse sont en principe susceptibles de les contenir.

## La transcription débute par la fixation de l'ARN-polymérase sur une région particulière de la double hélice appelée site promoteur.

Les régions des molécules d'ADN qui avoisinent les séquences transcrites sont fréquemment porteuses de signaux qui régulent leur expression (figure 75). Certaines d'entre elles, qui contrôlent le démarrage de la transcription ont été mises en évidence chez de nombreuses espèces virales, bactériennes et eucaryotes. Chez la bactérie E.coli, une région comprenant deux séquences particulières, situées respectivement à –35 et –10 nucléotides du site de démarrage sur le brin d'ADN codant, jouent le rôle de signaux promoteurs de la transcription. Ces séquences ont été bien conservées au cours de l'évolution mais quelques variations sont autorisées. La séquence –35 a un consensus TTGACA et la séquence –10, dénommée "boite de Pribnow", du nom du chercheur qui l'a découverte, a un consensus TATAAT.

Pour atteindre la région promotrice dans l'ADN la polymérase entière, pourvue de sa sous-unité σ, paraît "glisser" le long de la double hélice jusqu'au moment où elle la reconnaît. Cela étant, l'enzyme ne peut transcrire le brin modèle à partir d'une structure bihélicoïdale; il doit au préalable ouvrir la double hélice et isoler momentanément le brin matrice de l'autre brin. On a montré que le démarrage correct de la transcription,

Figure 75
Séquences d'initiation de la transcription chez les bactéries. Elles comportent fréquemment deux régions situées respectivement à 10 et 35 nucléotides en amont du site d'initiation. Les séquences de 6 nucléotides délimitées par les flèches sont des séquences consensus, dont se rapprochent assez étroitement les séquences réelles déterminées dans plus de 100 promoteurs différents.

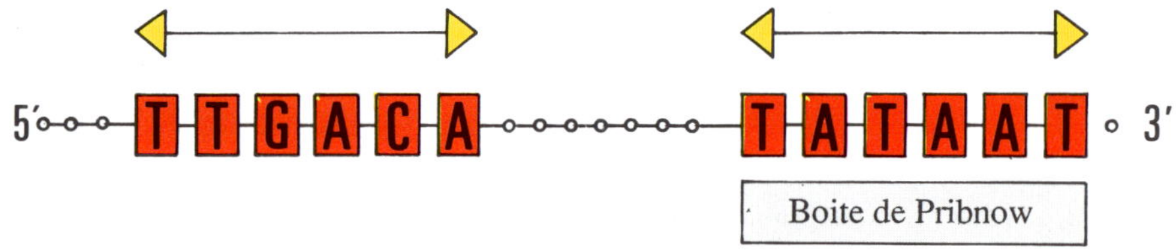


Figure 76
Initiation de la transcription par l'ARN polymérase et inhibition de ce processus par la rifamycine. L'ARN polymérase paraît "glisser" le long de la double hélice jusqu'au moment où elle rencontre un site d'attache ferme au niveau du promoteur. La sous-unité sigma n'est nécéssaire que jusqu'à l'incorporation du premier ribonucléotide d'ARN. L'antibiotique rifamycine, extrait du champignon Streptomyces, se lie à l'ARN polymérase et inhibe le processus d'initiation.

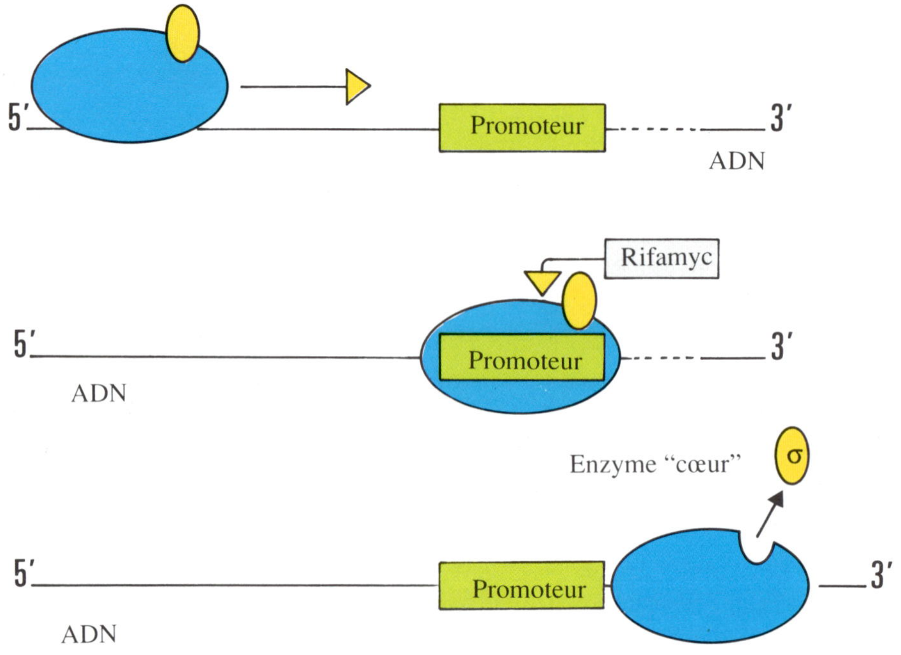

et donc l'incorporation du premier ribonucléotide, requiert l'intervention de l'ARN polymérase entière. En absence de σ, l'enzyme cœur initie la transcription à n'importe quel endroit du brin déroulé, indépendamment de la localisation du site promoteur. Lorsque la synthèse de l'ADN a été initiée, la sous-unité se détache de l'enzyme cœur et se dernier poursuit l'incorporation des ribonucléotides complémentaires à une vitesse estimée à quelques 50 unités par seconde. La fidélité de cette lecture est moins grande que celle qui est mesurée au cours de la réplication. En effet, l'enzyme transcripteur incorpore incorrectement une base toutes les 10.000 à 100.000 bases. Cependant, ce taux d'erreur est sans grande importance puisqu'il ne concerne qu'une fraction mineure de l'ensemble des transcrits synthétisés au niveau d'une même région d'ADN. De plus, la sélection n'opère pas ici puisqu'il s'agit de produits non hérités. La lecture s'achève lors de la rencontre de l'enzyme cœur avec une séquence appelée séquence de terminaison. L'enzyme se déplace le long du brin d'ADN matrice dans la direction 3' → 5'. Comme la chaîne d'ARN lui est antiparallèle, sa propre synthèse se fait dans la direction 5' → 3'. Autrement dit, elle débute par son extrémité 5', porteuse de trois groupements phosphate.

## Les champignons du genre Streptomyces synthétisent des molécules qui agissent en bloquant l'initiation ou l'élongation de la transcription.

Certaines substances se fixent sur l'ARN polymérase et perturbent le déroulement normal de la transcription. C'est le cas de la rifamycine, une molécule extraite de Streptomyces, un champignon microscopique. Ce poison cellulaire empêche l'initiation de la lecture du brin d'ADN par l'enzyme. Son action est très spécifique puisqu'il se fixe uniquement sur un composant de l'enzyme cœur (figure 76). La rifamycine ne bloque pas la transcription une fois que celle-ci a commencé. Par contre, l'actinomycine D, une autre molécule extraite d'une souche différente de Streptomyces, s'incruste dans la double hélice d'ADN et la déforme de telle manière que l'élongation est impossible. Des molécules de ce type, qui par leur action entraînent la létalité des cellules, sont appelées antibiotiques.

## Chez les cellules eucaryotes, la transcription est un processus plus complexe que chez les bactéries.

La synthèse de l'ARN chez les cellules à noyau répond aux mêmes principes généraux que chez les bactéries. Elle utilise un brin d'ADN comme matrice et obéit à des séquences signaux commandant l'initiation ou la terminaison. Cependant elle fait intervenir trois enzymes distincts, comparativement plus complexes que la polymérase unique des bactéries (figure 77). Chaque ARN polymérase eucaryote transcrit des séquences différentes d'ADN. L'ARN polymérase I est spécialisée dans la synthèse des grands ARN ribosomiques. L'ARN polymérase II fabrique les ARN messagers tandis que l'ARN polymérase III transcrit les régions d'ADN qui codent pour les ARN de transfert et un petit ARN des ribosomes. On a montré que les deux premiers enzymes reconnaissent des signaux comparables aux séquences promotrices bactériennes et situés en amont du site d'initiation sur l'ADN. Contrairement aux ARN polymérases I et II, l'ARN polymérase III reconnaît un signal situé en aval du site de démarrage de la synthèse d'ARN. En outre, des facteurs de transcription inexistants chez les bactéries sont requis chez les eucaryotes. Ces facteurs reconnaissent des séquences promotrices spécifiques de certains gènes.

Des séquences génétiques stimulatrices, parfois situées à de grandes distances des promoteurs (plusieurs millions de paires de bases, soit devant ou derrière eux, soit même à l'intérieur de séquences lues) activent la transcription d'une manière qui n'est pas bien élucidée. Elles ne sont pas stimulatrices par elles-mêmes mais seulement en association avec certaines molécules. A titre d'exemple, on a montré que l'hormone glucocorticoïde, une hormone stéroïde qui active la formation de glycogène peut, une fois liée à son récepteur, se fixer à une séquence d'ADN stimulatrice et promouvoir la transcription de gènes adaptés à cette fonction.

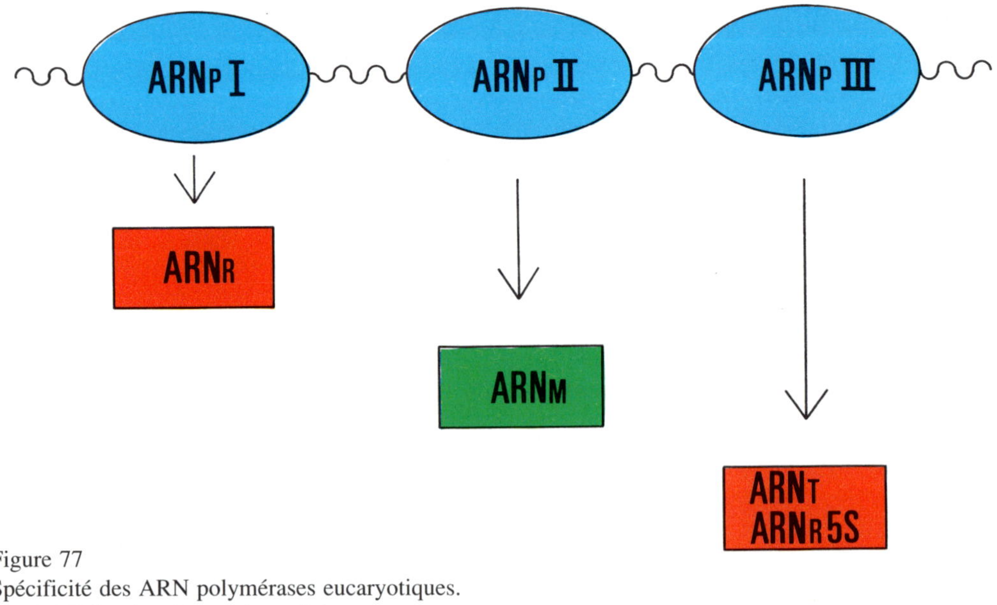


Figure 77
Spécificité des ARN polymérases eucaryotiques. Les 3 ARN polymérases des cellules eucaryotes sont localisées dans le noyau. L'ARN polymérase I est associée à la région nucléolaire tandis que les ARN polymérases II et III sont localisées dans le nucléoplasme. L'illustration montre les catégories d'ARN synthétisées par les trois enzymes.

On a montré que tous les gènes transcrits du noyau ne le sont pas à la même fréquence. Certains d'entre eux, codant pour des protéines rares ne sont que peu transcrits. D'autres le sont au contraire à haute fréquence et les photographies de microscopie électronique montrent que, dans ces cas, de véritables trains de polymérases disposés à la queue-leu-leu sur le même brin d'ADN le transcrivent simultanément (figure 78). Chose remarquable, la transcription chez les cellules nucléées ne paraît pas interrompue par la présence des nucléosomes (figure 79). Ces structures nucléoprotéiques constituent les perles des fins filaments de la chromatine nucléaire. Observées en microscopie électronique, elles sont situées sur le trajet des ARN polymérases et devraient en principe leur faire obstacle. Tout se passe en fait comme si la structure d'un nucléosome se modifiait transitoirement de manière à permettre une lecture sans accrocs. L'enzyme transcripteur doit d'ailleurs probablement solutionner d'autres problèmes topologiques complexes, ne serait-ce que celui qui est lié à l'itinéraire hélicoïdal qu'il est censé parcourir. Il devrait en principe, comme chez les bactéries, dérouler la double hélice d'ADN dans un sens, au fur et à mesure de sa progression et la tordre en sens inverse, en amont, de manière à rétablir l'hélicité normale.

Une particularité remarquable des ARN synthétisés chez les cellules eucaryotes est leur taille. Ils peuvent contenir de 10.000 à 20.000 nucléotides mais certains d'entre eux en comprennent plus de 50.000. Une telle quantité excède largement celle qui est nécéssaire pour coder les chaînes d'acides aminés de dimension habituelle. En réalité, une découverte majeure de ces dernières années a révélé que les transcrits primaires de cellules à noyau contiennent de nombreuses séquences non codantes appelées introns et disposées à intervalles irréguliers entre les séquences codantes appelées exons (figure 80). On ne connaît pas de manière

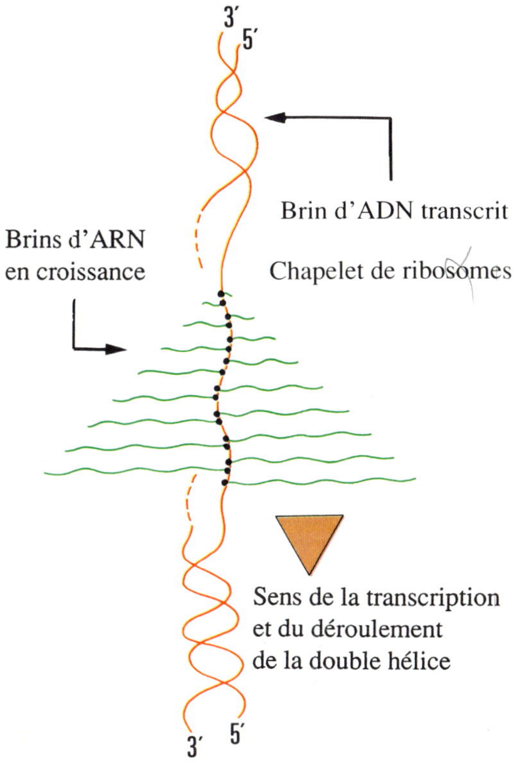


Figure 78
Transcription simultanée d'un brin d'ADN. Les filaments d'ARN s'allongent au fur et à mesure que les ARN polymérases progressent le long de la séquence matricielle, dans la direction 3' → 5'.

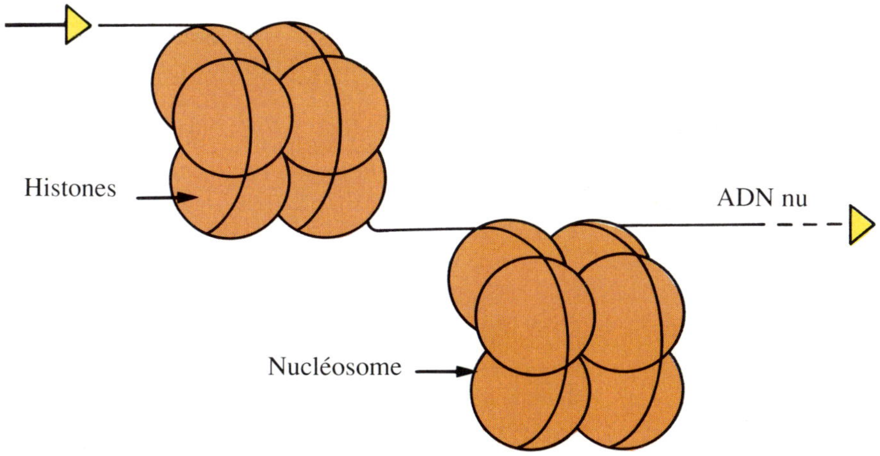


Figure 79
Nucléosome. C'est une forme de condensation de la chromatine, constituée par l'assemblage d'ADN et de protéines de type histone. Une fibre de chromatine comprend une succession régulière de ces complexes nucléoprotéiques, séparés par de l'ADN nu. La plus grande partie de l'ADN d'une fibre de chromatine est associée aux nucléosomes.

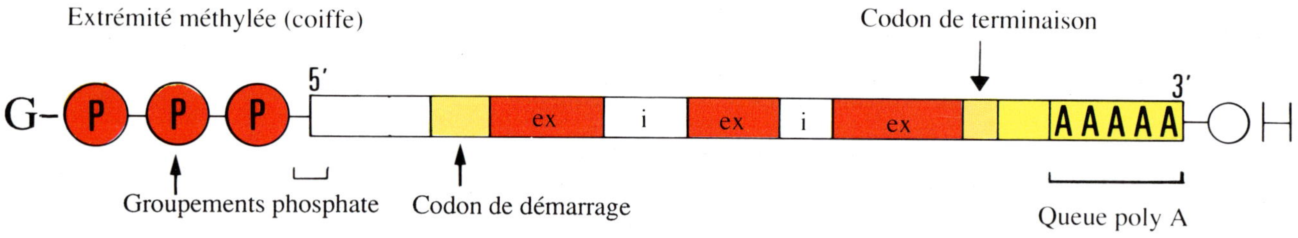


Figure 80
Coiffe méthylée et queue poly-A. La synthèse d'un ARN débute par son extrémité 5'phosphate. Celle-ci est rapidement modifiée par addition d'un ou de plusieurs groupements méthyle. L'extrémité méthylée, encore appelée coiffe, constitue un signal de démarrage important pour la traduction. Lorsque la transcription est achevée, un enzyme appelé poly-A polymérase additionne plusieurs résidus adénosine à l'extrémité 3' du transcrit. Cette addition se fait sans l'aide d'une matrice. Le rôle de cet appendice polyadénylé n'est pas compris. (i : intron = séquence non codante; ex : exon = séquence codante)

précise la fonction des introns, mais on sait qu'ils doivent être excisés afin de produire les ARN messagers "murs", traduisibles (figure 81). Cette opération, qui regroupe les séquences codantes de l'ARN messager précurseur dans un ARN plus court mais traduisible, résume l'essentiel d'un processus de maturation qui a lieu dans le noyau et conditionne peut-être l'accès des messagers au cytoplasme. C'est ici encore qu'il convient de faire remarquer l'importance particulière de la membrane nucléaire. En ne laissant passer que les messagers mûrs, elle confine une étape

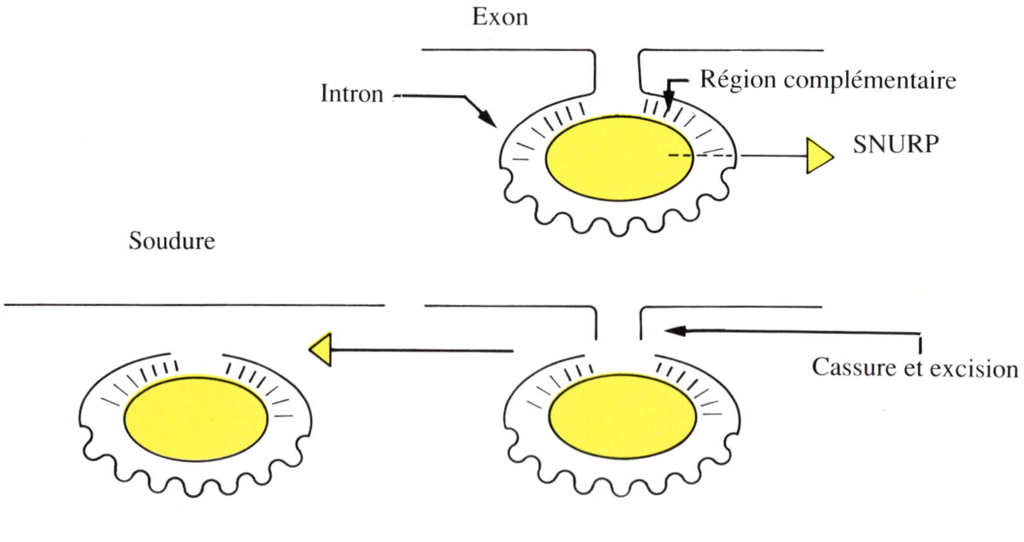


Figure 81
Excision et épissage. Le clivage des introns et la réunion des exons constituent l'essentiel du processus de maturation des ARN chez les eucaryotes. Un complexe nucléoprotéique reconnaît des séquences spécifiques situées aux extrémités d'un intron et opère des cassures à ces niveaux. Le soudure et la réunion des exons sont rendues possibles par l'appariement des séquences excisées avec l'ARN du complexe nucléoprotéique (SNURP).

essentielle de l'expression génétique à un site propre, nucléaire. La synthèse des messagers "bruts" et les transformations associées à leur maturation se déroulent dans le nucléoplasme. Avant même l'étape d'excision des introns, les ARN messagers précurseurs sont modifiés par addition de nucléotides à leurs extrémités 5' et 3' (figure 82). L'extrémité 5' est "chapeautée" -on dit encore "coiffée"- par un nucléotide triphosphate. La base 5' terminale, toujours une base guanine orientée à l'inverse des autres bases, est ensuite méthylée. Cette coiffe joue un rôle dans l'initiation de la traduction par les ribosomes.

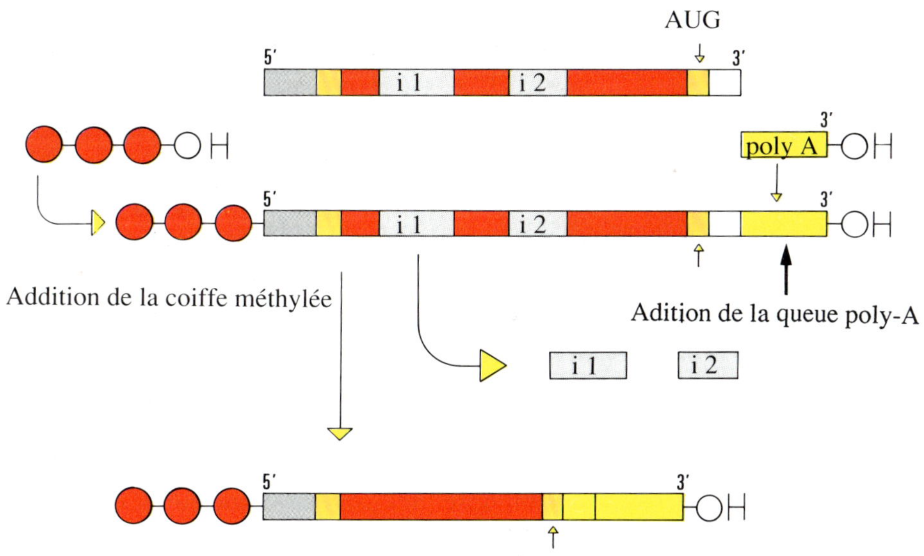


Figure 82
Maturation d'un ARN primaire. L'excision des introns i' et i" et la réunion des exons (ex) aboutissent à la formation d'un ARN messager mûr, pouvant être traduit en protéine. L'illustration montre également les étapes intermédiaires d'addition de la coiffe et de la queue poly-A aux extrémités de l'ARN en maturation.

On a montré que chez les eucaryotes, la traduction du message commencait au niveau du codon AUG situé le plus près de la coiffe dans la séquence d'ARN. L'extrémité 3' du messager est également modifiée par addition d'une quantité variable de résidus d'acide adénylique groupés en chaîne et formant une "queue" désignée poly-A. Bien qu'ils soient peu connus, on sait que les mécanismes de la transcription et de la traduction de l'information génétique chez les cellules eucaryotes sont beaucoup plus complexes que ceux des bactéries. Rappelons simplement ici qu'une cellule eucaryote code pour une plus grande quantité de protéines qu'une bactérie et que son stock d'information est comparativement plus élevé que celui qu'elle utilise effectivement. Par ailleurs, les multiples cellules différenciées d'un organisme évolué, bien qu'ayant toutes un génome identique, produisent des protéines qui leurs sont spécifiques, ce qui laisse supposer un contrôle accru dans l'exercice du décodage du génome. A cela, s'ajoute la structure intrinsèquement complexe de la chromatine dont la régulation doit, d'une manière ou d'une autre, poser des problèmes inconnus chez les microorganismes. Enfin, un organisme évolue dans le temps. De l'œuf fécondé au stade adulte, de nouveaux moyens de contrôle doivent être mis en oeuvre pour opérer la synthèse de protéines à des moments appropriés et permettre d'accéder à divers états différenciés.

Il reste donc beaucoup de choses à apprendre sur les mécanismes qui, chez les eucaryotes, règlent le transport de l'information génétique depuis l'ADN jusqu'à l'étape qui engage la traduction. Il est fort probable que la complexité et les nombreuses modalités de la maturation des ARN caractéristiques d'organismes allant de la levure à l'homme doivent avoir une, sinon plusieurs significations importantes.

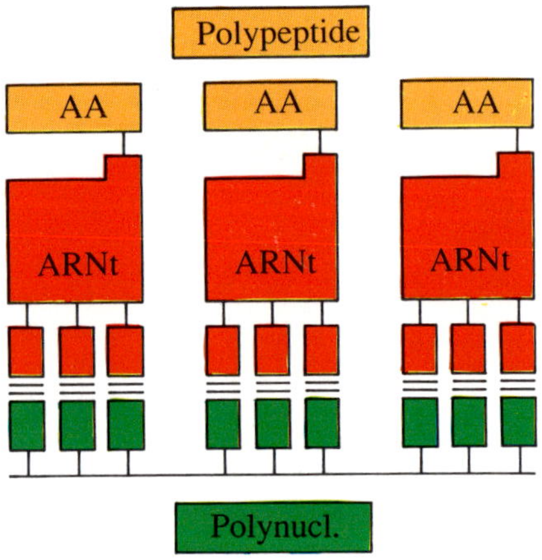


Figure 83
Transformation du langage polynucléotidique de l'ADN en langage polypeptidique de la protéine. Le véritable traducteur du code génétique est l'enzyme ARNt synthétase, qui choisit un ARNt et un acide aminé en fonction de sa propre spécificité. L'ARNt chargé de l'acide aminé est plutôt l'effecteur de la traduction (Polynucléo. : Polynucléotide).

## Le code génétique.

Au cours de la synthèse de l'ARN messager, l'ARN polymérase ne fait que transposer le langage nucléotidique de l'ADN en un langage similaire et la lecture du brin matrice s'effectue séquentiellement nucléotide par nucléotide. Au cours du transfert du message génétique dans une chaîne d'acides aminés, le langage nucléotidique est modifié en un langage de nature chimique différente appelé langage polypeptidique (figure 83). Notre alphabet, composé initialement de nucléotides, est donc transposé en un alphabet composé d'acides aminés.

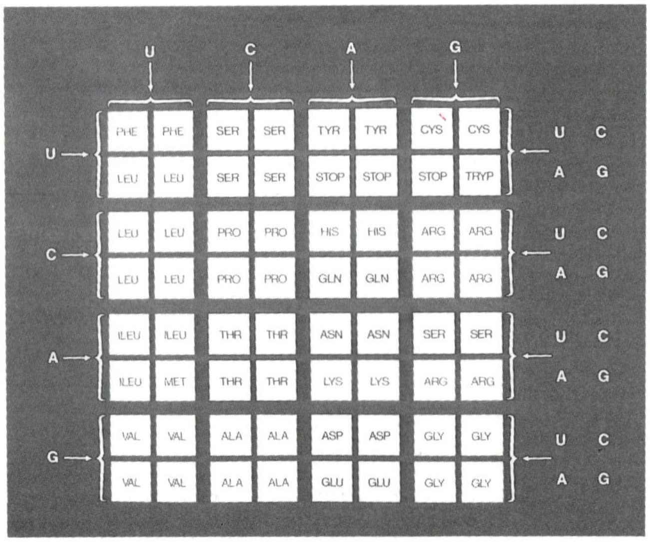


Figure 84
Le code génétique. Il détermine le ou les triplets de bases qui commandent l'insertion d'un acide aminé donné dans la chaîne polypeptidique. Les triplets UAA, UAG et UGA ne spécifient aucun acide aminé; ils constituent des signaux d'arrêt de la synthèse des protéines.

On s'aperçoit qu'en réalité la relation entre les deux alphabets n'est pas immédiate puisqu'il existe quatre lettres dans le premier, correspondant aux quatre bases nucléotidiques A, G, C et U du messager, et 20 lettres dans le second, correspondant aux vingt acides aminés entrant dans la composition des protéines. Faisons d'emblée remarquer qu'un système de codage qui ferait correspondre un acide aminé à une seule base de l'ADN permettrait tout au plus de construire des protéines ne contenant que quatre acides aminés différents, correspondant aux diverses combinaisons de ces bases entre elles. Un système plus élaboré, qui ferait correspondre un acide aminé à une suite de deux bases, permettrait la synthèse de protéines ayant tout au plus 16 acides aminés différents. De tels systèmes sont insatisfaisants puisque 20 acides aminés au moins se retrouvent au complet dans la plupart des protéines cellulaires. La lecture du message doit donc faire correspondre un acide aminé à une suite d'au moins trois nucléotides. Les expériences ont montré que les bases du messager étaient effectivement lues par groupe de trois unités adjacentes et c'est à ces triplets qu'on a donné le nom de codons (figure 84).

Une difficulté cependant subsiste encore : puisqu'il existe 64 combinaisons possibles des 4 bases lorsqu'elles sont groupées par trois, 44 d'entre elles sont en principe excédentaires. Une solution théorique était que certains acides aminés pouvaient être codés par plusieurs triplets de bases. C'est en effet ce qu'on a pu constater. Alors que certains acides aminés ne sont codés que par un triplet de bases, d'autres en font intervenir jusqu'à 6. On dit pour cette raison que le code est redondant.

Lorsque plusieurs triplets codent pour un même acide aminé dans une chaîne polypeptidique, ils ne diffèrent souvent que par leur troisième lettre. C'est le cas pour les triplets GUU, GUC, GUG et GUA de la valine (figure 85). Dans le cas de la sérine, de la leucine et de l'arginine, 4 triplets différents commencent par la même combinaison des deux bases (figure 86). Par exemple, la sérine est codée par les triplets UCU, UCA, UGG, UCC et AGU, AGC. De plus, des acides aminés chimiquement apparentés peuvent être codés par des triplets voisins l'un de l'autre. C'est ainsi que la phénylanine, la leucine, l'isoleucine et la valine, dont les chaînes latérales ont un caractère hydrophobe, sont codées par des triplets tels que UUU, UUA, CUU, AUU et GUU.

Cette similitude des codons spécifiant des acides aminés apparentés, ainsi que l'existence de codons redondants pour un même acide aminé confèrent au code génétique une souplesse sélectivement avantageuse. En effet, un code rigide, par le biais duquel chacun des acides aminés ne correspondrait qu'à un seul des 64 triplets de bases nucléotidiques, laisserait 44 d'entre eux sans signification. Il en résulterait qu'une mutation modifiant un triplet donné en un autre aurait une forte probabilité de faire apparaître un codon "non sens", ne commandant aucune insertion d'acide aminé dans la chaîne polypeptidique. Comme nous le verrons plus loin, l'introduction d'un codon non-sens dans le message génétique provoque l'arrêt de la lecture de l'ARN messager et la synthèse d'une protéine incomplète, non fonctionnelle. Au contraire, s'il

Figure 85
Redondance de triplets codant l'acide aminé valine.

Figure 86
Redondance de triplets codant l'acide aminé sérine.

existe une redondance pour un même acide aminé, une mutation affectant un des triplets aura des chances de le modifier en un triplet de même signification. Supposons par exemple un changement qui modifie le triplet UCC en UCA (figure 87). Comme ces deux codons codent pour la sérine le message génétique, bien que muté, ordonnera la mise en place du même résidu au niveau du site altéré. La protéine ainsi formée sera en tout point identique à la protéine sauvage. Supposons maintenant que des mutations altèrent le triplet UUU (qui commande l'insertion de la phénylalanine, un acide aminé hydrophobe) en changeant soit la première lettre, soit la dernière. Par exemple, le triplet UUU pourrait être modifié en GUU ou UUG. On a remarqué que, quelque soit la mutation affectant ces deux positions, elle crée toujours un triplet codant un acide aminé hydrophobe, par exemple la valine (figure 88). Assez généralement, de telles altérations ne perturbent pas fondamentalement l'activité biologique des protéines formées.

Figure 87
Conséquence d'une mutation qui modifie le codon UCC en codon UCA. Comme les deux triplets codent le même acide aminé, la mutation n'a pas d'effet sur la protéine.

Figure 88
Conséquence d'une mutation qui modifie le codon UUU en GUU. La phénylalanine, un acide aminé hydrophobe, est remplacé par un autre acide aminé hydrophobe, la valine. Généralement, de telles mutations n'altèrent pas le fonctionnement de la protéine.

## Ce sont les molécules d'ARNt qui effectuent la lecture du message génétique.

Contrairement à ce qu'on avait supposé initialement, il n'existe aucun mécanisme qui permet à un acide aminé de reconnaître directement son ou ses codons spécifiques dans l'ARN messager. Comme nous l'avons observé précédemment, ceci impliquerait entre autres la possibilité de former des liaisons hydrogène suffisamment stables entre les triplets de nucléotides et les acides aminés correspondants. En réalité, cela n'est guère possible, et à fortiori pour les résidus d'acides aminés qui ne portent pas d'atomes capables de former des liaisons faibles dans leur chaîne latérale. Il serait à priori plus commode pour la cellule d'utiliser des molécules intermédiaires, dont une région s'apparierait aisément avec les codons présents dans l'ARN messager. Une telle région constituerait le lecteur proprement dit du message génétique (voir page 78). Si, en outre, ces molécules contenaient un site capable de fixer un acide aminé correspondant au codon lu, elles joueraient alors un rôle d'adaptateur, ce qui signifie qu'elles pourraient positionner correctement leur charge en regard de ce codon.

Les molécules réunissant ces propriétés sont les ARNt (figure 89 et 90). Les recherches ont montré qu'ils sont universellement répandus dans la nature. Dans une cellule bactérienne ou dans une cellule à noyau, il existe au moins un ARNt pour chaque acide aminé. Comme les ARN messagers et les ARN ribosomiques, ils sont constitués des bases A, G, C et U, placées bout à bout dans des chaînes. Cependant, ils contiennent aussi une quantité importante de bases inhabituelles, appelées bases rares,

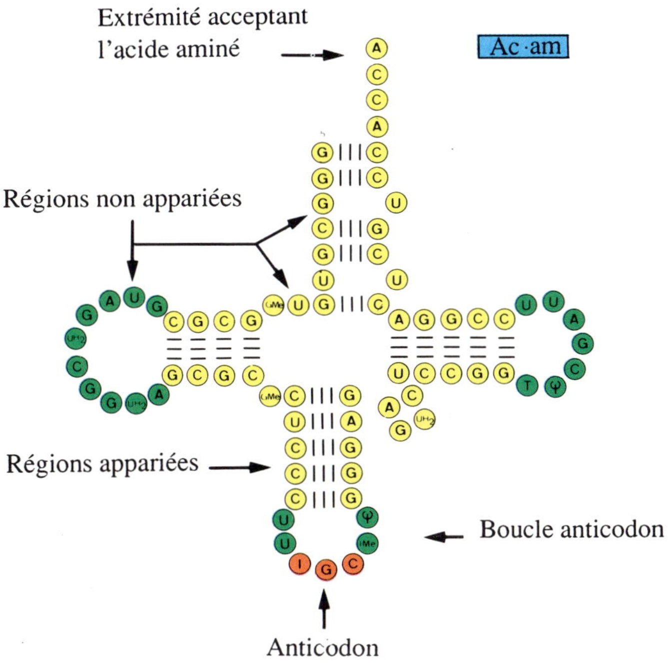


Figure 89
Représentation plane d'un ARNt. Des régions de bases appariées et des régions non appariées formant des boucles confèrent à l'assemble du modèle plan une structure en forme de trèfle. L'extrémité 3' du polyribonucléotide porte l'acide aminé. Une boucle porte le triplet anticodon, qui s'apparie avec le codon du messager. La molécule d'ARNt contient de nombreuses bases inhabituelles.

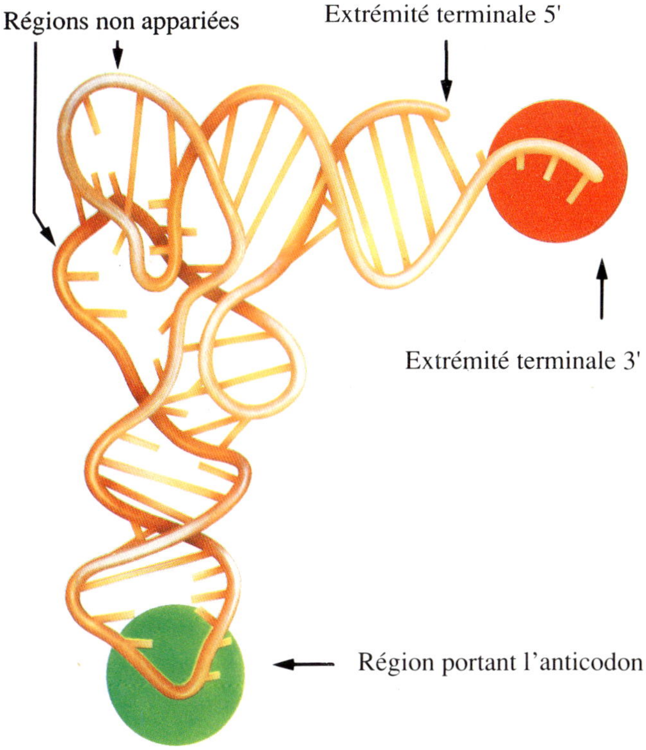


Figure 90
Représentation tridimensionnelle d'un ARNt. Le repliement spatial de la chaîne d'ARNt prend l'aspect d'un L, lorsqu'on l'examine de profil. Cette structure est maintenue par de nombreuses liaisons intrachaînes spécifiques. Outre la région anticodon qui l'apparie avec l'ARN messager et le site porteur de l'acide aminé, la molécule d'ARNt renferme des séquences reconnues par la synthétase ainsi que des régions lui permettant de se lier aux ribosomes.

et dont on connaît peu la signification. Bien qu'ayant des séquences de bases distinctes, les différentes molécules d'ARNt ont cependant une forme générale semblable. Ceci peut d'ailleurs répondre à une nécéssité dans la mesure où l'on considère que chaque ARNt doit pouvoir s'adapter aux structures communes du ribosome au cours de la traduction (voir plus loin).

De nombreuses bases des ARNts s'apparient entre elles par liens hydrogène et leur ensemble adopte une structure en feuille de trèfle. De plus, tous les ARNt possèdent une séquence terminale CCA : c'est l'adénosine située à l'extrémité 3' qui fixe l'acide aminé. Enfin, toutes les molécules d'ARNt ont une séquence de trois bases appelée anticodon, spécifique d'un des codons du messager. C'est précisément la séquence anticodon qui, en reconnaissant une séquence codon complémentaire dans le messager, effectue sa lecture.

## La lecture effectuée par les anticodons des ARNt n'est pas toujours stricte.

Une molécule d'ARNt ne possède qu'un anticodon et en principe, un anticodon ne devrait reconnaître qu'un seul codon. En réalité, certains anticodons répondent à plusieurs codons différents. Pour expliquer ce phénomène, le biologiste F. Crick a proposé une hypothèse ingénieuse :

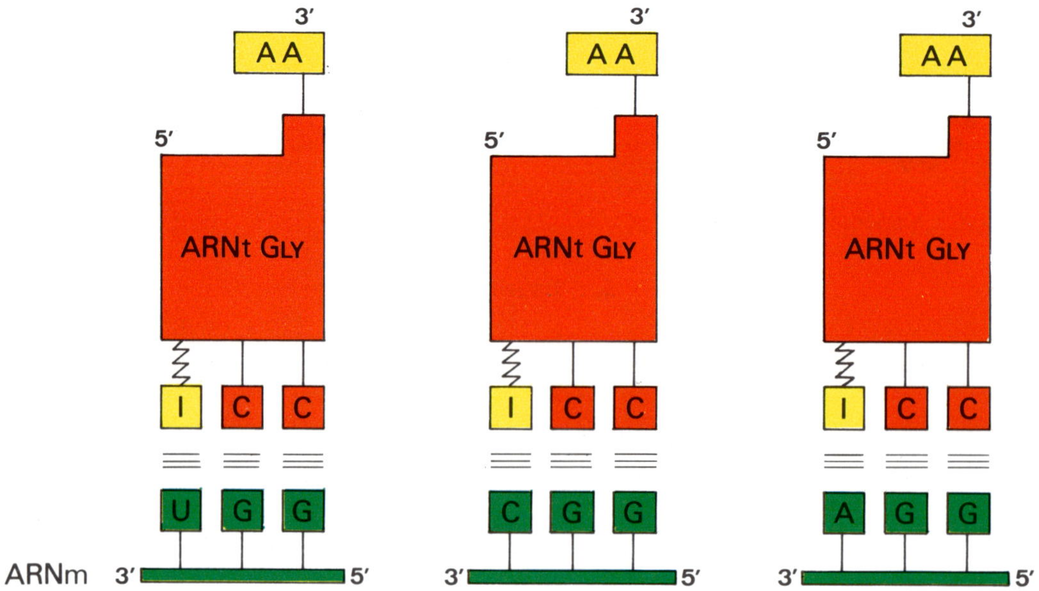


Hypothèse du "wobble". La base organique inosine située dans la position 1 de l'anticodon d'un ARNt (en jaune dans l'illustration) s'apparie de manière plus ou moins lâche avec trois bases différentes, situées dans la position fluctuante (3') des codons. Cet ARNt peut donc répondre à plusieurs codons différents. Si une mutation altère un de ces codons de manière à le modifier en un codon encore reconnu par le même adaptateur, son effet sur la protéine est nul.

celle-ci prédisait qu'une des bases de l'anticodon, appelée "base oscillante" ou "base flottante", a une plus grande liberté d'orientation que les deux autres. Cette particularité lui permet de former des liens hydrogène avec une base d'un codon autre que celle qui lui est strictement complémentaire. Par exemple, un ARNt spécifique de la sérine porte un anticodon 5'GGA 3' qui reconnaît aussi bien le codon 5'UCU 3' que le codon normal 5'UCC 3'. Ceci signifie que, dans la troisième position du codon et la première position de l'anticodon, la base flottante G s'apparie avec C, mais elle peut aussi le faire avec U. On a observé par ailleurs que certains anticodons contenaient en position oscillante une base chimiquement modifiée, l'inosine. Cette base inhabituelle peut s'apparier avec les trois bases U, C et A.

Par exemple, l'anticodon ICC reconnaît les codons GGA, GGU et GGC, tous trois spécifiques de la glycine. L'oscillation de la base de l'anticodon située en regard de la troisième position du codon diversifie donc les possibilités d'appariement à cet endroit.

Ces observations permettent de faire des constatations importantes. En premier lieu, comme l'appariement des bases au niveau des deux premières positions du codon est très stricte, deux codons différant par une de ces deux bases et spécifiant un même acide aminé seront obligatoirement reconnus par deux ARNt distincts. C'est le cas des codons CUA et UUA, tous deux spécifiques de la leucine. En second lieu, c'est la base située en troisième position de l'anticodon qui règle la quantité de codons qu'un ARNt peut reconnaître. Suivant que cette base est G, C, A, U ou I, cette quantité varie de une à trois, mais jamais plus.

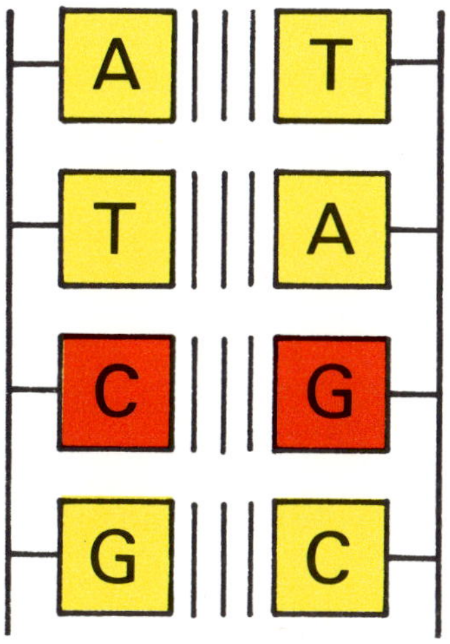


Figure 91
Mutation ponctuelle. Elle consiste en un remplacement d'une paire de bases par une autre. Dans cet exemple, une paire TA est remplacée par une paire CG.

## Les mutations sont des modifications de la séquence des bases de la molécule d'ADN.

La séquence des bases d'une molécule d'ADN peut être mutée de plusieurs façons. L'altération la plus connue est la substitution d'une paire de bases par une autre (figure 91). Par exemple, une paire G-C peut être remplacée par une paire A-T. De telles mutations sont dites ponctuelles. Il arrive aussi qu'une ou plusieurs paires de bases supplémentaires soient insérées dans une séquence normale de la double hélice : on dit alors que cette séquence est mutée par insertion. Lorsqu'au contraire, la mutation enlève une ou plusieurs paires de bases à une séquence d'ADN, on dit qu'elle est mutée par délétion (figure 92). Les altérations des séquences sauvages modifient le cadre de lecture du brin d'ADN matrice et donc, en fin de compte, la structure des produits qui résultent de sa transcription ou de sa traduction. Elles se produisent fréquemment au cours de la réplication de la double hélice.

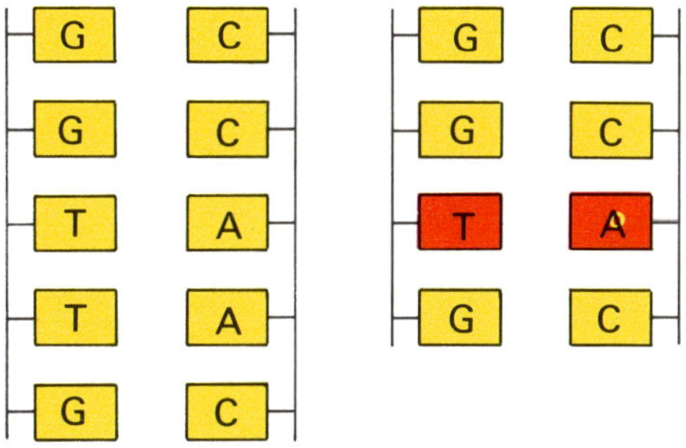

Figure 92
Délétion d'une paire de bases dans une double hélice d'ADN.

## Les mécanismes qui engendrent certaines mutations sont induits spontanément.

J. D. Watson et F. Crick ont émis une hypothèse pour expliquer comment une substitution d'une paire de bases par une autre peut apparaître spontanément au cours de la réplication. Certains protons des atomes d'oxygène et d'azote des bases de l'ADN sont instables. Leurs liens peuvent s'affaiblir ou se renforcer pendant un temps très bref. Il en résulte que les protons d'une base nucléique peuvent éventuellement changer de position en sautant, en quelque sorte, d'un élément électronégatif à un autre. Un tel changement confère à la base en question une forme tautomère, dont les propriétés d'appariement diffèrent. Prenons un exemple : au cours de la réplication de l'ADN, l'adénine s'apparie normalement avec la thymine par l'intermédiaire de deux liens hydrogène. Si au moment de la synthèse du brin complémentaire, l'adénine du brin matrice acquiert une forme tautomère, désignons-la par A*, l'ADN polymérase ne pourra pas positionner correctement la thymine en face d'elle, du fait de l'impossiblité d'établir des liens hydrogène stables entre ces deux bases. Par contre, la forme tautomère de l'adénine lui permet d'apparier efficacement la cytosine. Il en résulte que, dans une des deux nouvelles molécules d'ADN issues de la réplication, une paire de bases A-T sera remplacée par une paire de bases A*-C. Au cours du cycle de réplication suivant, l'adénine aura repris sa configuration normale et s'appariera de nouveau avec la thymine. Quant à

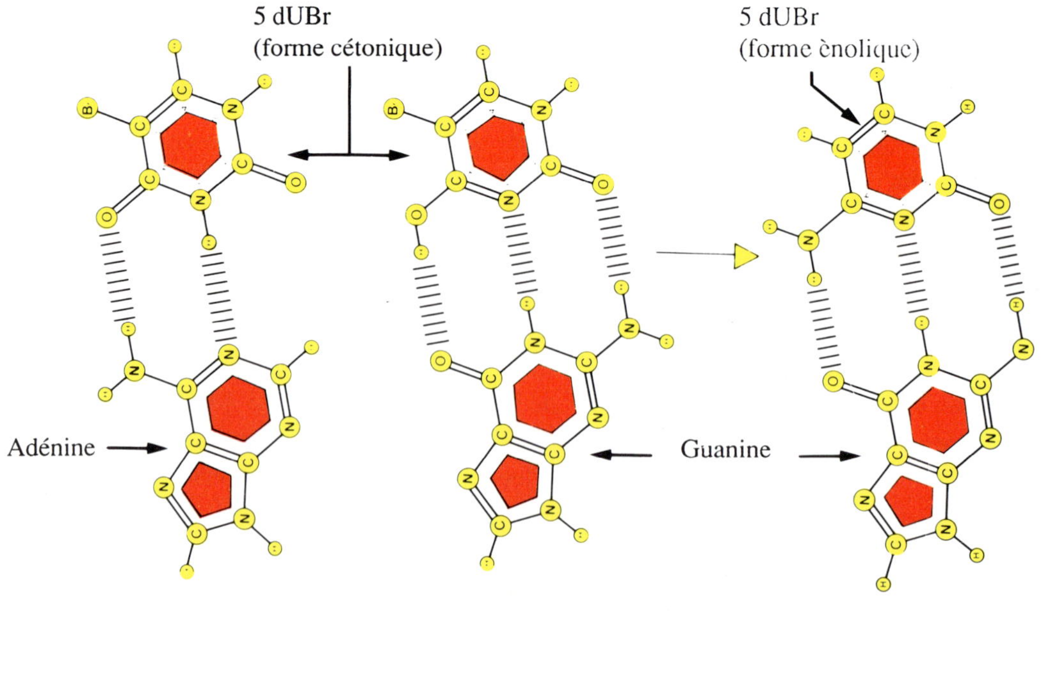


Figure 93 A
Tautomérie du 5 du BR. Cette base est un analogue de la thymine. Suivant qu'elle se trouve sous sa forme cétonique ou énolique, elle s'apparie avec l'adénine ou avec la guanine.

la cytosine de l'autre brin, elle s'appariera normalement avec G. Au total, deux cycles de réplication successifs auront amené le remplacement d'une paire A-T par une paire G-C.

Le taux de mutation spontané est extrêmement faible et on a calculé que chez la mouche drosophile, un organisme eucaryote, il était d'environ $7.10^{-10}$ par cycle de réplication de l'ADN.

## Les mutations peuvent être provoquées par des molécules appelées mutagènes.

Un des agents mutagènes les plus puissants est le 5-bromo-uracile (5 dUBr), une base modifiée dont la structure est proche de la thymine (figure 93 A, B). Lorsque cet agent est additionné à un milieu de culture bactérien dans lequel l'ADN se réplique, il peut être reconnu par l'ADN polymérase qui le confond avec la thymine et être incorporé dans la nouvelle chaîne en croissance en face de l'adénine. De plus, comme le 5-bromo-uracile tautomérise, l'atome d'hydrogène normalement fixé sur son azote 1 peut changer de position et se lier à l'oxygène porté par son carbone 6. Sous cette forme modifiée, le nucléotide s'appariera avec la guanine au cours du cycle de réplication suivant. Dans ce cas également une paire A-T sera finalement remplacée par une paire G-C.

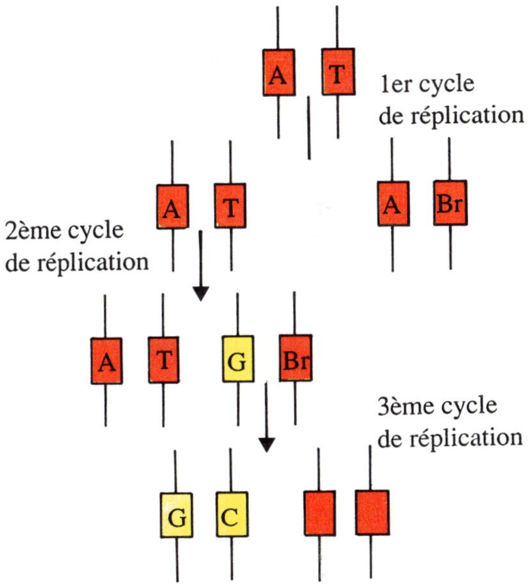


Figure 93 B
Des analogues de bases tels que le 5-bromo-uracile, dont la structure est proche de la thymine, peuvent être incorporés dans l'ADN en cours de réplication. Cette base, qui se présente assez fréquemment sous sa forme énolique, s'apparie alors avec la guanine plutôt qu'avec l'adénine (fig. 93 A). L'illustration montre qu'après un cycle de réplication, une paire A-T est remplacée par une paire G-C.

## Certaines substances, appelées acridines, déphasent les cadres de lecture dans l'ADN.

Les acridines sont des agents qui, en s'intercalant entre deux paires de bases adjacentes dans la double hélice-mère d'ADN, provoquent l'insertion ou plus rarement la délétion d'une paire de base dans les double hélices néorépliquées. De ce fait, elles déphasent le cadre de lecture des nouveaux brins. Suivant qu'il y a insertion ou délétion, ce cadre sera déphasé respectivement vers la gauche ou vers la droite. Cependant, dans un cas comme dans l'autre, ce sont les codons situés à droite du site altéré qui seront modifiés.

## Les mutations de l'ADN provoquent souvent la synthèse de protéines anormales.

Nous venons d'apprendre que les mutations modifient la séquence des bases dans les gènes. Elles peuvent dès lors induire la synthèse d'ARN ribosomiques, d'ARN de transfert et d'ARN messagers mutés. Selon le cas, elles sont susceptibles d'altérer des séquences d'acides aminés (figure 94). Par exemple, un ARNt muté peut incorporer un acide aminé différent de celui qui correspond au codon normal. De son côté, la mutation d'un ARNr peut déranger le mécanisme ribosomique de traduc-

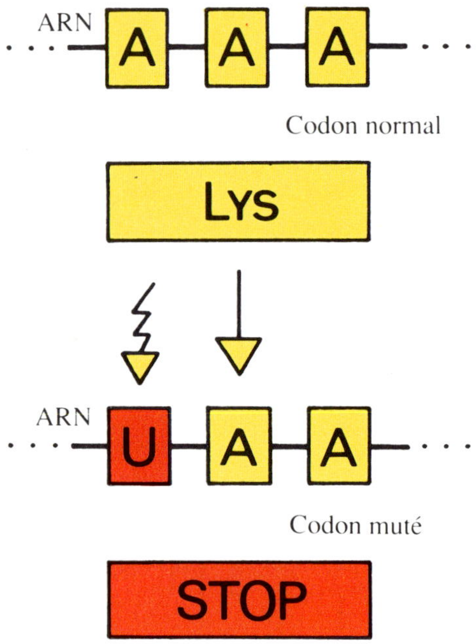


Figure 95
Mutation non-sens. Le triplet muté ne code pour aucun acide aminé et commande l'arrêt de la lecture de l'ARN messager.

tion. Quant aux mutations qui affectent les ARN messagers, leurs effets sur les séquences des chaînes polypeptidiques sont variés. Dans certains cas, le remplacement d'un codon par un autre entraîne le remplacement d'un acide aminé; ceci a pour conséquence une séquence polypeptidique modifiée et, en principe, une protéine non fonctionnelle. Rappelons cependant que la mutation d'un codon ne conduit pas nécéssairement à une modification sérieuse de la séquence des acides aminés d'une chaîne polypeptidique puisqu'elle peut remplacer le codon original par un codon synonyme et commander l'insertion d'un même résidu ou d'un résidu chimiquement apparenté. Dans ce cas, la fonction de la protéine reste inchangée ou presque.

Il est intéressant de remarquer que, même si la mutation introduit un acide aminé non apparenté au résidu correct, la protéine n'est pas obligatoirement altérée. En effet, l'acide aminé erroné peut être situé dans une région de la structure tridimensionnelle de la macromolécule qui ne participe pas d'une manière cruciale à sa fonction. Cette région est en général plus ou moins éloignée du site actif de la macromolécule.

Les protéines construites à partir des cadres mutés par les acridines sont par contre rarement fonctionnelles. En effet, contrairement à ce qui se passe dans le cas des mutations ponctuelles, qui ne changent qu'un acide aminé, la quantité d'acides aminés erronés introduits dans un cadre déphasé est très élevée et l'effet compensateur du code redondant ne joue plus efficacement. Les mutations qui se traduisent par le remplacement d'un acide aminé par un autre sont des mutations contre-sens. Il arrive aussi que la mutation provoque l'apparition d'un codon qui ne spécifie aucun acide aminé. Ce type de mutation, appelé mutation non-sens, crée un codon d'arrêt de lecture désigné codon stop (figure 95). Ce codon provoque l'achèvement prématuré de la traduction de l'ARN messager parce qu'aucun ARNt n'est capable de le reconnaître. Il se forme alors des chaînes polypeptidiques incomplètes, le plus souvent dépourvues d'activité biologique.

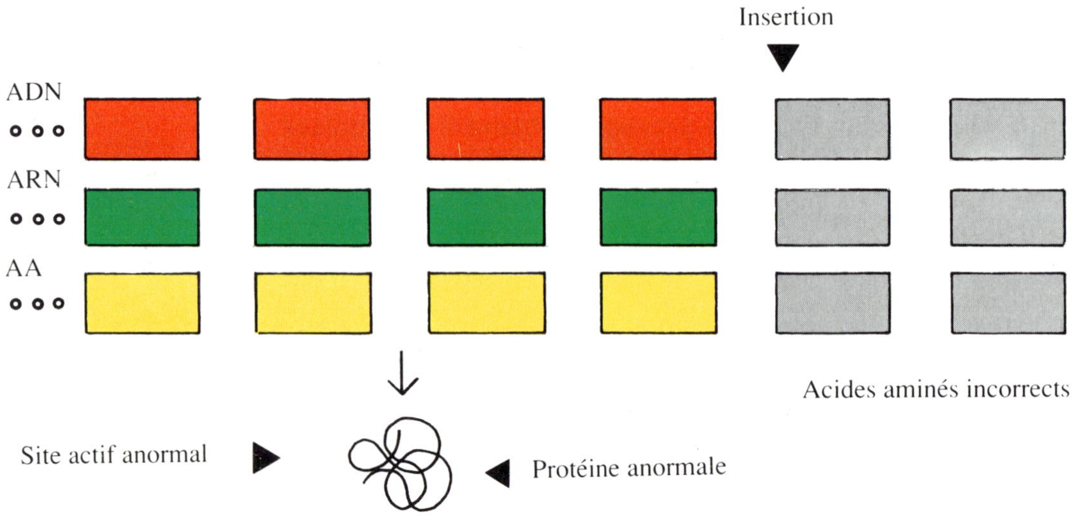


Figure 94
Synthèse d'une protéine anormale due à une insertion. L'addition d'une base dans un cadre de lecture provoque son déphasage en aval du site muté. Ce déphasage peut éventuellement faire apparaître un codon d'arrêt. Dans l'un et l'autre cas, la protéine synthétisée est soit incomplète, soit anormale avec, par exemple, un site actif altéré.

## Divers mécanismes permettent de supprimer l'effet des mutations survenant dans un gène.

### 1 - La suppression intragénique.

Comme nous l'avons fait remarquer précédemment, l'insertion ou la délétion d'une base dans l'ADN peuvent déphaser le cadre de lecture à droite du site altéré. Il arrive cependant qu'une seconde insertion ou délétion se produise dans cette région et restaure le cadre muté. La séquence située entre la première et la seconde mutation contiendra encore des triplets modifiés mais, comme le code est redondant, ils pourront

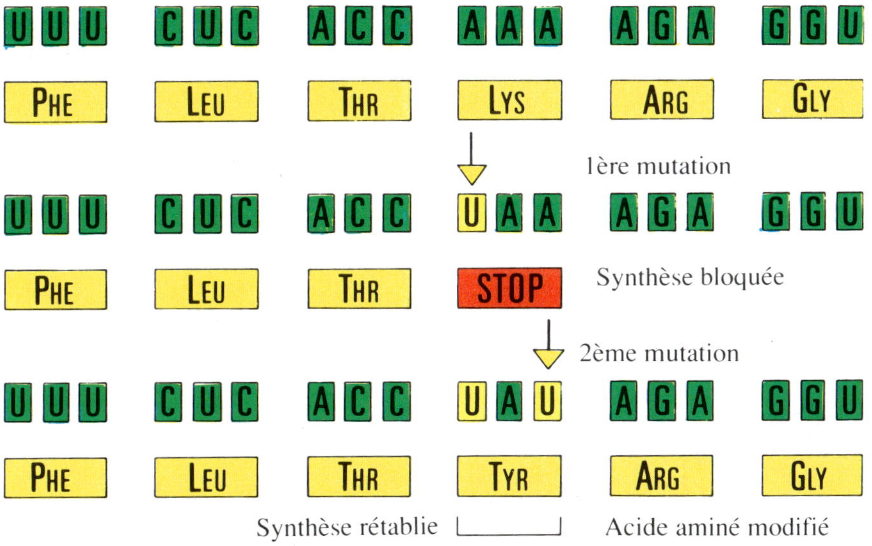


Figure 96 A
Suppression intragénique d'une mutation stop. Une seconde mutation, intervenant dans le même gène que le gène muté, peut supprimer l'effet d'une première mutation. Par exemple, si une mutation ponctuelle transforme un codon normal en un codon stop, un changement dans le même triplet peut faire réapparaître un codon signifiant.

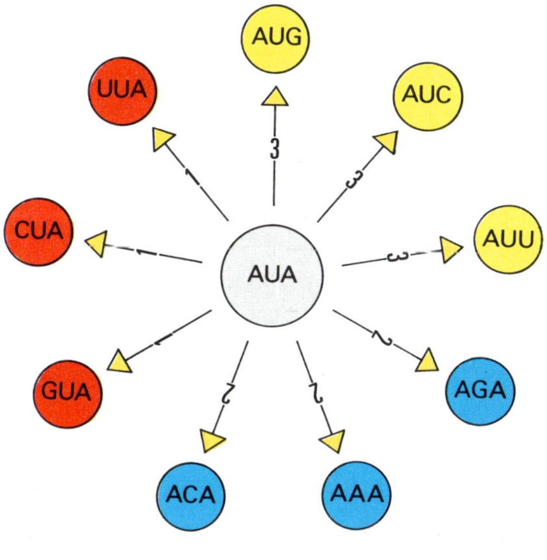


Figure 96 B
Effets d'une mutation ponctuelle dans différentes positions du codon. L'illustration montre que l'impact d'une mutation ponctuelle sur la "viabilité" d'une protéine diffère suivant sa localisation dans le codon. Le changement de la première et de la troisième position du codon A U A de l'isoleucine peut n'entraîner que des modifications mineures puisqu'il remplace cet acide aminé hydrophobe par un autre acide aminé hydrophobe. Par contre, la substitution d'une base dans la seconde position du codon entraîne l'apparition d'acides aminés chargés ou ayant des propriétés différentes.

éventuellement commander l'insertion d'acides aminés chimiquement apparentés aux résidus sauvages (figure 96 A, B). La protéine formée à partir d'un cadre de lecture doublement muté peut donc ne différer que très peu de la protéine normale et conserver son activité biologique plus ou moins intacte. La suppression de l'effet de la première mutation par une seconde mutation survenant dans le même gène s'appelle suppression intragénique.

**2 - La suppression intergénique.**

La suppression d'une altération peut être induite par une nouvelle mutation intervenant cette fois dans un gène différent du gène muté originellement. On parle alors de suppression intergénique et le gène dans lequel se produit la seconde mutation est appelé gène suppresseur. Dans l'exemple que nous allons étudier, le gène suppresseur code pour un ARNt mutant.

Supposons que la première mutation entraîne l'apparition d'un codon stop UAG dans l'ARN messager (figure 97). Normalement le codon UAG n'est reconnu par aucun ARNt et la lecture du message est bloquée à ce niveau. On sait d'autre part que 5' GUA 3', anticodon de l'ARNt spécifique de la tyrosine reconnaît les codons 5' UAC 3' et 5' UAU 3'; supposons que cet anticodon soit muté en un anticodon 5' CUA 3'. Lorsque l'ARNt Tyr muté rencontre le codon stop UAG, il le reconnaît comme un codon normal et positionne la tyrosine à son niveau. La synthèse de la chaîne d'acides aminés peut dès lors se poursuivre au-delà du codon d'arrêt et l'effet de la première mutation est supprimé.

Une première question se pose cependant : si l'ARNt muté reconnaît le codon stop comme un triplet signifiant, il est par contre devenu incapable de répondre à ses codons normaux UAC et UAU. Une telle situation devrait donc être catastrophique pour la cellule puisque ceux-ci sont virtuellement transformés en signaux d'arrêt. Fort heureusement, il existe deux espèces d'ARNt capables de reconnaître les codons spécifiques de la tyrosine. Ces ARNt sont codés par deux gènes distincts. Comme la mutation suppresseur n'affecte généralement qu'un des gènes, le gène sauvage code encore pour un ARNt Tyr normal, conservant intactes ses propriétés d'appariement avec le messager.

Une autre question subsiste encore : puisque le codon stop UAG issu de la mutation du messager est reconnu par l'ARNt Tyr muté, celui-ci devrait également positionner la tyrosine au niveau du codon stop UAG normal. En réalité, on a montré que la séquence qui commande l'arrêt de la lecture comprend plus d'un codon stop différent. Le signal d'arrêt est donc fonctionnel et, en fin de compte, l'individu porteur du gène suppresseur exhibe encore une croissance normale.

D'autres mutations suppressives, affectant cette fois encore les anticodons des ARNt, peuvent rétablir un cadre de lecture déphasé. Ces

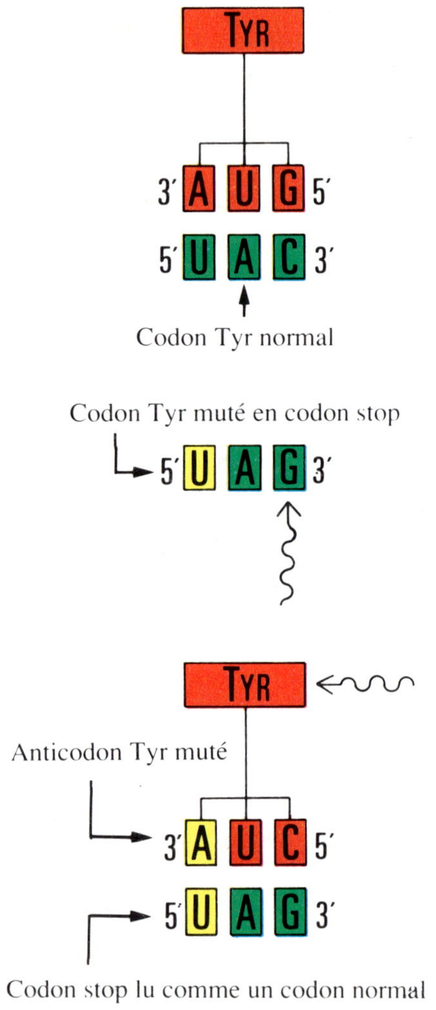


Figure 97
La suppression intergénique. L'effet d'une mutation dans un gène peut être supprimé par une mutation modifiant un anticodon. Comme le montre le schéma ci-dessus, l'anticodon muté d'un ARNt spécifique de la tyrosine lui permet de s'apparier avec un anticodon non-sens et d'y introduire la tyrosine.

mutations insèrent une base supplémentaire dans le triplet lecteur (figure 98). Au lieu de lire un triplet du messager, l'anticodon muté y reconnaît en réalité une suite de quatre bases. Le déplacement ultérieur du messager au cours de l'élongation (voir plus loin) rétablit le cadre de lecture dans sa position correcte.

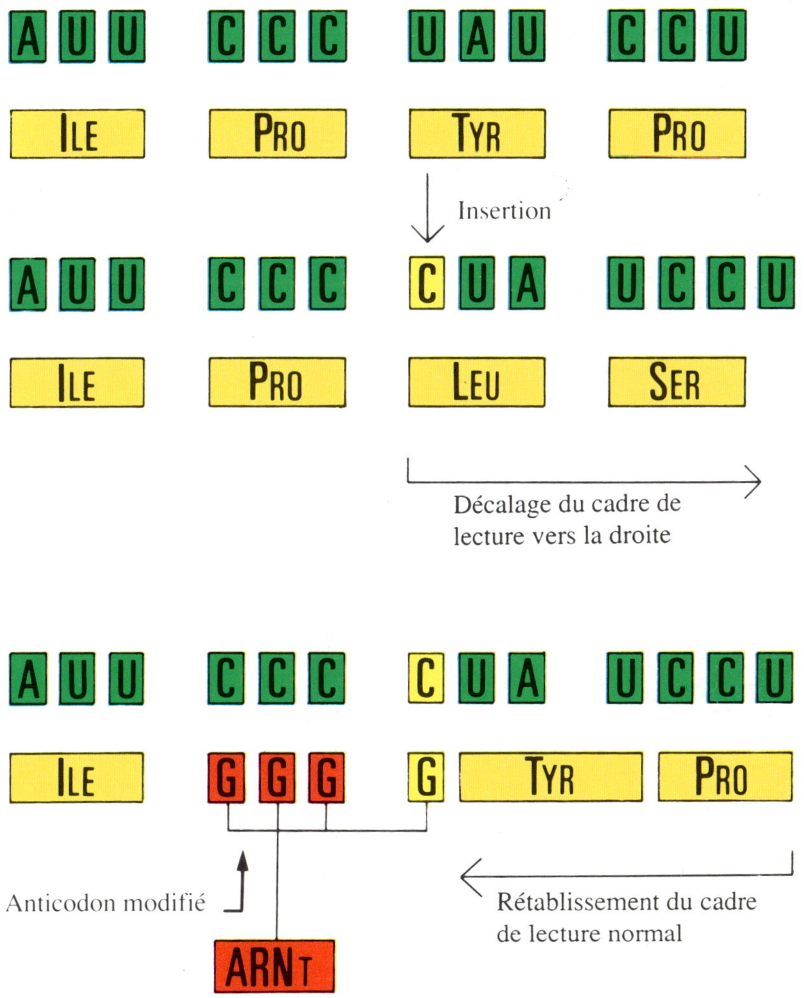


Figure 98
Suppression de changement de phase du cadre de lecture. Un autre type de suppression intergénique survient également lorsque l'anticodon d'un ARNt est muté d'une manière telle qu'il reconnaît un groupe de 4 bases plutôt qu'un groupe de trois bases sur le messager. Ceci se produit par exemple chez un ARNt spécifique de l'acide aminé glycine insérant dans l'anticodon GGGG une base supplémentaire. L'appariement de cet anticodon amplifié avec la séquence déphasée du messager rétablit le cadre de lecture normal.

## Le mécanisme de la synthèse des protéines chez les bactéries.

La synthèse des protéines est un processus qui comprend globalement la prise en charge d'acides aminés et leur assemblage correct dans des chaînes polypeptidiques. Elle dépend d'une succession complexe d'événements et sa compréhension récente au niveau moléculaire constitue un des plus remarquables acquis de la biologie moderne. Nous l'étudierons succintement en mettant l'accent sur le fonctionnement des signaux de démarrage et d'arrêt dans la lecture du messager. Une question préliminaire s'impose toutefois. Puisque l'information requise pour la cellule est déjà contenue dans les ARN messagers, ces molécules ne pourraient-elles assurer, à elles seules, le bon fonctionnement du protoplasme ? En réalité, la structure essentiellement linéaire des chaînes d'ARN messagers prédispose ces molécules à être lues plutôt qu'à constituer, comme les protéines, les agents actifs du métabolisme ou les pièces de charpente cellulaire. Grâce à leur structure tridimensionnelle spécifique, les protéines étalent un formidable spectre d'activités qui les rend seules capables de répondre aux multiples exigences des êtres vivants. La plupart des protéines sont responsables d'événements uniques, singuliers, comme la catalyse de telle ou telle réaction chimique et sont, à ce titre, irremplaçables.

La fabrication des protéines mobilise en permanence au moins six espèces de molécules (figure 99). Il s'agit d'une part des acides aminés et des enzymes qui les reconnaissent spécifiquement, les synthétases. Il faut également rappeler les ARNt qui les prennent en charge et les véhiculent

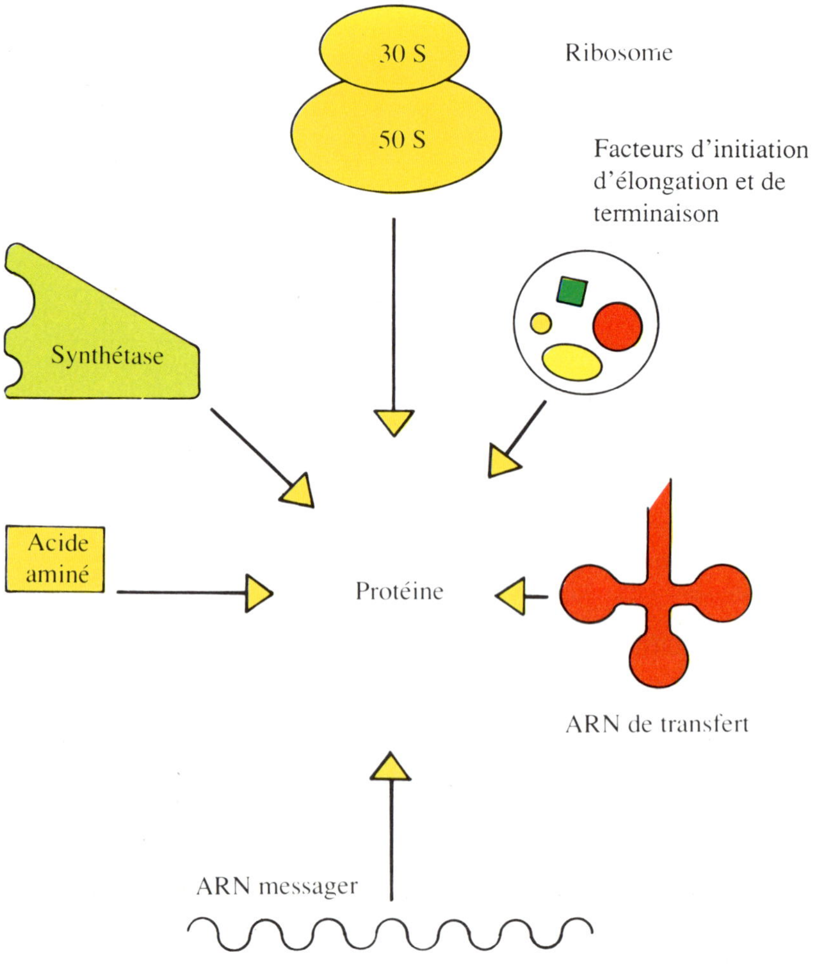


Figure 99
Protéines et autres molécules nécéssaires à la traduction chez les bactéries.

jusqu'aux ribosomes (voir encart : Les ribosomes). Ceux-ci, pièces maîtresses de l'assemblage des acides aminés en chaînes polypeptidiques, sont de vastes complexes moléculaires faits d'un grand nombre de protéines et d'ARNr; ils sont responsables de la mise en place des acides aminés dans la chaîne polypeptidique. D'autres molécules enfin, appelées facteurs d'initiation, d'élongation ou de terminaison interviennent dans les différentes étapes de la lecture du message génétique.

## La synthétase catalyse la formation d'un lien chimique entre l'acide aminé et la molécule d'ARNt qui le prend en charge.

La molécule de synthétase porte au moins deux sites de reconnaissance spécifiques. L'un d'eux fixe un acide aminé tandis que l'autre lie une molécule d'ARNt. L'enzyme transfère ensuite l'acide aminé sur l'extrémité 3'OH de l'ARNt (figure 100). La liaison de l'acide aminé à son adaptateur est une liaison covalente activée par l'énergie d'hydrolyse de l'ATP.

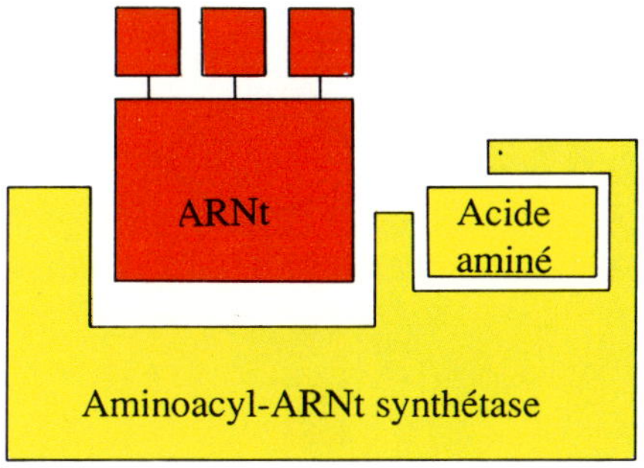


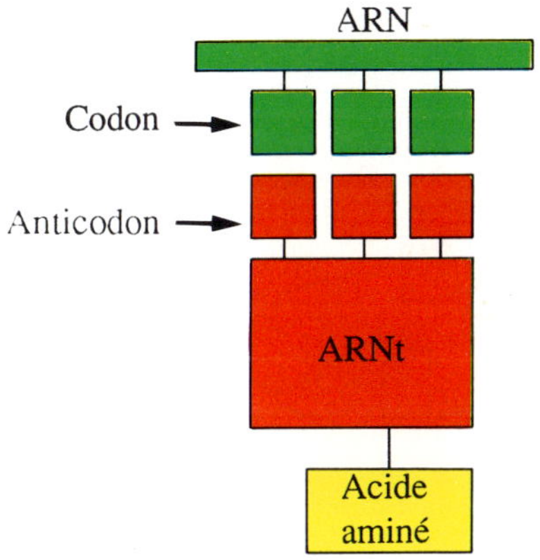


Figure 100
La prise en charge d'un acide aminé par un ARNt. L'aminoacyl-ARNt synthétase reconnaît à la fois une molécule d'acide aminé et l'adaptateur qui lui correspond. C'est cette opération qui permet réellement la traduction du code génétique puisqu'elle établit la correspondance exacte entre une sous-unité d'un polynucléotide et une sous-unité d'une chaîne d'acides aminés. L'énergie d'hydrolyse de l'ATP active la liaison qui unit le résidu d'acide aminé à son ARNt.

## Chez les bactéries, l'initiation de la synthèse des protéines fait intervenir un ARNt particulier. Une étape d'élongation suit l'étape d'initiation.

Une fois que le complexe ARNt-acide aminé est formé, il est libéré de la synthétase, diffuse vers le lieu d'assemblage ribosomique et incorpore l'acide aminé à sa place correcte, au niveau d'un codon spécifique du messager. En réalité, le premier résidu d'acide aminé mis en place dans les chaînes polypeptidiques des bactéries est une méthionine formylée (figure 101). Celle-ci est transportée par un ARNt particulier désigné ARNt f-Met. Distinct de celui qui transporte la méthionine non formylée à l'intérieur des chaînes polypeptidiques, cet ARNt n'intervient qu'au moment de l'introduction du premier acide aminé. Comme l'addition d'un groupement formyle bloque son groupement amine, la méthionine modifiée ne peut former de lien peptidique en amont. Ceci a pour conséquence qu'elle ne peut servir qu'au démarrage de la synthèse.

Les ARN messagers contiennent à leur extrémité 5'OH des séquences initiatrices de la traduction. Une de ces séquences est le codon AUG, qui commande l'insertion de la méthionine formylée. L'autre est une séquence riche en purine A et G, située 7 bases en amont de AUG et qui s'apparie à une région complémentaire d'un ARNr de la petite sous-unité du ribosome (figure 102). La synthèse de la protéine débute par la formation d'un complexe entre la petite sous-unité ribosomique, l'ARNt-f-Met et les séquences initiatrices. Le complexe est désigné par ARNm-30 S-ARNtf-Met. Cette première étape fait également intervenir des facteurs d'initiation.

Figure 103
Succession de 5 étapes au cours de la phase d'élongation de la synthèse des protéines. Au fur et à mesure de son déplacement le long du messager dans le sens 5' → 3', le ribosome positionne le cadre de lecture de manière à apparier correctement les codons aux anti-codons des ARNt correspondants. Chaque déplacement du ribosome sur le codon adjacent situé en aval est accompagné de la formation d'une liaison peptidique. Le processus se poursuit jusqu'à l'arrivée aux signaux d'arrêt. Dans un milieu de culture à 37°C, la chaîne polypeptidique s'accroît d'une quinzaine de résidus chaque seconde.

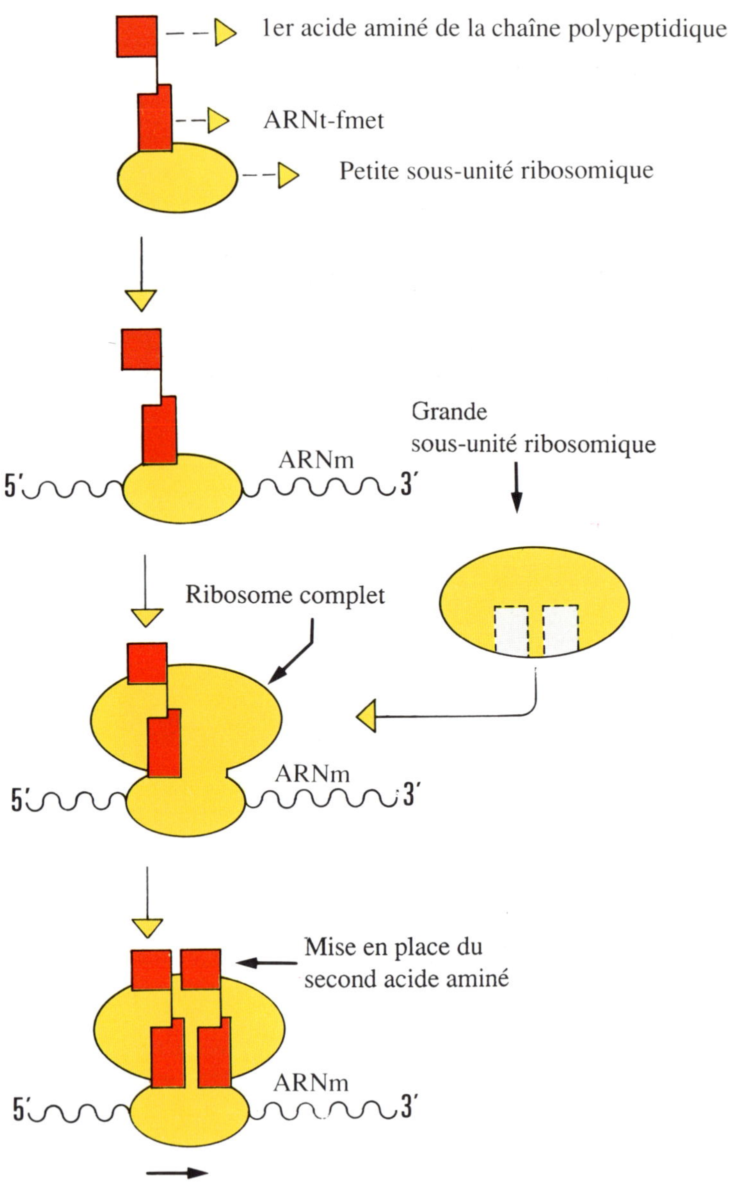


Figure 101
Initiation de la synthèse des protéines chez les bactéries. L'acide aminé formylé AA1 et son adaptateur sont spécifiques de cette étape. On a montré que le codon initiateur AUG (ou GUG) ne peut être reconnu que par l'ARNt chargé de cet acide aminé modifié et non par un ARNt normal. Un ARNt porteur d'un acide aminé normal, non modifié ne peut s'insérer que dans un ribosome complet. Les codons internes AUG et GUG reconnaissent respectivement la méthionine non formylée et la valine.

Figure 102
Signaux d'initiation de la synthèse des protéines dans un ARN messager bactérien. Le codon initiateur est généralement AUG et plus rarement GUG. La séquence riche en purines qui précède permet de ne pas les confondre avec les codons AUG et GUG internes. On a montré que cette séquence s'apparie avec la région formant l'extrémité 3'OH de l'ARN ribosomique 16 S.

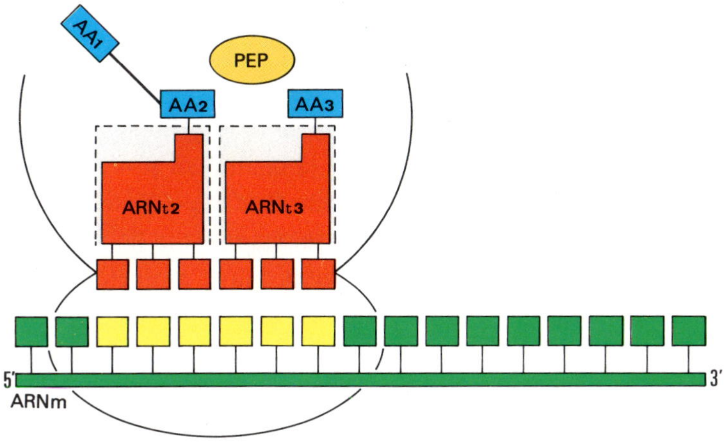
AA1
PEP
AA2
AA3
ARNt2
ARNt3
5'
3'
ARNm

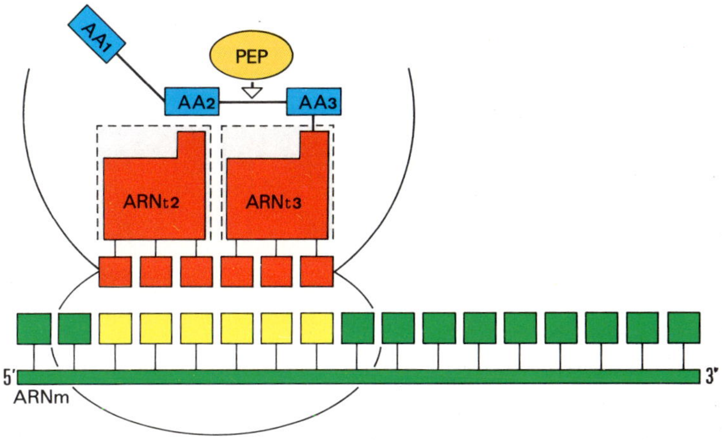
AA1
PEP
AA2
AA3
ARNt2
ARNt3
5'
3'
ARNm

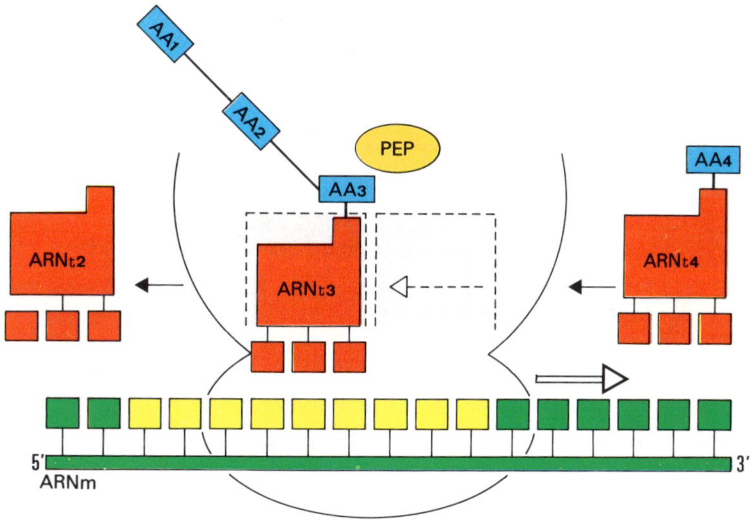
AA1
AA2
PEP
AA3
AA4
ARNt2
ARNt3
ARNt4
5'
3'
ARNm

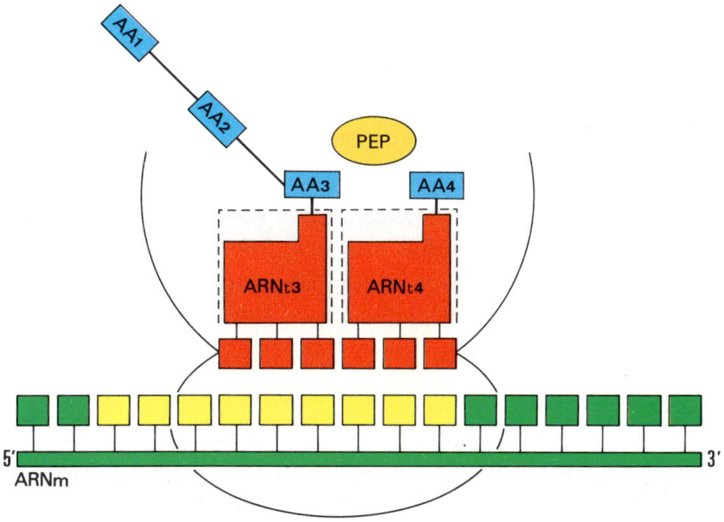
AA1
AA2
PEP
AA3
AA4
ARNt3
ARNt4
5'
3'
ARNm

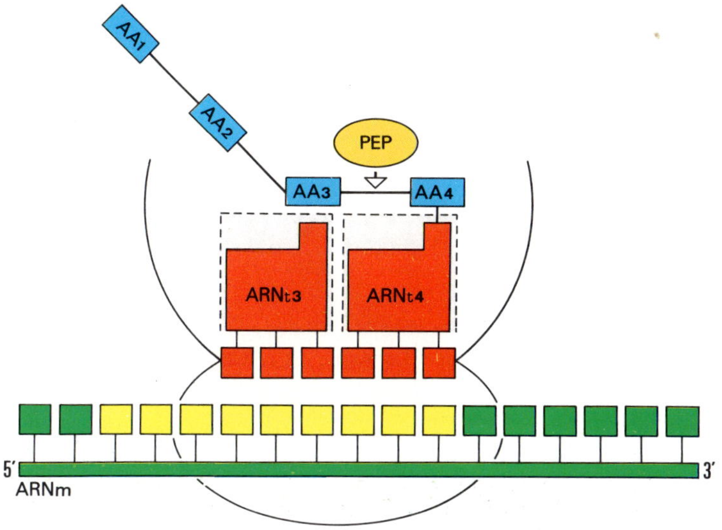
AA1
AA2
PEP
AA3
AA4
ARNt3
ARNt4
5'
3'
ARNm

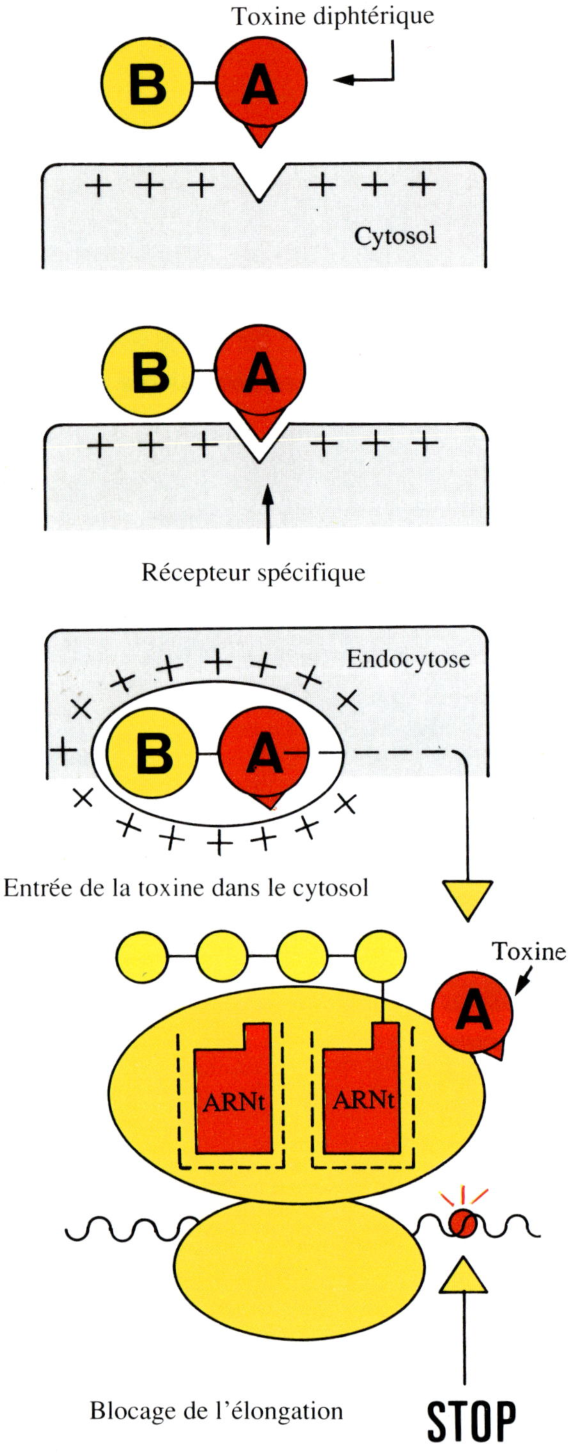


Figure 104
Blocage de la translocation chez les cellules eucaryotes par la toxine diphtérique. La toxine est constituée de deux domaines, A et B. Une seule molécule du poison excerce un effet létal en inibant un facteur protéique d'élongation appelé EF2. Celui-ci n'existe qu'en petite quantité mais catalyse l'importante réaction de translocation du ribosome sur l'ARN messager de la cellule eucaryote.

Au cours de l'étape suivante, la grande sous-unité ribosomique s'attache au complexe et constitue le ribosome entier. L'élongation de la chaîne d'acides aminés peut dès lors commencer (figure 103). L'ARNt f–Met occupe à présent un site du ribosome appelé site P. Un ARNt chargé insère le second acide aminé de la chaîne au niveau d'un site ribosomique vacant, situé juste à côté du site P et appelé site A. Un lien peptidique catalysé par la peptidyltransférase, un enzyme lié au ribosome, unit de manière covalente les deux premiers acides aminés mis en place. L'énergie nécéssaire à la formation du lien peptidique est fournie par l'hydrolyse de la liaison énergisée du complexe ARNt f–Met.

Ces événements sont suivis par l'expulsion de l'ARNt initiateur, à présent déchargé, du site P et par le déplacement du ribosome le long de l'ARN messager sur une distance correspondant à un triplet, avec comme conséquence le transfert simultané de la chaîne naissante du site A au site P. Le mouvement du cadre de lecture est donc tel que le site A est libéré et expose le troisième codon du messager. Les deux derniers événements sont coordonnés et font intervenir l'hydrolyse du GTP, un nucléotide triphosphate semblable à l'ATP et un facteur protéique d'élongation. Ces mécanismes se répètent de manière cyclique jusqu'à l'arrivée aux codons de terminaison du message.

## Le blocage de la translocation chez l'homme est à l'origine d'une maladie grave : la diphtérie.

La translocation peut être bloquée par une protéine codée par Corynebacterium diphteriae, une bactérie pathogène. La toxine, qui se fixe sur la membrane plasmique des cellules-cibles se scinde en deux composants, A et B (figure 104). Tandis que le composant B reste attaché à un glycolipide de la membrane de l'endosome, le composant A pénètre dans le cytosol et catalyse l'addition d'un groupement ribose adénosine diphosphate sur un facteur d'élongation. Cette réaction inhibe le fonctionnement normal de l'enzyme et provoque l'arrêt de la lecture du message.

## Encart : Les ribosomes sont des complexes moléculaires de protéines et d'ARN.

Les ribosomes des bactéries sont d'énormes agrégats dont le poids moléculaire avoisine 2.500.000 daltons. Leur coefficient de sédimentation est de 70 S et on peut y distinguer deux sous-unités : la sous-unité 30 S et la sous-unité 50 S. Chacune d'elles est composée de protéines et d'ARN (figure 105).

La sous-unité 30 S, encore appelée petite sous-unité, comprend 21 protéines distinctes et un ARN dont le coefficient de sédimentation est de 16 S. La sous-unité 50 S comprend 34 protéines et deux ARN dont les coefficients de sédimentation sont respectivement égaux à

23 S et 5 S. Hormis certaines molécules comme la peptidyl-transférase, on ne connaît que peu le rôle des composants protéiques des ribosomes, bien que la localisation de la plupart d'entre eux au sein de ces édifices soit déterminée avec une assez grande précision. Quant aux ARN des petites et des grandes sous-unités, leur fonction est tout aussi imprécise si ce n'est que l'un d'eux, l'ARN 16 S, intervient dans la reconnaissance du messager au moment de l'initiation de la synthèse protéique.

Il est cependant probable que le maintien des constituants ribosomiques au cours de l'évolution reflète leur présence nécéssaire, voire indispensable, dans l'appareillage traducteur. Le ribosome lui-même est souvent improprement appelé traducteur; son rôle consiste en fait à assurer le positionnement correct des ARNt chargés vis-à-vis des codons du messager et à former des liens peptidiques entre les acides aminés qu'il assemble dans la chaîne polypeptidique.

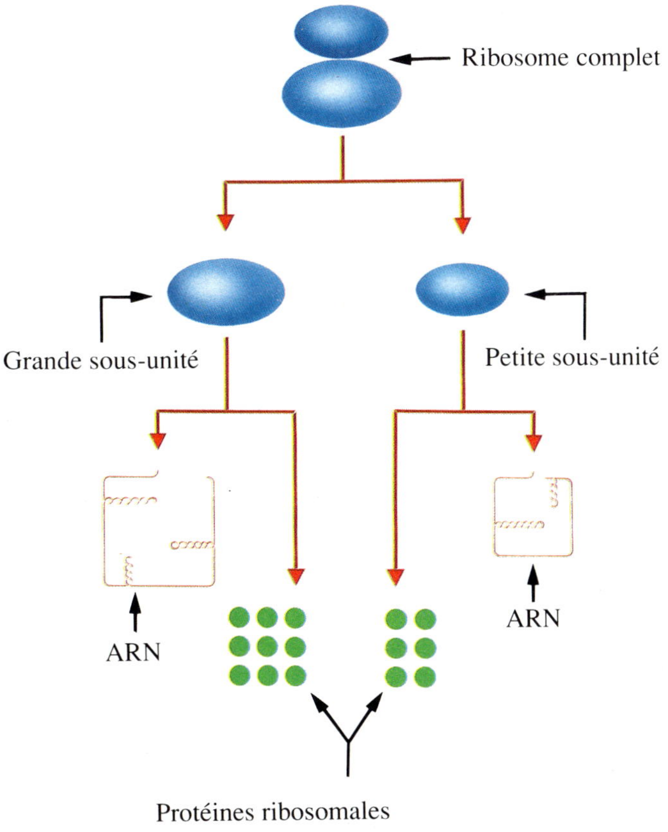


Figure 105
Structure du ribosome bactérien. Les deux sous-unités comptent 52 protéines au total, 21 pour la petite sous-unité (30 S) et 31 pour la grande sous-unité (50 S).
Les ARN ribosomiaux ne sont pas aussi hétérogènes mais leur masse prédomine dans chacune des sous-unités (66% de la masse totale du ribosome). Les ribosomes des cellules eucaryotes sont également constitués de 2 sous-unités ribonucléoprotéiques mais leur poids moléculaire est plus important. (PM : 4.220.000 plutôt que 2.520.000 pour le ribosome bactérien). A lui seul, le grand ARN ribosomique de la sous-unité 60 S contient 4870 nucléotides.

## Les protéines sont synthétisées dans une direction bien déterminée.

Les chaînes d'acides aminés ont deux extrémités libres, l'une portant un groupement aminé (-$NH_2$), et l'autre un groupement carboxyle (-COOH). Comme la lecture du messager se fait dans la direction 5' → 3' (figure 106), la relation entre la chaîne d'ARN messager et la chaîne polypeptidique complète peut être représentée de la façon suivante :

ARN messager
5' ——————————→ 3'

chaîne polypeptidique
$H_2N$ ——————————→ COOH

La fabrication de l'ARNm débute par son extrémité 5', de sorte que le polyribonucléotide peut être traduit en protéines au fur et à mesure de sa propre synthèse (figure 107). Chez la bactérie E. coli, la traduction du message est donc étroitement couplée à la transcription. On remarquera également que plusieurs ribosomes peuvent lire simultanément un même message. Un groupe de ribosomes opérant la traduction de cette manière porte le nom de polysome (figure 108).

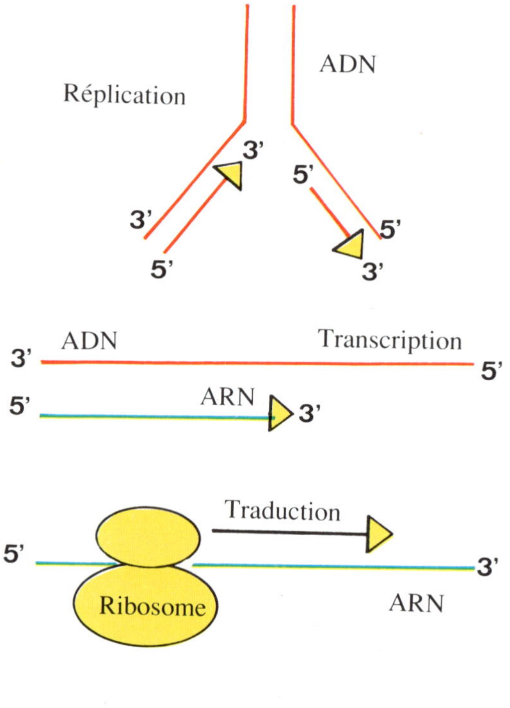


Figure 106
Sens de la réplication, de la transcription et de la traduction. Les chaînes polynucléotidiques et polypeptidiques sont synthétisées dans le sens 5' → 3'. Dans une chaîne polynucléotidique, l'extrémité 3' correspond à celle qui porte un groupement hydroxyle libre, situé sur le carbone 3' du ribose. Dans une chaîne polypeptidique, l'extrémité 3' est celle qui porte un groupement amino (-$NH_2$) non engagé dans une liaison peptidique.

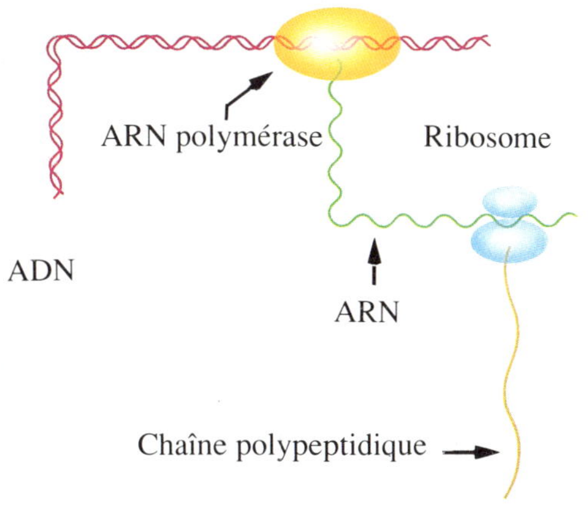


Figure 107
Transcription et traduction simultanées chez la bactérie E. coli. La synthèse du polypeptide débute au niveau du codon initiateur AUG (ou GUG) situé dans la région 5' de l'ARN messager avant que la synthèse de ce dernier soit elle-même complètement achevée. Cette région lie d'abord la sous-unité 30 S du ribosome et forme le complexe d'initiation de la traduction. La lecture se poursuit jusqu'à l'extrémité 3' du transcrit, qui s'est entretemps détachée du ribosome. Transcription et traduction simultanées impliquent une coordination temporelle précise des deux événements.

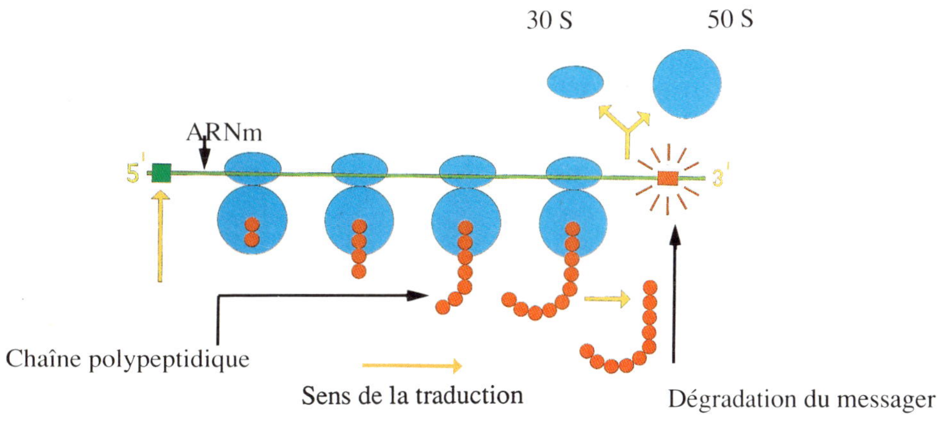


Figure 108
Structure d'un polysome bactérien. Chez les cellules qui doivent synthétiser une grande quantité de chaînes polypeptidiques en un temps très court, la traduction simultanée d'un seul ARN messager permet d'accroître la quantité de produits souhaités. Comme le montre l'illustration, les ribosomes progressent de manière synchrone le long du brin d'ARN et polymérisent les acides aminés au fur et à mesure. Un ribosome arrivé en fin de course se décompose en ses deux sous-unités constitutives. Celles-ci sont dès lors disponibles pour engager la synthèse d'une nouvelle chaîne polypeptidique.

On conçoit aisément que la lecture simultanée du message génétique par plusieurs ribosomes constitue un réel avantage pour les cellules qui doivent synthétiser un grand nombre de protéines en un temps très court. Par ailleurs, on peut supposer que l'augmentation ou la diminution du nombre de ribosomes à l'œuvre pourrait réguler le taux des protéines synthétisées au cas où la demande cellulaire fluctuerait. Si les messagers sont lus et relus par les mêmes ribosomes, la cellule ne doit pas fabriquer ceux-ci en quantité excessive pour satisfaire ses besoins. Même si on tient compte qu'une cellule bactérienne active peut engager jusqu'à 20.000 ribosomes, -la cellule eucaryote peut en contenir jusqu'à 10 millions- la lecture polysomique réalise une économie de matériaux.

## La synthèse de la protéine s'arrête au niveau de codons de terminaison spécifiques.

Lorsque le déplacement de l'ARN messager expose un codon tel que UAG, UGA ou UAA dans le site d'entrée (site A) du ribosome, l'élongation de la chaîne d'acides aminés cesse parce qu'il n'existe aucun ARNt capable de l'occuper de manière stable (figure 109). De plus, des

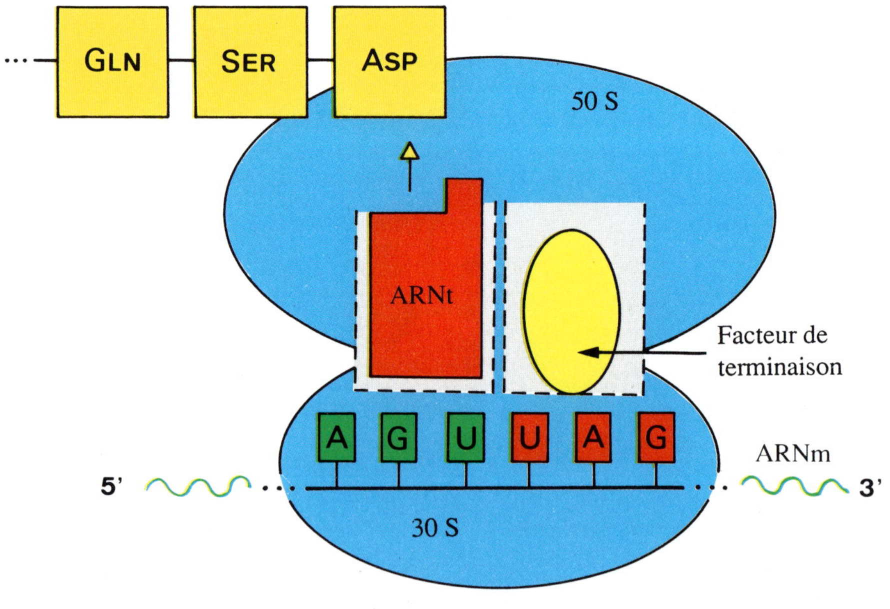


Figure 109
Signaux d'arrêt de la synthèse des protéines. Un codon d'arrêt, UAA, UGA ou UAG ne commande l'insertion d'aucun ARNt chargé dans le site A du ribosome. Par contre le site d'arrêt est reconnu et occupé par des protéines jouant le rôle de facteurs de terminaison. Le facteur de libération altère la spécificité de la peptidyltransférase de sorte que l'enzyme catalyse l'hydrolyse de la liaison qui unit la chaîne polypeptidique complète à l'ARNt au lieu de la joindre à un acide aminé supplémentaire par une liaison peptidique.

facteurs protéiques reconnaissant les codons d'arrêt de lecture favorisent la libération de la chaîne d'acides aminés complète du dernier ARNt. Le polypeptide est alors libéré dans la bactérie. A ce moment, le ribosome se dissocie en ces deux sous-unités constitutives, lesquelles deviennent à nouveau disponibles pour participer à la synthèse d'une nouvelle chaîne polypeptidique.

## La streptomycine inhibe l'initiation de la synthèse des protéines.

L'action de la streptomycine sur la synthèse des protéines illustre une fois de plus les effets néfastes de nombreux antibiotiques sur les mécanismes d'expression génétique. La streptomycine provoque le départ de l'ARNt f–méthionine du complexe ribosomal 70 S (figure 110). Les ribosomes 70 S vides, qui ne peuvent se dissocier à ce stade en leurs sous-unités s'accumulent dans la cellule droguée et les sous-unités 30 S libres, qui seules peuvent débuter la synthèse, deviennent de ce fait de moins en moins disponibles. Il en résulte à la longue que plus aucune protéine ne peut être synthétisée.

Dans les souches bactériennes sensibles à l'antibiotique, la streptomycine se lie à une protéine particulière de la sous-unité 30 S. Mais on connaît des souches ribosomiques mutantes, chez lesquelles cette même protéine n'est plus reconnue par l'antibiotique. Ceci nous montre qu'une mutation survenant dans l'ADN d'une cellule n'a pas obligatoirement un effet nocif. Dans ce cas particulier, même si elle altère plus ou moins la structure d'une protéine ribosomique, elle lui confère en même temps la capacité de résister au poison cellulaire. De telles mutations, comportant un effet bénéfique pour les individus et les populations qui les portent ne sont pas rares.

## La puromycine est également un antibiotique. Elle provoque l'arrêt prématuré de la synthèse des protéines.

La puromycine a une structure semblable à l'extrémité terminale 3'OH d'un ARNt chargé. Cette ressemblance est telle que le site A du ribosome peut l'incorporer à sa place (figure 111). Comme le résidu d'acide aminé porté par l'ARNt, la puromycine possède un groupement $NH_2$ libre et forme un lien peptidique avec l'acide aminé déjà en place au niveau du site P. Cependant, comme elle n'a pas de groupement carboxyle, elle ne peut former un lien peptidique avec l'acide aminé suivant. Cette inaptitude a pour conséquence de bloquer l'élongation.

Comme d'autre part la liaison de l'antibiotique avec le site A est très faible, la chaîne polypeptidique, porteuse de la puromycine à son extrémité terminale, est libérée prématurément. Additionnée à un milieu de culture bactérien, la drogue arrête la croissance de tous les individus de la souche.

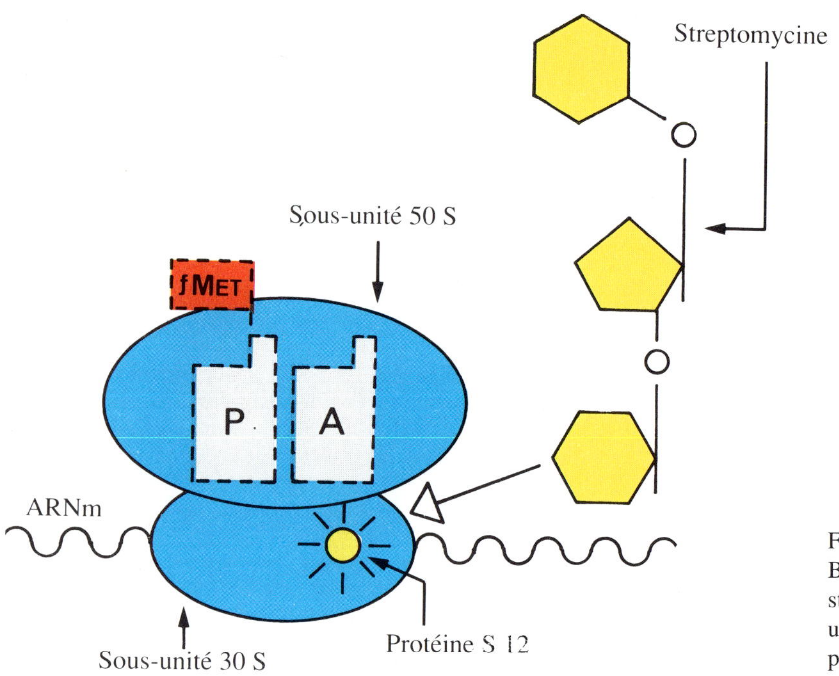


Figure 110
Blocage de l'initiation de la synthèse des protéines par la streptomycine. En agissant sur une protéine de la petite sous-unité (S 12), elle empêche la transition normale entre le processus d'initiation et celui d'élongation.

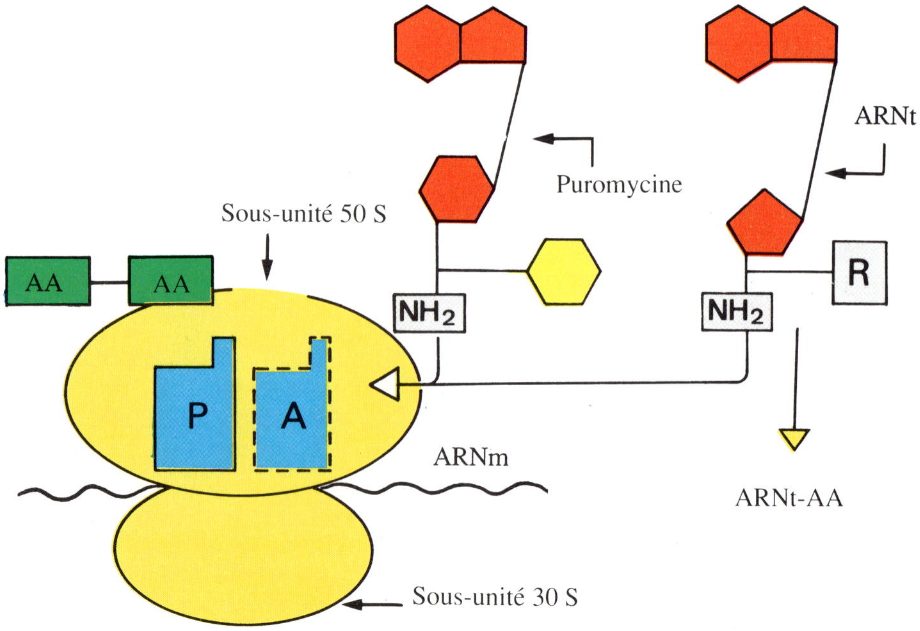


Figure 111
Blocage d'une étape de l'élongation d'une chaîne polypeptidique par la puromycine.
La molécule d'antibiotique a une structure proche de l'extrémité aminoacylée de l'ARNt chargé et occupe le site A à sa place.
Son groupement aminé réagit avec le groupement carboxyle de la chaîne en croissance et provoque sa dissociation prématurée du ribosome.

## Chez les bactéries comme chez les cellules eucaryotes, la synthèse des protéines est régulée.

Puisque la synthèse des protéines exploite abondamment l'énergie cellulaire, il est plus économique pour les cellules de ne les fabriquer qu'en cas de besoin. Elles font appel pour cela à des mécanismes de contrôle génétique régulateurs. On sait par exemple que les enzymes qui interviennent dans la dégradation du lactose chez la bactérie E. coli n'apparaissent que si on fait croître les souches microbiennes en présence du même sucre. L'addition de lactose au milieu de culture induit par conséquent la synthèse des enzymes impliqués dans son propre métabolisme. Ces enzymes, la β-galactosidase, la perméase et la transacétylase sont codés par trois gènes désignés X, Y et A, appelés gènes de structure et disposés séquentiellement dans le chromosome bactérien (figure 112).

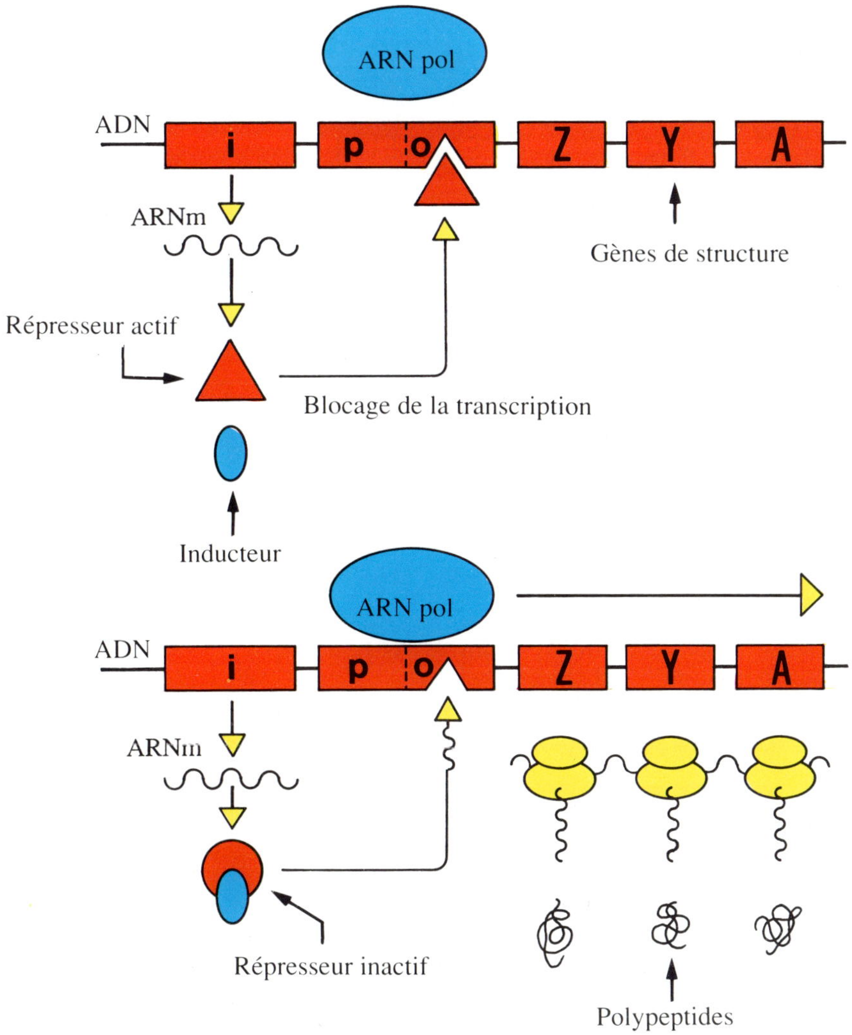


Figure 112
Contrôle négatif de l'opéron lactose. Une protéine appelée répresseur est normalement présente sous une forme capable de bloquer la synthèse des messagers des gènes codant les protéines de structure Z,Y et A. Le répresseur est désactivé par la fixation d'un dérivé du lactose jouant le rôle d'inducteur du métabolisme du sucre (i : gène régulateur; o : site opérateur; p : site promoteur).

Ces gènes sont eux-mêmes précédés d'autres séquences désignées respectivement par les lettres i, p et o et aux niveaux desquelles opèrent les mécanismes de la régulation.

La séquence i correspond au gène régulateur proprement dit : elle dicte la synthèse d'une protéine régulatrice appelée répresseur. Sous sa forme libre, active, le répresseur a une affinité chimique pour la région d'ADN appelée opérateur (o). Cette région est elle-même précédée de la séquence fixant l'ARN polymérase et appelée séquence promoteur (p). L'ensemble formé par le promoteur et l'opérateur, et les gènes de structure qu'ils contrôlent porte le nom d'opéron. A l'état normal, en l'absence du sucre, la synthèse des enzymes du métabolisme du lactose n'a pas lieu. On a montré que dans ces conditions l'ARN polymérase ne peut se fixer sur le promoteur parce que celui-ci est partiellement masqué par la protéine répresseur. La séquence de l'opérateur est très spécifique. Seul le répresseur de l'opéron lactose le reconnaît.

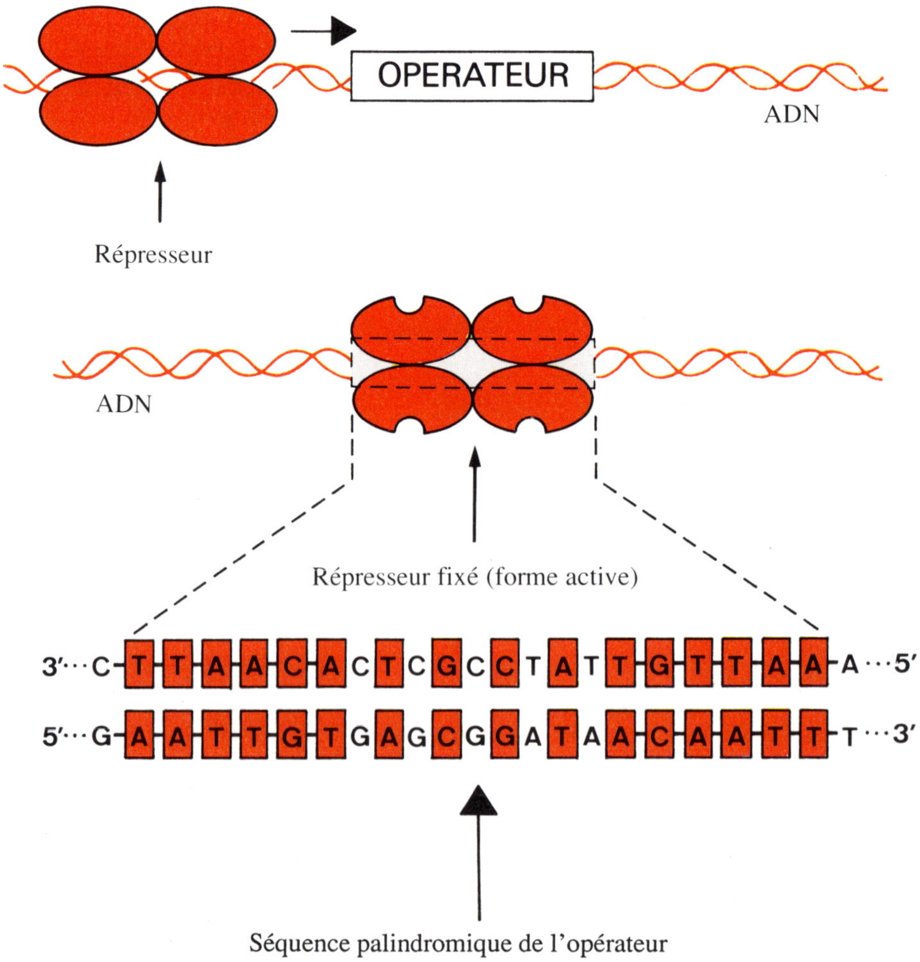


Figure 113
Structure du répresseur de l'opéron lactose. Sous sa forme active, la protéine oligomérique est étroitement associée à la double hélice mais possède un site d'interaction supplémentaire pour une molécule de l'inducteur. La fixation de l'inducteur provoque un changement de configuration du répresseur et le dissocie de la double hélice.

Un examen minutieux a permis de montrer que les séquences disposées sur les deux brins d'ADN de l'opérateur sont identiques par rapport à un axe de symétrie double. Il est établi par ailleurs que la protéine répresseur est composée de 4 sous-unités identiques et reconnaît spécifiquement ces régions symétriques (figure 113). La fixation du répresseur à sa région cible est très rapide. On pense que la recherche du site opérateur se fait dans un espace à une dimension, autrement dit, le répresseur glisse sur la double hélice plutôt que de s'en détacher à chaque essai et d'y revenir ensuite par "bonds" successifs. Ce comportement rappelle celui de l'ARN polymérase cherchant des sites de promotion. La fixation du répresseur sur l'opérateur n'est pas irréversible : il peut dans certaines conditions se libérer de son site d'attache. Le répresseur possède en effet un motif chimique d'ancrage pour une petite molécule appelée inducteur. Dans l'opéron lactose, c'est le lactose qui joue ce rôle. Lorsque ce sucre pénètre dans la cellule, il se lie au répresseur et induit un changement de conformation allostérique qui provoque son détachement de l'opérateur. L'expulsion du répresseur dégage simultanément le site promoteur et permet son accès à l'ARN polymérase. L'enzyme peut alors amorcer la transcription des gènes structuraux X, Y et A (figure 112 A, B). Chez les bactéries, il se forme un messager unique appelé messager polycistronique, codant pour les trois enzymes de l'opéron lactose.

Le processus que nous venons de décrire est un exemple de contrôle négatif du fonctionnement d'un opéron. Dans cette forme de contrôle, une protéine (le répresseur) se lie à l'ADN pour réprimer la synthèse. Un autre exemple de contrôle négatif mais opérant de manière différente -ici, le répresseur non lié est sous forme inactive- fonctionne au cours de la synthèse du trytophane. Cet acide aminé, qui est le produit final d'une série de réactions en chaîne n'est synthétisé par la cellule qu'en cas de besoin. Si on ajoute une quantité suffisante de tryptophane au milieu de culture, sa propre synthèse est sélectivement bloquée (figure 114 A, B).

L'explication de ce phénomène est la suivante : le trytophane en excès se fixe sur une molécule de répresseur et modifie sa configuration de sorte qu'elle peut alors se fixer sur l'opérateur, masquer le promoteur et bloquer la transcription. La molécule de tryptophane est appelée co-répresseur. Comme chez l'opéron lactose, l'action du répresseur a un effet amplifié puisqu'il agit sur un opéron entier, codant cette fois pour la série des 5 enzymes qui gouvernent la synthèse du tryptophane.

## L'opéron lactose est également soumis à un contrôle positif.

Nous venons de voir que l'addition du lactose à la cellule et sa fixation sur le répresseur provoque la synthèse des enzymes gouvernant son propre métabolisme. Tout se passe donc comme si la libération du répresseur de son site d'attache permettait à l'ARN polymérase de transcrire directement. En réalité, les choses sont un peu plus compliquées et il

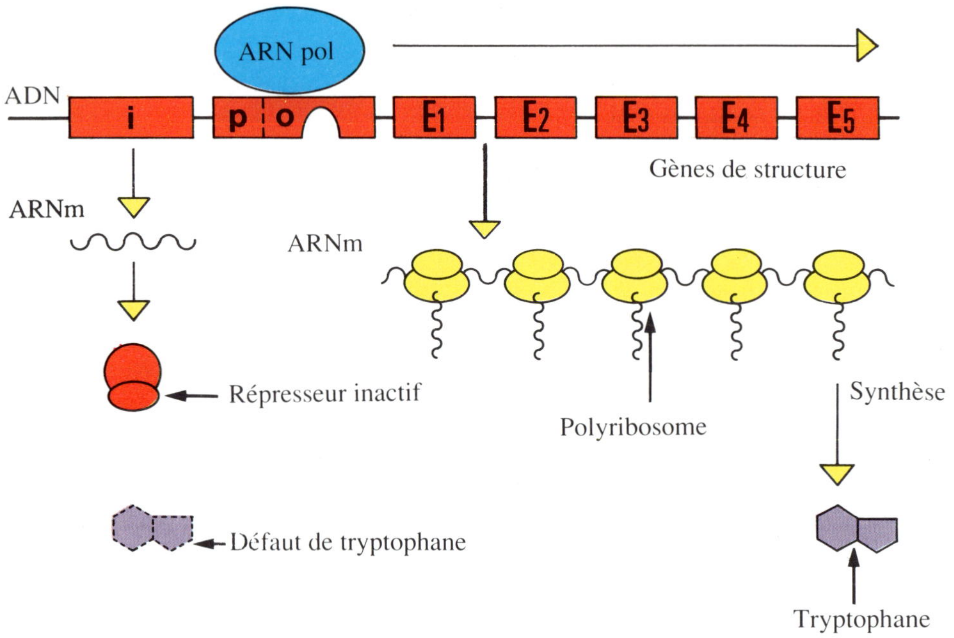


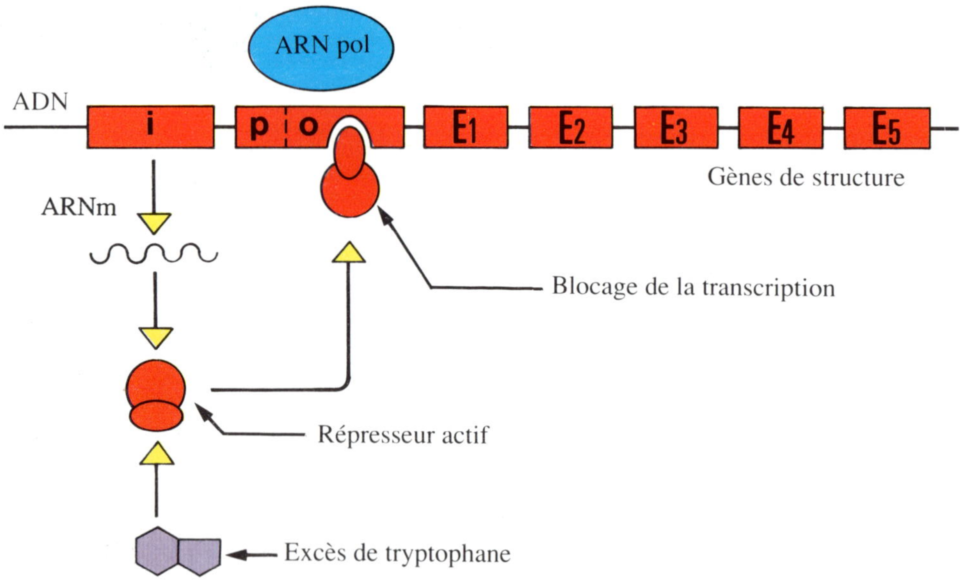


Figure 114 A, B
Contrôle négatif de l'opéron tryptophane. Dans cette forme de contrôle, opérant sur la synthèse d'un produit et non sur sa dégradation, le répresseur est normalement inactif (A).
Cependant, lorsque le tryptophane est présent en excès, il se lie au répresseur et l'active.
Le tryptophane en excès réprime ainsi sa propre synthèse (B). Le répresseur activé se fixe sur l'opérateur et empêche la transcription.

est apparu que la liaison efficace de la polymérase au promoteur de l'opéron lactose dépendait d'un complexe activateur constitué d'une molécule d'AMP cyclique (AMPc) et d'une protéine désignée CAP de l'anglais : Catabolite Activator Protein (figure 115 A, B). Le complexe cible une séquence d'ADN qui débute la région promoteur et précède celle qui est reconnue par l'ARN polymérase. Sa fixation a pour effet de renforcer la liaison de l'ARN polymérase sur le promoteur et de stimuler la transcription.

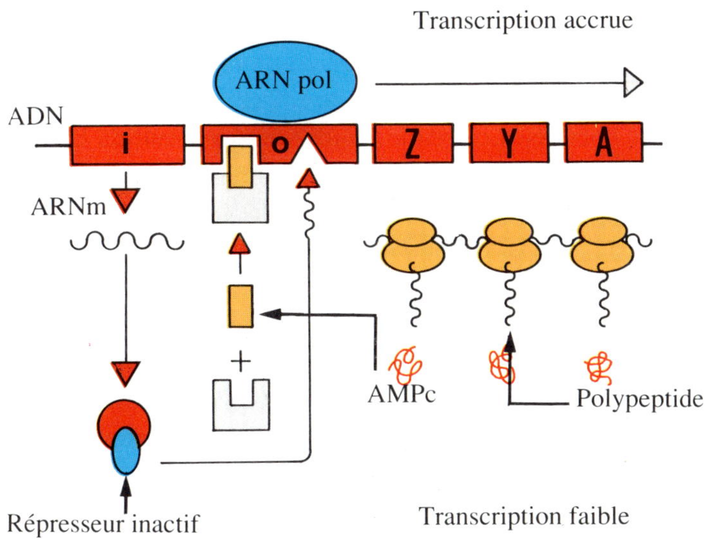


Transcription faible

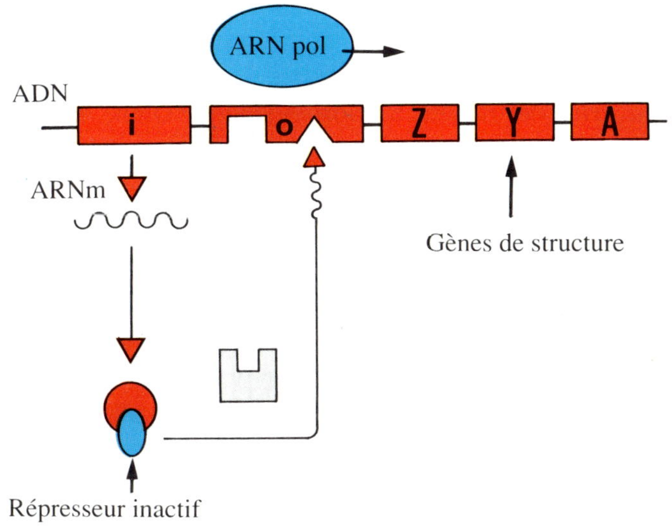


Figure 115
Contrôle positif de l'opéron lactose. Il fait intervenir une protéine de liaison à l'ADN appelée CAP. Lorsqu'elle est complexée à l'AMP cyclique, cette protéine se lie à la région promotrice de l'opéron lactose. Le complexe CAP-AMPcyclique induit une modification stérique d'une région de l'ADN, créant ainsi une zone de contact supplémentaire pour l'ARN polymérase. L'opéron lactose se trouve soumis à un double contrôle : un contrôle positif illustré ci-dessus et un contrôle négatif exercé par le répresseur (voir figure 112).

L'existence du contrôle positif a été suggérée lors de l'étude de l'effet répresseur du glucose sur l'expression d'opérons métabolisant d'autres sucres tels que le lactose, le galactose...etc. On a remarqué que les cellules bactériennes croissant dans un milieu additionné de lactose et de glucose métabolisaient préférentiellement celui-ci. La présence de glucose réprime donc la transcription de l'opéron catabolisant le lactose même en présence de ce dernier. Si, toujours en présence de lactose, la concentration en glucose diminue, la transcription de l'opéron lactose démarre. On explique ce phénomène de la manière suivante. Le métabolite qui contrôle la lecture de l'opéron sensible au glucose est en fait l'AMP cyclique. En présence de glucose, la concentration de l'AMP cyclique est faible. Au contraire, en absence de glucose elle augmente considérablement, ce qui peut être vu en quelque sorte comme un signal de famine. En se liant à la protéine CAP, le nucléotide cyclique induit des modifications stériques dans le promoteur de l'opéron lactose et renforce la fixation de l'ARN polymérase. Celle-ci peut dès lors transcrire efficacement. Les études concernant la régulation de l'opéron lactose ont montré que cet opéron est muni d'un promoteur faible : deux mécanismes sont nécéssaires pour l'activer. Le premier enlève le répresseur du lactose et libère le site d'accès pour la polymérase. Le second fixe le complexe CAP-AMPc en amont du site d'attache de l'enzyme lecteur, favorisant une plus grande affinité de ce dernier pour la double hélice.

Il est probable que des raisons "économiques" ont favorisé les mécanismes évolutifs qui ont amené les bactéries à métaboliser le glucose préférentiellement aux autres sucres. Il n'est guère utile en effet que la cellule dépense une énergie superflue à fabriquer simultanément des enzymes métabolisant plusieurs carbohydrates alors que la consommation d'un seul d'entre eux, à haute valeur calorique, peut amplement satisfaire ses besoins. Il fallait cependant en même temps prévoir l'existence d'une sorte d'alternateur capable d'ouvrir les "circuits lactose" ou d'autres sucres en cas de carence accidentelle en glucose. Cet alternateur est constitué par la variation du taux d'AMP cyclique.

Les mécanismes qui règlent la synthèse des protéines chez les organismes plus évolués, ne sont pas connus avec la même précision que chez les procaryotes. Mais il est cependant acquis qu'ils sont beaucoup plus complexes et ce, pour des raisons à priori évidentes. D'une part en effet, les cellules à noyau synthétisent un plus grand nombre de protéines que les cellules bactériennes. D'autre part, le développement des organismes supérieurs, qui se poursuit de l'œuf fécondé à l'état adulte, est caractérisé par une longue suite d'événements échelonnés dans le temps et dans l'espace, ce qui sous-entend un contrôle complexe.

C'est ainsi que certaines protéines ne seront synthétisées qu'au moment de la maturation sexuelle, et cette synthèse n'aura lieu que dans l'une ou l'autre catégorie cellulaire bien déterminée. Chez les eucaryotes, la sélection des gènes qui sont exprimés à un moment donné du développement est entre autres due à des hormones. On a assez bien étudié le cas de l'une d'entre elle, appelée ecdysone, qui stimule la croissance des larves de drosophile. Cette hormone traverse la membrane plasmique et se lie à un récepteur intracytoplasmique. Le complexe récepteur-hormone pénètre ensuite dans le noyau de la cellule et induit la transcription sélective des gènes.

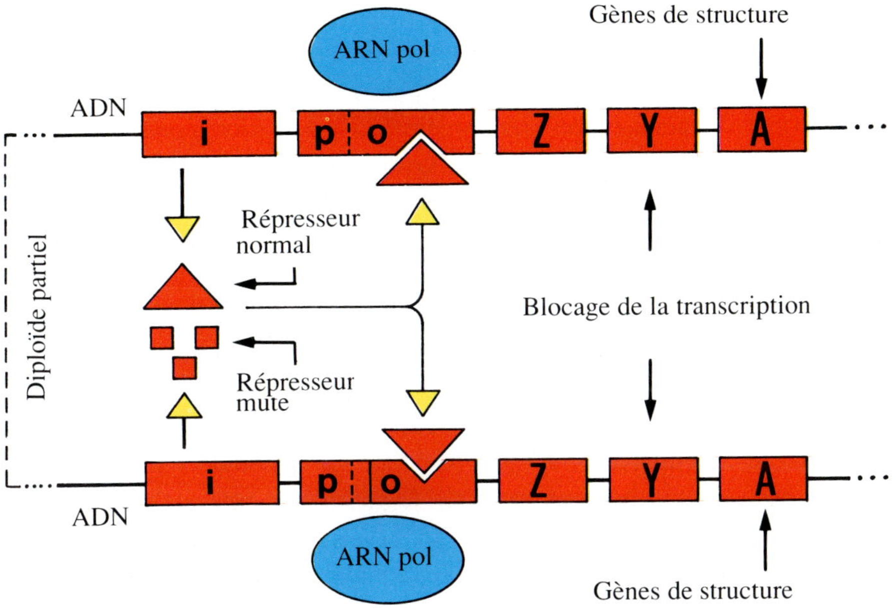


Figure 116
Mutation du gène codant pour le répresseur de l'opéron lactose dans un diploïde partiel. La mutation du gène i est récessive parce que le répresseur normal, codé par le gène i non muté introduit dans la bactérie, bloque à lui seul l'expression des deux opérons.

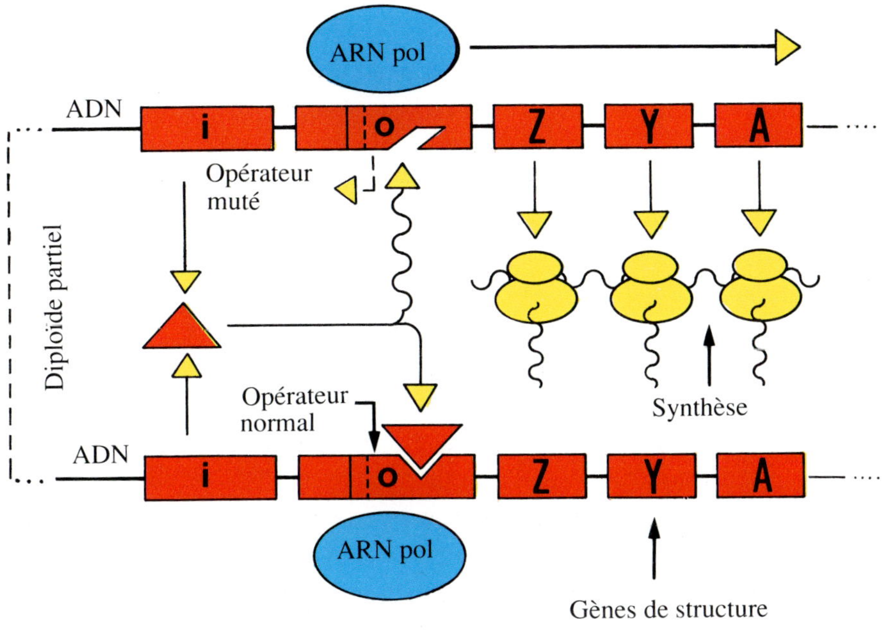


Figure 117
Mutation de la séquence de l'opérateur de l'opéron lactose. L'altération de la séquence o est dominante et se traduit par une synthèse continue du polymessager, même si une séquence normale d'opérateur est introduite dans la bactérie. Cette synthèse continue est encore appelée synthèse constitutive.

## On connaît des mutations qui perturbent les mécanismes de contrôle de la synthèse des protéines.

Dans une cellule haploïde, ne possédant qu'une copie des gènes parentaux, une mutation du gène régulateur i peut conduire à la synthèse d'un répresseur non fonctionnel (figure 116). Il en résulte que l'opérateur n'est jamais bloqué et les protéines de l'opéron sont alors synthétisées de manière permanente. Cette expression continue de l'opéron peut porter préjudice à la cellule, ne serait-ce que parce que la fabrication excessive d'une protéine donnée prive d'autres chaînes métaboliques de l'énergie (ATP) qui leur est nécéssaire. Si la cellule est rendue diploïde et qu'une seule copie du gène répresseur est mutée, la situation restera normale parce que le répresseur fonctionnel, synthétisé par le gène i intact, bloquera les deux opérateurs et inhibera la transcription. On remarquera qu'une telle mutation, survenant dans une cellule diploïde, est génétiquement récessive.

Il arrive aussi que la mutation affecte la séquence de l'opérateur de telle sorte que le répresseur fonctionnel ne peut plus se combiner avec elle (figure 117). Si la cellule est haploïde, la synthèse des protéines de structure aura donc lieu de manière continue, -on dit encore qu'elle est constitutive- comme dans le cas précédent. Si la cellule est diploïde et qu'elle possède un opérateur sauvage, le répresseur pourra s'y fixer mais non sur l'opérateur muté. Comme l'opérateur ne contrôle que les gènes de structure qui lui sont adjacents, l'allèle sauvage n'empêchera pas l'opéron muté d'être exprimé de manière constitutive. On dit que la mutation o est dominante.

# Chapitre IV

# La réplication de l'ADN

Parmi les espèces moléculaires présentes dans une cellule, l'ADN occupe une place de choix. Il renferme en effet l'information génétique qui lui permet d'accomplir ses fonctions vitales. Nous avons vu qu'il se présente sous la forme de séquences codées pouvant être "comprises" par un système lecteur approprié. Ce système permet à la cellule de synthétiser toute la gamme des enzymes qui catalysent ses réactions chimiques et toutes les protéines de structure qui édifient ses charpentes maîtresses. Nous allons maintenant montrer que la molécule d'ADN détient en outre une autre propriété tout à fait singulière; elle peut être copiée en une molécule identique à elle-même. Ce processus, appelé réplication, assure sa transmission d'une génération cellulaire à l'autre. Toutefois, de manière à bien comprendre son mécanisme, il convient d'examiner la structure de ce polymère d'une façon plus détaillée.

## Une chaîne polynucléotidique est un polymère formé par l'assemblage d'un grand nombre de sous-unités appelées nucléotides.

Les nucléotides sont constitués de trois molécules différentes : une base organique, un sucre et un acide phosphorique, unies entre elles par des liens covalents. Dans une chaîne polynucléotidique, les nucléotides sont unis entre eux par des liens phosphodiesters et les bases sont soient des purines, soient des pyrimidines. Dans la molécule d'ADN, les purines sont représentées par l'adénine (A) et la guanine (G); les pyrimidines par la cytosine (C) et la thymine (T). Le sucre est un déoxyribose. L'ARN est un polynucléotide semblable à l'ADN; cependant, le sucre est un ribose et la thymine y est remplacée par l'uracile.

L'observation d'un modèle de chaîne polynucléotidique permet d'y distinguer une structure permanente et une structure variable. Alors que la succession linéaire des sucre-phosphates qui constitue le squelette des chaînes est uniforme, la séquence des bases puriques et pyrimidiques varie d'une chaîne à l'autre (figure 118).

De plus, on peut y définir une polarité car les molécules de sucres des deux extrémités d'une chaîne portent respectivement un groupement phosphate en position 5' et un groupement hydroxyle (OH) en position 3'.

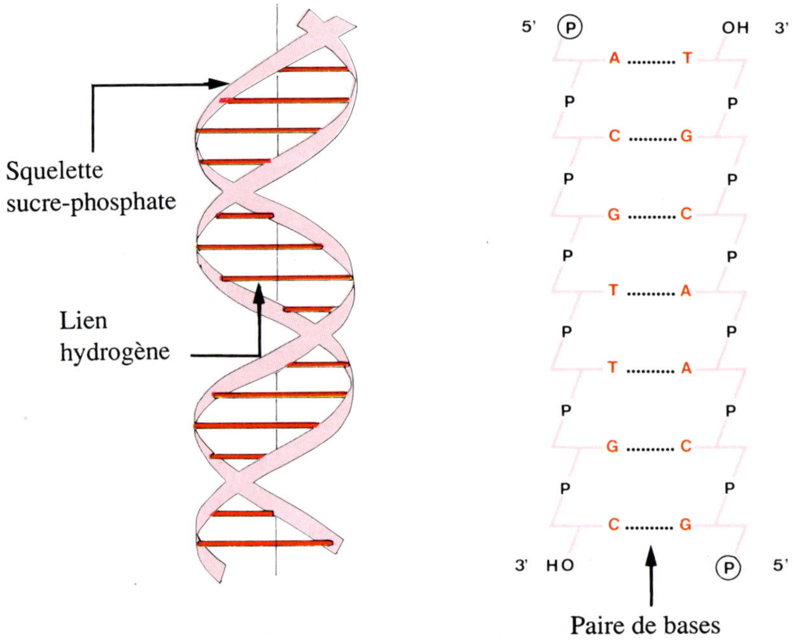


Figure 118
Structure de la molécule d'ADN. Les deux chaînes polynucléotidiques sont appariées de manière à mettre en correspondance les bases G et C et les bases A et T. Elles s'enroulent l'une autour de l'autre en double hélice. Les barres horizontales représentent chacune un couple de bases (purine-pyrimidine). Les bords de l'échelle représentent les chaînes sucres-phosphates.

## La molécule d'ADN est structurée en double hélice.

Le plus souvent, la molécule d'ADN est constituée non d'une seule mais de deux longues chaînes de polynucléotides enroulées l'une autour de l'autre en double hélice (figure 119). Dans l'édifice bihélicoïdal, les molécules hydrophobes des bases puriques et pyrimidiques évitent au maximum le contact avec l'eau et se réfugient au sein de la molécule. Chacune des bases y est disposée perpendiculairement par rapport à l'axe de la double hélice et est décalée de 36° par rapport à celle qui la précède et celle qui la suit. Il en résulte qu'un tour d'hélice complet comprend une succession de dix paires de bases. L'entassement des bases au sein de la molécule torsadée a pour conséquence que les groupements phosphate ionisés du squelette sont rejetés vers l'extérieur et se stabilisent au contact de l'eau.

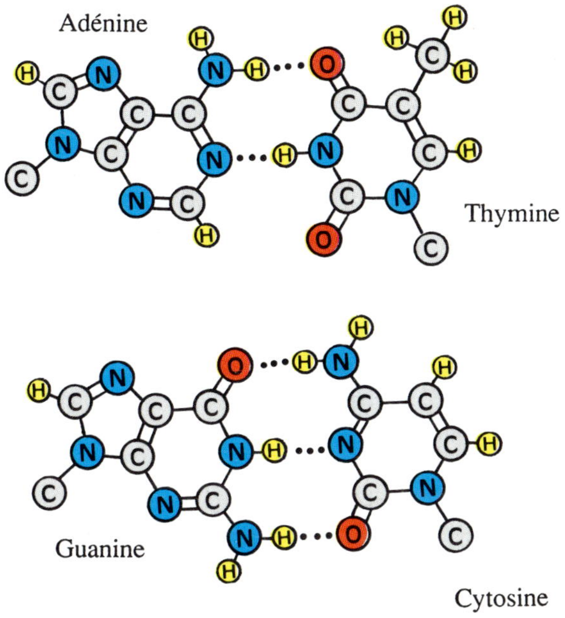


Figure 119
Structure de la molécule d'ADN. La structure des bases puriques et pyrimidiques leur permet d'établir entre elles des liens faibles de type hydrogène. Ces liens sont formés de façon optimale lorsque les deux membres de chaque paire de bases -soit G et C, soit A et T-, sont orientés en sens inverse l'un de l'autre dans la double hélice d'ADN.

Les bases appartenant aux deux chaînes opposées sont unies entre elles par des liens appelés liens hydrogène. Ces liaisons faibles se font de manière spécifique : l'adénine est toujours liée à la thymine et la guanine est toujours liée à la cytosine. On dit encore que ces bases sont appariées entre elles et qu'elles sont complémentaires. De plus, leur structure chimique est telle que trois liaisons sont mises en jeu entre la guanine et la cytosine tandis que deux liaisons seulement lient la thymine à l'adénine.

Puisque toutes les bases d'une molécule d'ADN sont unies entre elles par des liens faibles, on pourrait supposer à priori que ses deux brins devraient se séparer rapidement l'un de l'autre dans un milieu où règne une forte agitation moléculaire (par exemple, une solution aqueuse à haute température). On constate que la molécule d'ADN garde sa configuration native, bihélicoïdale jusqu'à des températures élevées, voisines de 80°C. Ceci s'explique par le fait que les liens hydrogène du duplex, bien que faibles, sont extrêmement nombreux. Il en résulte une grande stabilité, renforcée par les liaisons hydrophobes entre bases empilées.

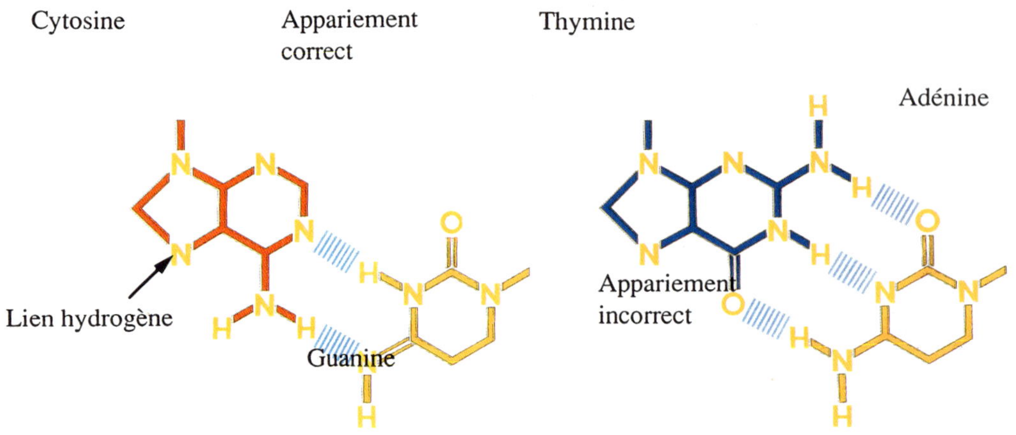


Figure 120
Appariement correct et incorrect. Les règles de Crick et Watson stipulent que dans une double hélice d'ADN, La base G s'appariera toujours avec la base C et la base A s'appariera toujours avec la base T. Ces appariements sont dits standards. Un appariement non standard, tel que celui représenté dans la figure est théoriquement possible puisque la guanine et la thymine peuvent former deux ponts hydrogènes entre elles. Cependant, il créerait une distortion inacceptable dans la structure de la double hélice.

L'appariement spécifique des bases dans la molécule d'ADN entraîne la parité entre les molécules d'adénine et de thymine ainsi qu'entre celles de guanine et de cytosine. En d'autres termes, les bases faisant partie d'une même paire sont en quantités égales (figure 120). Une particularité importante caractérise encore la double hélice d'ADN. Ses deux chaînes polynucléotidiques, encore appelées brins, sont orientées en sens inverse l'une de l'autre. Cette orientation entraîne une conséquence inattendue lors de la réplication de la double hélice.

## La réplication de la double hélice procède de manière différente sur chacun des brins.

La complémentarité des brins d'ADN permet en principe d'additionner de nouvelles bases en regard des brins déroulés de la molécule. Cette addition, séquentielle et orientée, est réalisée par un complexe moléculaire au centre duquel se trouve l'ADN polymérase. L'enzyme se déplace le long du brin parental orienté en 3' → 5', et additionne successivement les nucléotides à la nouvelle chaîne en croissance dans le sens 5' → 3' (figure 121 A, B). Les monomères précurseurs sont les nucléotides triphosphates qui, lors de la réaction, perdent leurs deux groupements phosphate terminaux. L'addition séquentielle des nucléotides aux brins en croissance est accompagnée du déroulement de la double hélice en aval du processus.

Comme l'orientation du second brin est inverse du premier et que l'ADN polymérase ne peut opérer que dans le sens 5' → 3', on avait tout d'abord pensé qu'un second enzyme spécifique intervenait dans la réplication en additionnant des nucléotides dans le sens inverse 3' → 5'. En réalité, c'est le même enzyme qui polymérise dans le sens propre 5' → 3', ce qui l'oblige dès lors à s'éloigner de la zone de déroulement de la double hélice au fur et à mesure qu'il progresse. Le modèle hypothétique présenté dans la figure 121 A, B montre comment il pourrait procéder. Lorsque la synthèse du nouveau brin complémentaire a été réalisée sur une distance d'environ 2000 nucléotides, il recommence en aval, dans la nouvelle région dénudée du brin parental, et ainsi de suite. Le brin modèle 5' → 3' a ainsi en regard un brin néosynthétisé complémentaire, mais interrompu à intervalles réguliers. En réalité chacun des fragments, appelé fragment d'Okasaki, est réuni rapidement à l'autre par un enzyme appelé ligase (figure 121 C) qui soude leur squelette sucre-phosphate. La synthèse sur le brin parental orienté en 3' → 5' est ainsi décalée dans le temps par rapport à celle qui se déroule sur le brin parental opposé, orienté en 5' → 3'.

La fidélité de copie au cours de la réplication est remarquable. On a montré que chez les mammifères, une seule erreur d'insertion est commise le long d'un parcours correspondant à trois milliards de paires de bases. Ceci est une conséquence de la capacité autocorrectrice de l'ADN polymérase qui excise automatiquement chaque nucléotide inapproprié présenté en regard du nucléotide modèle (figure 122). Voir encart.

## L'ADN polymérase ne peut initier la lecture du nouveau brin d'ADN.

Des expériences effectuées in vitro ont montré que l'ADN polymérase ne peut initier la lecture sur un brin modèle désapparié mais exige une structure bihélicoïdale hybride, constituée du brin modèle et d'un brin d'ARN jouant le rôle d'amorce pour l'enzyme. Le fragment d'ARN amorceur est lui-même polymérisé au préalable par un enzyme appelé primase et son extrémité 3'OH sert de site de démarrage pour le complexe de réplication (figure 123). Les amorces d'ARN, longues de 200 à 300 nucléotides, sont rapidement dégradées et remplacées par des segments d'ADN.

Les mécanismes que nous décrivons ici ne donnent qu'un aperçu schématique de la complexité de la réplication de l'ADN. On a montré que, chez la bactérie E.coli, au moins 20 protéines différentes interviennent dans la synthèse des brins complémentaires. De plus, les cellules bactériennes contiennent 3 ADN polymérases différentes, désignées I, II et III. En fait, l'ADN polymérase I paraît exciser les séquences amorces et polymériser de l'ADN sur de courtes distances. On ne connaît pas le rôle joué par l'ADN polymérase II mais on sait que c'est l'ADN polymérase III qui polymérise sur les longues distances in vivo.

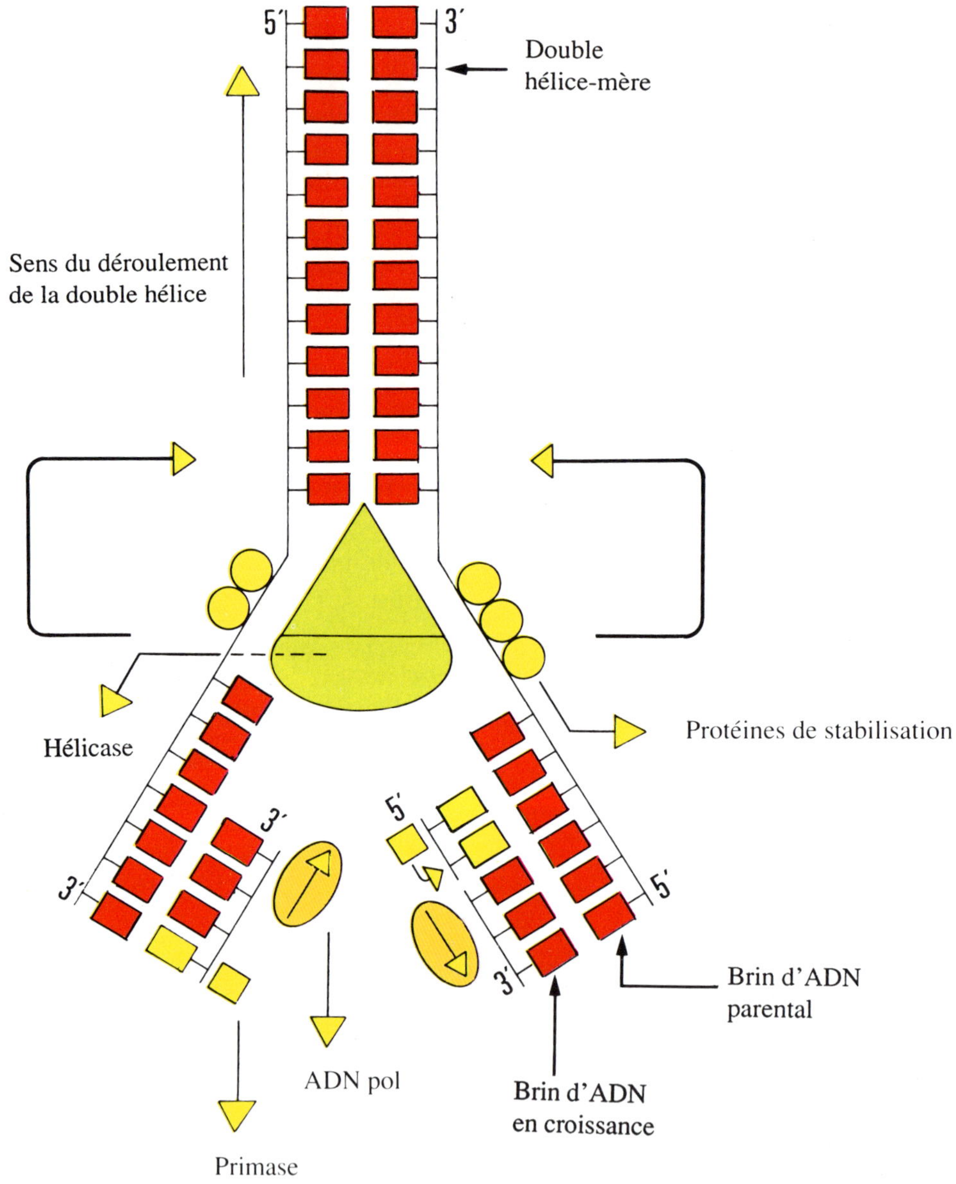


Figure 121 A, B
Deux étapes de la réplication de l'ADN (A, B). La synthèse des brins complémentaires s'opère dans deux sens différents et selon des modalités distinctes. Alors que celle qui a lieu en regard du brin gauche de la double hélice progresse de façon continue dans le sens du déroulement, celle qui opère en regard du brin droit procède de manière discontinue et est réamorcée à plusieurs reprises. Les amorces sont constituées par de courts segments d'ARN. L'ADN polymérase incorpore des nucléotides à leur extrémité

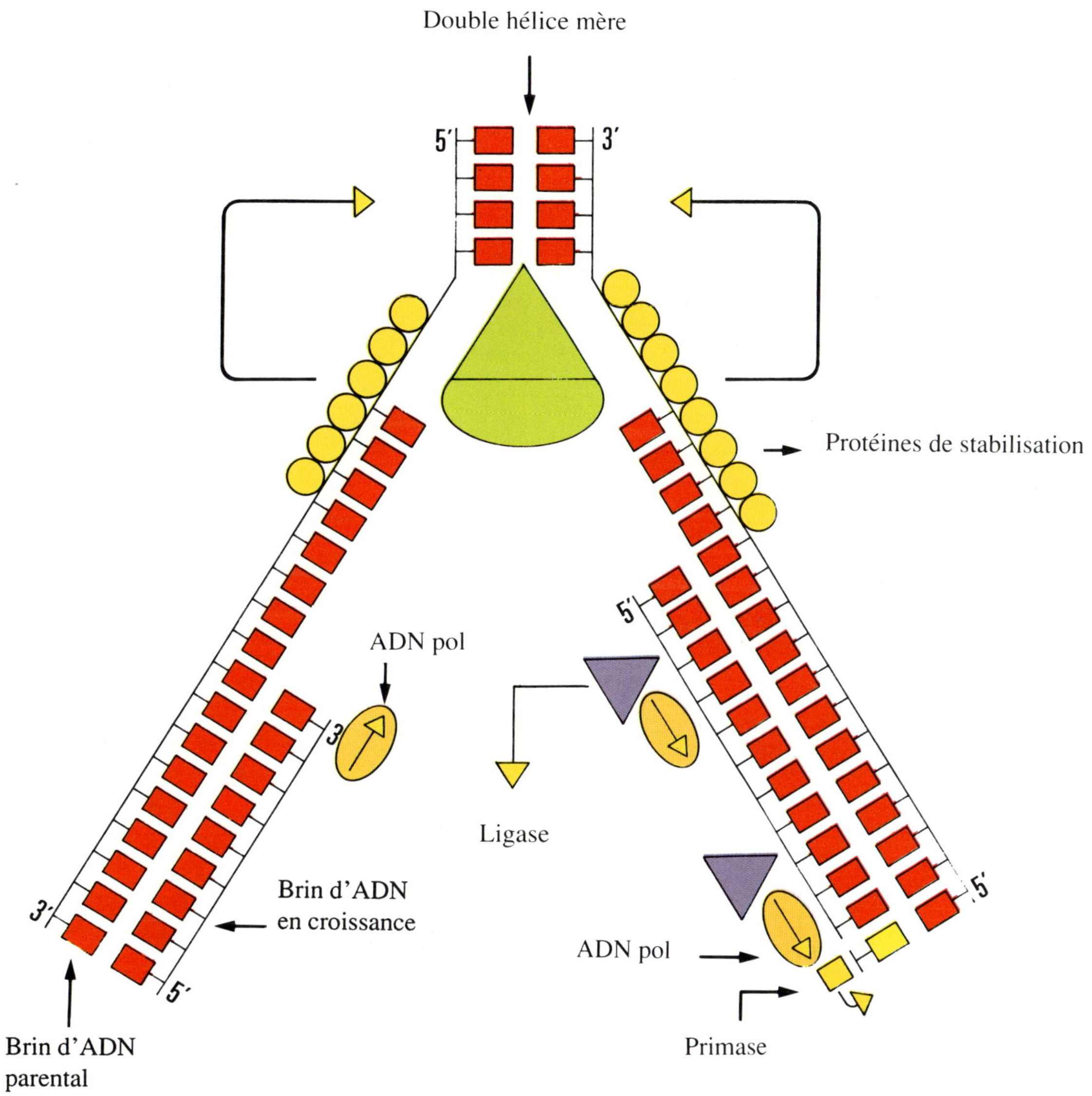


3'OH. Les segments d'ARN sont excisés par l'ARN polymérase et remplacés par des segments d'ADN grâce au même enzyme, qui comble les vides. Les segments d'ADN néosynthétisés sont ensuite soudés par une ligase. Des protéines dites de stabilisation maintiennent provisoirement la structure monobrin des bras déroulés de la double hélice, empêchant ainsi la formation d'appariement entre deux régions complémentaires d'un même brin (voir : structure en épingle à cheveu, figure 124).

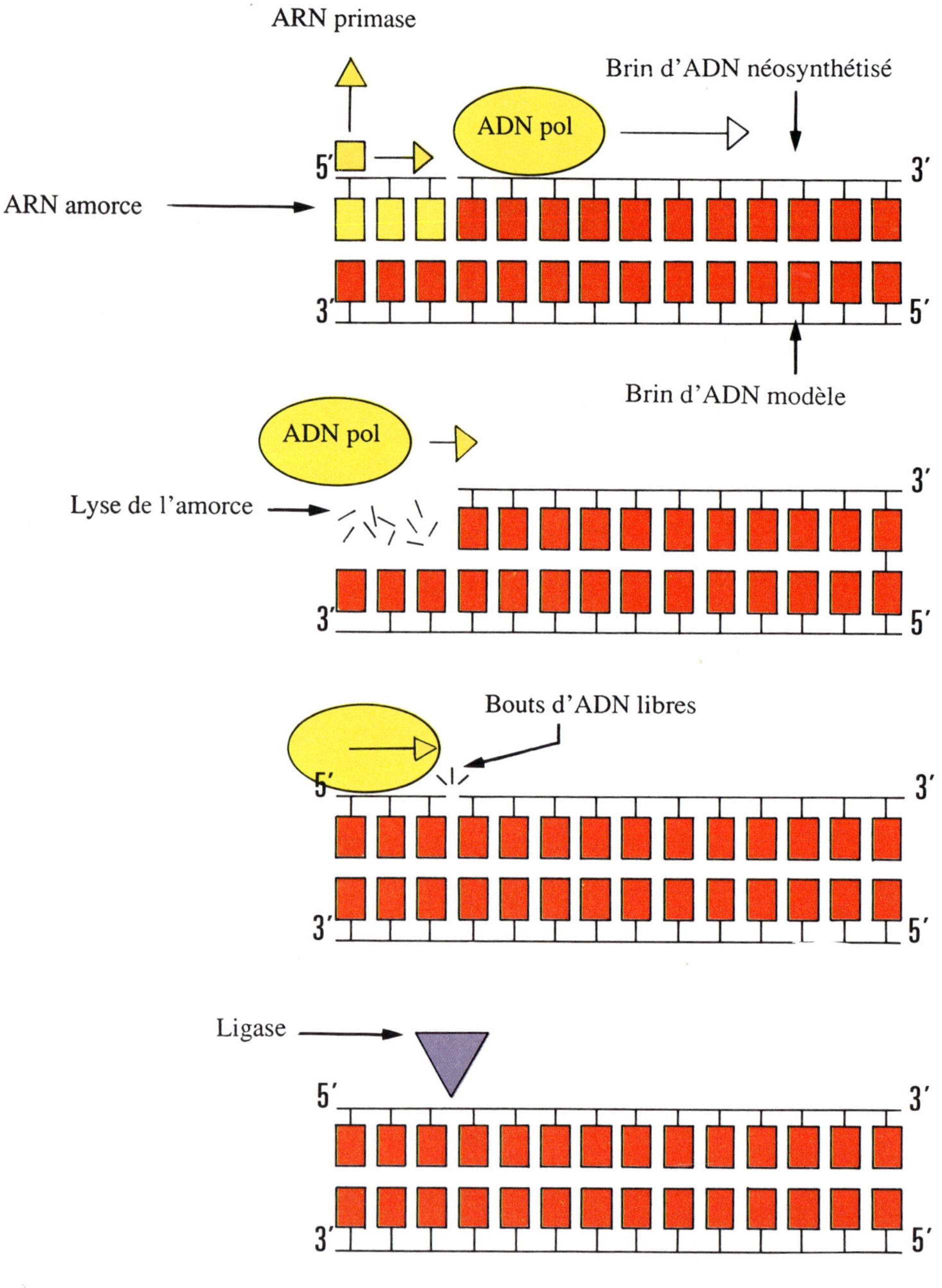


Figure 121 C
Rapports fonctionnels entre la polymérase et la primase au cours de la synthèse du nouveau brin d'ADN. L'ARN synthétisé par la primase est lysé par l'ADN polymérase. Celui-ci remplace le vide ainsi créé par un segment d'ADN, tout en laissant une discontinuité dans le brin néosynthétisé. Une ligase établit liens phosphodiester entre les deux bouts libres.

La structure extrêmement complexe de l'enzyme bactérien -il contient 8 sous-unités différentes-, en fait l'une des curieuses et impressionnantes architectures moléculaires mises en place par les cellules au cours de l'évolution pour ajuster leur comportement à leur avantage.

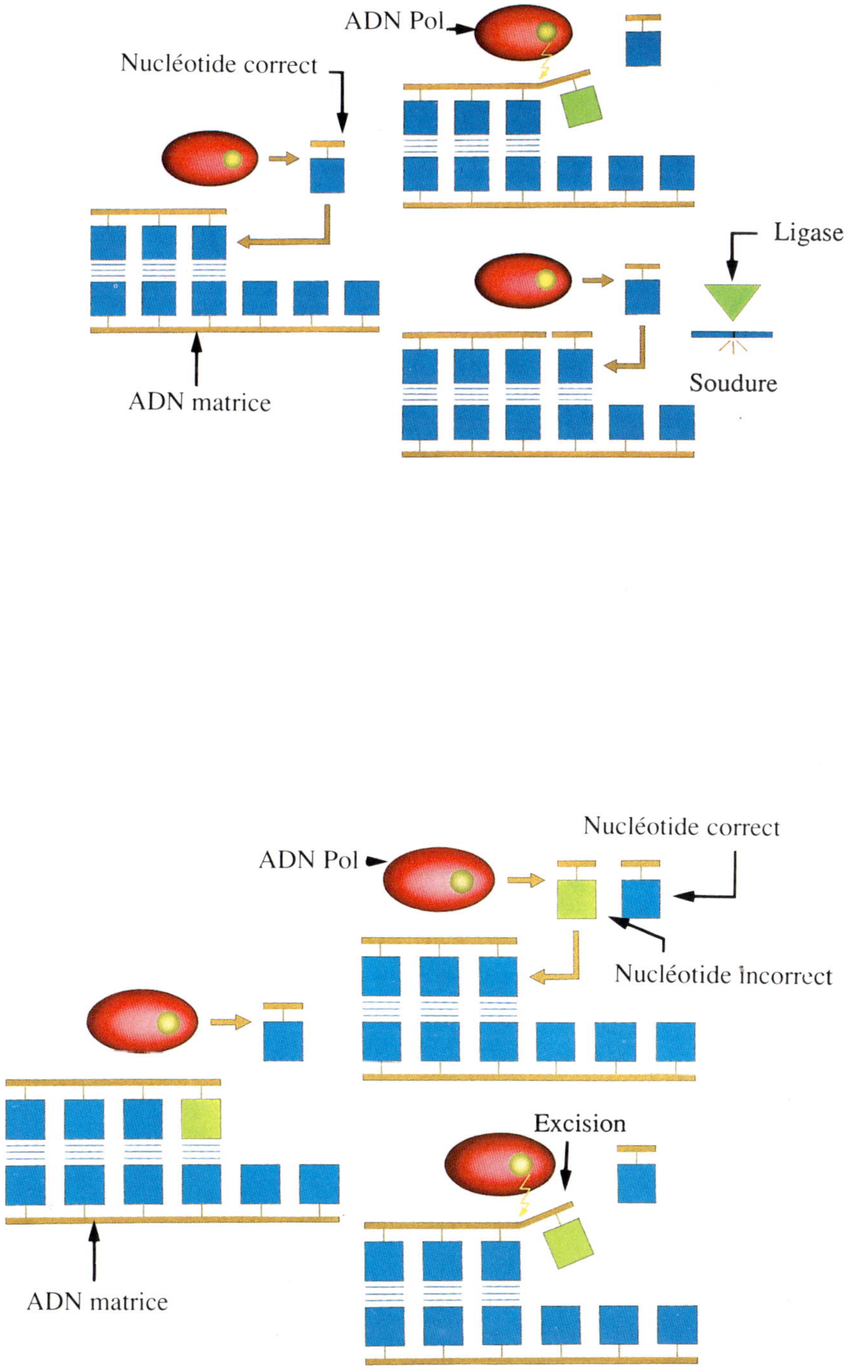


Figure 122 A, B
Mécanismes de lecture sur épreuves et autocorrection par l'ADN polymérase.
L'ADN polymérase semble fixer les déoxyribonucléotides de manière aléatoire et "tester" leur appariement face au brin modèle.
Si l'appariement entre le nucléotide testé et le nouveau site exposé de la matrice n'est pas correct, il naît une extrémité 3'OH instable qui ne peut être utilisée par l'enzyme pour poursuivre la polymérisation (A).
Le nucléotide incorrect (représenté en vert) est excisé par la polymérase; celle-ci en incorpore ensuite un nouveau jusqu'à ce qu'elle réalise un appariement stable (B).

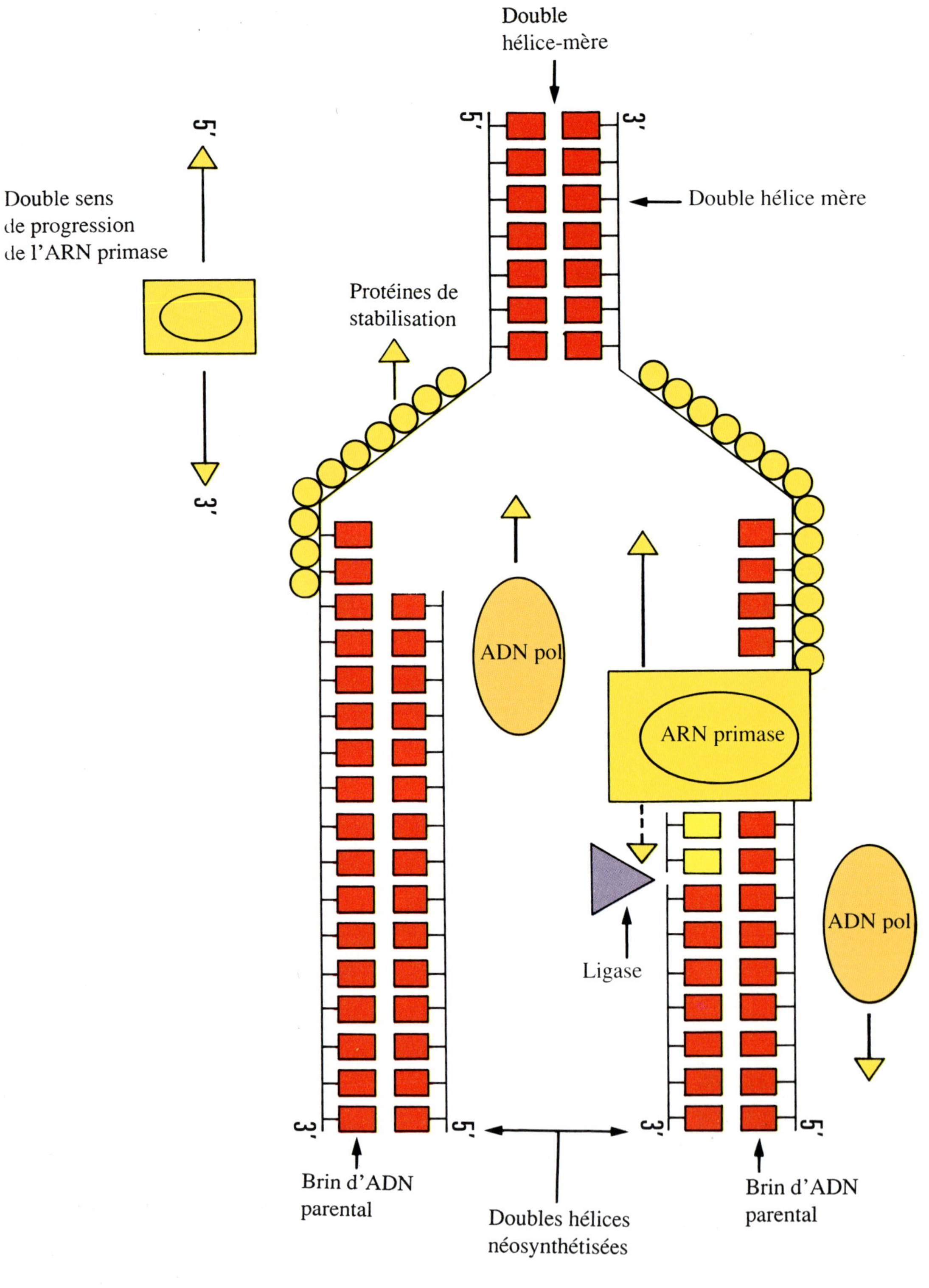


Figure 123
Initiation de la réplication par la primase. L'enzyme synthétise périodiquement une courte séquence d'ARN amorceur et progresse ensuite en sens inverse, en direction de la fourche de réplication.

## L'ouverture de la double hélice et son maintien temporaire posent beaucoup de problèmes.

Chaque seconde, l'ADN polymérase d'une bactérie incorpore environ 1000 nucléotides dans le brin d'ADN en croissance. Etant donné qu'un tour complet de la double hélice comprend 10 paires de bases, son déroulement doit, pour pouvoir soutenir ce rythme, s'exécuter à la vitesse d'au moins 100 tours par seconde. Ceci soulève un sérieux problème topologique. Si on admet que la molécule tourne sur elle-même au fur et à mesure que le complexe réplicateur progresse, on ne voit pas très bien comment un tel mouvement peut être entretenu à la vitesse requise. D'autre part, comme les brins déroulés sont en solution aqueuse, leurs régions complémentaires internes peuvent s'unir à tout moment pour former des régions bicaténaires, en épingle à cheveu (figure 124). De telles structures ne peuvent en principe que gêner la lecture des brins parentaux tout en risquant de créer des enchevêtrements inextricables.

On pense que le problème du déroulement est résolu par l'intervention d'une topoisomérase, un enzyme topologique qui, en scindant de manière répétée les deux brins parentaux au niveau de la fourche de réplication, allège périodiquement la tension intrahélicoïdale engendrée par la torsion. Quant au maintien des brins à l'état non apparié, il est assuré par des protéines de stabilisation qui s'y fixent de manière coopérative, en aval ou en amont des complexes polymérisants.

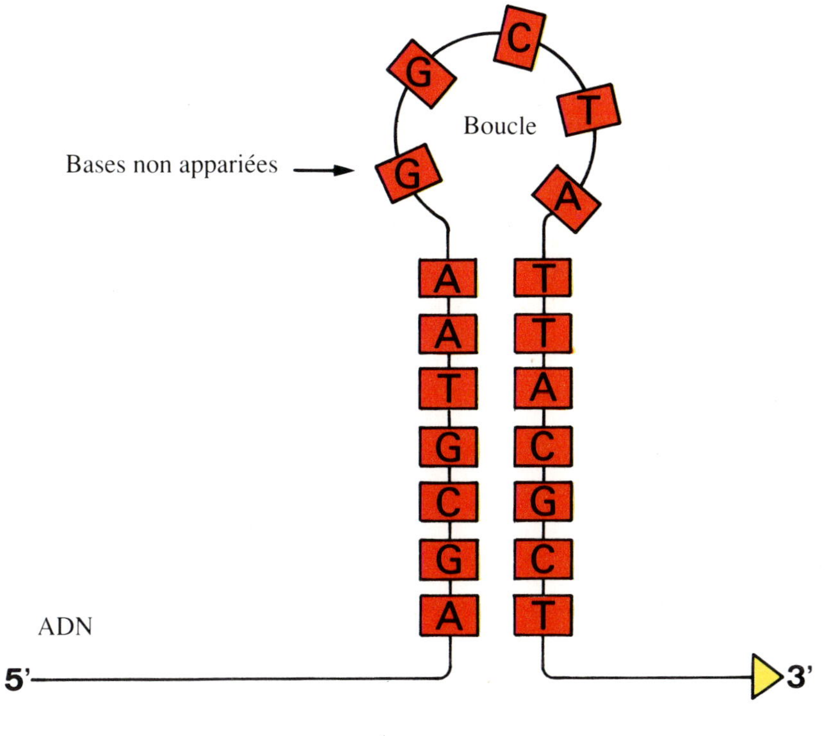


Figure 124
Structure en épingle à cheveu d'une chaîne d'ADN. Des régions appariées de ce type se forment autant que possible, dans la mesure où elles permettent de stabiliser la configuration des chaînes polynucléotidiques. Souvent, elles créent des régions utiles pour l'expression des gènes. La formation de structures de ce type doit cependant être évitée dans certains processus, par exemple lors du déroulement des brins de la double hélice d'ADN au cours de la réplication.

## La réplication de l'ADN est plus complexe chez les cellules eucaryotes que chez les bactéries.

Les chromosomes des cellules à noyau sont beaucoup plus longs que ceux des cellules bactériennes. Alors que la bactérie E.coli possède un chromosome unique constitué de quelques 4 millions de paires de bases, les cellules eucaryotes en ont plusieurs, constitués chacun de milliards de paires de bases. D'autre part, la microscopie électronique a montré que chez E. coli, la réplication commence à un site unique, appelé site origine de réplication. Au départ de ce site, deux appareillages réplicateurs identiques progressent en sens inverse jusqu'à rejoindre un site de terminaison situé à l'opposé du point d'origine sur le chromosome circulaire. Si on tient compte du fait qu'une fourche de réplication d'une cellule eucaryote progresse quelque 8 fois moins rapidement qu'une fourche procaryote, on voit que deux appareillages réplicateurs ne peuvent à eux seuls assurer la synthèse complète de l'ADN des chromosomes nucléaires. Le temps imparti à ce processus au cours de la phase S, est beaucoup trop court dans ces conditions.

En réalité, l'observation de ces chromosomes nucléaires en microscopie électronique révèle non pas une origine de réplication, mais plusieurs. Un chromosome de la mouche drosophile en contient plus de 6000. Les endroits aux niveaux desquels la réplication est déjà commencée sont caractérisés par des structures circulaires connues sous le nom d'"yeux" de réplication.

Au niveau d'un œil, la réplication procède de manière bidirectionnelle comme chez les bactéries. Comme chaque œil grandit simultanément au fur et à mesure que les deux fourches progressent, la réplication d'un chromosome, même très long, ne dure qu'un temps assez court.

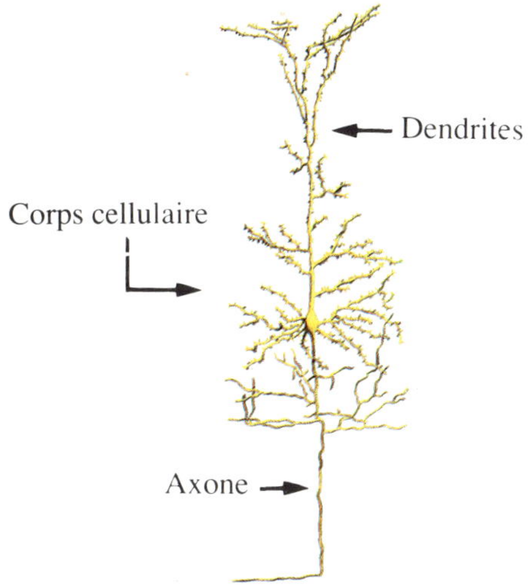


Figure 125
Cellule pyramidale du cortex. On remarquera le corps cellulaire angulaire ainsi que les nombreuses nodosités des dendrites. Chaque nodosité est en réalité un renflement de la surface des prolongements et correspond à un relai synaptique.

# Chapitre V

## Le neurone, la conduction de l'influx nerveux et la transmission synaptique.

Les neurones sont les unités cytologiques et fonctionnelles du tissu nerveux. Le cerveau et la moelle épinière en renferment une quantité évaluée à quelque mille milliards ! Les neurones se distinguent des autres types cellulaires par une grande hétérogénéité de formes -on distingue plusieurs dizaines de cellules nerveuses dotées d'une morphologie propre- (figure 125). Toutefois, tous possèdent un certain nombre de traits communs.

Chaque neurone est constitué d'une masse protoplasmique nucléée appelée corps cellulaire d'où partent deux sortes de prolongements, le ou les dentrites et un axone. Les dentrites ont souvent un aspect fort ramifié et une surface noueuse. Il n'existe qu'un axone, dont la surface est lisse mais dont l'extrémité se ramifie (figure 126). Alors que les dentrites ont généralement une taille réduite, les bouts des axones peuvent être situés à une grande distance du corps cellulaire. Chez l'homme par exemple, les axones qui courent de la moelle épinière aux pieds mesurent plus d'un mètre. Des axones d'animaux géants comme les éléphants, les girafes, les baleines et quelques céphalopodes peuvent avoir plusieurs mètres de longueur. Le diamètre des axones peut également varier, de quelques micromètres chez l'homme à un mm chez le calmar. La grande taille de certains axones a été mise à profit pour en étudier le fonctionnement.

L'intérêt physiologique des prolongements axonaux et dendritiques provient de leur capacité de transmettre des influx le long de leur enveloppe. Dans les dentrites, la conduction d'un influx se fait généralement en direction centripète, vers le corps cellulaire. Dans l'axone au contraire, elle se fait en direction centrifuge et s'éloigne donc du corps cellulaire.

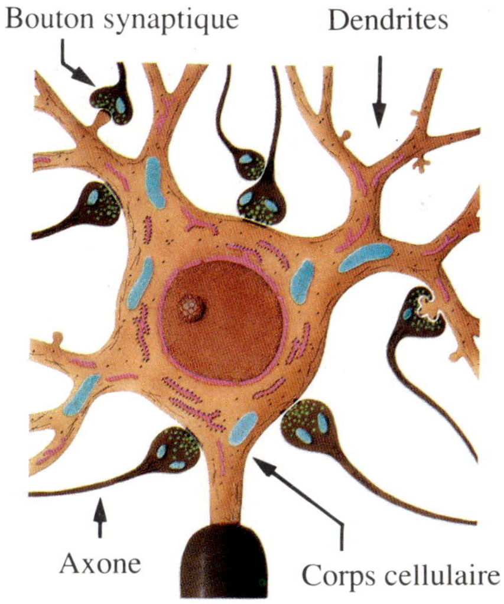


Figure 126
Corps cellulaire du neurone et ses prolongements. L'axone débute au niveau d'une région spécialisée du péricaryon appelée cône d'émergence. Des extrémités renflées d'axones appartenant à des neurones voisins, -où à des neurones situés beaucoup plus loin-, sont adossées à la surface du corps cellulaire et de ses prolongements. Les zones de contact entre les neurones et ces structures constituent les synapses.

Comme l'axone se termine fréquemment par une ramification assez dense et que les excroissances dentritiques sont généralement nombreuses, un seul neurone peut entrer en contact avec des centaines, voire des milliers d'autres neurones ou d'autres cellules.

Les neurones ne sont pas les seules cellules du tissu nerveux. Celles qui constituent la glie nerveuse forment des populations numériquement plus importantes -plus de 80 % du tissu nerveux proprement dit. Cependant, mis à part leur fonction dans la nutrition (figure 127) ou dans la myélinisation des axones, on ne perçoit pas très clairement le rôle qu'elles exercent. Il se pourrait que les cellules gliales jeunes s'associent dans le tissu embryonnaire pour servir de travées directrices permettant d'assigner à chaque neurone et à ses prolongements une localisation et une orientation précises au sein du tissu nerveux en formation. Peut-être jouent-elles également par la suite un rôle plus noble en intervenant avec les neurones dans le traitement de l'information.

Une catégorie de cellules gliales appelées microgliocytes paraît avoir une fonction de macrophagie importante. Ces cellules interviendraient de ce fait dans la défense immunitaire des individus.

Le transfert de l'influx nerveux est une fonction qui découle de l'organisation moléculaire et des propriétés de perméabilité du neurilemme, la membrane plasmique qui enveloppe la totalité du corps cellulaire du neurone et de ses prolongements. De même que chez les autres cellules, cette membrane sépare deux milieux de nature et de concentrations ioniques différentes. Comparé au milieu ambiant, le neuroplasme est riche en charges négatives du fait de sa concentration plus élevée en protéines; par ailleurs, sa teneur en ions positifs $K^+$ est plus élevée que celle du milieu extracellulaire. Au contraire, le milieu ambiant est pauvre en charges négatives tandis que sa concentration en ions $Na^+$ est nettement supérieure à celle de la cellule. Il résulte de ces différences de concentration ionique la formation d'un gradient de concentration et d'un gradient électrique de part et d'autre du neurilemme. En l'absence de stimulation, ces gradients ont peu à peu tendance à s'annuler car les ions $Na^+$ et surtout les ions $K^+$ traversent continuellement la membrane au niveau de canaux propres appelés "canaux de fuite". Afin d'entretenir une polarité suffisante, physiologiquement utile, une multitude de pompes $Na^+/K^+$ ATPases-dépendantes échangent activement ces deux ions dans le sens contraire de leur diffusion. A l'état de repos, un état stable appelé potentiel de repos traduit le maintien d'un équilibre entre les concentrations des différentes espèces ioniques susceptibles de diffuser au travers de la membrane.

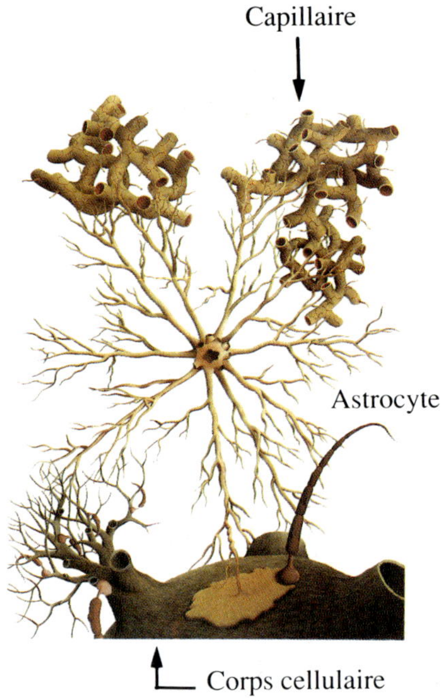


Figure 127
Fonction nutritive des cellules de la glie. Leurs prolongements ramifiés s'étendent aux capillaires sanguins et aux neurones voisins. Comme le montre l'illustration, les extrémités de ces prolongements s'évasent au niveau des zones de contact et en recouvrent la majeure partie. Les cellules gliales extraient des substances nutritives (glucose) du sang et les transportent dans les neurones.

## Un stimulus électrique peut polariser localement la membrane et donner naissance à un potentiel d'action.

Les événements qui provoquent la naissance et la propagation d'un influx nerveux modifient la structure moléculaire du neurilemme et perturbent l'état d'équilibre caractéristique de la membrane au repos.

On peut décrire schématiquement la naissance d'un influx de la manière suivante. Lorsqu'un stimulus approprié est appliqué in vitro en un point de la membrane d'un axone, quelques canaux sodiques voltage-dépendants s'ouvrent et des ions $Na^+$ provenant du milieu ambiant pénètrent dans la cellule (figures 128 et 129). Ceci a pour effet de dépolariser la membrane et peut, si la quantité d'ions entrants est suffisante, inverser sa polarité de repos. Les ions sodium pénètrent dans l'axoplasme parce que leur concentration extracellulaire est beaucoup plus élevée (gradient de concentration) et aussi parce que l'axoplasme est riche en gros anions qui attirent les charges positives (gradient électrique). Au-delà d'un certain seuil de dépolarisation, la plupart des canaux à sodium situés au voisinage du point d'application du stimulus initial s'ouvrent et on observe alors une entrée massive et subite d'ions $Na^+$. Cet afflux est à l'origine d'un potentiel d'action (figure 130). Il engendre une aire de dépolarisation locale qui, en commandant l'ouverture des canaux à sodium voisins, réenclenche rapidement les mêmes phénomènes. D'un point de vue énergétique, la propagation du potentiel d'action met à profit les gradients établis et maintenus sur son parcours, tout le long de l'axe du prolongement nerveux.

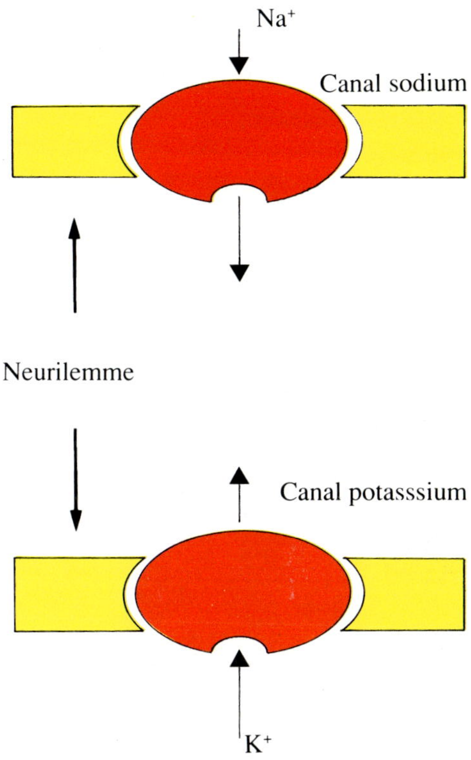


Figure 128
Canaux à sodium et canaux à potassium du neurilemme. Beaucoup d'entre eux sont des canaux voltage-dépendants. Lorsqu'ils sont stimulés, les canaux à sodium ne s'ouvrent que durant un temps très court, de l'ordre d'une milliseconde, suffisant pour que chacun d'entre eux laissent entrer quelques 6.000 ions $Na^+$ dans l'axoplasme. Les canaux à potassium restent ouverts pendant toute la durée de la dépolarisation. La sortie des ions $K^+$ permet de rétablir le potentiel de repos.

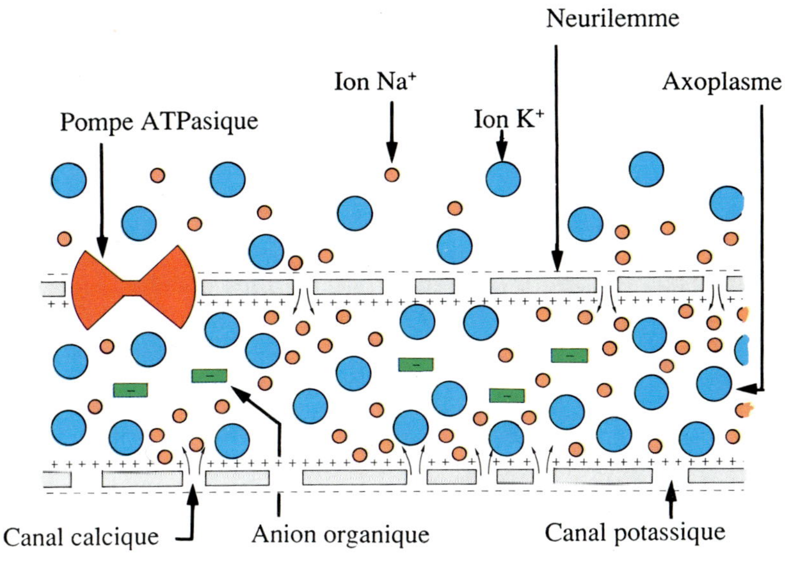


Figure 129
Ouverture des canaux à sodium et propagation de l'influx nerveux. A l'état de repos, des canaux passifs à sodium et à potassium encore appelés canaux de fuite, laissent passer de très petites quantités d'ions $Na^+$ et $K^+$. L'ouverture des canaux à sodium voltage-dépendants, suivie de l'entrée massive des ions $Na^+$ dans l'axoplasme, dépolarise la membrane et inverse la polarité de repos. L'entrée des ions $Na^+$ dans l'axoplasme provoque l'ouverture des canaux à potassium voltage-dépendants. La sortie accrue d'ions $K^+$ repolarise le neurilemme. Le jeu de la pompe à $Na^+/K^+$ rétablit les concentrations caractéristiques de l'état de repos (en vert : anion organique).

C'est cette propagation de proche en proche qui constitue l'influx nerveux. A vrai dire, le potentiel d'action ne se propage pas mais crée dans son environnement immédiat les conditions qui en induisent un nouveau. L'ouverture des canaux sodiques voltage-dépendants est quasi immédiatement suivie de l'ouverture des canaux potassiques du même type. Les ions potassium pénètrent alors dans le milieu extracellulaire, ce qui a pour effet de repolariser la membrane.

Le rétablissement de la polarité doit s'accompagner d'un réajustement des concentrations initiales en $Na^+$ et en $K^+$. La pompe à sodium-potassium y contribue, en échangeant les deux ions de part et d'autre du neurilemme. On remarquera que l'entrée des ions $Na^+$ dans la fibre stimulée ne modifie pas appréciablement la concentration extracellulaire de cet ion : celle-ci reste globalement de loin supérieure à celle du neuroplasme. Les ions sodium doivent donc être continuellement expulsés par la pompe contre un gradient de concentration défavorable.

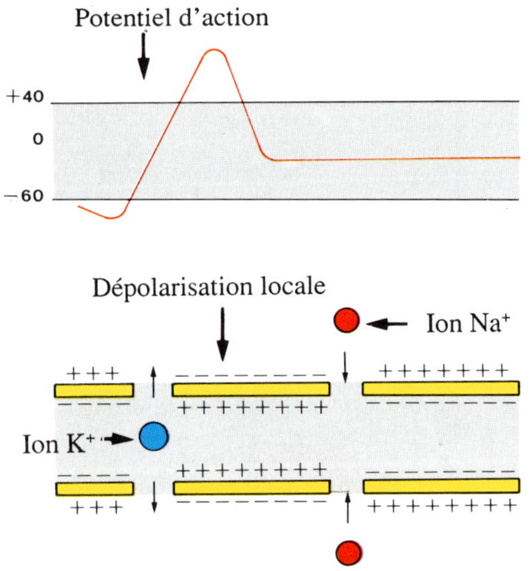


Figure 130
Déplacement d'un potentiel d'action le long d'un axone. Il traduit l'activité des canaux voltage-dépendants à ions $Na^+$ et $K^+$ ainsi que de la pompe à ions sodium/potassium. Le déplacement physiologique du potentiel d'action s'opère dans une direction déterminée, généralement centrifuge par rapport au corps cellulaire.

## Les synapses propagent l'influx nerveux d'un neurone à l'autre.

Il n'existe pas de continuité directe entre les neurones. Ces derniers s'associent fonctionnellement et transmettent entre eux des influx au niveau de régions d'adhérence intercellulaires appelées synapses. Dans une synapse, les terminaisons des ramifications axonales d'un neurone entrent en relation avec le corps cellulaire ou les dendrites d'un neurone ou d'une cellule non nerveuse, par exemple, une cellule glandulaire. Elles présentent à cet endroit une morphologie caractéristique : très souvent, elles sont dilatées en masses volumineuses appelées boutons synaptiques (figure 131). Un bouton synaptique est une région du neurone équipée de l'outillage enzymatique et des infrastructures convertissant une onde de

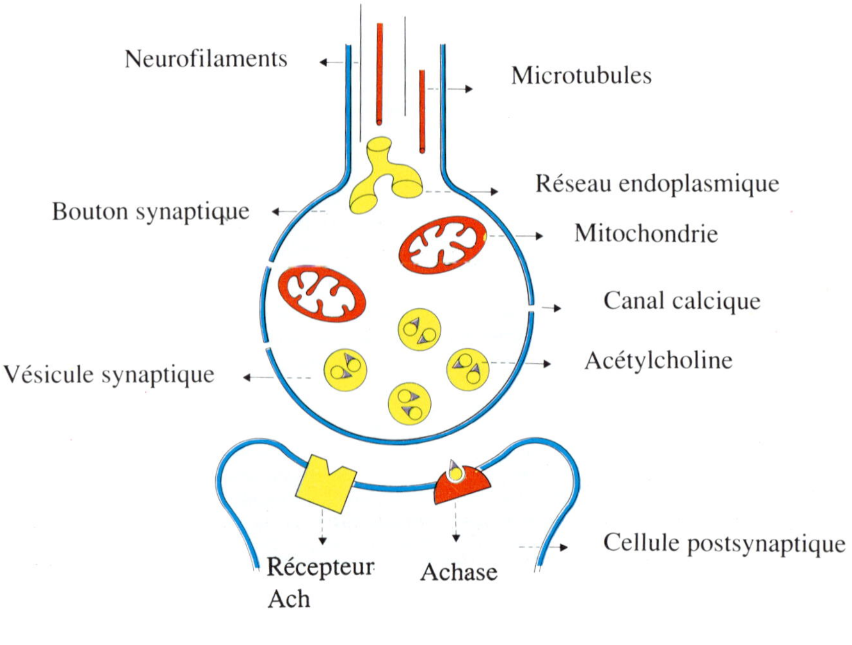


Figure 131
Le bouton synaptique. Il est occupé par les vésicules du médiateur ainsi que, dans sa partie supérieure, par des éléments figurés de l'axoplasme. Des canaux à calcium voltage-dépendants sont ancrés dans sa membrane. La région située à la base du bouton synaptique est la membrane présynaptique. C'est à ce niveau qu'ont lieu la fusion des vésicules synaptiques et la décharge exocytaire du médiateur. Des éléments recyclables du médiateur y sont capturés par endocytose et par diffusion. La membrane présynaptique endocyte également des substances nutritives pour le neurone.

dépolarisation membranaire en un signal chimique capable d'induire un potentiel d'action dans une cellule voisine. Outre quelques éléments figurés de l'axoplasme tels que mitochondries, réseau endoplasmique lisse, neurofilaments et neurotubules, le bouton synaptique renferme de nombreuses poches membranaires minuscules appelées vésicules synaptiques. Ces poches contiennent le médiateur synaptique, la substance responsable du transfert de l'influx nerveux au travers de la synapse. On a montré qu'une terminaison nerveuse d'un motoneurone de grenouille peut contenir plus d'un million de vésicules synaptiques. L'accumulation du médiateur dans les vésicules synaptiques requiert probablement beaucoup d'énergie car sa concentration y est très élevée : plus de 10.000 molécules par vésicule.

L'espace étroit qui sépare le bouton synaptique et la cellule située en aval, dans le sens de l'influx, est l'espace synaptique, encore appelé fente synaptique. La membrane du bouton et celle qui se trouve en vis-à-vis sont respectivement appelées membranes pré- et postsynaptiques. Elles n'ont pas la même structure et leurs fonctions diffèrent. La première constitue un site de décharge exocytaire important. Au cours de ce processus, elle incorpore les membranes des vésicules chargées de médiateur par un mécanisme de fusion, ce qui permet de libérer simultanément leur contenu dans la fente. La membrane postsynaptique est munie de récepteurs protéiques qui reconnaissent et fixent les molécules du médiateur. Ces récepteurs sont liés à des canaux ioniques dont l'ouverture est commandée par la fixation du médiateur et qui sont appelés pour cette raison canaux ligand-dépendants ou encore canaux chimio-dépendants.

L'asymétrie des membranes conditionne un effet physiologique important : le transfert synaptique de l'influx nerveux ne se fait que dans un sens. La synapse joue en quelque sorte un rôle de valve qui oblige l'influx à se propager de manière unidirectionnelle.

La structure que nous venons de décrire est une synapse chimique; elle fait intervenir une molécule messagère pour transmettre l'influx. Les événements chimiques qui se déroulent à son niveau provoquent un léger retard dans cette transmission. C'est ce temps de latence qu'on appelle délai synaptique.

## La transmission synaptique implique la coordination d'événements électriques et chimiques.

La vague de dépolarisation qui atteint la membrane du bouton terminal provoque l'ouverture de canaux spécialisés dans le transport des ions calcium (figure 132). A l'instar des canaux à sodium et des canaux à potassium impliqués dans la propagation des influx, les canaux calciques du bouton sont sensibles à une variation du potentiel de membrane et sont donc également du type voltage-dépendant. Puisque les ions calcium sont beaucoup plus concentrés dans le milieu extracellulaire que dans

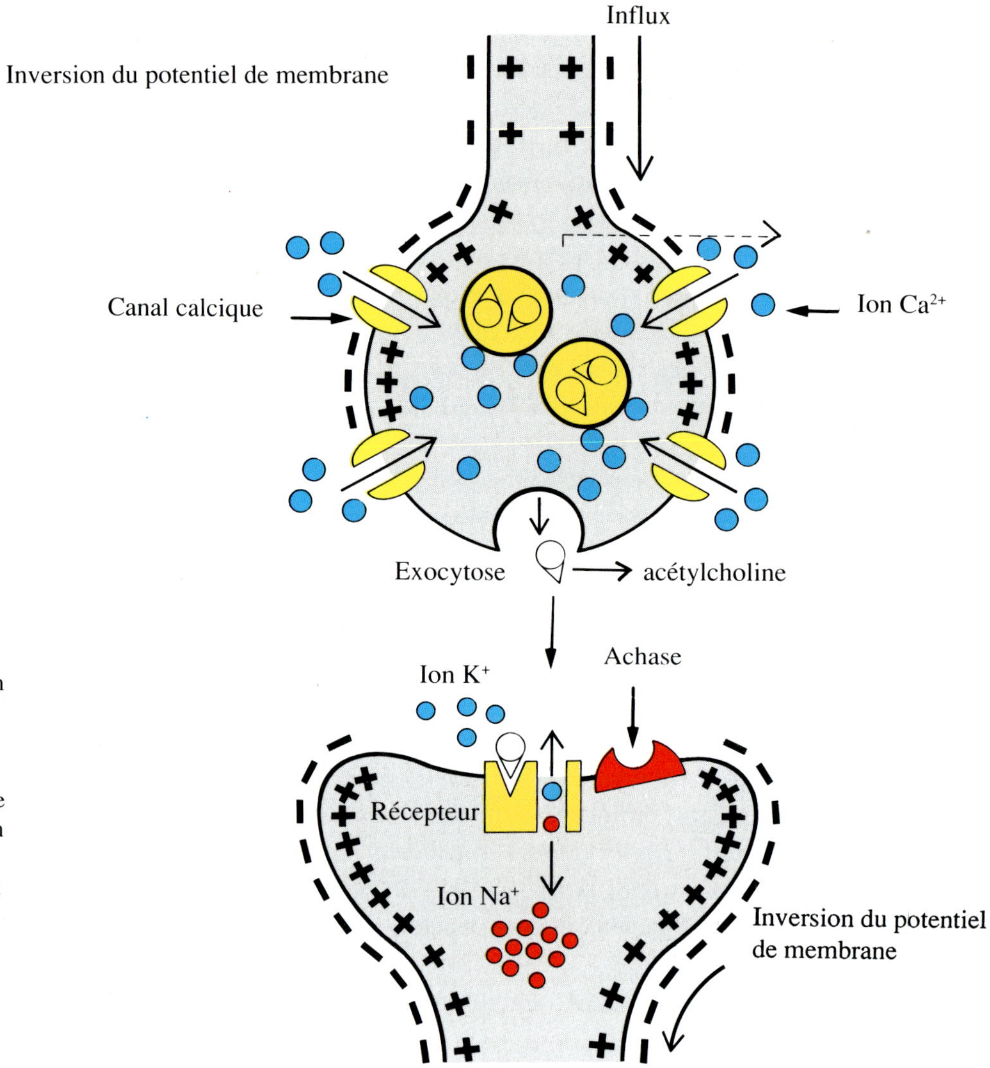


Figure 132
Dépolarisation du neurilemme du bouton synaptique et ouverture des canaux à calcium voltage-dépendants. L'arrivée du potentiel d'action provoque une entrée massive d'ions $Ca^{2+}$ dans le bouton et stimule la fusion des vésicules contenant le médiateur acétylcholine avec la membrane présynaptique. Cette fusion libère le médiateur dans la fente synaptique. Les ions $Ca^{2+}$ sont réabsorbés très rapidement par les puissantes pompes à calcium des mitochondries. La fixation de l'acétylcholine sur son récepteur déclenche les échanges ioniques qui dépolarisent la membrane postsynaptique.

Figure 133
La transmission synaptique (4 étapes). (1) La membrane du bouton synaptique est dépolarisée et ses canaux à calcium s'ouvrent, livrant passage aux ions calcium dans le neuroplasme. (2) Des ions calcium se fixent sur les vésicules synaptiques et facilitent leur fusion avec la membrane présynaptique. Cette fusion libère le médiateur acétylcholine dans la fente et dépolarise la membrane postsynaptique. (3) Le médiateur est lysé par l'acétylcholinestérase et, (D) ses éléments constitutifs sont réabsorbés via la membrane

l'axoplasme, ils affluent immédiatement en force dans le renflement, favorisés par leur gradient. Arrivés dans le bouton, ils se fixent sur des récepteurs ancrés dans la membrane des vésicules de médiateur et guident celles-ci vers leurs sites de fusion et de décharge dans la membrane présynaptique. Le mécanisme d'action du calcium n'est pas parfaitement compris, mais on sait que la présence de l'ion est indispensable à la bonne marche du processus. Les boutons synaptiques qui baignent dans un milieu appauvri en cet élément ne déchargent pas, même si les axones sont stimulés. L'entrée des ions $Ca^{2+}$ dans le bouton synaptique est presque immédiatement suivie d'une libération explosive du médiateur dans la fente synaptique. L'exocytose du médiateur, qui dépend initialement de l'arrivée du potentiel d'action au niveau du bouton terminal, est donc contrôlée électriquement.

L'augmentation de la concentration des ions $Ca^{2+}$ est un événement de très courte durée. Les ions sont rapidement réabsorbés dans les mitochondries par de puissantes pompes ATPasiques. Nous rencontrerons un cycle de libération et de réabsorption du calcium semblable lors de notre étude de la contraction musculaire.

du bouton terminal par diffusion (acétate) ou par endocytose (choline). Entretemps, les ions calcium ont été réabsorbés activement du cytosol dans les mitochondries qui occupent la partie supérieure du bouton. (Acétylcholinestérase : en rouge; récepteur de l'acétylcholine : en ocre; ions calcium : en bleu)

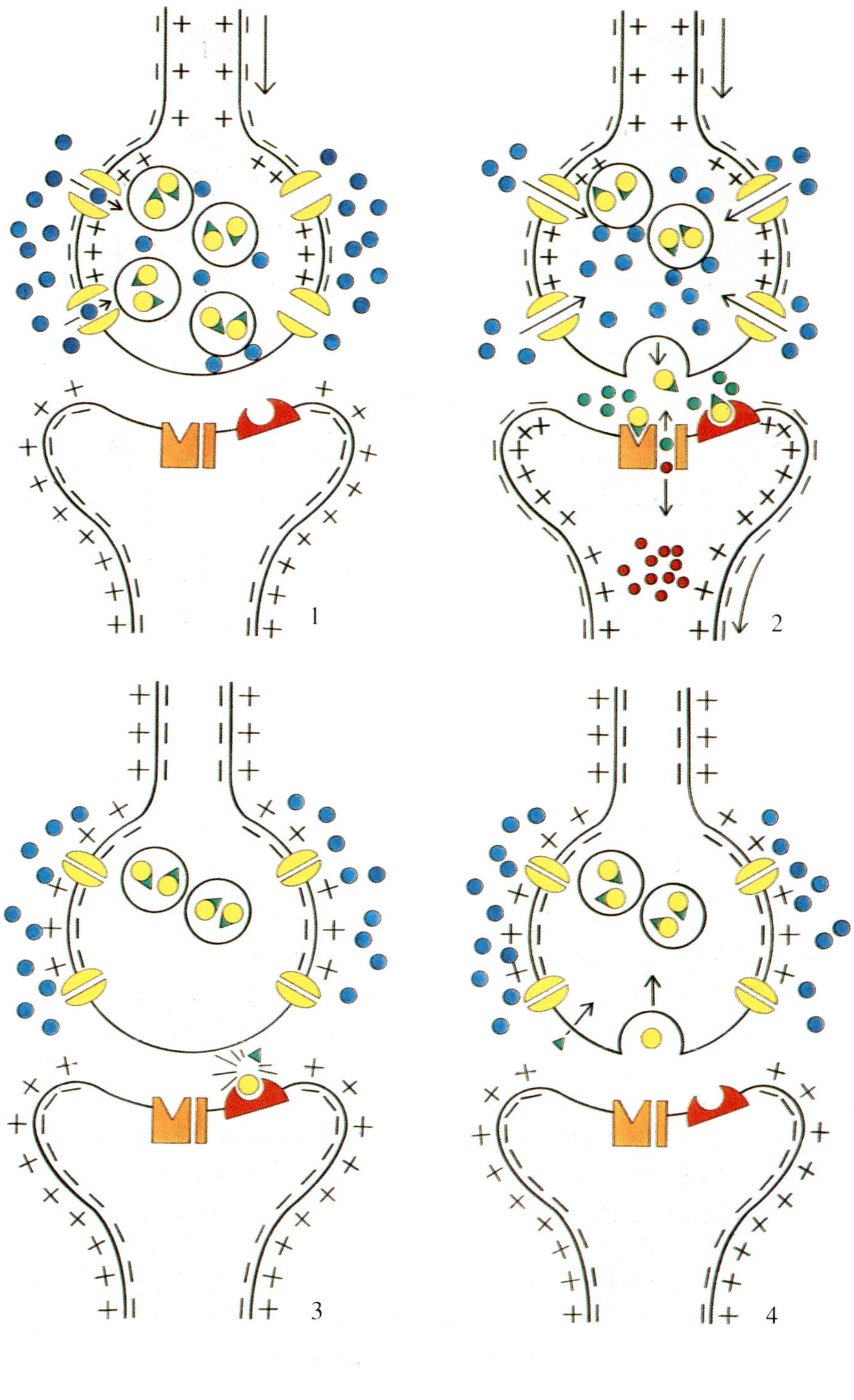

Le médiateur utilisé au cours de la transmission synaptique neuromusculaire est l'acétylcholine. Après avoir été libérée dans la fente synaptique, cette petite molécule se lie à des complexes récepteur-canaux chimio-dépendants ancrés dans le sarcolemme et commande leur ouverture. Les canaux livrent alors passage à des ions $Na^+$ et $K^+$ en sens contraire l'un de l'autre, suivant leur gradient de concentration (figure 133 A, B, C, D). Comme la quantité d'ions $Na^+$ qui entre dans la cellule postsynaptique est plus importante que la quantité d'ions $K^+$ qui en sort, le potentiel de membrane postsynaptique diminue. Lorsque la dépolarisation atteint un seuil critique elle engendre, comme dans la membrane axonale, un nouveau potentiel d'action, appelé ici potentiel postsynaptique excitateur.

Le médiateur n'agit sur son récepteur que durant un temps extrêmement bref, de l'ordre de quelques millionièmes de seconde. Sitôt libéré, il est rapidement détruit par l'acétylcholinestérase (Achase), un enzyme présent dans la fente synaptique, à raison de quelques 10.000 molécules par seconde. Ce rythme de destruction est nécéssaire pour deux raisons au moins. D'une part, une nouvelle décharge du médiateur dans la fente ne permettra le transfert de l'influx suivant que si le potentiel de repos de la membrane postsynaptique est rétabli. Dans les synapses qui transmettent jusqu'à un millier d'influx par seconde, l'action rapide de l'enzyme lytique est évidemment capitale. D'autre part, si la molécule du médiateur n'était pas détruite dans un temps plus ou moins bref, elle continuerait à stimuler son récepteur, indépendamment de l'arrivée d'un nouvel influx. Dans de telles conditions, la commande contrôlée de la transmission synaptique deviendrait impossible.

## L'acétylcholine est recyclée.

La destruction de l'acétylcholine par l'Achase est une réaction d'hydrolyse : elle scinde la molécule du médiateur en deux composants, une molécule d'acétate et une molécule de choline. Plutôt que de resynthétiser le médiateur au rythme que nécéssiteraient des influx très rapprochés, la cellule nerveuse recapte le composant choline grâce à une pinocytose intense tandis que l'ion acétate retourne dans le bouton par diffusion. La réabsorption pinocytaire de la molécule de choline et la diffusion de l'acétate dans le bouton synaptique réalisent une économie appréciable pour le budget métabolique du neurone puisqu'elles permettent leur réemploi et en diminuent les quantités à importer du péricaryon.

Décharge exocytaire du médiateur et recapture de ses éléments constitutifs alternent sans relâche dans la membrane présynaptique, tant que dure l'influx. Ce trafic à double sens entraîne également des réajustements de membranes. Ici encore, le surplus apporté par exocytose est compensé par des pertes entraînées par l'endocytose. On remarquera que l'endocytose concerne aussi bien les substances trophiques destinées à l'axoplasme et au péricaryon que les composants recyclés du médiateur.

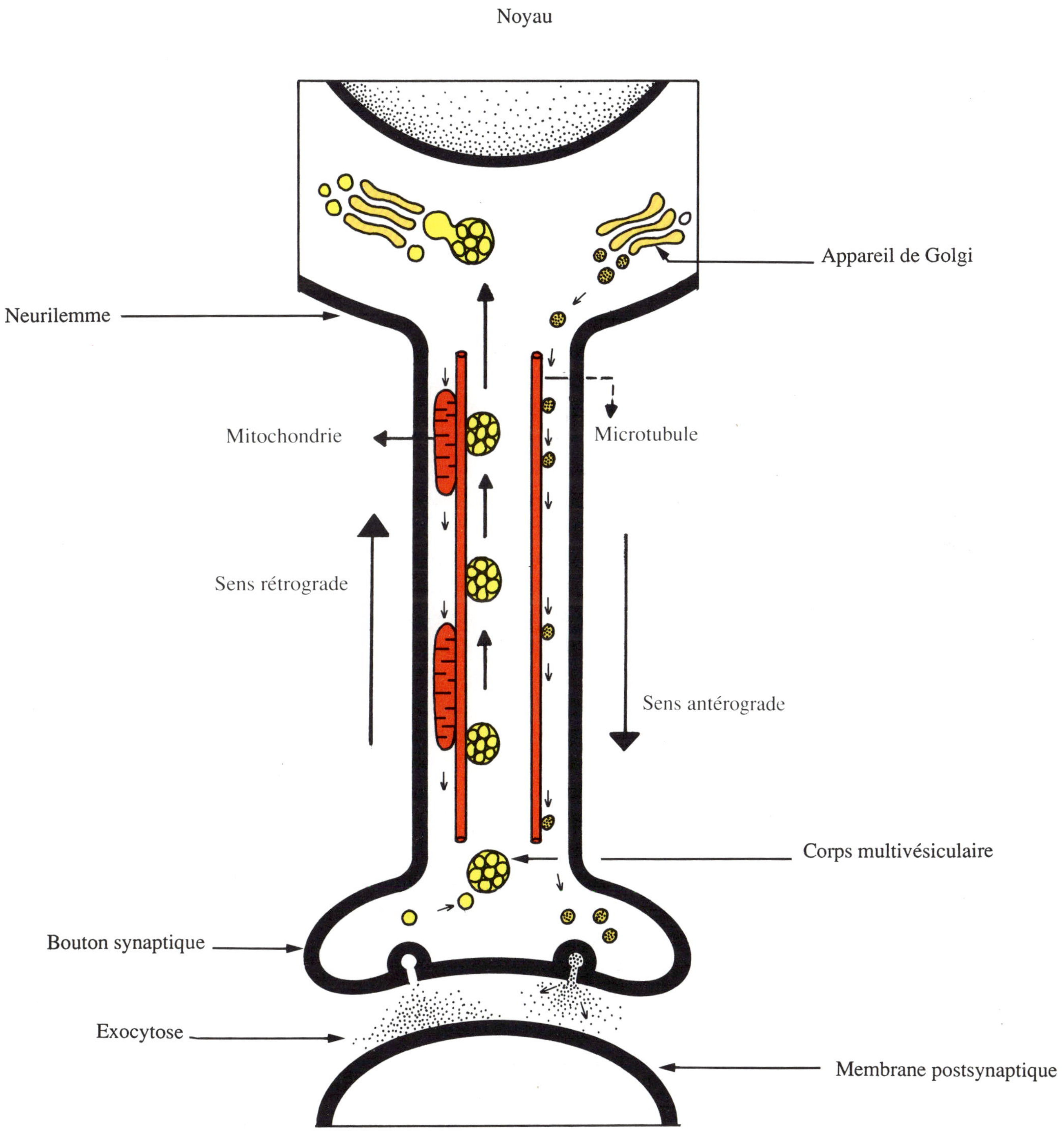


Figure 134
Flux rétrograde et flux antérograde dans l'axone. Les deux courants axoplasmiques sont dirigés en sens inverse l'un de l'autre. Ils paraissent être entretenus par des protéines ATPasiques spécialisées telles que la kinésine et la dynéine et véhiculent des membranes néosynthétisées provenant de l'appareil de Golgi, des fragments de neurofilaments et de neurotubules, des substances trophiques et des éléments recyclables.

Les vésicules de pinocytose, chargées des éléments recyclés du neurotransmetteur, migrent en direction du corps cellulaire du neurone en suivant un parcours rétrograde et fusionnent apparemment avec les cavités du réseau endoplasmique lisse dans la partie supérieure du bouton. C'est là que se recompose vraisemblablement l'acétylcholine. La réaction est catalysée par l'acétylcholine synthétase, un enzyme du neuroplasme.

## Les extrémités du neurone reçoivent des substances du corps cellulaire.

Nous avons dit que les cellules nerveuses ont une morphologie caractéristique du fait de l'importance, de la diversité et de la dimension de leurs expansions. Rappelons que la longueur d'un axone de mammifère peut atteindre plus d'un mètre et que les ramifications des dendrites établissent de multiples contacts avec des régions pouvant être très éloignées du corps cellulaire du neurone. Cette anatomie délicate est bien adaptée au transfert des influx sur de longues distances. Cependant, dendrites et axones sont des prolongements cytoplasmiques des corps cellulaires des neurones; ils doivent donc être régulièrement approvisionnés en éléments nutritifs ou en structures de remplacement, au même titre que le péricaryon. En particulier, des régions spécialisées comme le bouton terminal requièrent des enzymes, des composants de neurofilaments et de neurotubules ainsi que d'autres protéines dont la synthèse a lieu exclusivement dans le corps cellulaire. Des mécanismes de transport appropriés sont donc nécéssaires.

Le courant axoplasmique antérograde satisfait à ces exigences (figure 134). Il véhicule sur son trajet des fragments de microtubules, des enzymes comme l'acétylcholine synthétase, et même des organites comme les lysosomes et les mitochondries. Des vésicules synaptiques complètes ou des fragments de bicouche lipoprotéique servant à former leur membrane suivent un trajet parallèle. Le transport rétrograde, dirigé en sens inverse, achemine vers le corps cellulaire des produits usés, des substances trophiques endocytées par la membrane présynaptique, ainsi que des éléments recyclés du médiateur. L'axone fonctionne ainsi comme une voie à deux sens, sillonnée de manière permanente par une variété de molécules, d'agrégats, de vésicules et d'organites.

On a remarqué que le transport ne s'effectue pas à la même vitesse pour tous les composants véhiculés. Par exemple, les protéines du cytosquelette sont acheminées lentement, à raison de quelques mm par jour tandis que les vésicules de sécrétion du médiateur parcourent jusqu'à 400 mm au cours de la même période. On a observé par ailleurs que les mitochondries et d'autres vésicules progressaient par à-coups le long des faisceaux de microtubules, comme si ce phénomène répondait à des commandes espacées. Des transports semblables, lents et rapides, ont également lieu dans les dendrites mais leur mécanisme n'est pas élucidé.

## Certaines cellules nerveuses ont un axone enveloppé d'une gaine de myéline.

Des cellules gliales émettent des expansions qui s'enroulent plusieurs fois de suite autour des axones et constituent des manchons épais de myéline, une substance constituée de la superposition de plusieurs feuillets bimoléculaires lipoprotéiques. Entre deux manchons successifs existe une région très étroite, dépourvue de gaine, appelée nœud de Ranvier. Dans le système nerveux central, ces feuillets proviennent du neurilemme de cellules appelées oligodendrocytes (figure 135). Dans le système nerveux périphérique, ce sont les cellules de Schwann qui sont responsables de ce processus d'enveloppement (figure 136).

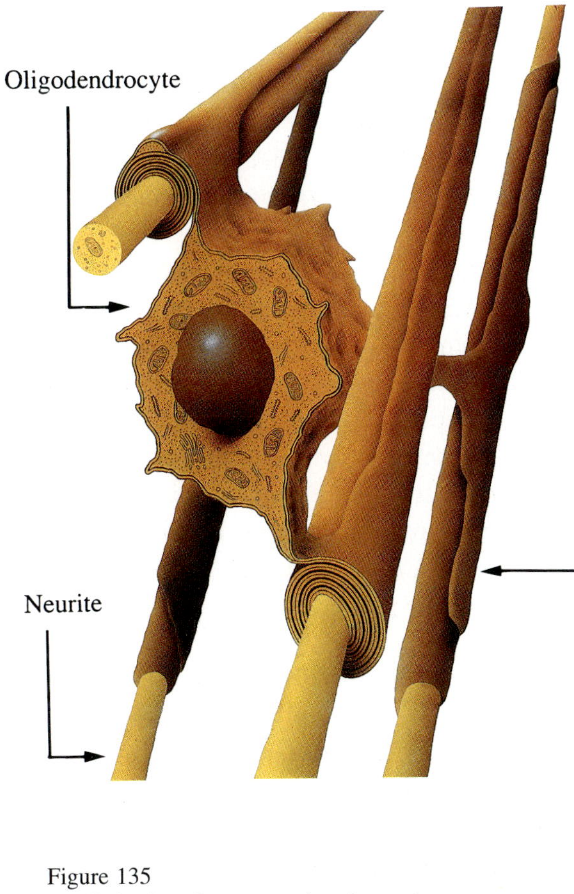


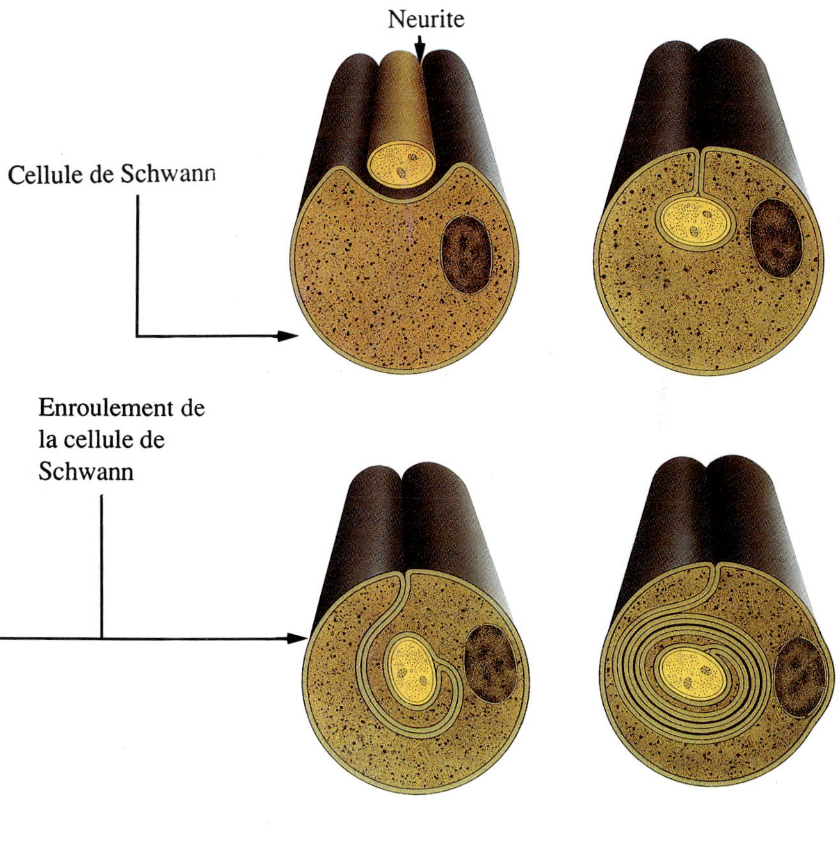


Figure 135
Myélinisation d'un axone dans le système nerveux central. Ce phénomène est produit par l'enroulement répété de prolongements de cellules gliales appelées oligodendrocytes. Un oligodendrocyte participe à la myélinisation de plusieurs axones (illustration inspirée d'un dessin de R. Kristic).

Figure 136
Myélinisation d'un axone dans le système nerveux périphérique. Plusieurs cellules de glie (cellules de Schwann) participent au processus le long de l'axe de l'axone. Le cytoplasme des cellules gliales est refoulé en périphérie au fur et à mesure de l'enroulement.

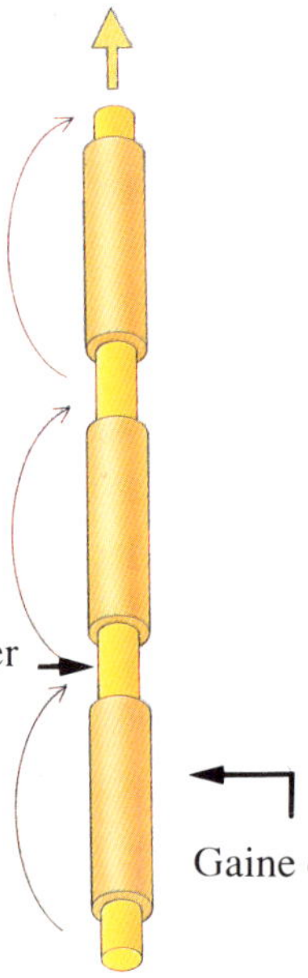


Figure 137
La présence d'une gaine de myéline oblige l'influx à "sauter" d'un nœud de Ranvier à l'autre. La vitesse de conduction de l'influx nerveux dans les fibres myélinisées est beaucoup plus importante que dans les fibres nues.

Figure 138
Effet excitateur et inihibiteur de l'acétylcholine. L'effet du médiateur varie selon la structure des canaux post-synaptiques: un de ceux-ci fait entrer des ions $Na^+$ et l'autre des ions $Cl^-$. Les premiers diminuent la polarité de la membrane postsynaptique, les autres l'accroissent.

La gaine de myéline modifie considérablement la répartition des canaux à sodium, des canaux à potassium et des pompes ioniques du neurilemme. Dans les fibres qui en sont dépourvues, ces éléments sont présents sur toute leur longueur. Dans les fibres gainées, ils sont concentrés aux nœuds de Ranvier. Il en résulte que, dans ces fibres, la polarité du neurilemme n'est modifiable qu'à ces endroits et que, dans ces conditions, le potentiel d'action ne se propage qu'en "sautant" en quelque sorte d'un nœud à l'autre. La présence de la gaine de myéline permet ainsi d'accroître la vitesse des influx (figure 137). La conduction de l'influx nerveux dans les fibres myélinisées est appelée conduction saltatoire.

Qu'elles soient myélinisées ou non, les fibres nerveuses conduisent l'influx d'autant plus rapidement que leur diamètre est important. D'une façon générale, on constate que la myéline est surtout présente là où l'influx est propagé à grande vitesse, par exemple dans les fibres qui innervent les muscles squelettiques. Chez les vertébrés, les fibres du système nerveux autonome sont des fibres à conduction lente; elles sont en général dépourvues de gaines. Celles qui innervent les muscles lisses des viscères appartiennent à cette catégorie.

## Un même médiateur peut exercer un effet excitateur ou un effet inhibiteur.

Contrairement à ce qu'on croyait tout d'abord, ce n'est pas le médiateur lui-même qui est responsable de l'effet excitateur ou inhibiteur de l'influx mais plutôt son récepteur postsynaptique (figure 138). Ceci a été clairement montré pour l'acétylcholine, qui provoque tout aussi bien un effet ou l'autre, selon le cas. La structure du récepteur impliqué dans l'inhibition est différente de la structure du récepteur impliqué dans l'excitation et commande la liaison de l'Ach avec un canal spécialisé dans le transport des ions chlore. Ces ions sont plus concentrés dans le milieu extracellulaire et leur afflux dans l'axoplasme renforce sa charge négative et hyperpolarise la membrane postsynaptique. Il en résulte une élévation de son seuil d'excitabilité. Un plus grand nombre d'ions $Na^+$ devra donc pénétrer dans la cellule pour déclencher un potentiel d'action.

## Certaines synapses commandent la synthèse d'un second messager.

Les messagers chimiques comme l'acétylcholine provoquent des modifications postsynaptiques de très courte durée, de l'ordre de quelques millièmes de seconde. Aussitôt libérés de leurs récepteurs, ils sont détruits et recyclés pour servir à nouveau. D'autres médiateurs synaptiques, comme la noradrénaline, induisent des transformations plus durables. Ils agissent plutôt comme des hormones et commandent des transformations spécifiques dans le métabolisme des cellules-cibles. En se fixant sur des protéines réceptrices postsynaptiques, ils stimulent un enzyme membranaire, l'adénylcyclase, qui leur est fonctionnellement couplée et qui contrôle à son tour la synthèse d'AMP cyclique. A l'image de ce qui se passe lors d'autres commandes hormonales, cette petite molécule intervient ici comme second messager, assurant le relais entre des signaux extérieurs et le développement de réponses appropriées dans le cytoplasme.

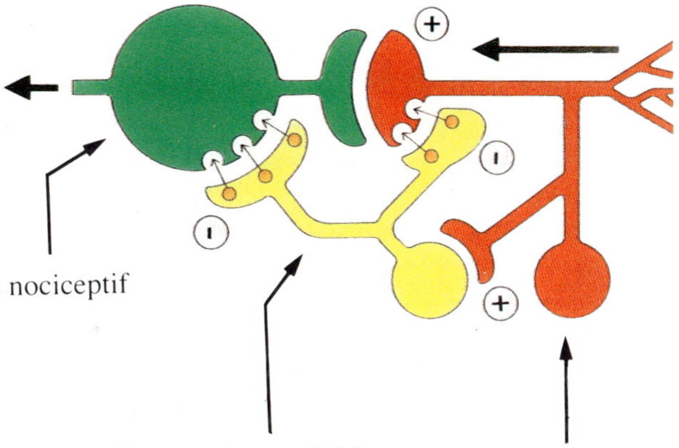


Figure 139
Action de substances opioïdes analogues à la morphine sur les synapses transmettant les influx douloureux. Un neurone sensoriel primaire transmet un influx douloureux à une cellule nociceptive conduisant elle-même la sensation vers les centres supérieurs du cortex. L'enképhaline, une substance opioïde sécrétée par un neurone intermédiaire atténue la perception de la douleur en excerçant une action inhibitrice sur la fibre afférente aussi bien que sur le neurone nociceptif. Comme le montre le schéma, le neurone intermédiaire est lui-même stimulé par des influx provenant du neurone sensoriel.

## De nombreuses drogues perturbent le fonctionnement des synapses.

Alors que des neuromédiateurs stimulent l'adénylcyclase et augmentent la concentration intracellulaire en AMP cyclique, des substances comme la morphine excercent un effet contraire : elles inhibent le fonctionnement de l'enzyme et diminuent la concentration du second messager (figure 139). On a montré que la morphine se lie à des récepteurs spécifiques des neurones conduisant les influx douloureux avec pour effet d'atténuer la sensation douloureuse. Cette découverte surprit les pharmacologues qui s'intéressaient aux propriétés des substances opiacées. Ils se demandaient comment le système nerveux central pouvait contenir de fortes concentrations en récepteurs pour des substances étrangères à l'organisme. Les recherches ont en fait démontré que la perception douloureuse est normalement contrôlée par des peptides naturels endogènes et que la morphine ne faisait qu'en mimer l'action. Ces peptides naturels sont les encéphalines et les endorphines. Leur action diminue l'intensité de la transmission synaptique des influx douloureux.

Alors que des drogues comme la morphine agissent dans un sens physiologique et peuvent éventuellement être utilisées dans un but

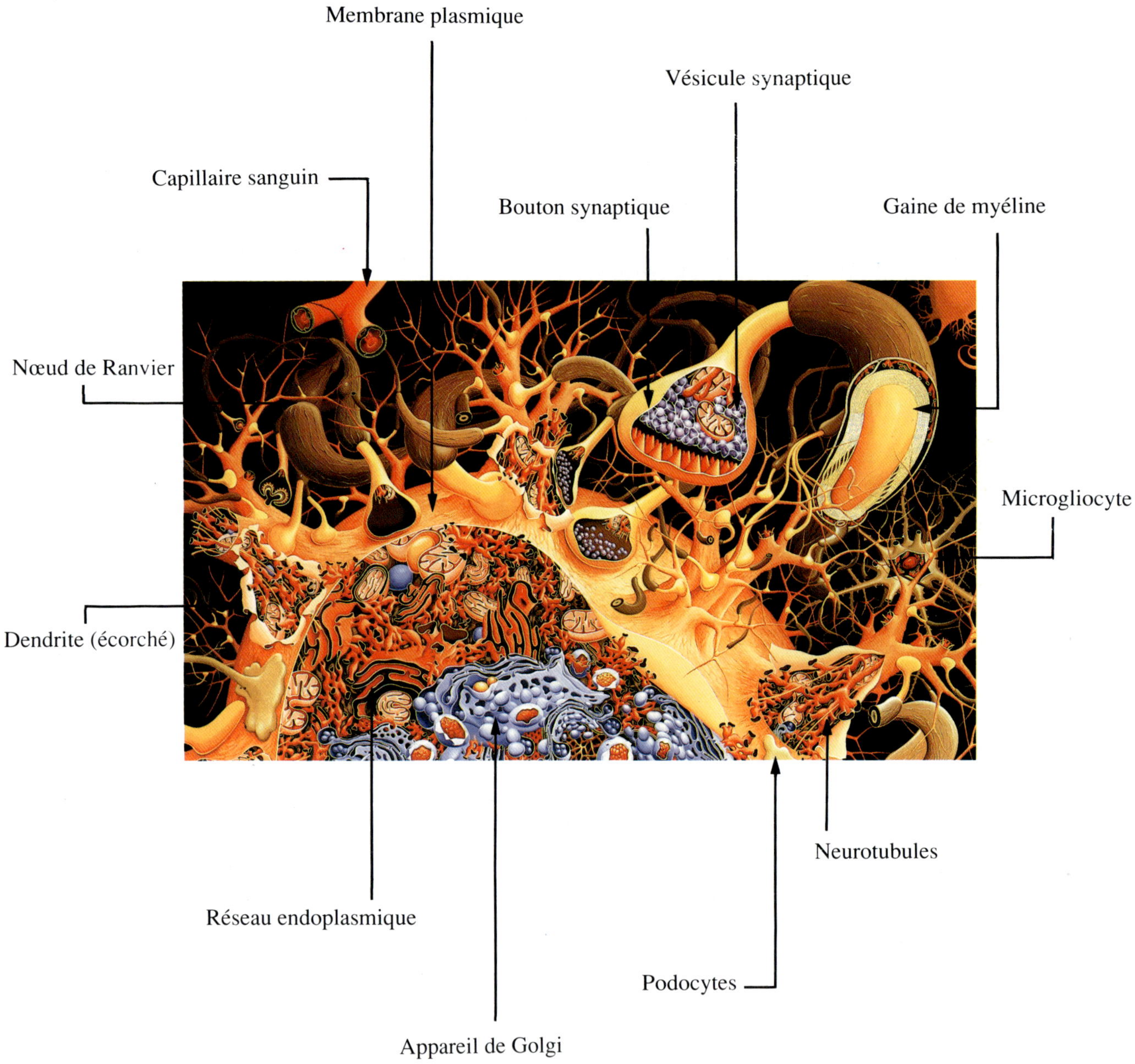


La surface du neurone et les synapses.
La membrane plasmique du neurone se prolonge plus ou moins loin du corps cellulaire et forme l'enveloppe des dendrites et de l'axone unique. Les dendrites ont été ouverts pour figurer les éléments qui les composent. On remarquera principalement des microtubules et des microfilaments, ainsi que du réseau endoplasmique lisse.
La surface des dendrites présente des régions au niveaux desquelles des terminaisons nerveuses d'autres neurones viennent s'apposer. Ces connections, appelées jonctions synaptiques, permettent la propagation d'un influx nerveux d'un neurone à l'autre ou éventuellement d'un neurone à une autre cellule. La membrane plasmique du neurone est presqu'entièrement recouverte par les prolongements évasés des astrocytes. Ces cellules gliales établissent un relais trophique entre les neurones et les vaisseaux sanguins.

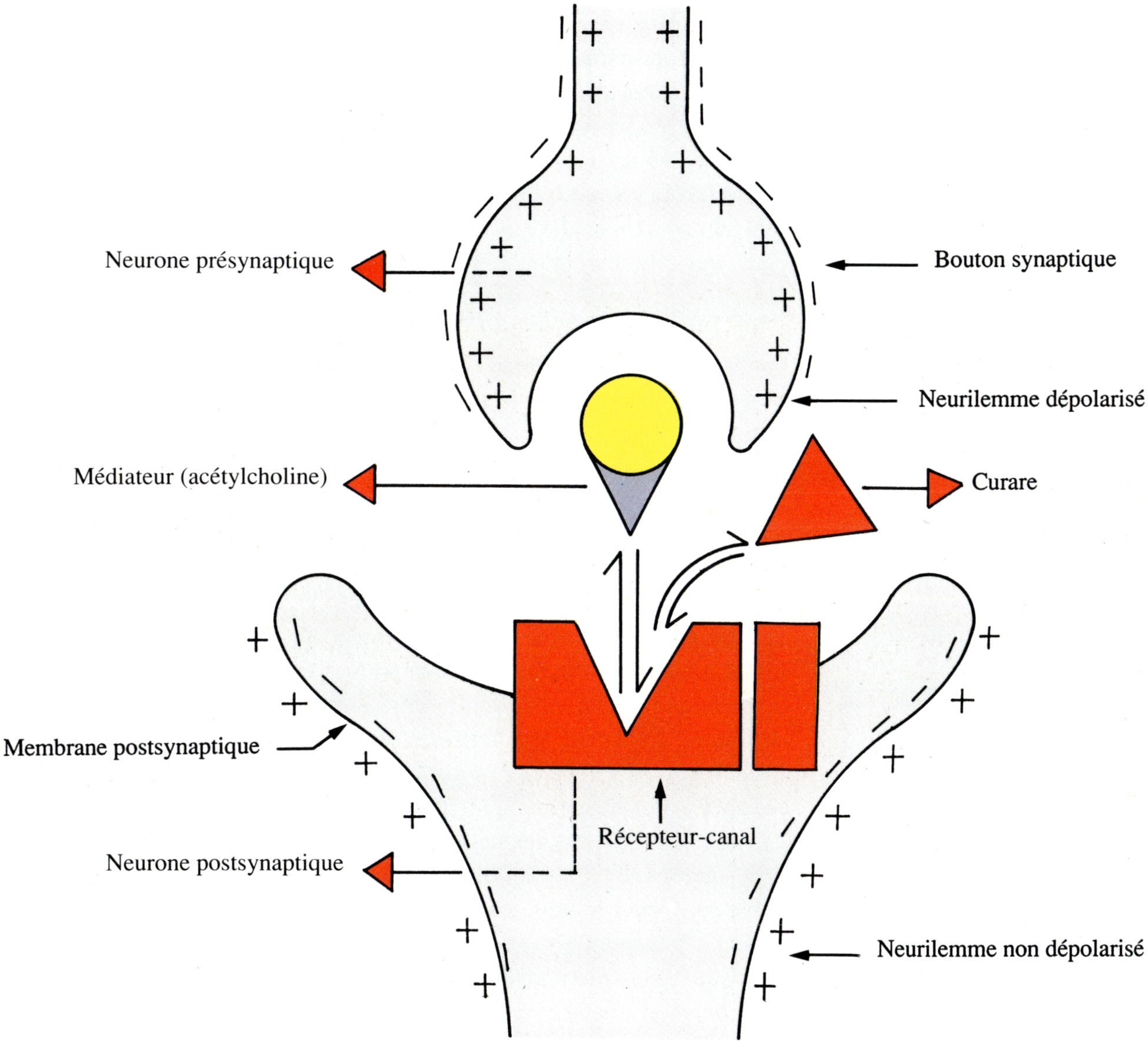


Figure 140
Effet de la d-tubocurarine, un composant actif du curare, sur la transmission synaptique. La molécule entre en compétition avec l'acétylcholine au niveau de son récepteur postsynaptique mais ne produit pas son effet. Une concentration suffisante du poison bloque le récepteur à son profit et empêche la dépolarisation de la membrane postsynaptique.

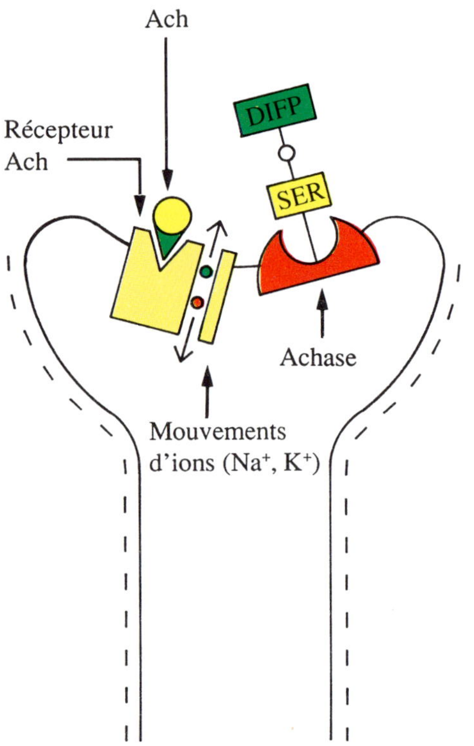


Figure 141
Le diisopropylfluorophosphate (DIFP) agit sur l'acétylcholinestérase comme un inhibiteur irréversible. La molécule se lie de manière covalente au groupement hydroxyle d'un résidu sérine du site actif et empêche le clivage du médiateur.

thérapeutique, d'autres substances perturbent sérieusement le déroulement normal des événements synaptiques. Citons l'exemple de la tubocurarine, un composant actif du curare (figure 140). Ce poison végétal est utilisé par certaines tribus de l'Amérique du Sud qui en imprègnent la pointe de leurs flèches ou de leurs lances, transformant ainsi ces instruments de chasse en armes redoutables. Le curare est en effet une molécule qui a la propriété de se fixer compétitivement sur les récepteurs de l'acétylcholine dans les synapses neuromusculaires et d'en interdire l'accès au médiateur, au prorata de sa concentration. Il s'en suit à brève échéance la paralysie des muscles du corps, y compris celle des muscles respiratoires. L'animal atteint par la flèche meurt par asphyxie. D'autres drogues agissent au même niveau, mais de manière non compétitive. Certaines d'entre elles, qui reproduisent les effets de l'acétylcholine, induisent une dépolarisation persistante de la membrane plasmique.

Plusieurs substances organophosphorées, et notamment les molécules des gaz nerveux, ont une action différente (figure 141). A titre d'exemple, le diisopropylfluorophosphate, un composé mieux connu sous son abréviation (DIPF), réagit avec l'acétylcholinestérase et forme un complexe covalent qui bloque le site actif. L'effet du médiateur sur son récepteur se prolonge dès lors exagérément, entraînant des spasmes violents et la mort. De nombreux composés semblables sont utilisés dans la fabrication d'insecticides.

Au cours de la commande neuromusculaire des membres, les centres nerveux envoient simultanément des influx excitateurs et des influx inhibiteurs aux muscles antagonistes tels que le biceps et le triceps, de sorte que la contraction d'un des deux s'accompagne de la relaxation de l'autre. La toxine tétanique, un poison bactérien, supprime les mécanismes qui relâchent ces muscles, probablement en bloquant des sites récepteurs de substances inhibitrices sur les membranes postsynaptiques. Chez le sujet malade, les deux muscles se contractent en même temps et provoquent une paralysie dite spastique. L'individu empoisonné est incapable de relever le bras. La toxine botulique, également produite par une bactérie, bloque la libération de l'acétylcholine des vésicules synaptiques au niveau de la membrane présynaptique, causant ainsi la paralysie et la mort du sujet infecté.

L'action perturbante de diverses toxines du système nerveux s'exerce également le long des axones. Une cible délicate est le canal qui règle le transport de l'ion sodium. Le complexe protéique est sensible à l'action d'un poison appelé tétrodoxine, une molécule extraite du poisson globe. En se liant au canal, cette molécule empêche tout mouvement d'ions et par là même, toute production et propagation du potentiel d'action. D'autres neurotoxines exercent un effet contraire. Leur affinité pour le canal sodium provoque son ouverture permanente et induit une dépolarisation continue. Le blocage des canaux sodium peut être utilisé d'une manière profitable au cours de l'anesthésie. Il est toutefois évident que les drogues utilisées dans ce but ne doivent induire leurs effets que de manière temporaire.

# Chapitre VI

## Les mouvements et la vie.

Le mouvement est une propriété fondamentale des organismes vivants. L'oiseau qui effectue de longues migrations où le vers qui rampe dans la terre exécutent des manœuvres précises, les déplaçant dans l'une et l'autre direction. Les organes tels que le cœur, le tube digestif, la cage thoracique, la langue ... etc se meuvent d'une manière qui leur est propre. Des cellules se déplacent in vitro sur des supports de verre ou de plastique. Des globules blancs traversent la paroi des fins vaisseaux, des spermatozoïdes se dirigent vers l'ovule pour le féconder, des cellules embryonnaires migrent vers leurs territoires adultes, d'innombrables protozoaires nagent dans l'eau douce ou dans l'eau de mer... . De nombreux mouvements intracellulaires ont également été observés : un exemple bien connu est celui qu'exécutent les chromosomes au cours de la mitose, lorsqu'ils se dirigent de la plaque équatoriale du fuseau mitotique jusqu'aux pôles opposés de la cellule. Les chloroplastes et les mitochondries paraissent se déplacer dans le cytoplasme de façon saccadée tandis que d'autres organites, comme les lysosomes ou les vacuoles de sécrétion et d'endocytose, semblent être tractés dans l'une ou l'autre direction privilégiée. A un niveau plus intime encore, la microscopie électronique nous a montré récemment que certains systèmes moléculaires étaient capables de mouvements. C'est ainsi qu'au cours de la synthèse des protéines, les ribosomes traducteurs opèrent la lecture des ARN messagers et se déplacent simultanément dans un sens défini.

Nous savons aujourd'hui que la plupart des formes de motilité des êtres vivants reposent sur l'existence de protéines filamenteuses, les microfilaments et les microtubules. Ces formations constituent les éléments structuraux majeurs associés aux mouvements spécifiques observés chez les cellules et les organismes. Ce chapitre sera d'abord consacré à leur étude. Nous mettrons ensuite l'accent sur l'anatomie et la physiologie d'un organe dont dépend la locomotion dirigée chez un grand nombre d'espèces : le muscle strié.

## La structure, la localisation et les fonctions des microtubules.

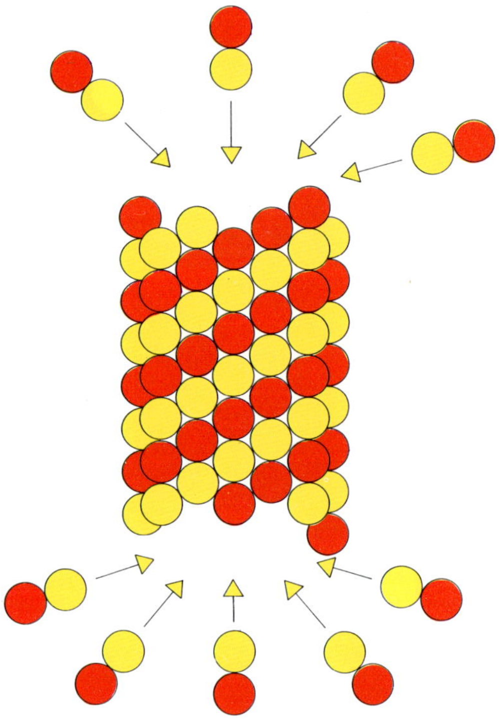

Figure 142
Les microtubules. Ils sont formés de dimères de deux protéines semblables, les tubulines α et β. Les expériences réalisées in vitro montrent que la polymérisation des dimères a lieu des deux côtés du microtubule en formation, quoique de manière inégale. Absents des bactéries, les microtubules sont par contre décelés dans l'ensemble des cellules eucaryotes. L'assemblage in vivo des dimères de tubuline est réversible, de sorte que les réseaux constitués ne subsistent que pendant certaines périodes du cycle cellulaire. (En rouge : sous-unité α; en jaune : sous-unité β).

Les microtubules sont des "tubes" cylindriques creux d'environ 250 angstroems de diamètre; leur longueur est variable (figure 142). Absents chez les procaryotes, ils ont par contre été décelés chez toutes les cellules à noyau, aussi bien végétales qu'animales. Les seules exceptions connues sont les hématies des mammifères. La paroi d'un microtubule est composée de 13 éléments axiaux, les protofilaments, chacun d'eux étant constitué de l'association linéaire et alternée des deux dimères α et β d'une protéine globulaire, la tubuline. Les microtubules les mieux connus sont ceux qui forment le fuseau mitotique des cellules en division. Mais ce sont eux aussi qui constituent les centrioles et le squelette des flagelles et des cils vibratiles. On les rencontre encore dans les prolongements axoniques et dendritiques des cellules nerveuses ainsi que dans le hyaloplasme de la plupart des cellules.

Parfois, les microtubules forment le squelette de structures finement géométriques et caractéristiques de classes zoologiques entières. A titre d'exemple, certains protozoaires comme les héliozoaires exhibent d'admirables formes rayonnantes et la microscopie électronique a montré que ces expansions, connues sous le nom d'axopodes, sont armaturées par des faisceaux de microtubules. Chez les plaquettes sanguines, un cerceau de microtubules situé sous la membrane plasmique détermine leur aspect aplati et subarrondi.

Les microtubules sont des structures labiles. Grâce à la polymérisation et à la dépolymérisation de leurs sous-unités dimériques, ils apparaissent, disparaissent, s'allongent ou se raccourcissent à raison de plusieurs micromètres par seconde. Il en résulte que des échaffaudages intracellulaires tels que le fuseau mitotique peuvent s'agencer temporairement ou se dissocier et contrôler un événement particulier au cours du cycle de la cellule. Dans ce cas précis, la migration des chromosomes-fils au cours de l'anaphase de la mitose.

En se liant aux dimères de tubuline, un alcaloïde issu de la colchique et appelé colchicine, inhibe la polymérisation des microtubules du fuseau. L'effet de ce poison sur le déroulement de la mitose est très marqué : introduit dans une culture cellulaire, il empêche la migration des chromosomes parce qu'il endommage le fuseau mitotique. La colchicine est donc une substance antimitotique. La vinblastine et la vincristine, deux autres alcaloïdes extraits cette fois de la pervenche, ont des effets comparables. Comme leur action vise préférentiellement les fuseaux de cellules en croissance rapide, elles ont été utilisées comme agents

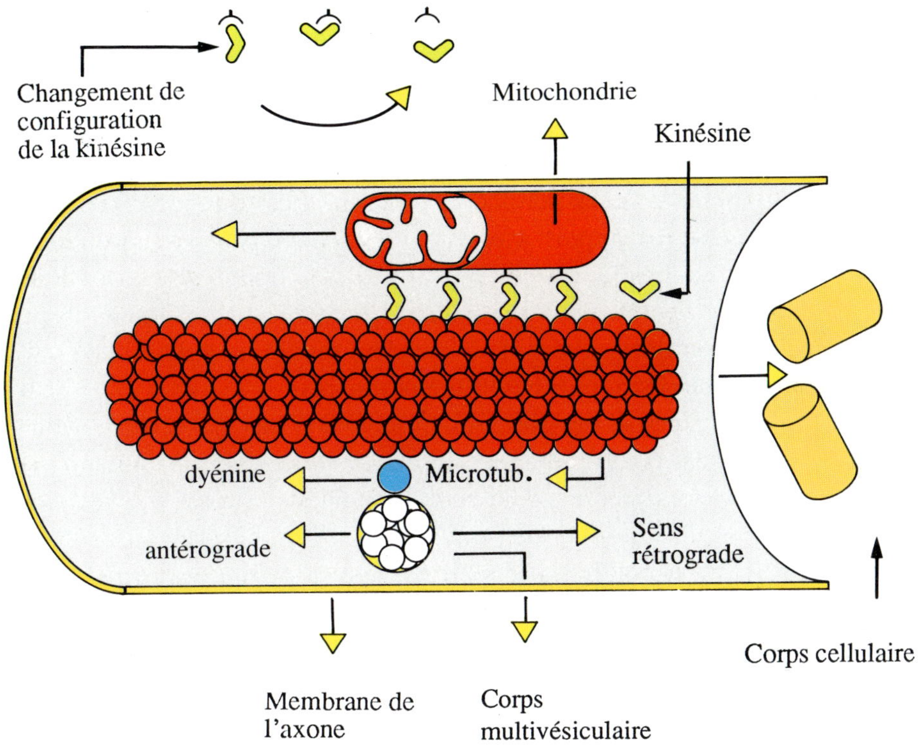


Figure 143
Microtubules et mouvements de vésicules dans l'axoplasme. Une protéine fibreuse ATPasique appelée kinésine possède un site de liaison avec un microtubule et une vésicule (dans cet exemple une mitochondrie).
La kinésine véhicule la mitochondrie dans le sens antérograde de l'axone, vers la région synaptique. La protéine transportant des matériaux en sens inverse est apparemment une substance semblable à la dynéine des microtubules des cils et des flagelles.

thérapeutiques anticancéreux. Rappelons que des mouvements de vésicules observés dans l'axoplasme sont associés aux microtubules qui se répartissent du péricaryon au bouton synaptique. Quant aux transports intrahyaloplasmiques de vésicules, de mitochondries, de lysosomes et de grains de sécrétion, ils font probablement aussi intervenir des microtubules, se servant d'eux comme d'une sorte de crémaillère pour atteindre l'une ou l'autre région du cytoplasme (figure 143).

Le rôle-clé joué par les microtubules dans la motilité de la cellule elle-même est bien démontré. Ce sont eux qui, grâce à des interactions appropriées (voir encart), dirigent le battement des flagelles de plusieurs groupes de protozoaires ou les mouvements synchrones des multitudes de cils qui tapissent les cellules mucales de la trachée artère et des bronches. Ce sont également les microtubules des flagelles qui actionnent ces appendices au cours du mouvement des spermatozoïdes vers les ovules. On connaît d'ailleurs chez l'homme une déficience héréditaire caractérisée par la difficulté des spermatozoïdes à se propulser. Cette maladie est une cause de stérilité. Elle paraît provoquée par l'absence d'une macromolécule, la dynéine, due à l'incapacité génétique des sujets atteints de la synthétiser.

## Cils et flagelles.

La microscopie électronique a montré que les cils et les flagelles de toutes les cellules à noyau ont une structure microtubulaire interne assez semblable (figure 144). Un prolongement filiforme de la membrane plasmique recouvre 9 paires de microtubules, disposés concentriquement par rapport à une paire centrale. Chaque paire périphérique comprend un microtubule A et un microtubule B. Le microtubule B est greffé sur le microtubule A de sorte qu'ils ont chacun 4 protofilaments en commun. L'association des 9 paires périphériques et de la paire centrale forme un édifice pluritubulaire appelé axonème. L'ensemble possède un arrangement général caractéristique désigné "9 + 2". On le retrouve chez toutes les cellules eucaryotes. Bien que linéaires et très ténus, les microtubules sont des microédifices solides. Ils s'étendent tout le long des cils dont la longueur peut atteindre plus de 100 micromètres.

La cohérence des armatures microtubulaires des cils et des flagelles s'explique surtout par la présence, au sein des axonèmes, de nombreuses protéines associées aux sous-unités de tubuline. Certaines d'entre elles forment des rayons qui, liés aux microtubules périphériques, convergent vers la paire de microtubules centrale. D'autres forment des ponts reliant les 9 paires périphériques. La structure fine d'un axonème paraît assez complexe. On estime qu'une seule fibre rayonnante pourrait être constituée de 17 polypeptides différents. Un axonème complet ne contiendrait pas moins de 200 polypeptides distincts.

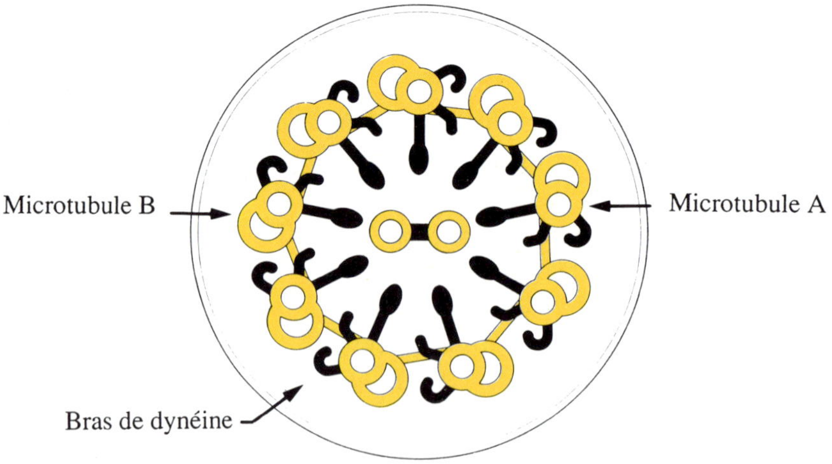


Figure 144
Schéma de l'organisation moléculaire d'un flagelle observé en coupe. 9 doublets de microtubules entourent un doublet central et lui sont connectés par 9 complexes protéiques disposés en manchons autour d'elle. Les molécules de dynéine d'un doublet périphérique accrochent le doublet voisin et lui imprime un mouvement.

Une protéine mérite une attention particulière : c'est la dynéine. On distingue une dynéine interne et une dynéine externe, de structures différentes. Ces molécules, qui ont la forme d'un bras coudé, sont fixées sur le microtubule A et orientées vers le microtubule B de la paire adjacente. A l'heure actuelle, on a de bonnes raisons de croire que le mouvement des cils et des flagelles dépend de la motilité propre à ces protéines. D'une manière plus précise il semble bien que, au cours de ces mouvements, les bras de dynéine d'une paire de microtubules A "s'accrochent" au microtubule B de la paire située de leur côté, formant avec lui un pont provisoire (figure 145). Par cycle de pontage et de dépontage successif, au cours desquels ils exercent une traction dirigée sur leur site d'attache, ils forcent le cil ou le flagelle à se courber dans un sens ou dans l'autre. Cet "effort" moléculaire met en jeu l'hydrolyse de l'ATP par la dynéine elle-même, dont un domaine possède une activité ATPasique.

La dynéine se trouve associée aux microtubules dans diverses cellules, dont celles du système nerveux. Dans l'axoplasme, elle assure les déplacements orientés dans une direction contraire à celle d'une autre molécule ATPasique douée de propriétés contractiles : la kinésine. Cette protéine, également associée aux microtubules, paraît responsable du mouvement d'une variété de particules le long des microtubules, dans le sens antérograde, et peut même assurer le transport de microtubules isolés. Comme nous le verrons plus loin, la contraction des fibres musculaires striées fait intervenir une macromolécule semblable à la dynéine et à la kinésine en ce sens qu'elle a à la fois une fonction structurelle et une fonction enzymatique.

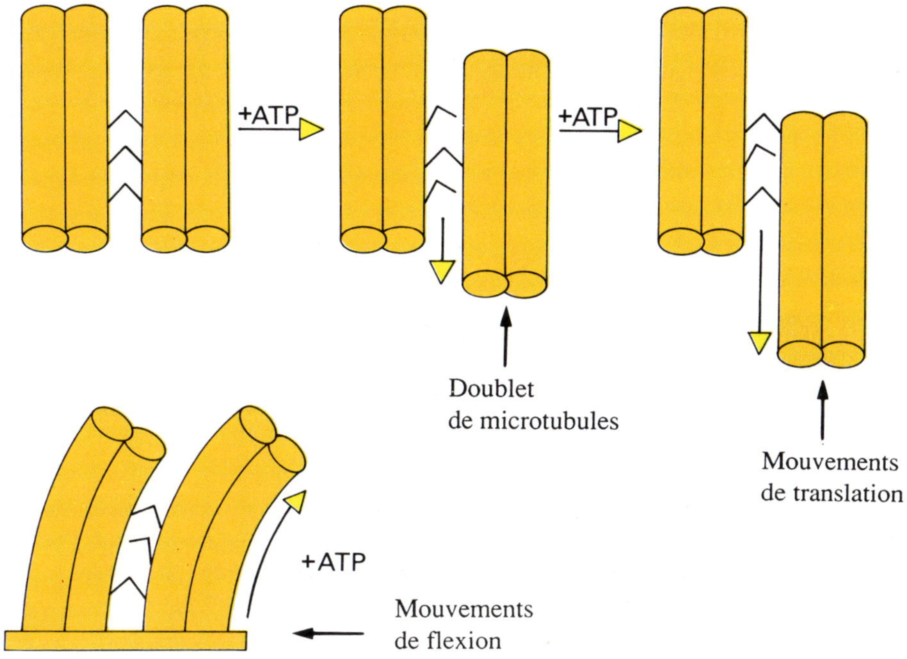


Figure 145
Action de la dynéine et mouvements des microtubules. L'activité concertée d'un grand nombre de bras de dynéine, mûs par l'hydrolyse de l'ATP, favorise le déplacement des doublets de microtubules les uns par rapport aux autres. Ce mécanisme est à l'origine de mouvements de translation et de flexion, ces derniers permettant d'expliquer pourquoi un flagelle ou un cil peuvent se courber.

## La structure et la localisation des microfilaments.

Comme les microtubules, les microfilaments ont une forme extrêmement effilée. Ils sont composés de sous-unités d'actine, une protéine d'apparence globulaire (figure 146). Suivant un modèle hypothétique, les molécules d'actine d'un microfilament sont disposées suivant une double hélice régulière. De même que les tubulines des microtubules, les monomères d'actine peuvent polymériser ou se dépolymériser rapidement. Un exemple frappant de polymérisation est donné par le comportement des plaquettes sanguines au cours de la formation du bouchon plaquettaire (voir chapitre 6). Suite à une lésion de l'endothélium des vaisseaux les plaquettes, normalement subarrondies, projettent des digitations filiformes qui s'entrecroisent et favorisent leur agrégation. L'armature interne de ces expansions est constituée de faisceaux de filaments d'actine qui se sont développés par polymérisation aux dépens d'un pool de monomères cytoplasmiques.

Les filaments d'actine ont d'abord été aisément observés dans les fibres musculaires striées. Chez ces dernières en effet, leur disposition est compacte et particulièrement bien ordonnée. Par la suite, ils ont également été décelés chez la plupart des cellules eucaryotes. Ce sont aussi des microfilaments qui constituent l'armature interne des microvillosités, sorte d'expansions en doigt de gant de nombreuses cellules (figure 147). Une seule cellule intestinale peut arborer plusieurs milliers de ces appendices, lesquels augmentent considérablement sa surface d'absorption. Outre les filaments d'actine, les cellules musculaires et non musculaires contiennent encore une protéine fibreuse appelée myosine.

Dans le prolongement axonal des cellules nerveuses ainsi que dans de nombreuses autres types cellulaires, on observe des filaments dits "intermédiaires" (de 100 Å de diamètre). Dans les prolongements axonaux, ils sont appelés neurofilaments et sont orientés suivant leur grand axe, parallèlement aux microtubules. Dans le corps cellulaire des neurones, des filaments semblables forment un réseau périnucléaire dense.

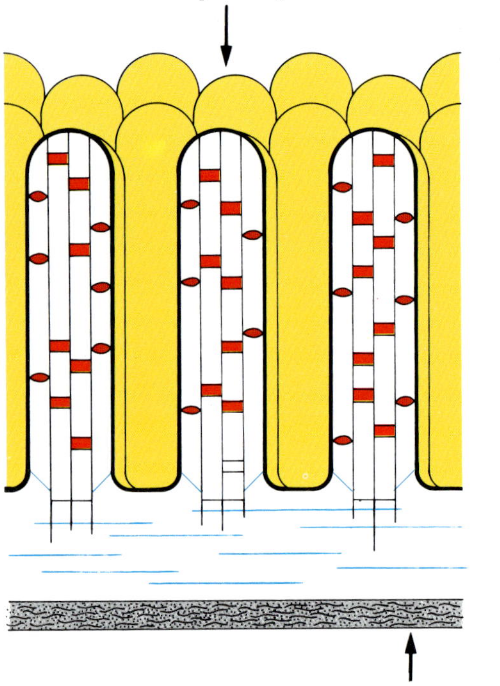


Figure 147
Les microvillosités. Ce sont des évaginations digitiformes de la membrane plasmique. Elles en augmentent la surface et sont caractéristiques des cellules entretrenant un volume d'échange important avec le milieu ambiant - par exemple, les cellules épithéliales de l'intestin-. Une microvillosité est consolidée par un faisceau compact de filaments d'actine. De sa base à son sommet, ces filaments sont connectés entre eux par un réseau complexe de protéines squelettiques.

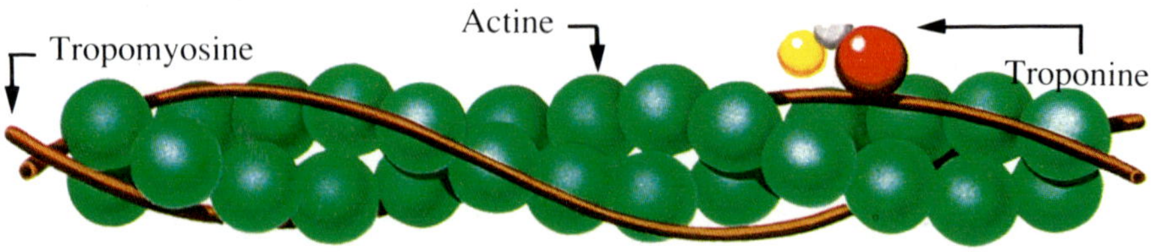


Figure 146
Le microfilament d'actine. Il est composé de deux polymères d'une protéine globulaire, l'actine, entrelacés en double hélice. Au cours de la contraction des cellules musculaires, chaque microfilament d'actine s'associe transitoirement, mais de façon répétée, à la myosine. Chez les cellules musculaires striées, les microfilaments d'actine sont toujours associés à une autre protéine filamenteuse, la tropomyosine, ainsi qu'à un complexe protéique liant le calcium, appelé troponine. Ces deux espèces moléculaires interviennent dans le contrôle de la contraction.

## L'association des molécules de myosine forme des filaments épais appelés filaments de myosine.

La myosine est une molécule globulo-fibreuse de grande taille. Formée de plusieurs sous-unités polypeptidiques, son poids moléculaire est d'environ 500.000 daltons (figure 148). Elle a la forme d'un bâtonnet se prolongeant à une de ses extrémités par deux régions globulaires appelées "têtes" de myosine. La partie en bâtonnet comprend deux chaînes lourdes entrelacées en double hélice. Chaque tête de myosine est constituée d'un bout de chaîne lourde et de deux petits polypeptides différents. De plus, chacune d'elles porte un site de reconnaissance spécifique d'une région d'une molécule d'actine, ainsi qu'un site catalytique hydrolysant l'ATP. Comme la dynéine des microtubules, la myosine est une protéine de structure exerçant également une fonction enzymatique.

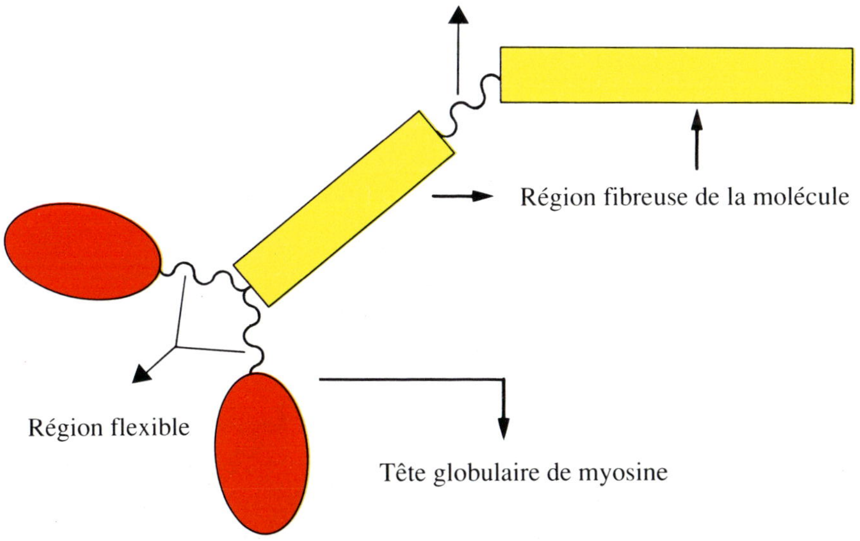


Figure 148
La molécule de myosine. Elle comprend plusieurs domaines articulés les uns aux autres par des régions flexibles. Ces dernières lui confèrent une certaine mobilité. Les deux régions globulaires de la molécule portent un site ATP-asique.

## Quelque soit le type cellulaire dans lequel on observe des structures filamenteuses semblables à l'actine et à la myosine, on les trouve associées à l'une ou l'autre forme de motilité cellulaire.

D'une manière générale, les mouvements des cellules modifient leur aspect extérieur, soit en les contractant, comme c'est le cas chez les cellules musculaires, soit en les déformant d'une autre manière. Par exemple, les cellules qui progressent sur des supports projettent au devant d'elles des expansions hyaloplasmiques (pseudopodes) et ramènent des pans de membranes en amont du sens de leur progression. Les cellules qui phagocytent ou celles qui se divisent in vitro exhibent souvent une surface fortement volutée, dont le rapport avec le processus n'apparaît d'ailleurs pas de manière évidente.

Au cours de ces mouvements, que les techniques de microscopie moderne permettent d'observer, les biochimistes décèlent fréquemment l'intervention de protéines filamenteuses du type actine et myosine (figure 149). Celles-ci sont généralement situées dans la région hyaloplasmique sous-membranaire. On soupçonne ces structures d'être responsables des mouvements de cellules que nous venons d'évoquer. Certaines fibres d'actine sont fixées par une de leurs extrémités à la face cytosolique de la membrane, grâce au concours d'autres protéines. Précisons que pendant la cytodiérèse les microfilaments d'actine, disposés en anneau autour du fuseau mitotique, interagissent avec la myosine dans un mouvement qui étrangle peu à peu la cellule et la départage en deux cellules-filles. D'une manière générale, on pense que ces formes de motilité cellulaire résultent de glissements des filaments d'actine par rapport à ceux de myosine. L'énergie mise en jeu étant fournie par l'hydrolyse de l'ATP.

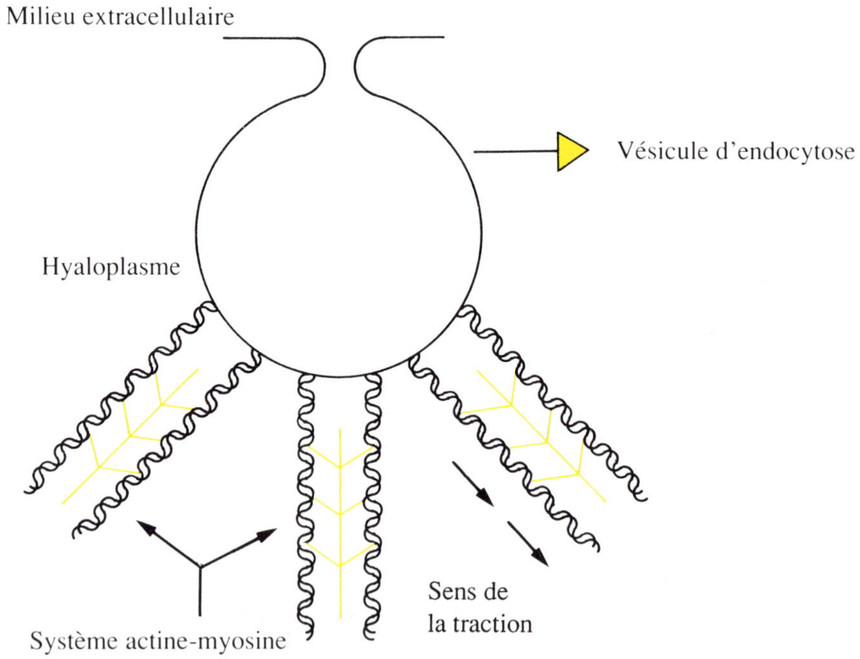


Figure 149
Eléments contractiles associés à l'endocytose. L'intériorisation de la membrane plasmique au cours de la phagocytose dépend probablement d'interactions entre des molécules d'actine et des molécules de myosine. Dans ce modèle, les filaments d'actine adhèrent par une extrémité à la face intérieure de la membrane plasmique, par l'intermédiaire d'une autre protéine cytosquelettique (non représentée ici).

## Les muscles striés sont des organes spécialisés dans la locomotion de nombreux êtres vivants.

Les muscles striés qui gouvernent la locomotion des membres sont appelés muscles squelettiques, en raison de leur insertion sur le squelette de l'individu. Ils sont commandés et contrôlés par le système nerveux central. Ce fait justifie encore leur appellation de muscles moteurs ou muscles volontaires. Le muscle strié est essentiellement constitué de fais-

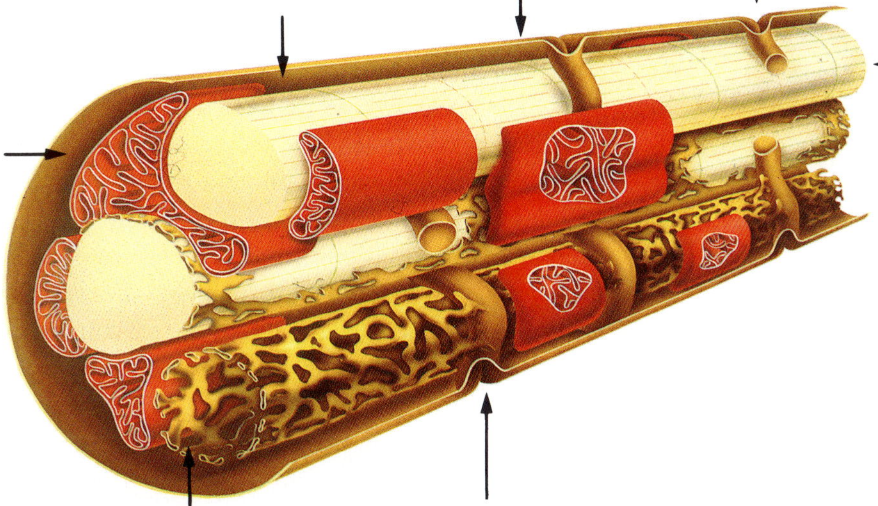


Figure 150
La fibre musculaire striée. (une représentation schématique simplifiée). On remarquera la disposition régulière des myofilaments et leur cloisonnement dans des manchons tubulaires de réseau sarcoplasmique. Une partie du système membranaire interne a été omise de manière à mieux discerner les autres éléments ultrastructuraux. Les espaces étroits qui séparent les myofibrilles sont occupés par de fines bandes de hyaloplasme et des mitochondries à crêtes serrées. Le sarcolemme se prolonge et se ramifie à l'intérieur de la fibre, formant de fins conduits qui entrent en contact avec les membranes internes.

ceaux de fibres -celles-ci sont les cellules musculaires proprement dites- et de tissu conjonctif (figure 150). Elément essentiel de soutien de son infrastructure, ce dernier est irrigué par des vaisseaux sanguins qui acheminent l'oxygène et les substances indispensables au métabolisme des fibres individuelles. Il renferme en outre des ramifications nerveuses.

Comparativement aux autres cellules de l'organisme, la fibre musculaire striée se distingue par un volume relativement important, une forme très effilée (la longueur d'une fibre peut atteindre plusieurs cms) et un diamètre assez étroit (environ 1/10 micromètre). Sa masse centrale est presque entièrement occupée par des faisceaux de filaments, appelés myofilaments. Le hyaloplasme plurinucléé se réduit à une mince bande apposée contre la face interne de la membrane cellulaire, le sarcolemme et aux interstices séparant les faisceaux de myofilaments.

Entre les faisceaux de myofilaments s'insèrent de nombreuses mitochondries aux formes allongées et au réseau particulièrement dense de crêtes internes. Des inclusions de glycogène prédominent dans les filets ténus de hyaloplasme. Les faisceaux de myofilaments sont étroitement enveloppés par des manchons tubulaires du réseau endoplasmique lisse. Toutes ces caractéristiques servent admirablement les exigences d'une fonction motrice intense. Alors que le glycogène constitue une réserve calorique disponible à long terme, les systèmes ATPasiques associés aux crêtes mitochondriales fournissent à la cellule musculaire de grandes quantités d'ATP immédiatement utilisables. Par ailleurs, le réseau sarcoplasmique libère les ions calcium nécéssaires au déclenchement de la contraction.

Les faisceaux de myofilaments, encore appelés myofibrilles, sont eux-mêmes constitués d'actine et de myosine. Leur arrangement au sein de la fibre musculaire témoigne des hautes capacités d'ingéniérie des cellules. Myofilaments d'actine et de myosine sont disposés les uns par rapport aux autres d'une manière finement géométrique. Chaque filament de myosine est entouré de 6 filaments d'actine, orientés comme les sommets d'un hexagone. Cette régularité cristalline est parfaitement adaptée à la fonction de contraction des myofibrilles individuelles.

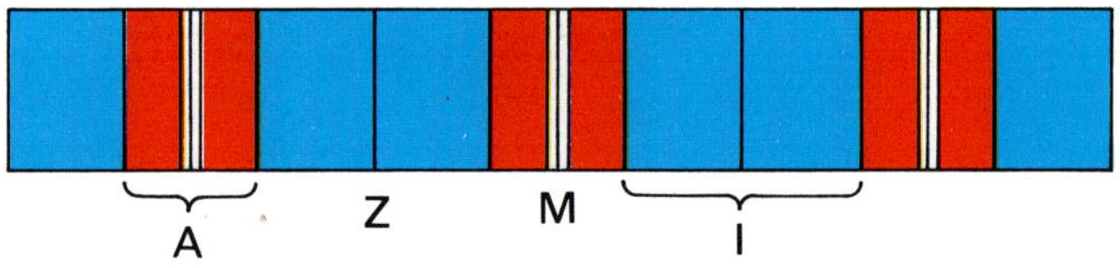


Figure 151
Schéma général de la striation d'une fibre musculaire déduit de l'observation par la microscopie électronique (voir texte).

Observée par la microscopie électronique, une coupe faite au travers d'une myofibrille montre de nombreuses striations parallèles, perpendiculaires à son grand axe. Ces striations ont été désignées de façon conventionnelle par des lettres de l'alphabet (figure 151). Les bandes sombres sont désignées par la lettre A et les bandes claires, situées de part et d'autre sont désignées par la lettre I. Au centre de la bande A existe une zone plus claire, la zone H, elle-même interrompue par une ligne sombre très étroite, la ligne M. Enfin, chaque bande I est départagée en deux parts égales par une ligne dense, la ligne Z. La région qui sépare deux lignes Z consécutives est un sarcomère. Elle constitue l'unité morphologique et physiologique de la myofibrille.

Les striations s'interprètent aisément si on examine la géométrie de l'arrangement des myofilaments d'actine par rapport à ceux de myosine. Les filaments de myosine s'étendent d'un bout à l'autre de la bande A tandis que les filaments d'actine partent des lignes Z et s'arrêtent à la zone H. Les parties des filaments qui pénètrent dans la zone A se superposent aux filaments de myosine. Les zones claires et sombres correspondent respectivement aux régions dans lesquelles les filaments d'actine et de myosine sont séparés, et à celles dans lesquelles ces mêmes filaments se chevauchent. Enfin, les lignes Z constituent les zones d'attache des filaments d'actine.

## Les filaments épais de myosine et les filaments fins d'actine glissent les uns sur les autres, au fur et à mesure que la myofibrille se contracte.

La comparaison, au niveau du sarcomère, d'une myofibrille à l'état de repos et d'une myofibrille à l'état de contraction montre que dans l'un et l'autre cas la longueur de la bande A est la même (figure 152 A, B). Ceci signifie que la longueur des filaments de myosine ne change pas. Comme la distance entre la ligne Z et le bord de la zone H reste la même également, on en déduit que la longueur des filaments d'actine ne varie pas non plus. Par contre, l'étendue de la bande I et celle de la bande H diminuent au fur et à mesure du raccourcissement du sarcomère. Les figures de microscopie électronique montrent clairement que ce changement est causé par un chevauchement progressif des filaments d'actine sur les filaments de myosine. Le raccourcissement de tous les sarcomères entraîne celui du muscle tout entier. Il est tel que la longueur du muscle contracté peut être réduite de 1/3 par rapport à celle du muscle au repos.

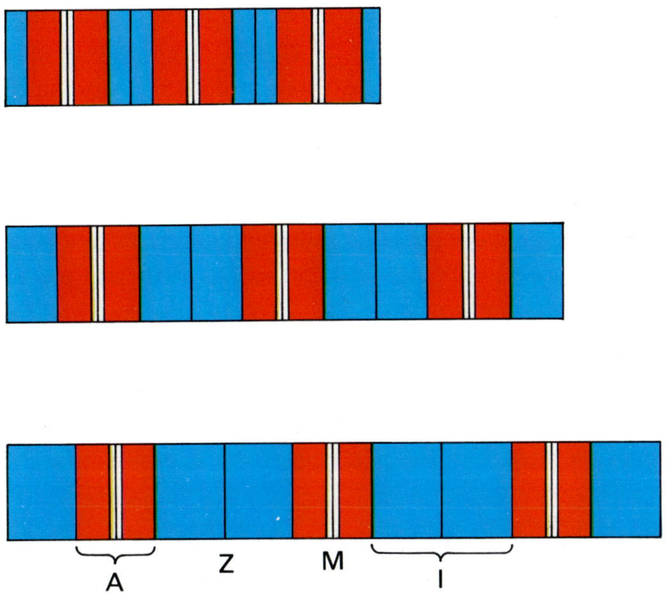


Figure 152 A
3 étapes du raccourcissement d'un sarcomère.
Seule la longueur de la bande A reste constante. La bande I s'accroît au fur et à mesure de l'étirement (relâchement) de la fibre.
Ce phénomène peut être interprété par l'illustration ci-contre à droite.

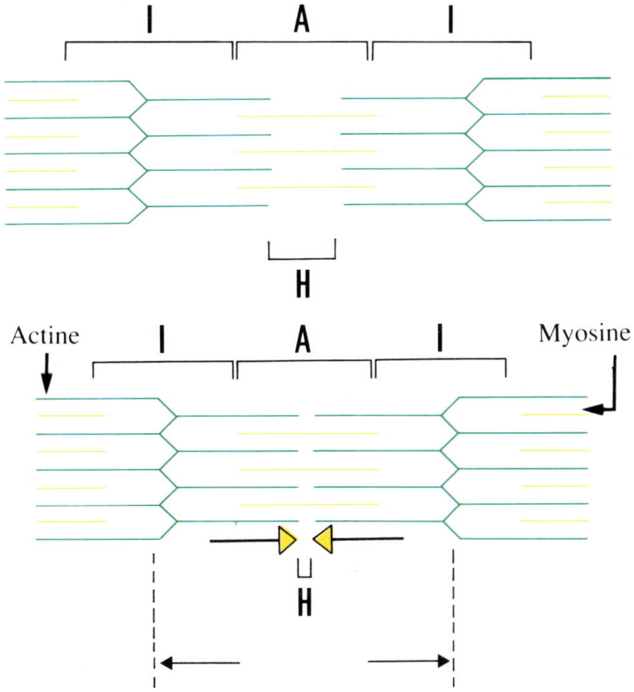


Figure 152 B
Interpénétration des filaments d'actine et de myosine pendant la contraction. La longueur des myofilaments ne change pas.
L'interaction actine-myosine fait progresser les fibres d'actine dans l'espace qui sépare les extrémités libres des fibres de myosine.
Ce mouvement rapproche les lignes Z et diminue donc la longueur de sarcomère.

Si nous voulons comprendre de façon plus approfondie le mécanisme de la contraction myofibrillaire, nous devons répondre aux questions suivantes : qu'est-ce qui, mécaniquement, permet aux deux types de filaments de glisser les uns sur les autres ? D'où vient l'énergie mise en jeu dans un tel mouvement ? Quels sont les facteurs qui le déclenchent ou qui l'arrêtent et enfin, quels sont les mécanismes biologiques capables de le contrôler ?

## L'association et la dissociation répétées des filaments d'actine et des têtes de myosine au cours de la contraction font progresser les premiers à l'intérieur de la bande H et entraînent le raccourcissement du sarcomère.

L'examen de la figure 152 montre qu'au cours de la contraction du sarcomère, les filaments d'actine s'insinuent dans les espaces situés autour des filaments de myosine. En réalité, cette enchevêtrement progressif des myofilaments traduit la répétition régulière d'un cycle d'événements que nous résumons ici succintement. A l'état de repos, la tête de chaque molécule de myosine d'un filament épais est liée à une molécule d'ATP (figure 153). Celle-ci est hydrolysée en ADP et Pi mais les produits de l'hydrolyse restent fixés au filament. L'hydrolyse de l'ATP énergise la tête de myosine qui se redresse et forme un angle de 90° par rapport au filament d'actine adjacent. Le mouvement d'articulation intramoléculaire est facilité par des régions "charnières" de la partie fibreuse de la molécule de myosine (voir figure 148). Lorsque la fibre musculaire est à nouveau stimulée, la tête de myosine se fixe sur une molécule d'actine et, par un mouvement de rotation de 45°, entraîne le myofilament fin vers la région centrale du myofilament épais.

C'est à ce moment qu'est dépensée l'énergie d'hydrolyse de l'ATP, initialement investie dans la configuration à 90° de la tête de myosine. Au cours de cette étape, le phosphate inorganique et l'ADP sont successivement libérés. L'actine et la myosine forment à cet instant précis un complexe rigide appelé actomyosine. La fixation d'une nouvelle molécule d'ATP sur son site myosinique affaiblit et rompt le complexe, de sorte qu'un nouveau cycle peut recommencer. La répétition synchrone de cette série d'événements chez des paquets de têtes de myosine, -chaque filament épais en porte environ 500-, aboutit à la contraction de la fibre musculaire.

Normalement, dans un muscle au repos, les milliards de têtes de myosine sont, pour la plupart, détachées des filaments fins. Le contraire se produit après la mort. A ce moment en effet, l'ATP n'est plus disponible et les ponts actomyosine subsistent. Il en résulte une rigidité du muscle entier, appelée rigidité cadavérique.

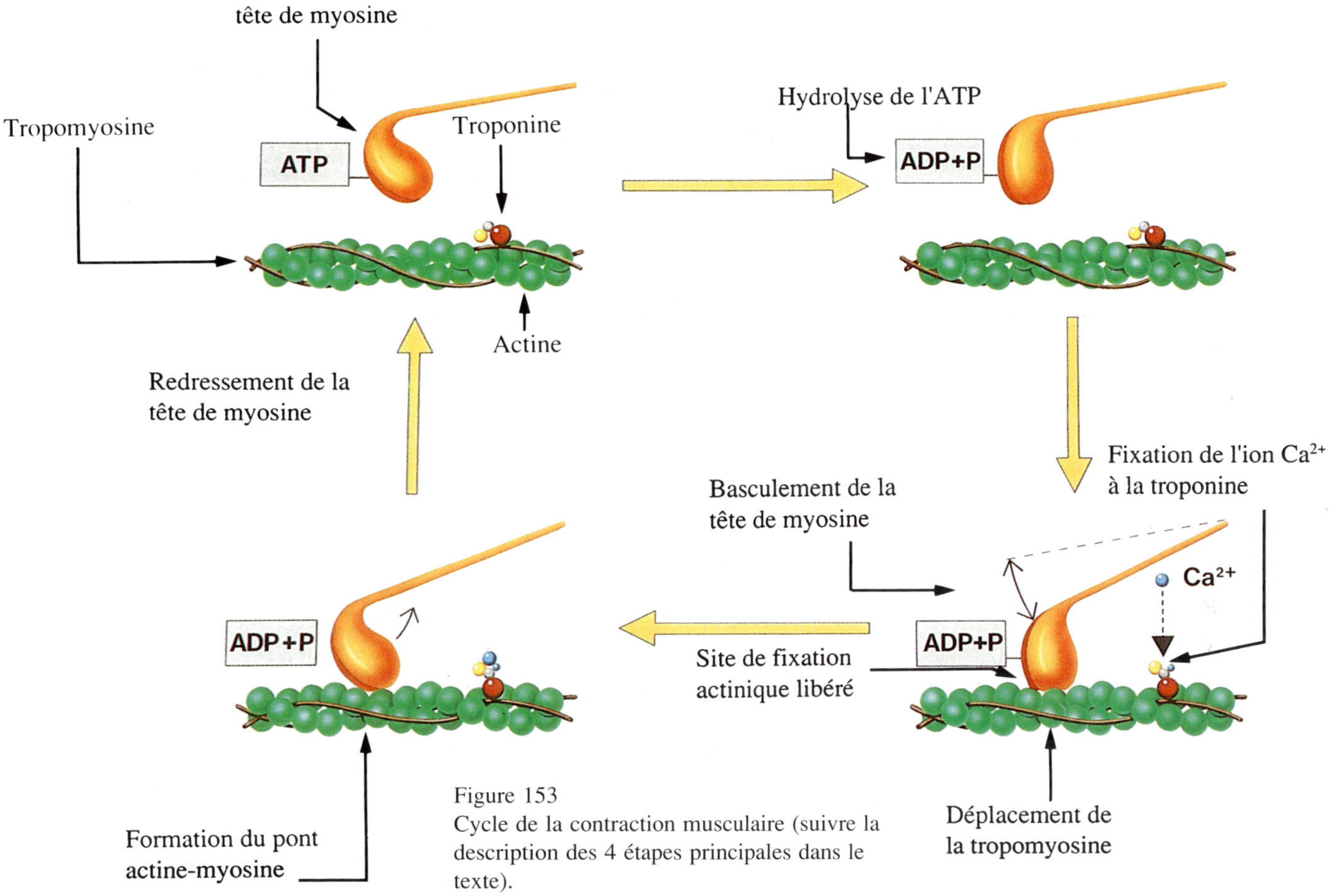


Figure 153
Cycle de la contraction musculaire (suivre la description des 4 étapes principales dans le texte).

## L'ATP des cellules musculaires provient de l'oxydation du glucose, dont la forme de réserve, le glycogène, est présent en abondance dans le hyaloplasme de la fibre musculaire.

Comparativement aux autres cellules de l'organisme, les cellules musculaires actives consomment d'énormes quantités d'ATP et requièrent un apport important d'oxygène (figure 154). Ce dernier, qui leur est fourni par le sang, est lui-même stocké dans une molécule sarcoplasmique apparentée à l'hémoglobine et appelée myoglobine. La chaîne respiratoire mitochondriale fournit l'essentiel de l'ATP hydrolysé au cours de la contraction musculaire. Toutefois, au cours d'un effort prolongé, la concentration en oxygène devient trop faible; c'est alors que la glycolyse fournit un appoint d'ATP utile. La dégradation incomplète du glucose dans le muscle s'achève par un processus fermentaire qui produit de l'acide lactique. Ce dernier se répand lentement dans la circulation sanguine, pour être partiellement transformé en glycogène dans le foie ou être en partie oxydé.

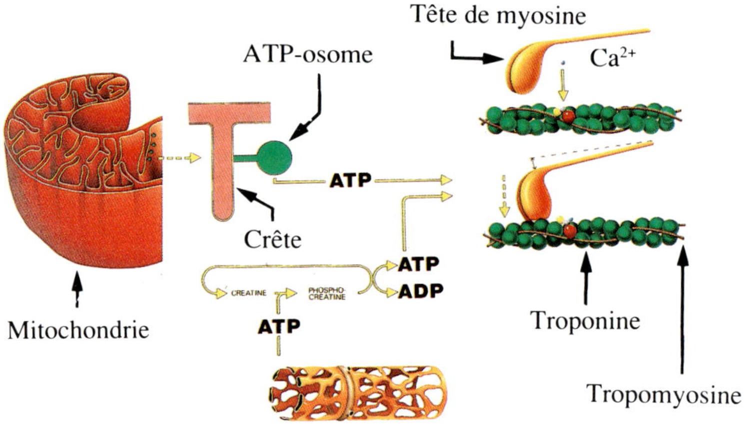


Figure 154
Contraction musculaire et ATP. La molécule d'ATP constitue la source directe d'énergie utilisée au cours de la contraction musculaire. Les réserves d'ATP sont reconstituées au fur et à mesure de leur épuisement aux dépens d'un stock de phosphocréatine, lui-même alimenté en phosphates par l'ATP de la respiration aérobie.

On a remarqué que la quantité d'ATP contenue dans un muscle au repos est à peine suffisante pour alimenter en énergie une contraction d'une fraction de seconde. En réalité, cette quantité est constamment renouvelée aux dépens de phosphocréatine, une molécule porteuse de groupements phosphate abondante dans le tissu musculaire (figure 155). Au cours de ces échanges, la phosphocréatine cède un groupement phosphate à une molécule d'ADP suivant la réaction :

Phosphocréatine + ADP $\rightarrow$ Créatine + ATP

La quantité d'ATP d'un muscle en activité est ainsi maintenue à niveau tant que la phosphocréatine est présente. Le donneur de groupements phosphate est lui-même constamment renouvelé grâce à l'ATP produit par les oxydations cellulaires.

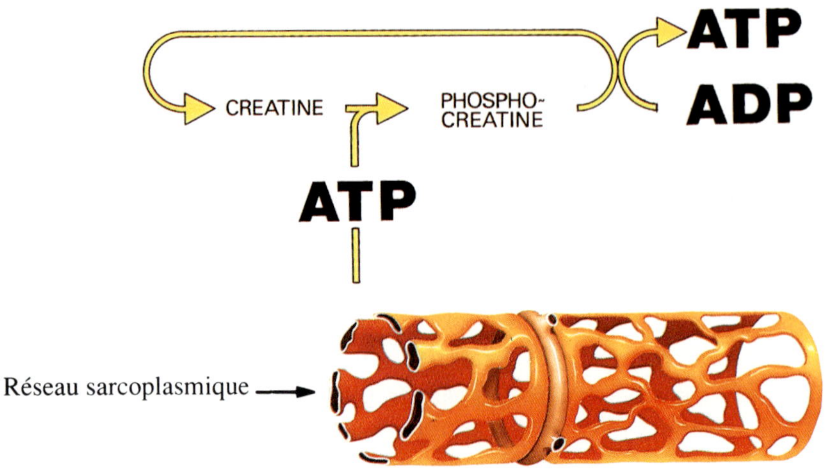


Figure 155
Phosphocréatine et réserve d'ATP dans la fibre musculaire. La quantité d'ATP d'une fibre musculaire striée est à peine suffisante pour alimenter en énergie la contraction pendant 0,5 seconde. La cellule fait appel à une forme de stockage, la créatine phosphate, dont la concentration est environ 5 fois supérieure à celle de l'ATP. Comme le montre le schéma, le maintien de la réserve de groupements phosphate repose sur les oxydations cellulaires.

## Une variété de structures moléculaires sont requises pour déclencher la contraction.

Puisqu'à l'état de repos il existe toujours une certaine quantité d'ATP dans le muscle, et que les métabolites cellulaires et les différents éléments impliqués dans la contraction y sont toujours présents, on pourrait se demander pourquoi le muscle ne se contracte pas de manière permanente.

En réalité, le mécanisme contractile obéit à des facteurs qui supervisent son déroulement. L'arrivée du potentiel d'action à la jonction neuromusculaire et la dépolarisation du sarcolemme constituent le signal déclencheur de la contraction. Celle-ci dure tant que l'influx est propagé. Cependant, la dépolarisation de la membrane superficielle de la cellule musculaire n'a aucun effet comme telle sur l'interaction entre l'actine et la myosine. Une variété de structures, de molécules et d'ions assurent le relais entre les deux phénomènes.

Comme nous l'avons déjà signalé plus haut, la myofibrille est enveloppée par un manchon tubulaire de sarcoplasme. Celui-ci est une version hautement sophistiquée du réseau endoplasmique ordinaire. Au niveau des bandes I, il se différencie en saccules appelés citernes terminales, étroitement apposés de chaque côté d'un canalicule appelé canalicule T. Les citernes du réseau sarcoplasmique contiennent une forte concentration d'ions $Ca^{2+}$, accumulés activement à l'aide d'une puissante pompe ATPasique. Le canalicule T est situé en regard de chaque ligne Z et n'est autre qu'une ramification d'un vaste réseau membranaire prolongeant le sarcolemme et formant une sorte de maille enveloppant les myofibrilles individuelles. L'ensemble constitué de deux citernes juxtaposées à un canalicule s'appelle triade. Les triades sont disposées régulièrement au niveau des bandes I.

Contrairement aux membranes des citernes, qui ne sont pas en contact immédiat avec la synapse neuromusculaire, les canalicules T communiquent directement avec elle. De ce fait, ils permettent au potentiel d'action postsynaptique de se propager d'emblée dans la fibre musculaire toute entière. Lorsque le potentiel d'action atteint la triade, il commande l'expulsion massive d'ions calcium des citernes dans le sens de leur gradient de concentration (figure 156 A, B). Ces ions envahissent alors la région myofibrillaire. Lors du retour de la fibre musculaire à l'état de repos, les citernes rechargent activement les ions $Ca^{2+}$ contre leur gradient. Nous allons montrer que c'est l'affinité des ions calcium pour des éléments structuraux des myofilaments d'actine qui déclenche l'activité contractile, réalisant ainsi le couplage avec l'influx nerveux.

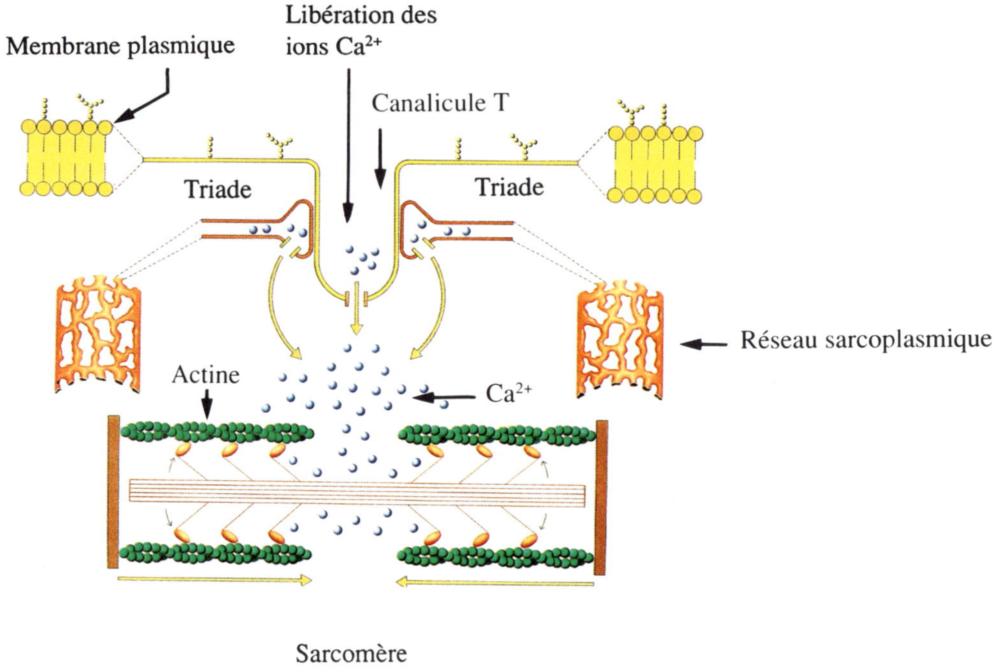


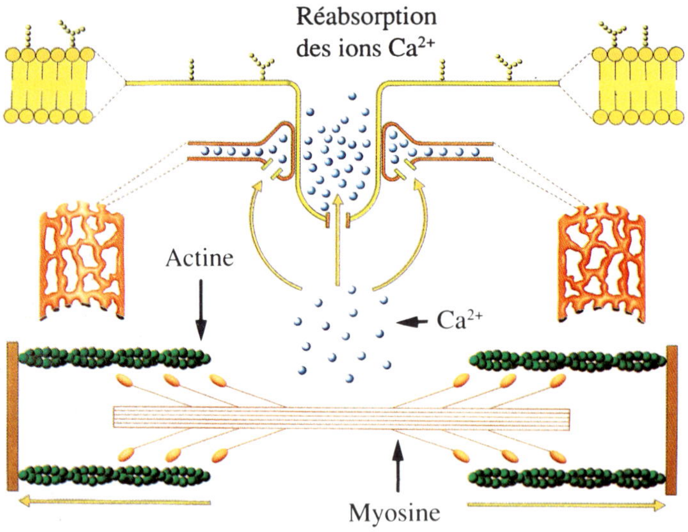


Figure 156 A, B
Ions calcium et interactions des filaments d'actine et de myosine au cours de la contraction musculaire. Les ions $Ca^{2+}$ relaient l'arrivée de l'influx nerveux au processus mécanique de la contraction. L'onde de dépolarisation qui atteint la région des triades (T) commande l'ouverture de canaux calciques (CC) et l'invasion du sarcoplasme myofibrillaire par les ions $Ca^{2+}$. Aussitôt libérés, ceux-ci sont rapidement réabsorbés par des pompes situées soit dans les triades, soit dans les mitochondries (non représentées dans cette figure) de la fibre musculaire.

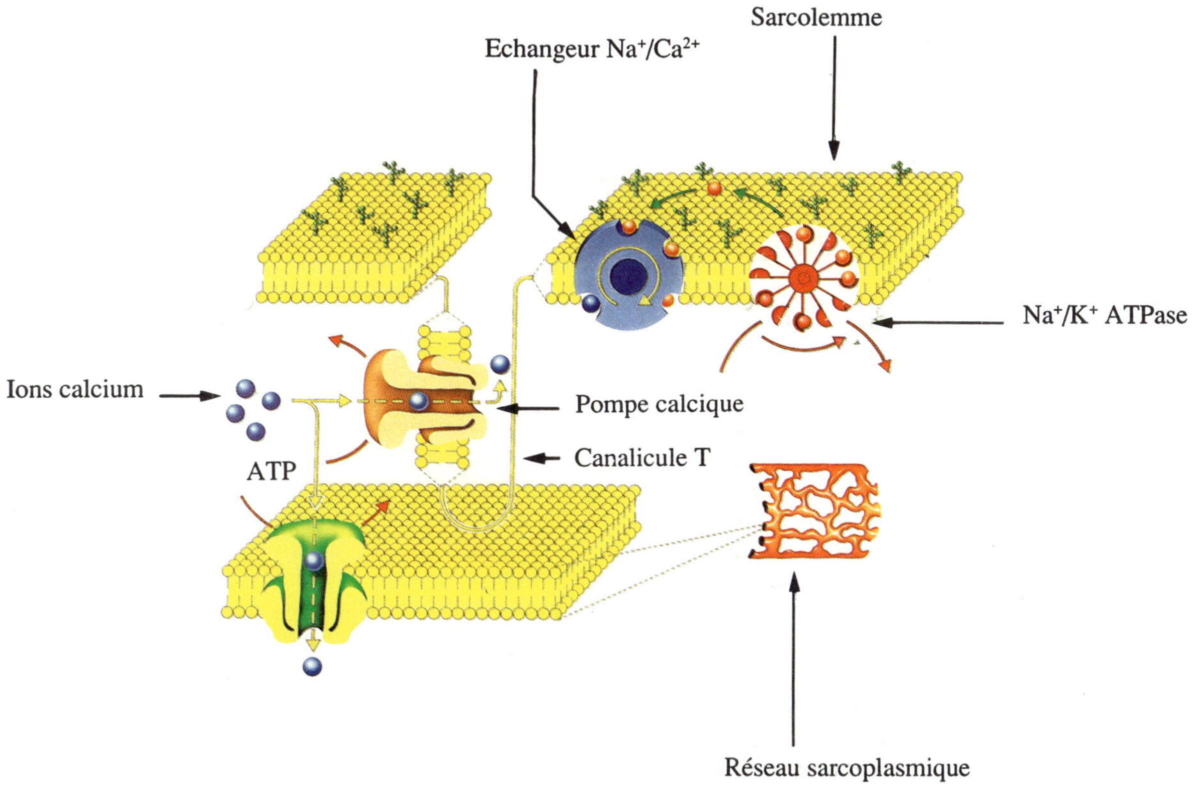


Figure 156 C
Echanges d'ions $Ca^{2+}$ dans la cellule musculaire cardiaque. Les ions $Ca^{2+}$ qui pénètrent dans le myoplasme de la fibre cardiaque sont rapidement réabsorbés par une pompe située dans les membranes du réseau sarcoplasmique et du canalicule T (sarcolemme). Une protéine membranaire du sarcolemme réabsorbe un ion $Ca^{2+}$ en échange de 3 ions $Na^{+}$. Ces systèmes de transport de calcium sont activés par l'énergie d'hydrolyse de l'ATP.

## Les ions calcium déclenchent la réaction contractile en supprimant un effet inhibiteur.

Examinons à nouveau la structure fine des filaments d'actine. Nous avons vu que ces filaments étaient principalement constitués par l'association hélicoïdale de molécules d'actine individuelles. Il faut y ajouter une seconde espèce de molécule fibreuse également constituée de deux brins hélicoïdaux et appelée tropomyosine. A l'état de repos, deux polymères de ce type s'enroulent autour du filament d'actine d'une telle manière qu'ils masquent partiellement les sous-unités d'actine individuelles.

Dans cet état, les têtes de myosine n'ont pas accès à leur site actinique et sont incapables de former des ponts avec les molécules d'actine (figure 157). La tropomyosine a donc, du fait de sa relation topographique avec le myofilament fin au repos, un effet inhibiteur sur le déclenchement du mécanisme contractile. Cet effet est levé lorsqu'un complexe de trois protéines, la troponine, disposé à intervalles réguliers sur la tropomyosine, fixe les ions $Ca^{2+}$. Cette fixation induit un changement de configuration de la tropomyosine qui modifie alors sa position et démasque les sites d'accès des molécules globulaires d'actine. Le cycle de la contraction musculaire est alors amorcé. Inversement, lorsque cesse la stimulation nerveuse initiale, le pompage des ions $Ca^{2+}$ dans les poches des citernes terminales rétablit la configuration inhibitrice de la tropomyosine et entraîne la relaxation du muscle.

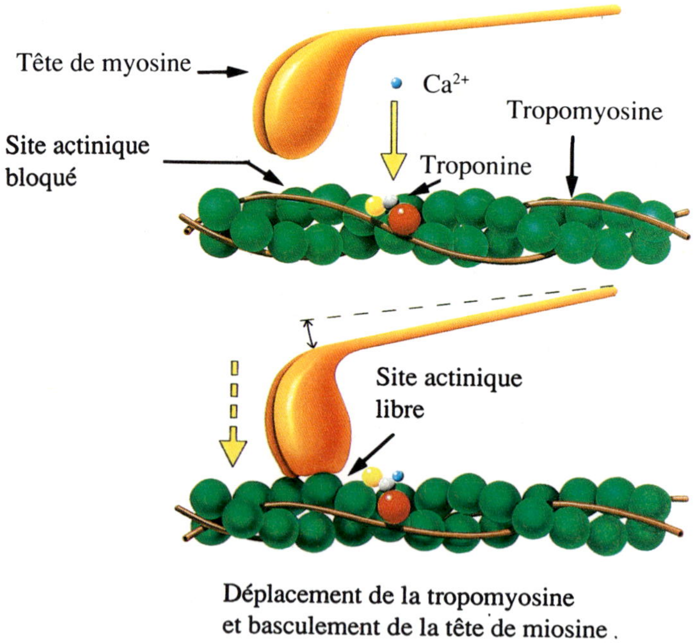


Figure 157
Suppression de l'effet inhibiteur de la contraction par les ions calcium. La fixation du calcium sur le composant C de la troponine induit un changement de conformation des fibres de tropomyosine. Comme le montre ce schéma, les sites de fixation des têtes de myosine sont ainsi rendus accessibles et les ponts actomyosine peuvent se former.

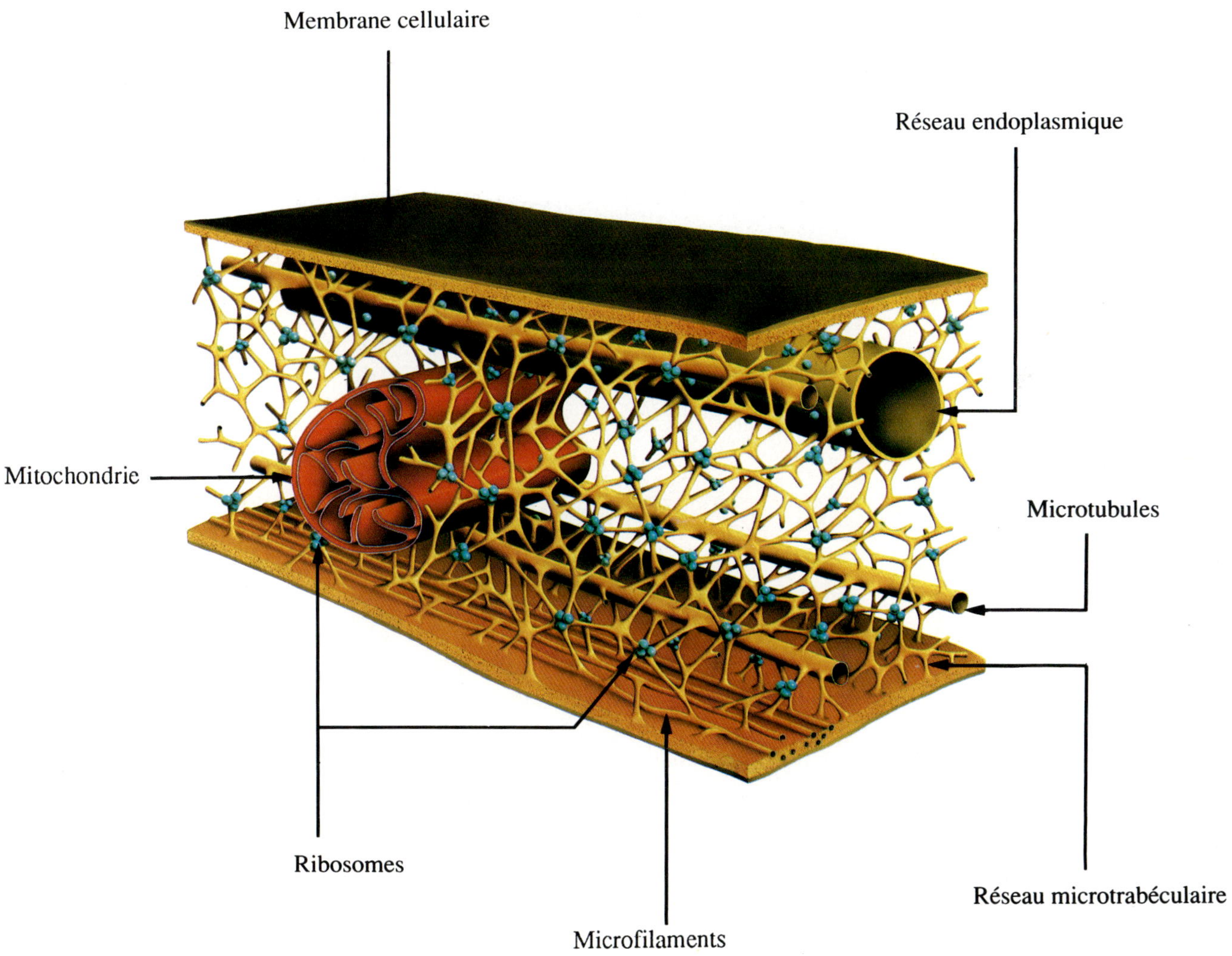


Le réseau microtrabéculaire.
Ce réseau filamenteux est composé de fibres de diamètre extrêmement variable. Elles s'interconnectent en un édifice tridimensionnel d'une grande complexité. Des microtubules et des organites comme des mitochondries et des lysosomes paraissent piégés dans le filet cytosolique. De nombreux ribosomes y sont également fixés par groupe de trois. L'existence de ce réseau est contreversée : certains auteurs pensent qu'il s'agit d'un immense artefact causé par la précipitation de protéines solubles.

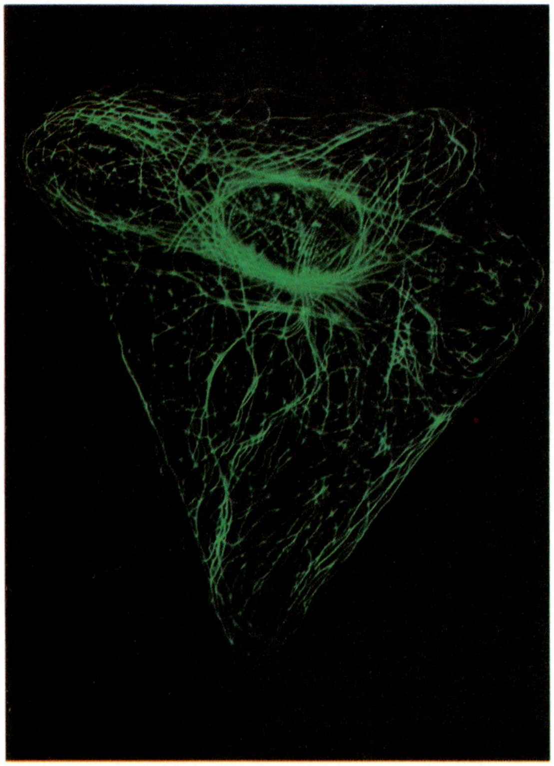

Le réseau microtubulaire.
Dans cette image de microscopie électronique, les microtubules ont été marqués par des anticorps fluorescents. Ils irradient autour de la région constituée par le noyau et en marquent l'emplacement.

# Chapitre VII

## La division normale et la multiplication anarchique de la cellule.

La division d'une cellule, ou cytodiérèse, se déroule selon un processus qui répartit deux noyaux-fils issus d'une mitose dans deux cellules-filles au contenu cytoplasmique sensiblement équivalent. La précision avec laquelle se déroule la mitose est une condition majeure de l'apparition d'une nouvelle génération cellulaire, génétiquement identique à la génération parentale. La mitose précède la division cellulaire proprement dite et comprend 4 phases : la prophase, la métaphase, l'anaphase et la télophase.

### Au cours de la prophase, les chromosomes s'individualisent, les centrioles migrent vers les pôles opposés du noyau et le fuseau mitotique se met en place.

En début de prophase, ni la microscopie optique, ni la microscopie électronique ne permettent de distinguer de formes précises à l'intérieur du noyau (figure 158). La substance chromatinienne, faite d'ADN et de protéines nucléaires se présente sous l'aspect d'amas extrêmement diffus, dispersés dans le nucléoplasme. Cependant, au fur et à mesure que cette phase progresse, elle se condense et apparaît en un premier temps sous la forme de filaments ténus et tortueux. Au fur et à mesure que leur condensation se poursuit, ces filaments se raccourcissent, s'épaississent et se transforment enfin en bâtonnets courts et épais. Déjà clairement identifiés dans les cellules animales et végétales voici plus d'un siècle, ces condensats ont été appelés chromosomes.

Figure 158
Illustration schématique des principales étapes de la mitose (voir pages suivantes).

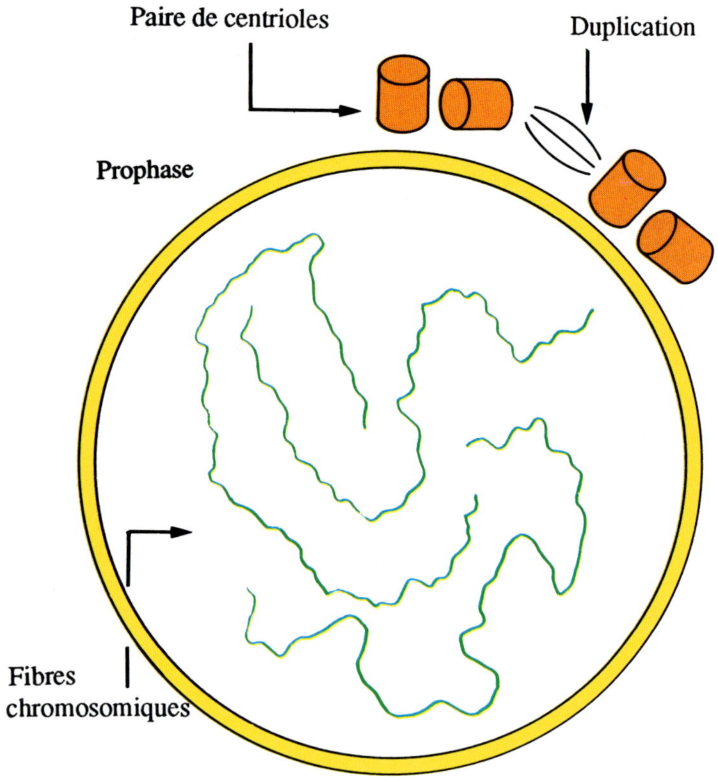


En fin d'interphase et en début de prophase, les chromosomes apparaissent sous la forme de filaments fins.

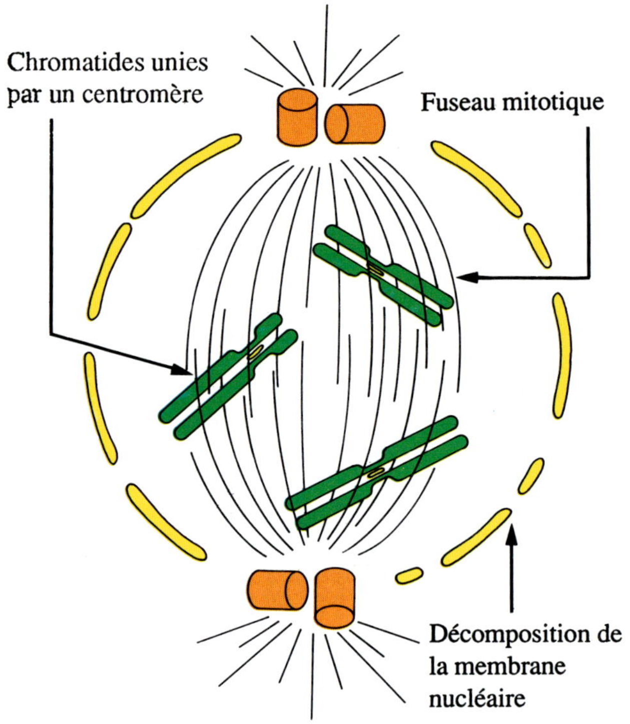


Au cours de la prophase, ces filaments se raccourcissent, s'épaississent et se condensent en bâtonnets, dédoublés en chromatides.

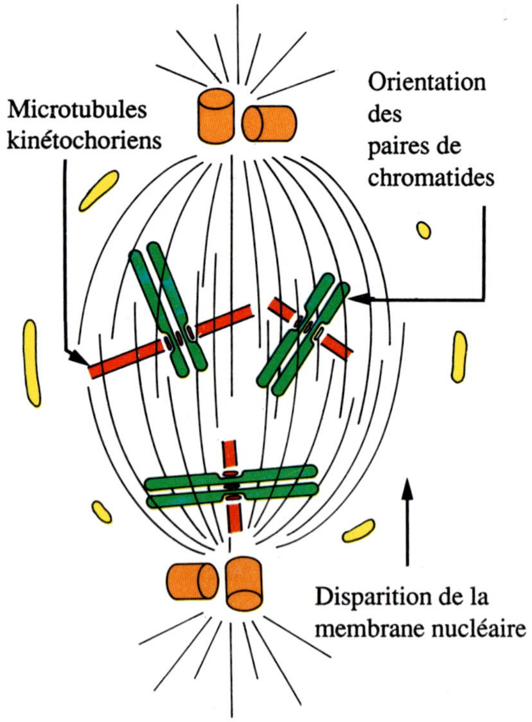


Les microtubules kinétochoriens se forment et orientent progressivement les chromosomes dédoublés par rapport aux pôles du fuseau.

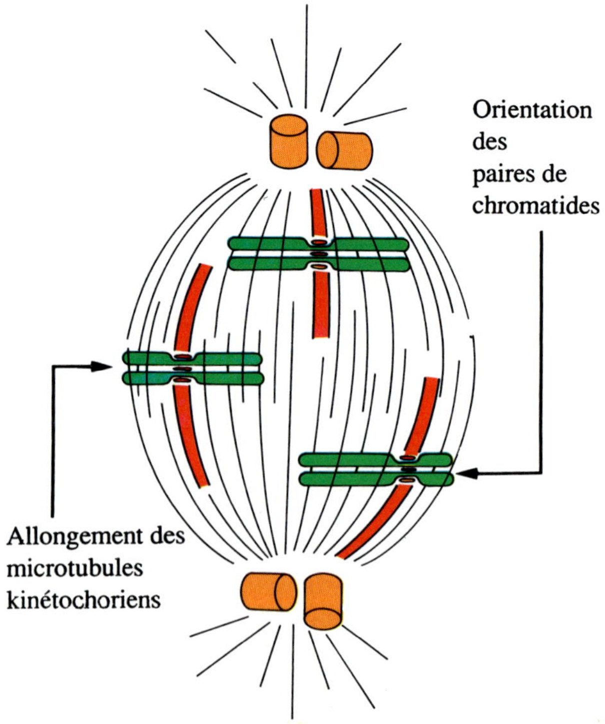


Les paires de chromatides sont orientées par rapport au fuseau et se rapprochent progressivement du centre du fuseau.

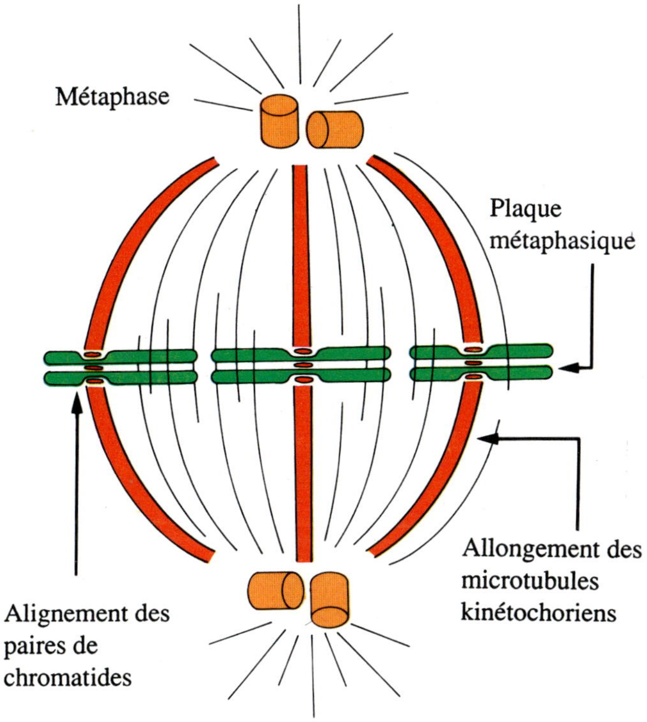


L'alignement des paires de chromatides sur la plaque équatoriale marque le début de la métaphase.

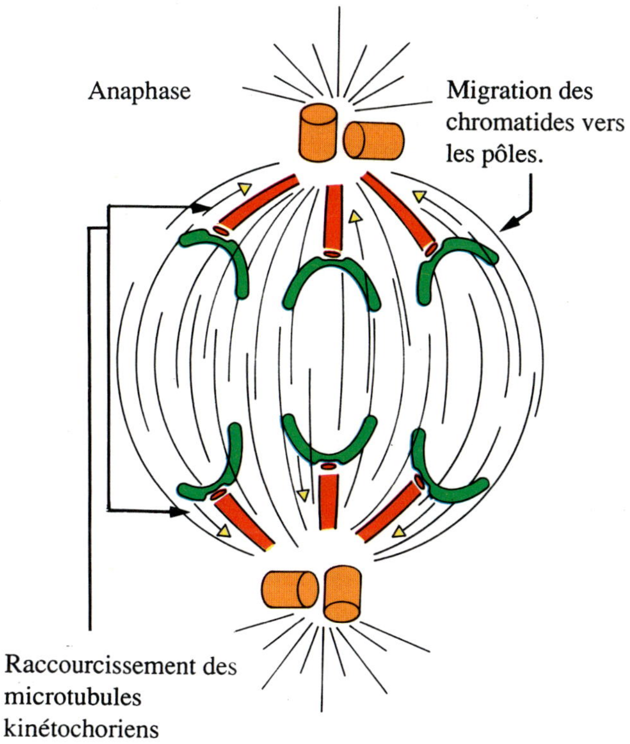


La division des centromères en fin de métaphase a libéré les chromatides individuels. Ceux-ci migrent vers leur pôle respectif. Nous sommes en anaphase.

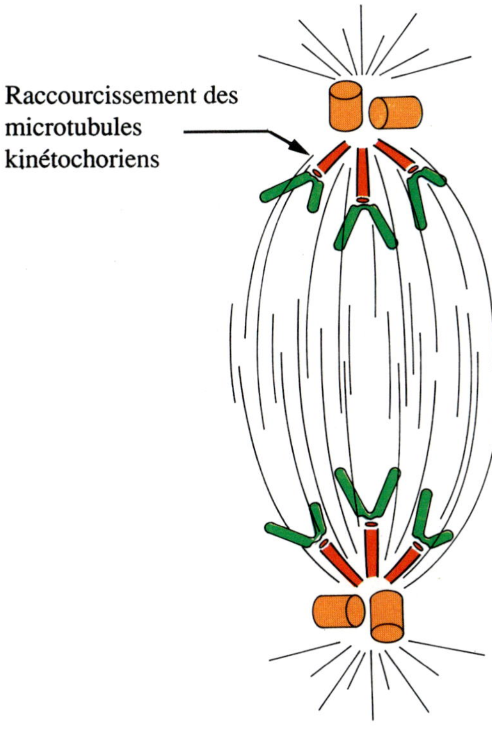


En fin d'anaphase, les chromatides, devenues chromosomes-fils, sont regroupées dans les régions des futurs noyaux.

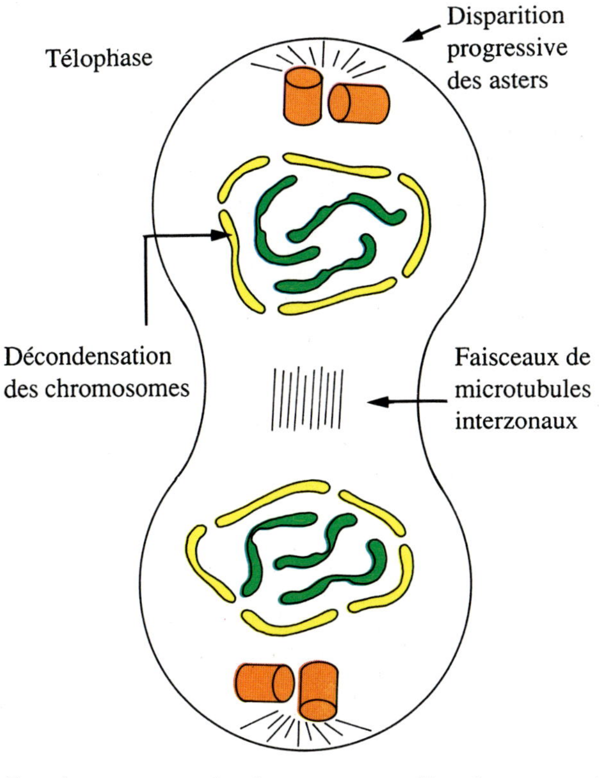


En même temps que les chromosomes se décondensent, un sillon de division apparaît.

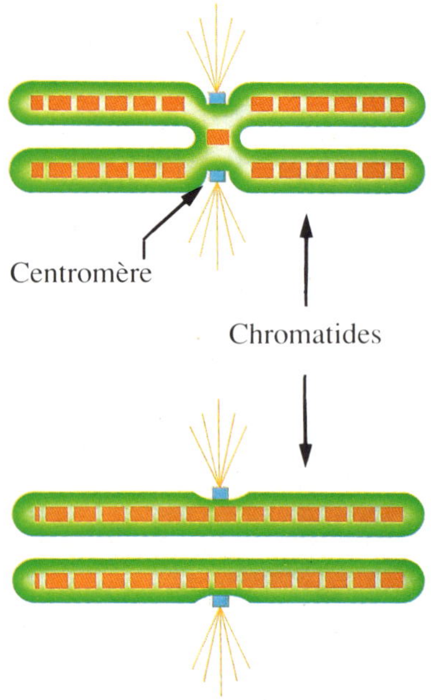


Figure 159
Structure du chromosome métaphasique et du chromosome anaphasique. Le chromosome métaphasique est constitué de deux chromatides encore reliées entre elles par le centromère. Cette région contient de l'ADN non encore répliqué. L'achèvement de la réplication en début d'anaphase libère les chromatides de leur attache centromérique et permet leur migration vers les pôles.

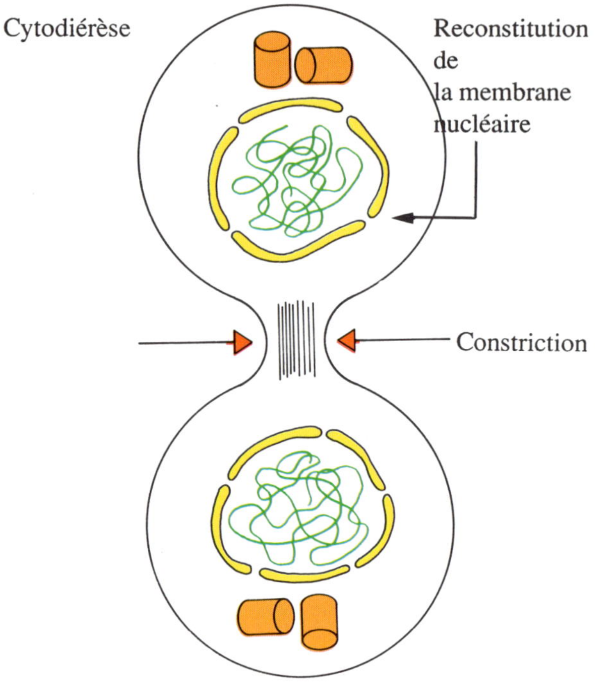


L'étranglement se poursuit jusqu'à ce que les deux cellules-filles se séparent.

Figure 160
Dédoublement des paires de centrioles. Le mécanisme de ce dédoublement n'est guère connu. Comme le montre cette illustration, ce sont les sites périnucléaires occupés par les paires de centrioles néoformées qui déterminent finalement l'emplacement du fuseau mitotique entre deux pôles opposés de la cellule en début de prophase. En même temps que le fuseau s'organise, la membrane nucléaire se décompose pour finalement disparaître.

Un examen attentif du chromosome examiné en fin de prophase montre qu'il est en réalité constitué de deux parties : chacune d'elles correspondant à un chromatide. Un chromatide est un duplicata du chromosome-père, effectué au cours d'une période du cycle de la cellule qui précède la mitose (figure 159). Deux structures protéiques punctiformes appelées kinétochores sont associées dos à dos à une courte région commune aux deux chromatides, appelée centromère. La localisation de ce site varie d'un chromosome à l'autre et permet de les distinguer en microscopie optique.

L'individualisation des chromosomes s'accompagne d'importants changements au niveau du noyau et de la cellule. Dès en début de prophase le centrosome, formé de deux centrioles perpendiculaires l'un à l'autre, est déjà dédoublé et les centrosomes-fils commencent leur migration vers les pôles opposés du noyau (figure 160). Au fur et à mesure qu'ils s'écartent l'un de l'autre, des microtubules issus de la région dans laquelle ils baignent croissent et s'allongent en occupant au fur et à mesure l'espace qui les sépare. Lorsque les paires de centrioles néoformées ont achevé leur course, elles occupent chacune une position définie, qui marque les deux pôles du noyau en division. Les microtubules sont alors répartis entre elles et forment une sorte de grillage biconique appelé fuseau mitotique (figure 161). La séparation des paires de centrioles s'accompagne également du développement d'une autre catégorie de microtubules, les microtubules péricentriolaires. Ceux-ci irradient autour de chaque centrosome et forment les asters du fuseau mitotique.

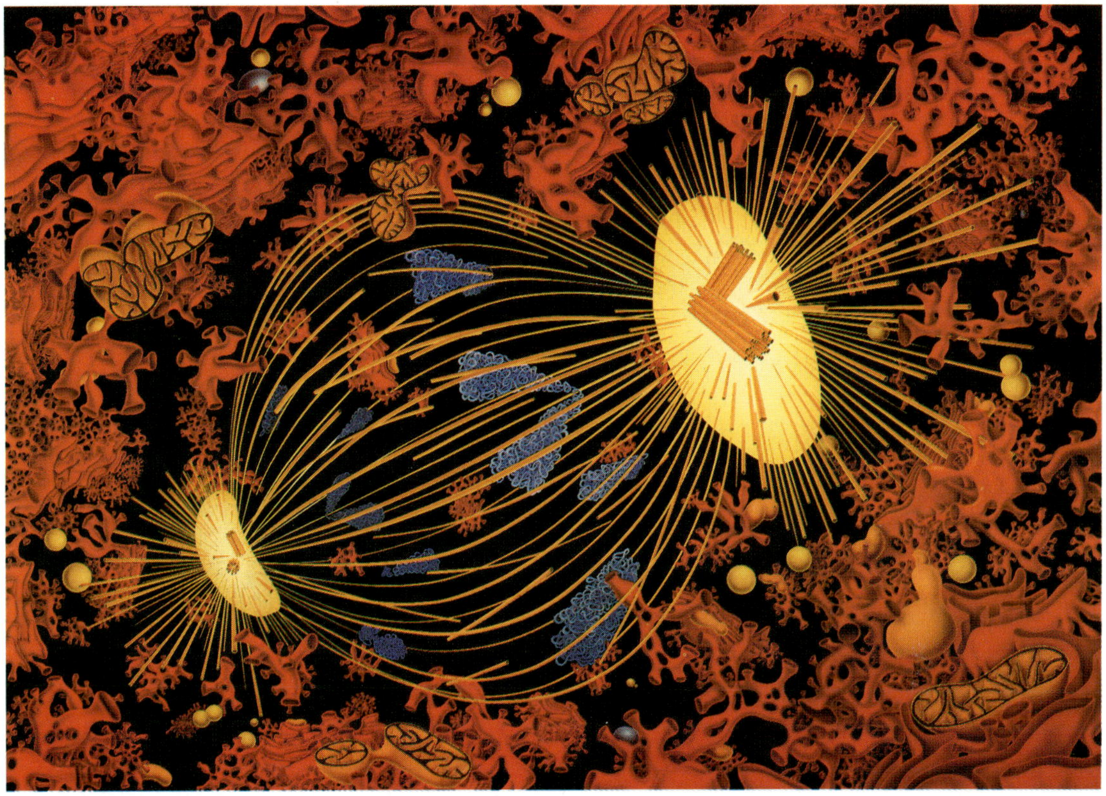

Figure 161
Anaphase de la mitose, un modèle tridimensionnel. Les microtubules polaires ont formé une structure en cage permettant aux chromosomes d'être tractés vers leur pôle respectif. La région correspondant au noyau s'est allongée dans l'axe des pôles et les débris de la membrane nucléaire se confondent avec les membranes du réseau endoplasmique. Des organites comme les mitochondries, et peut-être aussi l'appareil de Golgi, se sont scindés au cours d'un stade précédent et se répartissent sensiblement de manière égale entre les régions correspondant aux deux futures cellules-filles. La signification des microtubules des asters n'est pas comprise.

Figure 162
La répartition des chromatides en anaphase de mitose. La distribution des chromatides maternelles et paternelles se fait de manière aléatoire et ne dépend que de leur orientation au niveau de la plaque métaphasique.

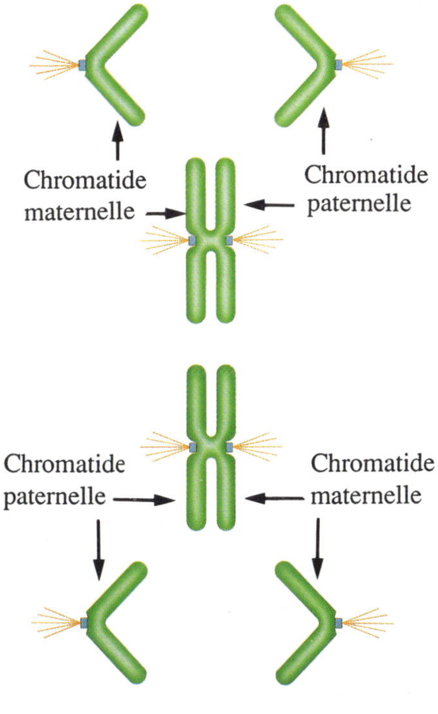


Dans le noyau, on assiste alors à la disparition progressive du nucléole, dont le matériel se dilue. De même, la membrane nucléaire se fragmente et ses débris se confondent peu à peu avec le réseau endoplasmique de la cellule. Entretemps, une troisième catégorie de microtubules, les microtubules kinétochoriens, se sont développés à partir des kinétochores. Enfin, les paires de chromatides se dirigent sans ordre apparent vers le centre de la cellule, se stabilisent et se répartissent dans un plan mitoyen appelé plaque équatoriale. Observé de profil sur des préparations ordinaires, leur alignement paraît dépendre d'un jeu d'interactions d'intensité égale, mais d'orientation opposée entre les microtubules kinétochoriens et les microtubules polaires. Tout se passe comme si des forces dirigées en sens contraire agissaient sur une paire donnée, de manière à la maintenir en équilibre à égale distance des deux pôles du fuseau.

De plus, l'orientation des paires chromatidiennes sur la plaque équatoriale s'opère de façon aléatoire (figure 162). Nous montrerons plus loin, au cours de notre étude de la méïose, que lorsque cette orientation concerne des paires de chromosomes parentaux, elle prend une signification importante. L'alignement des paires de chromatides sur la plaque équatoriale, bras émergeant de part et d'autre, marque le début de la métaphase.

## Au cours de la métaphase, les chromatides deviennent indépendantes.

On pense que le centromère est une région du chromosome contenant de l'ADN non encore répliqué. Selon cette hypothèse, un signal moléculaire génétiquement contrôlé bloquerait la synthèse du nouvel ADN jusqu'à ce stade. Toujours est-il que la séparation complète des chromatides survient brusquement, comme si les forces émanant des pôles et appliquées aux kinétochores parvenaient enfin à les arracher les unes des autres. La rupture des ponts centromériques signale le début du stade anaphase.

## Pendant l'anaphase, des chromatides migrent vers les pôles opposés du fuseau mitotique.

Kinétochores en avant, les bras traînant vers l'arrière, les chromatides migrent alors vers leur pôle centrosomal en même temps que les microtubules kinétochoriens se raccourcissent. Bien que la nature et la quantité des forces mises en jeu dans ce mouvement dirigé ne soient pas connues avec toute la précision souhaitée, quelques hypothèses intéressantes ont été formulées. L'une d'elles suppose que le déplacement des chromatides pourrait résulter de la dépolymérisation des microtubules kinétochoriens dans la zone polaire, ce qui aurait pour effet de les en-

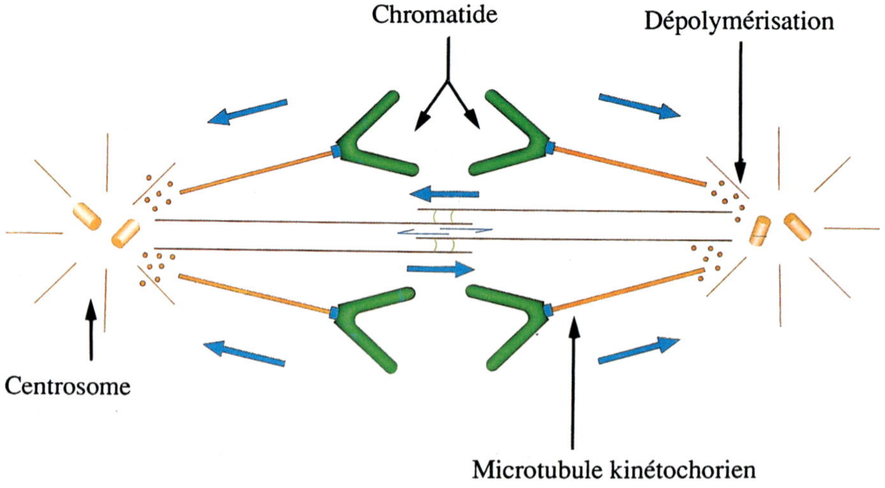


Figure 163
Les forces d'entraînement des chromatides au cours de l'anaphase. Il est difficile de préciser la nature des forces qui font progresser les chromatides anaphasiques vers leurs pôles respectifs.

Une polymérisation de molécules de tubuline, -et donc un allongement des microtubules- semble se produire au niveau de la région de chevauchement des microtubules polaires.

Cette polymérisation, conjuguée à la dépolymérisation, -et donc au raccourcissement- des microtubules kinétochoriens, pourrait expliquer au moins en partie le mouvement des chromatides.

traîner avec elles (figure 163). Au cours de ce déplacement, les chromatides seraient guidées le long des rails constitués par les microtubules du fuseau bipolaire.

Un autre événement se déroule en parallèle et précède de peu la ségrégation des chromatides dédoublées. Suite apparemment à l'action de forces de chevauchement et de glissement des microtubules fusoriaux dans la région équatoriale de la cellule, les deux pôles centrosomaux s'écartent l'un de l'autre et augmentent d'autant la distance à franchir pour les atteindre. Le glissement des microtubules polaires s'accompagnent d'une polymérisation de leurs extrémités libres. Il pourrait mettre en jeu une dynéine ATPasique semblable à celle que nous avons décrit pour expliquer le mouvement des flagelles.

Vers la fin de l'anaphase, les chromatides, devenues chromosomes-fils, sont regroupées dans une région relativement étroite au sommet de chaque pôle du fuseau. A ce moment, il devient déjà plus difficile de les distinguer car elles commencent à se décondenser. C'est également en fin d'anaphase que débute la division cellulaire proprement dite.

## La télophase achève la mitose.

Les événements qui se produisent au cours de la télophase sont essentiellement inverses de ceux qui ont lieu pendant la prophase. Les lots chromosomiques néoformés sont enveloppés par une nouvelle membrane nucléaire, apparemment constituée par la fusion de vésicules issues du réseau membranaire interne, ou peut-être même par la récupération des fragments de la membrane nucléaire précédente. Hormis la région équatoriale dans laquelle ils persistent momentanément, les microtubules du fuseau disparaissent et les chromosomes poursuivent leur décondensation amorcée en fin d'anaphase. Finalement, ces derniers reprennent leur aspect flou observé en interphase et en début de prophase.

Tous ces événements, y compris la reconstitution du nucléole, redonnent au noyau une allure interphasique. Nous avons fait observer plus haut que le dédoublement des chromosomes s'effectue en majeure partie au cours de la période qui sépare deux mitoses successives. La mitose apparaît ainsi globalement comme un processus qui ségrège des chromosomes presqu'entièrement dédoublés au cours de l'étape qui la précède.

## La cytodiérèse est le processus au cours duquel une cellule se divise.

Ce processus revêt des aspects fort différents si on le compare chez une cellule animale ou chez une cellule des plantes supérieures.

La division de la cellule animale commence par la formation d'un sillon superficiel qui ceint la cellule dans sa région équatoriale. Le sillon s'approfondit, se resserre peu à peu et étrangle la cellule-mère, la départageant finalement en deux cellules-filles (figure 164). On a montré que le clivage du cytoplasme résulte de l'action constrictrice de protéines filamenteuses du type actine et myosine. On observe en effet, immédiatement sous la membrane plasmique et parallèlement au sillon de division, un cerceau de filaments disposés concentriquement par rapport à l'axe central du fuseau mitotique. L'association interactive de ces filaments nécéssite une dépense d'énergie fournie par l'hydrolyse de l'ATP.

Chez les cellules végétales, la membrane plasmique est doublée d'une paroi cellulosique rigide et d'autres mécanismes doivent intervenir pour opérer la cytodiérèse (figure 165). Le processus débute par la migration de vésicules vers le plan équatorial de la cellule anaphasique, dans la région de chevauchement des microtubules polaires. Ces vésicules, apparemment d'origine golgienne, se condensent dans ce plan et leurs contenus forment un embryon de plaque cellulosique mitoyenne. Par croissance périphérique, cette plaque rejoint les parois cellulosiques latérales de la cellule-mère. La nouvelle membrane plasmique paraît résulter de la fusion des membranes des vésicules. Lorsque la paroi cellulosique séparatrice est achevée, les microtubules fusoriaux reprennent leur disposition corticale, caractéristique des cellules en interphase. Remarquons enfin que l'on n'observe pas de centrioles dans les cellules végétales des plantes supérieures, que ce soit au cours de l'interphase ou au cours de la mitose.

Figure 164
Cellule en fin de division (microscopie électronique à balayage).
On remarquera les nombreuses microvillosités de son enveloppe. Celles-ci apparaissent fréquemment chez les cellules mitotiques cultivées in vitro. Des faisceaux de filaments d'actine soutiennent les prolongements cytoplasmiques. On ignore la raison exacte de cet excès de membrane plasmique.

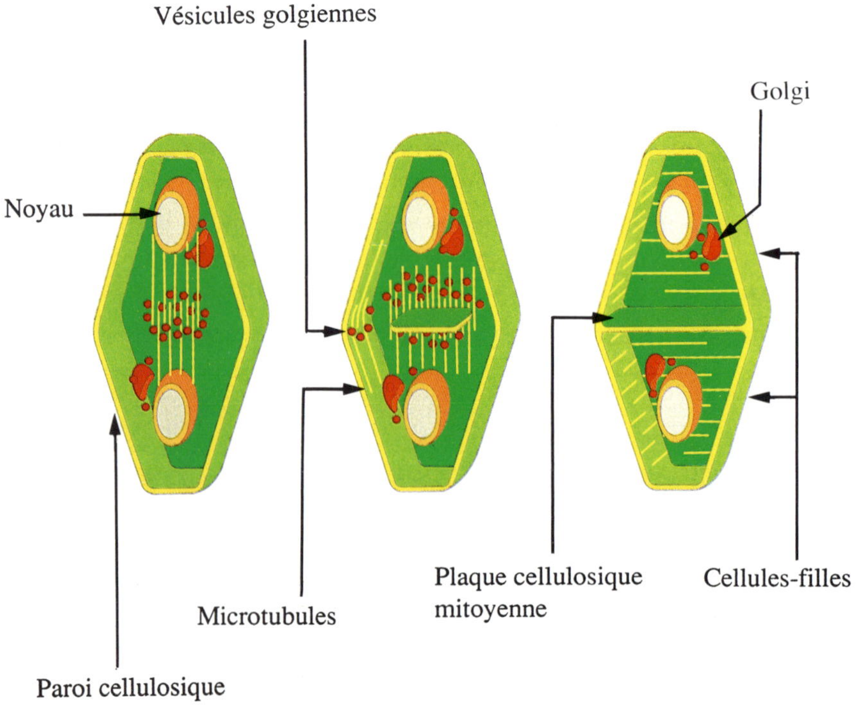


Figure 165
Cytodiérèse végétale. Une plaque mitoyenne de nature cellulosique s'étend progressivement dans la zone équatoriale du fuseau bipolaire. Elle provient vraisemblablement de la fusion de vésicules d'origine golgienne. Les microtubules sont impliqués dans la distribution de ces vésicules dans la région de la plaque. En fin du processus, ils reprennent leur disposition corticale, parallèle aux parois des cellules-filles.

## De la nécéssité de la cytodiérèse.

On ne connaît pas très bien les raisons pour lesquelles une cellule se divise. Bien que ce phénomène soit général chez les cellules de l'embryon, nombre d'entre elles cessent leurs divisions à l'âge adulte, tandis que d'autres les poursuivent. D'autre part, dans des cas anormaux comme le cancer, des cellules se divisent alors qu'elles ne le devraient plus (figure 166). Tout se passe comme si certains facteurs agissaient à un moment où l'autre de la vie de la cellule pour induire ou inhiber les mécanismes qui déterminent son entrée en mitose et en division.

Si on considère les nécéssités liées aux échanges nutritifs des cellules avec leur milieu, la superficie de la membrane plasmique apparaît comme un facteur déclencheur de la mitose. En effet, au cours de la croissance cellulaire, elle augmente moins vite que le volume du cytoplasme lui-même, de sorte que le taux des échanges s'avère finalement insuffisant. La division cellulaire permettrait de rétablir un rapport surface/volume plus favorable aux équilibres nutritionnels. Un autre signal induisant la division d'une cellule semble résulter d'une atteinte à l'intégrité d'un tissu. Par exemple, suite à une blessure au niveau de la peau ou d'un autre organe, des cellules quiescentes reprennent parfois leurs divisions à un rythme élevé pour régénérer les tissus manquants.

Des signaux dits de position semblent également contrôler la mitose et la régénération des cellules. Ainsi, les cellules basales de l'épiderme se divisent et donnent naissance à des cellules-filles qui deviennent mitotiquement inactives au fur et à mesure qu'elles sont poussées vers le sommet du tissu. Ce ralentissement et cet arrêt pourraient être causés par la raréfaction progressive, dans leur environnement immédiat, d'un facteur de croissance sécrété dans la région frontalière séparant l'épiderme et le derme, mais ne pouvant diffuser jusqu'à elles. A l'heure actuelle, on pense que plusieurs facteurs de croissance spécifiques, de nature protéique, sont responsables de la poursuite ou du relancement des événements mitotiques dans les divers tissus de l'organisme.

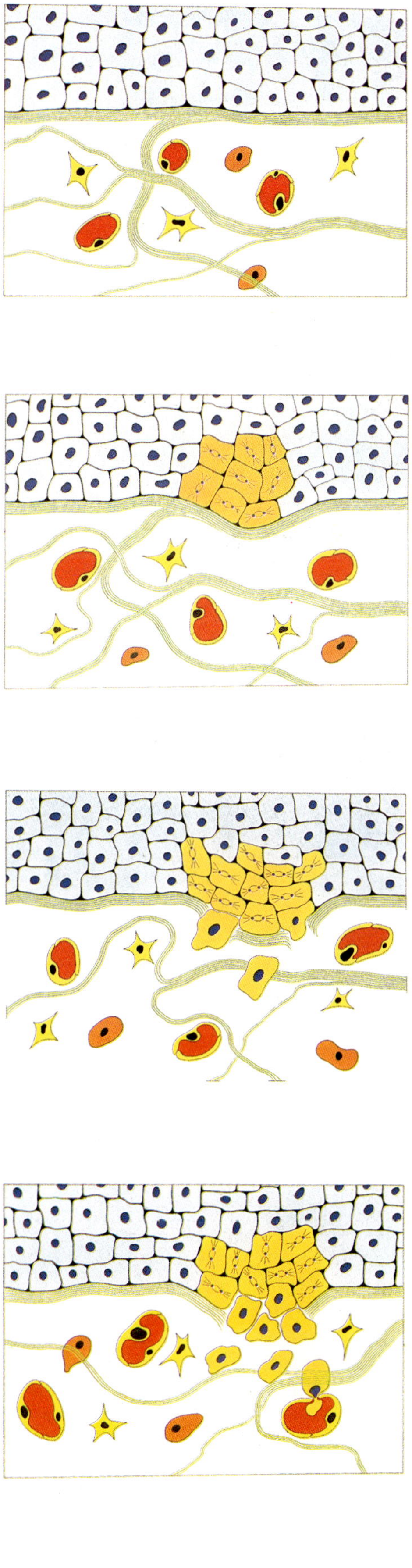

Figure 166
Schématisation de 4 étapes de la formation d'une métastase. On voit que les cellules cancéreuses (en ocre) diluent la membrane basale et envahissent le tissu conjonctif de soutien. Certaines d'entre elles pénètrent dans les conduits vasculaires et accèdent ainsi à des régions éloignées de leur site initial de prolifération.

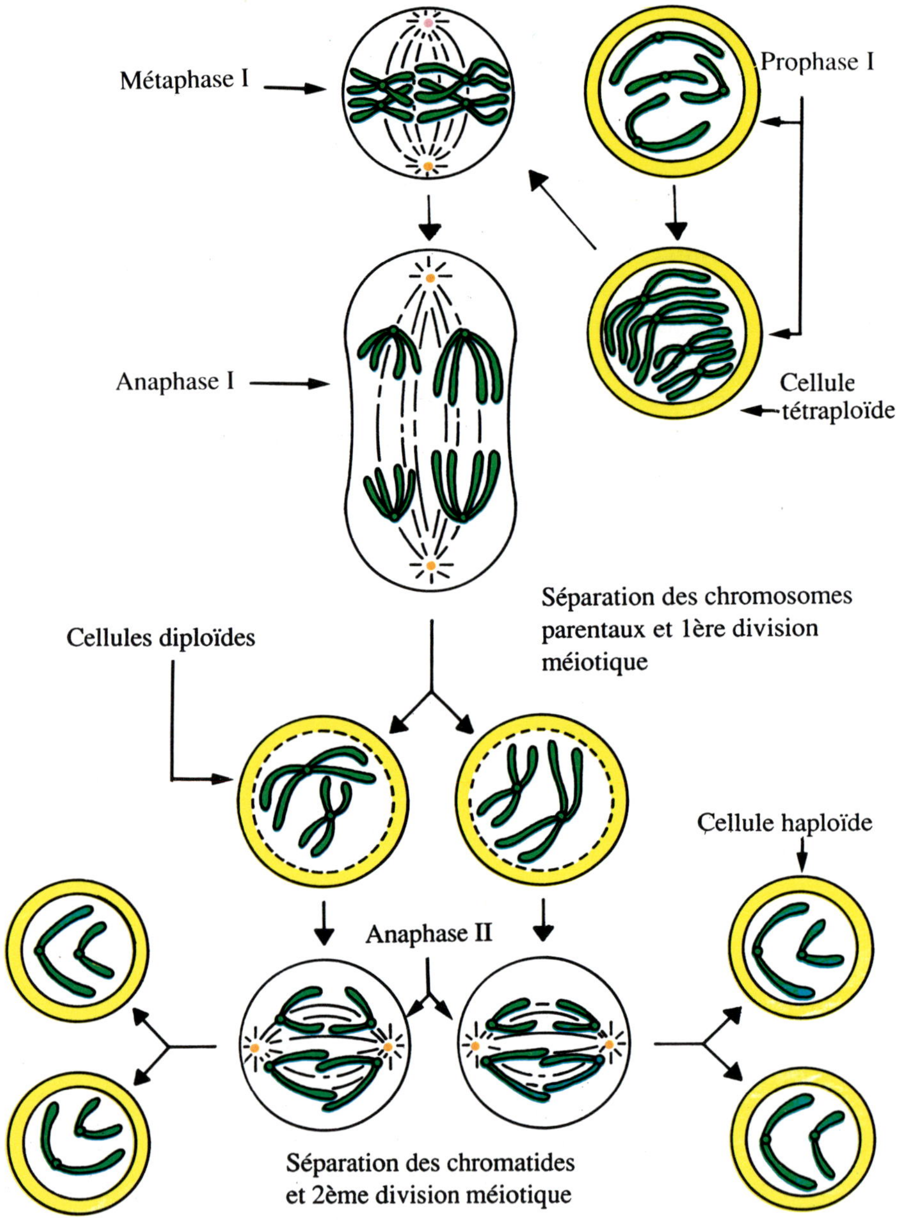


Figure 167
La méiose. La méiose se distingue de la mitose par 4 caractéristiques importantes.
1- Les paires de chromatides paternelles et maternelles homologues s'apparient entre elles au cours de la première prophase.
2- La dissociation des homologues s'accompagne de cassures et de réarrangements (recombinaisons) entre les bras chromatidiens maternels et paternels. C'est à ce niveau que s'opère le "mariage génétique" de nos parents, lorsque nous formons nos propres cellules sexuelles.
3- La première séparation anaphasique ne concerne que les paires de chromosomes homologues tandis que la seconde concerne les chromatides recombinées qui ont répliqué leur région centromérique.
4- Les deux anaphases successives de la méïose ségrègent deux fois de suite un ADN qui n'a doublé qu'une seule fois (au cours de l'interphase qui précède la méiose). Il en résulte une réduction de moitié du contenu chromosomique parental dans chacun des gamètes.

# La méiose

## La prophase I méiotique ressemble à la prophase mitotique par plusieurs aspects.

La plupart des événements qui illustrent la prophase I de la méiose ressemblent à ceux que l'on observe au cours de la prophase mitotique (figure 167). Les chromosomes individuels se raccourcissent et s'épaississent; le nucléole et la membrane nucléaire disparaissent et le fuseau microtubulaire s'organise. Comme dans la mitose, chaque chromosome a déjà été dédoublé en chromatides au cours de l'interphase précédente et ce dédoublement est observé en début de prophase I. Dès avant la première prophase méiotique, la cellule contient donc, à l'instar de la cellule entrant en mitose, 4 compléments génétiques répartis entre chaque chromosomes parentaux. La prophase I de la méiose se distingue de la prophase de la mitose par le fait que les chromosomes parentaux homologues s'associent étroitement entre eux et se comportent par paires et non comme entités individuelles au cours de leur mise en place sur la plaque équatoriale. Nous venons de voir que, durant la prophase mitotique, ils évoluent au contraire indépendamment les uns des autres.

L'union entre deux chromosomes homologues s'appelle synapsis (figure 168). Comme la paire synaptique est en fait constituée de 4 chromatides identiques, -deux pour chaque chromosome parental-, on la désigne également par le terme tétrade. La région du synapsis située entre les homologues est une structure peu comprise. Elle paraît armaturée d'une longue matrice protéique au niveau de laquelle les chromosomes sont appariés et donc maintenus en étroite proximité. Les études cytologiques font penser que l'appariement entre homologues procède à la manière d'une fermeture-éclair, accrochant une à une des protéines synaptiques axiales dont la structure est spécifique des différentes régions de chaque chromosome parental. Un équipement protéique spécialisé dans la recombinaison est associé à ce complexe nucléoprotéique, encore appelé complexe synaptonémal. C'est lui qui serait responsable des cassures et des soudures de segments de chromatides survenant au cours de la longue prophase de la première division méiotique. Le résultat est un réassortiment des gènes paternels et maternels qui leurs sont associés. Le phénomène de recombinaison chromosomique paraît très complexe et n'est que peu compris (figure 169).

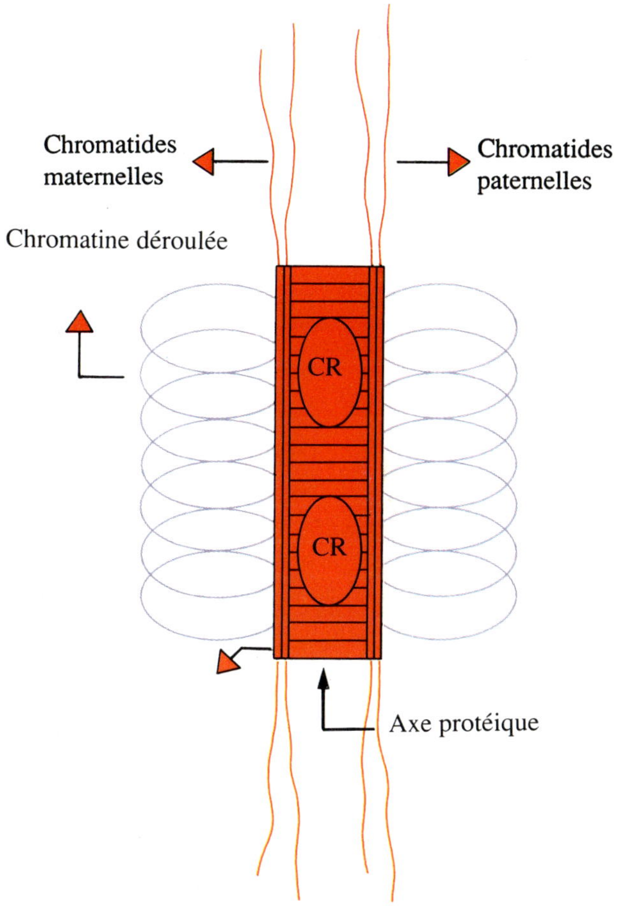


Figure 168
Structure du complexe synaptonémal. C'est un vaste complexe nucléoprotéique dont la formation permet l'appariement des chromosomes parentaux homologues au cours de la première prophase méiotique. Des recombinaisons entre chromatides parentales s'y effectuent. On pense que ce sont des nodules protéiques de recombinaison (CR) qui contrôleraient ces échanges génétiques. Chaque nodule de recombinaison paraît être, au vu de sa taille (environ 90 nm), un grand agrégat multienzymatique. A l'appui de cette hypothèse on a remarqué que l'emplacement des nodules correspondait à celui des enjambements chromosomiques observés en début de méiose. Les boucles latérales sont formées de fibres nucléoprotéiques (ADN) faisant saillie vers l'extérieur.

## Les principaux événements de la métaphase, de l'anaphase et de la télophase de la première division méiotique.

Comme seul le hasard détermine la mise en place des tétrades au niveau de la plaque métaphasique, les homologues paternels et maternels de chacune d'elles sont orientés aléatoirement vers l'un ou l'autre pôle de la cellule. Peu après avoir été alignés sur la plaque équatoriale, ils rompent leur appariement synaptonémal selon un mode ouverture-éclair et migrent vers leur pôle respectif. C'est le démarrage de l'anaphase I. A ce moment, chaque homologue est donc constitué de deux chromatides réassorties, encore soudées au niveau des centromères. En télophase I, chacun des deux noyaux nouvellement formés contient un lot haploïde d'homologues recombinés. Une première division cellulaire suit cette étape.

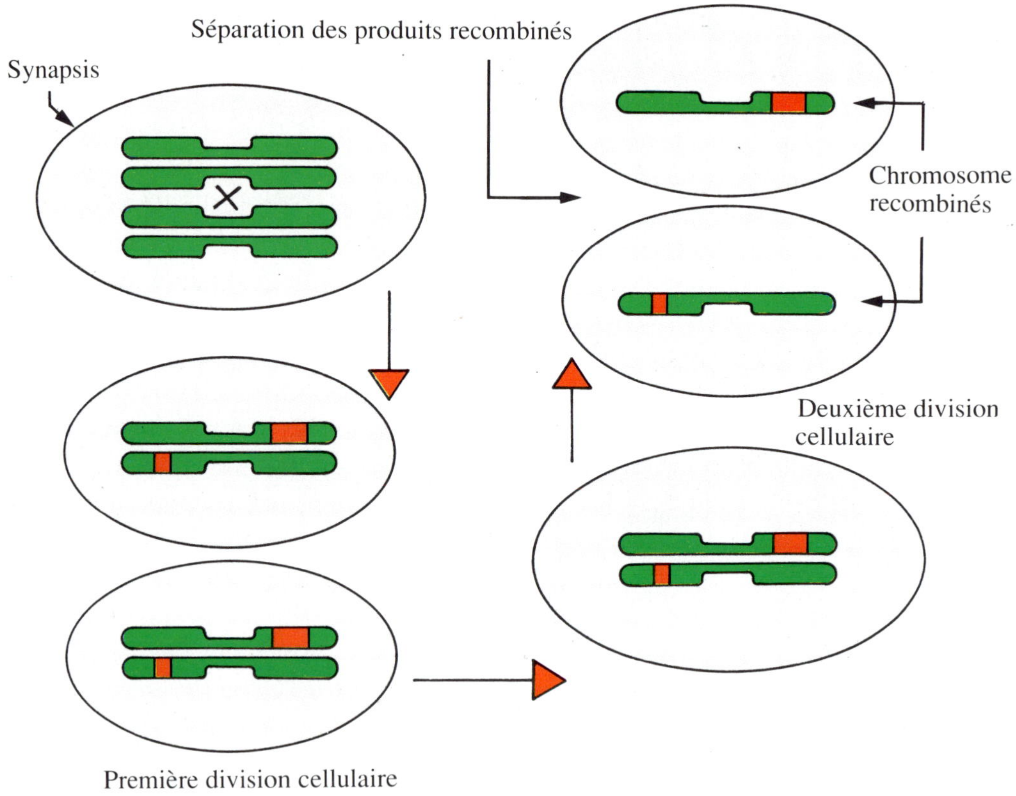


Figure 169
La recombinaison méiotique. Des échanges de segments de chromatides, réalisés au niveau du synapsis réunissant les chromosomes appariés aboutissent à la formation de chromosomes recombinés.

## Comment s'achève la méiose.

L'interphase mitotique qui sépare deux générations successives dure généralement un temps assez long au cours duquel les cellules synthétisent du nouvel ADN. Lors de la méiose, au contraire, aucune synthèse d'ADN ne se produit et la période correspondante est très courte. Les noyaux télophasiques I entament ainsi pratiquement d'emblée une seconde division.

Au cours de la prophase II et de la métaphase II, périodes également brèves, les paires de chromatides réassorties se dirigent à nouveau vers le centre du fuseau et se répartissent aléatoirement sur le plan équatorial, d'une manière qui rappelle tout à fait ce qui se passe lors de la mitose. L'anaphase II débute lorsque les centromères se scindent enfin et que les forces d'interactions microtubulaires entraînent les chromatides-filles vers les pôles opposés du fuseau. Comme cette séparation a lieu simultanément chez les deux cellules issues de la première division, elle produit en fin d'anaphase 4 noyaux contenant chacun une seule chromatide recombinée (futur chromosome), originaire en proportion variable de l'un ou de l'autre parent. La cytodiérèse qui suit produira donc 4 cellules haploïdes génétiquement originales, ne possédant plus qu'un seul assortiment de gènes (un seul complément génétique) : ce sont les gamètes sexuels.

Nous pouvons résumer ici le processus méiotique en disant qu'à l'issue d'une seule division chromosomique, mais de deux séparations anaphasiques successives, il distribue le matériel génétique d'une cellule-mère en 4 lots haploïdes, répartis dans 4 gamètes individuels.

## Le cycle de la cellule et le cancer.

La mitose et la cytodiérèse ne constituent que des moments particuliers de la vie de la cellule. Celle-ci traverse en outre une série d'événements qui, comme les précédents, se répètent de manière cyclique, d'une génération cellulaire à l'autre.

Le cycle complet d'une cellule est subdivisé en 4 phases, désignées respectivement G1, S, G2 et M (pour mitose) (figure170). La période du cycle qui sépare deux mitoses successives englobe les phases G1, S et G2. Au cours de la phase G1, les cellules reprennent un rythme de biosynthèses et d'activités métaboliques qui avait fortement diminué pendant la mitose précédente. C'est au cours de la phase S que démarre la synthèse réplicative de l'ADN dans le noyau. Presque complète à l'issue de cette étape, elle ne s'achève cependant qu'au moment de la séparation des chromatides en début d'anaphase de la mitose suivante. Au cours de la phase G2, la cellule prépare son entrée en mitose.

La durée d'un cycle varie d'une espèce cellulaire à l'autre. Elle oscille habituellement entre quelques heures et plusieurs dizaines de jours. On a remarqué que c'était la durée de la phase G1 qui déterminait en priorité celle du cycle tout entier. Les cellules à croissance rapide, et donc qui se divisent fréquemment, ont une phase G1 courte. A l'opposé, les cellules à croissance lente ont une phase G1 longue. Quant à celles qui ne se divisent plus, elles restent définitivement bloquées en phase G1. C'est le cas des diverses populations hautement différenciées des neurones et des cellules musculaires striées.

On a montré que le passage de la phase G1 à la phase S induit irréversiblement la cellule à réenclencher le cycle jusqu'à la phase G1 suivante. La transition s'opère à un moment situé vers la fin de la période G1, appelé point de restriction R. Celui-ci détermine donc une étape cruciale du cycle. On pense que les signaux de contrôle de la division cellulaire, dont celui constitué par la quantité limitante de membrane plasmique, pourraient exercer leurs effets à cet endroit pour déterminer si oui ou non un nouveau cycle peut être amorcé. Les cellules cancéreuses semblent ignorer ce point de contrôle et cela, indépendamment de la présence ou de l'absence des facteurs qui régulent normalement la croissance. En continuant à se diviser de manière anarchique, elles provoquent la formation d'amas néfastes connus sous le nom de tumeurs.

D'une manière générale, on distingue deux types de tumeurs, appelées respectivement tumeurs bénignes et tumeurs malignes. Alors que les cellules des tumeurs bénignes sont enveloppées d'une capsule fibreuse et ont tendance à rester confinées dans leur tissu d'origine, les cellules des tumeurs malignes migrent vers des tissus voisins et engendrent de nouveaux foyers appelés métastases. Il est relativement aisé à l'heure actuelle d'exciser une tumeur bénigne lorsqu'elle est localisée. Au contraire, il est beaucoup plus ardu de dépister et d'extirper des métastases. L'incidence mortelle très élevée des cancers a orienté les travaux d'innombrables laboratoires vers la recherche de leurs causes, de leurs mécanismes et de leurs traitements.

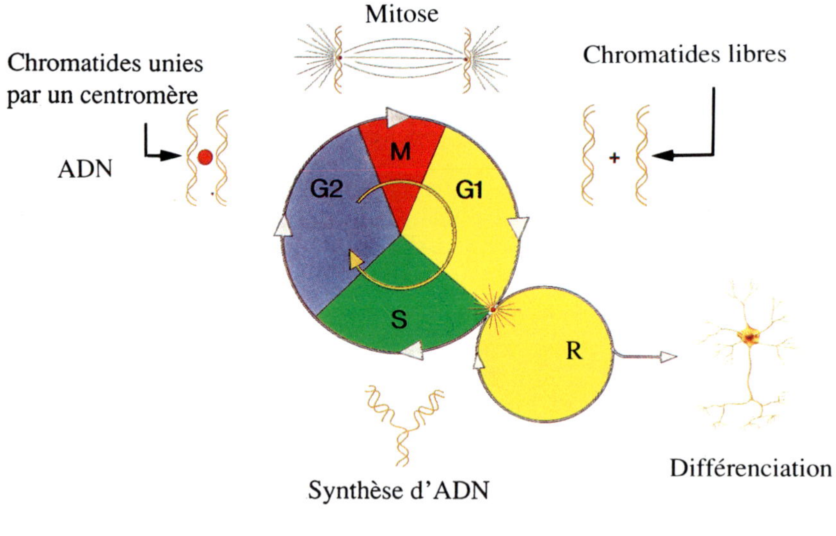


Figure 170
Le cycle de la cellule. L'illustration permet de suivre la synthèse de l'ADN et la séparation des brins néosynthétisés au cours de la phase S, G2 et M. Cette séparation n'est complète qu'en métaphase. Le point de restriction (R) marque un temps particulier du cycle. Une cellule peut ne pas entrer dans un nouveau cycle de division et se différencier, par exemple en une cellule nerveuse. Occasionnellement, une cellule différenciée peut en quelque sorte faire marche arrière, se dédifférencier, et recommencer ses cycles de division.

## Les cellules cancéreuses se distinguent des cellules saines par de nombreux aspects.

Une variété de traits permet de distinguer les cellules transformées in vitro des cellules saines. Ces mêmes traits ou des traits semblables pourraient caractériser les cellules cancéreuses in situ et expliquer leur comportement.

Les cellules transformées ne répondent plus aux signaux de contrôle de la division, même lorsque la concentration des nutriments et des facteurs de croissance est abaissée en dessous du seuil normalement requis. Il faut remarquer à ce propos que certaines cellules transformées synthétisent des substances analogues à leur propres facteurs de croissance, lesquelles pourraient ainsi satisfaire leurs besoins (figure 171).

Les cellules transformées absorbent le glucose plus rapidement et plus abondamment que les cellules saines. La membrane plasmique des cellules est normalement équipée d'une famille de perméases spécialisées dans sa capture. Les transporteurs du glucose sont plus nombreux chez les cellules cancéreuses que chez les cellules normales, ce qui explique probablement ce phénomène (figure 172 A, B).

La forme des cellules cancéreuses diffèrent de celles des cellules saines du même type. Celles-ci ont généralement tendance à s'aplatir et à s'étaler sur leur support en milieu de culture. Elles utilisent dans ce but un lot varié de protéines squelettiques, dont l'actine et la myosine, organisées en réseaux sous-membranaires (figure 173 A, B). Cet équipement est à la base de structures appelées plaques d'adhérence, observées chez des cellules étalées sur divers supports in vitro. Les cellules cancéreuses, qui perdent ces régions d'affinité aux supports, ont tendance à éviter le contact avec eux et à s'arrondir.

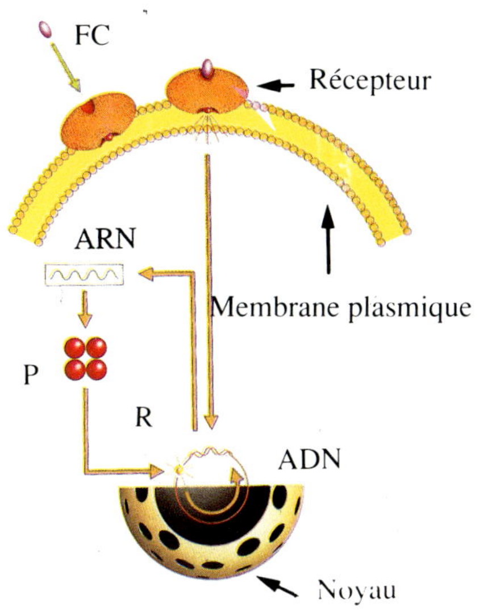


Figure 171
La synthèse d'un facteur de croissance par une cellule transformée. Cette figure illustre la possibilité qu'une cellule malade synthétise un facteur de croissance qui stimule ses propres divisions. (Fc : facteur de croissance; P : protéine phosphorylante; R : point de restriction).

Figure 172 A, B
Perméases au glucose des cellules saines comparées à celles des cellules cancéreuses. Chez ces dernières leur quantité augmente, ce qui expliquerait pourquoi les cellules malades absorbent plus de glucose que les cellules saines.

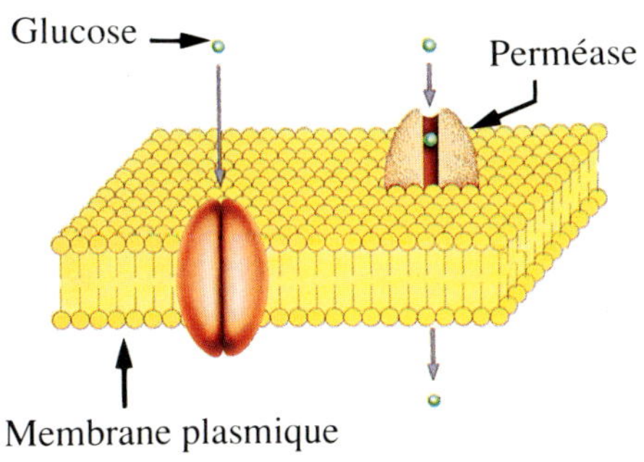


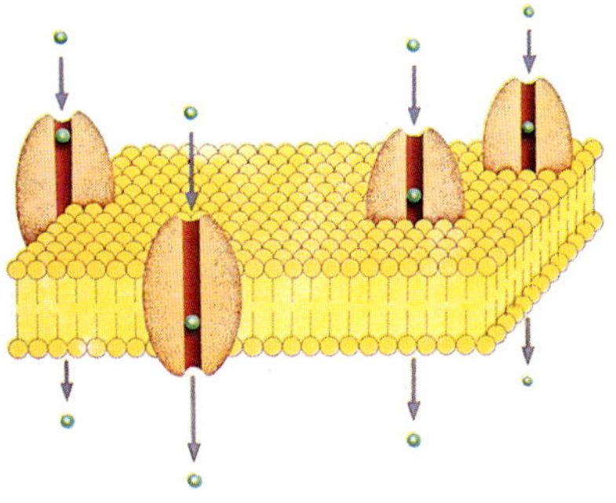

La densité des glycoprotéines et des glycolipides ornant la membrane plasmique des cellules saines diminuent chez les cellules transformées (figure 174). De plus, leurs propriétés et principalement celles des glycoprotéines, paraissent différer. Ce défaut peut être mis en rapport avec l'absence de réponse des cellules cancéreuses à confluence lors de l'inhibition de contact. En effet, lorsque les cellules saines sont cultivées dans une boite de Pétri, elles se divisent et forment une monocouche qui s'étend sur la surface de verre ou de plastic du fond de la boite. Au fur et à mesure qu'elles sont environnées par d'autres cellules, elles arrêtent leurs divisions. On pense que ces dernières sont stoppées grâce à un mécanisme qui opère au moment où s'établit le contact entre les enveloppes des cellules en croissance. Ce phénomène d'inhibition, appelé inhibition de contact, ne se manifeste pas chez les cellules transformées et celles-ci, peut-être démunies des signaux protéiques de reconnaissance existant chez les cellules normales, poursuivent leur croissance en se chevauchant et en formant plusieurs couches irrégulières et superposées. Ce comportement incontrôlé, anarchique, se poursuit jusqu'à l'épuisement de l'apport nutritif.

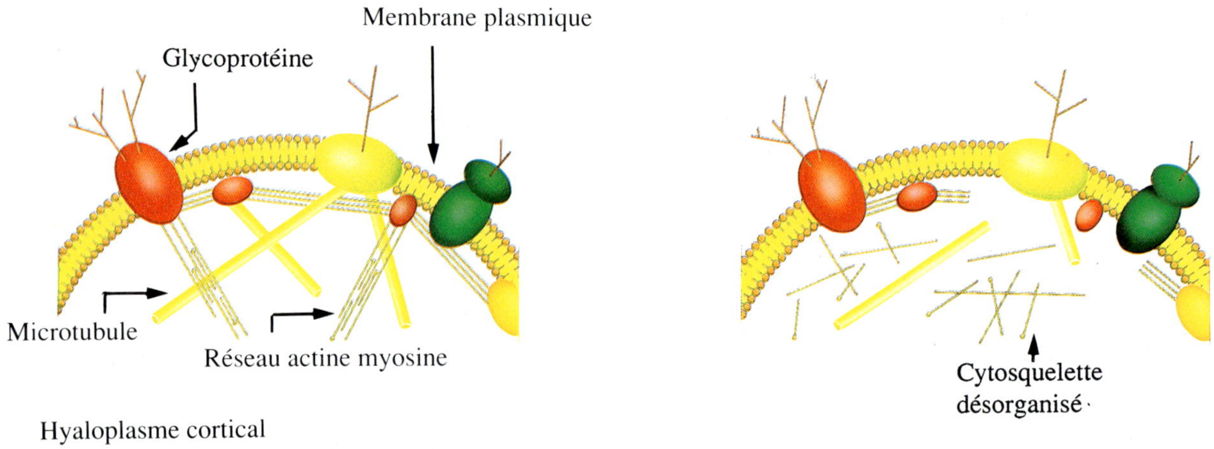


Figure 173 A, B
Un vaste réseau de protéines fibreuses et globulaires à fonction squelettique occupe le hyaloplasme périphérique des cellules saines. Il comprend des microtubules, des filaments d'actine et de myosine ainsi que d'autres substances. Il paraît intervenir dans la reptation des cellules sur divers supports ainsi que dans les déformations et les mouvements de l'enveloppe superficielle au cours d'une variété de processus comme la phagocytose, la diapédèse, l'émission ou la rétraction de pseudopodes (A). Chez les cellules cancéreuses ce réseau paraît fortement désorganisé (B).

Les modifications ou altérations des protéines de surface observées chez les cellules transformées pourraient également expliquer leur incapacité à reconnaître leurs homologues normaux au sein de leur tissu d'origine dans l'organisme. L'ignorance de leur propre identité tissulaire est bien illustrée par le fait que, mélangées en culture à des cellules saines d'un type différent, elles s'y associent comme si elles étaient des cellules de même parenté (figure 175). Dans le même contexte, ces modifications suggèrent pourquoi les cellules métastasiques acceptent, in vivo, un gîte tissulaire différent de leur habitat originel pour poursuivre leur prolifération.

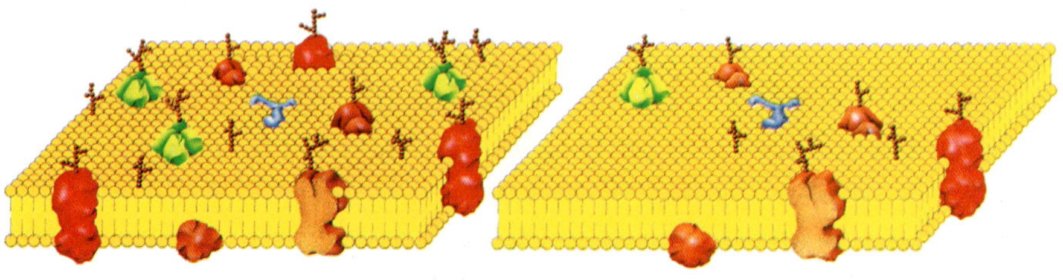

Figure 174
Comparaison des glycoprotéines de l'enveloppe d'une cellule saine et d'une cellule transformée. Leur quantité est plus ou moins diminuée chez les cellules malades et nombre d'entre elles apparaissent altérées. De plus, leur diffusibilité dans le plan du double feuillet phospholipidique est fortement accrue.

Les glycoprotéines des membranes plasmiques des cellules transformées ont une mobilité accrue. Pour expliquer ce phénomène, l'attention des chercheurs se porte actuellement sur l'état du réseau microsquelettique sous-membranaire. On soupçonne en effet ce dernier de lier chimiquement un certain nombre de protéines de surface dans le but de contrôler leurs déplacements dans le plan de la membrane plasmique. Or ce réseau paraît sérieusement désorganisé chez les cellules malades. Privées de leur ancrage cytosquelettique, les protéines membranaires seraient ainsi tout à fait libres de diffuser dans la bicouche lipidique.

La plus grande mobilité des protéines membranaires des cellules transformées est mise en évidence grâce à leur plus grande agglutinabilité par les lectines (figure 176 A, B). Ces protéines et glycoprotéines, dont la présence a d'abord été décelée chez les végétaux, établissent une variété de liaisons avec des chaînes de carbohydrates fixées sur de nombreuses protéines de surface et font ainsi adhérer des cellules entre elles. Comme on pouvait s'y attendre, cette propriété est accrue vis-à-vis des glycoprotéines des cellules malades, plus libres de diffuser et pouvant plus facilement établir des contacts avec ces substances.

Le réseau filamenteux riche en fibronectine, qui recouvre normalement les cellules saines et renforce leur adhérence aux protéines de la matrice intercellulaire est presque totalement détruit chez les cellules transformées (figure 177 A, B).

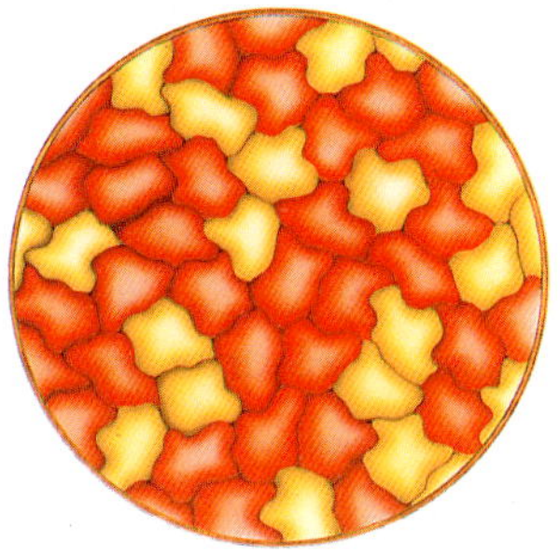

Figure 175
La croissance in vitro de cellules saines de rein et de foie aboutit normalement à la formation d'agrégats homogènes, contenant exclusivement l'un ou l'autre type cellulaire. Si les cellules de foie sont transformées (en rouge dans l'illustration) les deux types cellulaires s'associent, indépendamment de leur parenté tissulaire. Les cellules cancéreuses ne reconnaissent plus leur propre identité.

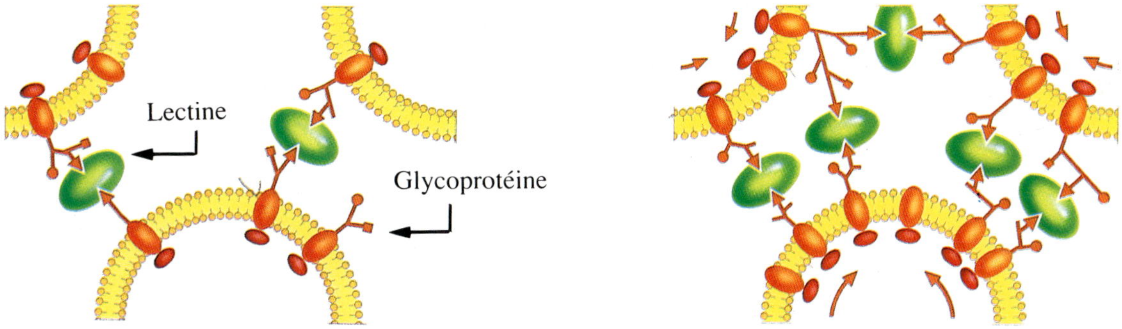


Figure 176 A, B
Agglutination de cellules transformées et de cellules saines par les lectines. Elle paraît accrue chez les cellules transformées. Ceci pourrait être dû à la mobilité plus importante des glycoprotéines de surface chez ces dernières.

Les différences observées chez les cellules saines et cancéreuses en culture concernent également leur nombre chromosomique. C'est ainsi que la quantité de chromosomes des cellules malades excède fréquemment celle des cellules intactes. Par ailleurs des réarrangements illicites peuvent également se produire dans le patrimoine chromosomique des cellules transformées. On connaît par exemple chez l'homme une affection appelée lymphôme de Burkitt, au cours de laquelle se produisent des cassures et des soudures anormales de segments chromosomiques (figure 178). Ces réarrangements, qui aboutissent à la juxtaposition de fragments appartenant à des gènes situés normalement à des locus chromosomiques éloignés les uns des autres, accroissent le taux de transcription de l'un de ces gènes et constituent une source possible de l'état cancéreux.

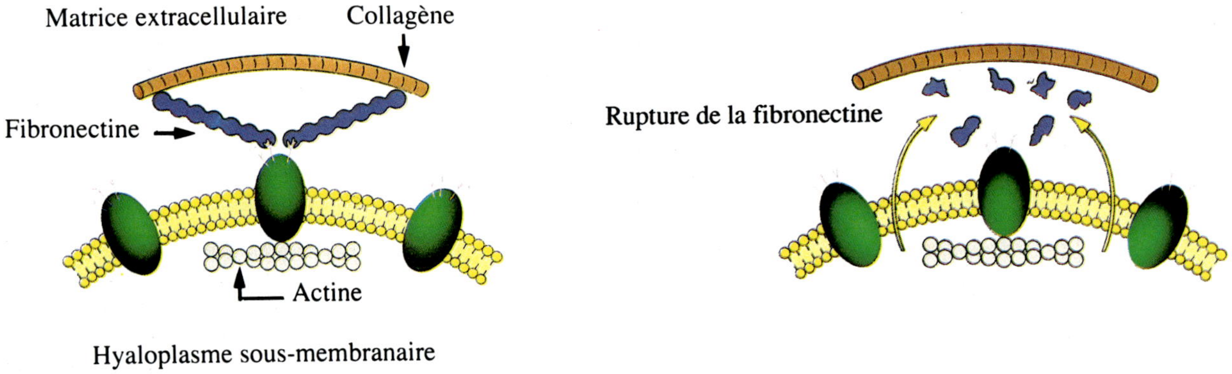


Figure 177
Comparaison des réseaux de fibronectine chez une cellule saine et chez une cellule transformée. La destruction du réseau de fibronectine chez la cellule malade rompt ses amarres avec d'autres fibres de la matrice intercellulaire.

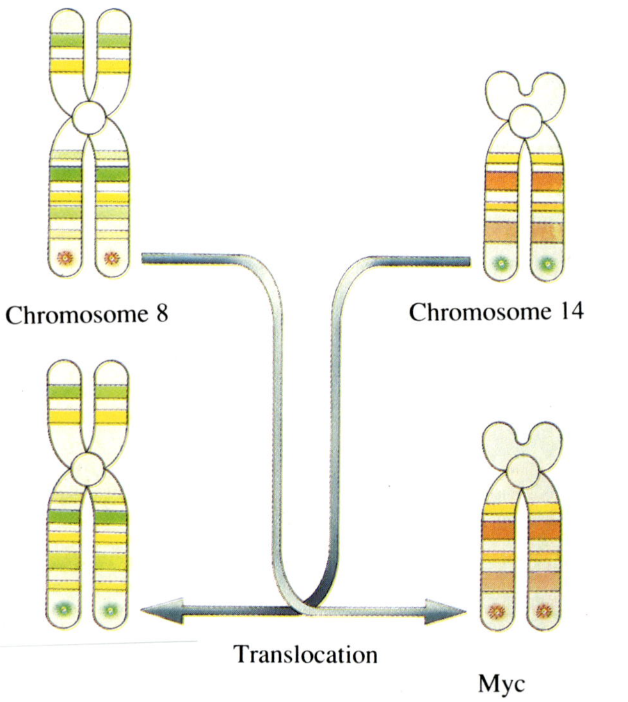


Figure 178
Anomalies chromosomiques et lymphôme de Burkitt.
Une translocation réciproque entre les chromosomes 8 et 14 de l'homme insère l'oncogène myc près d'une région de contrôle génétique de la transcription d'ARNm codant pour des immunoglobines. Celles-ci sont alors exprimées à un taux anormalement élevé.

Assez curieusement, la quantité globale des ARN messagers des cellules transformées paraît à peu près la même que celle des cellules saines. Mais ce faible taux de différence pourrait néanmoins concerner un nombre appréciable de messagers de types différents, transcrits en petites quantités. Il est possible que les protéines codées par ces ARN exercent une influence déterminante sur des processus d'ensemble comme la croissance et la forme des cellules malades. Remarquons dans ce contexte que les cellules transformées expriment un certain nombre de gènes actifs chez les cellules embryonnaires saines mais normalement inhibées lors de leur passage à l'état adulte.

## Des agents physiques, chimiques et viraux causent les cancers.

Plusieurs observations et expériences ont suggéré que les cancers résultent de mutations dans les gènes qui gouvernent les cellules. Ces mutations pourraient être causées par une variété d'agents physiques, chimiques ou viraux appelés agents cancérigènes.

Parmi les agents physiques, citons les radiations ultraviolettes et les rayons X (figure 179). Les premiers provoquent des tumeurs de la peau tandis que les seconds induisent le cancer de la glande thyroïde. Un mécanisme d'altération mutagène des radiations ultraviolettes est bien connu. Il consiste en la formation de dimères de thymine dans les chaînes d'ADN (figure 180). Un dimère de thymine résulte d'un réarrangement électronique entre deux bases thymine occupant des positions adjacentes dans un même brin de la double hélice : deux liaisons covalentes se forment entre les deux bases. Ces liaisons les rapprochent exagérément et créent une distortion dans l'échafaudage bihélicoïdal, ce qui empêche l'ADN d'être transcrit correctement. Dans les conditions normales, cette monstruosité moléculaire est réparée par des mécanismes génétiques mais son accumulation excessive peut cependant aboutir à la transformation cancéreuse.

Il existe une tare héréditaire appelée xéroderma pigmentosum, caractérisée par l'incapacité de réparer les dimères de thymine. Les individus atteints développent une fréquence anormalement élevée de cancers de la peau, suite à l'exposition aux radiations ultraviolettes.

Une variété de molécules aromatiques polycycliques sont des agents carcinogènes indirects (figure 181). Elles n'induisent pas la transformation cancéreuse comme telles mais, lorsqu'elles pénètrent dans la cellule, elles sont converties en dérivés métaboliques solubles qui ont un pouvoir cancérogène puissant.

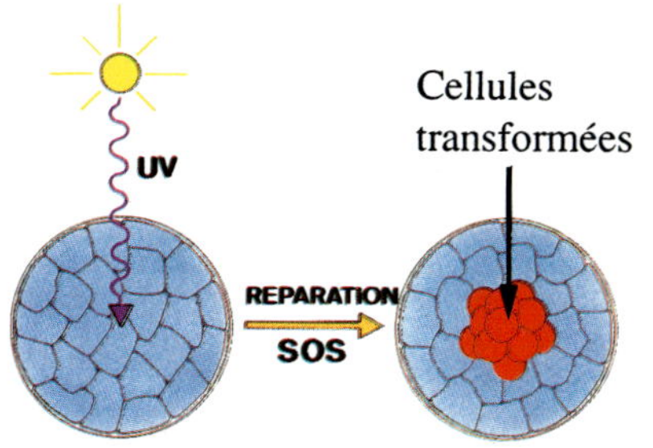


Figure 179
Action carcinogène du rayonnement ultraviolet. Les rayons UV constituent une source d'apparition d'une tumeur. Cependant, la tumeur elle-même pourrait résulter d'une défaillance de l'un ou l'autre système réparateur de type SOS, qui crée des appariements de bases fautifs au cours de la réplication.

Figure 180
Formation d'un dimère de thymine. Deux liens covalents, formés à partir de deux double liaisons des cycles pyrimidiques appartenant à deux résidus de thymine adjacents rapprochent exagérément les deux bases et créent une distortion dans la double hélice.

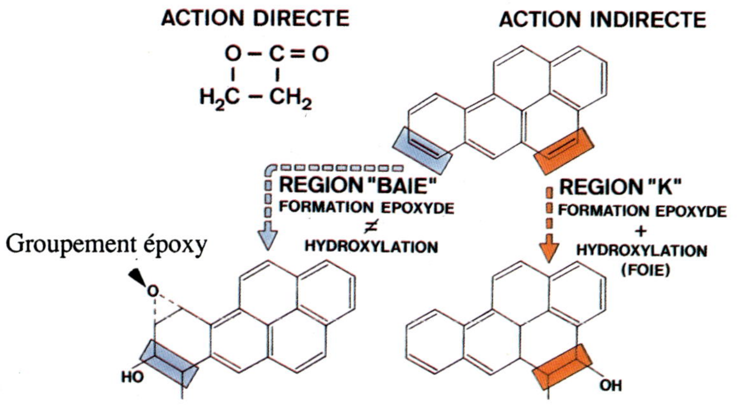


Figure 181
Molécules carcinogènes à région "époxy". La région "époxy" créée dans ces dérivés aromatiques polycycliques est un électrophile très réactif. Ce dernier est mis en cause dans la forte proportion de cancers induite par ces substances.

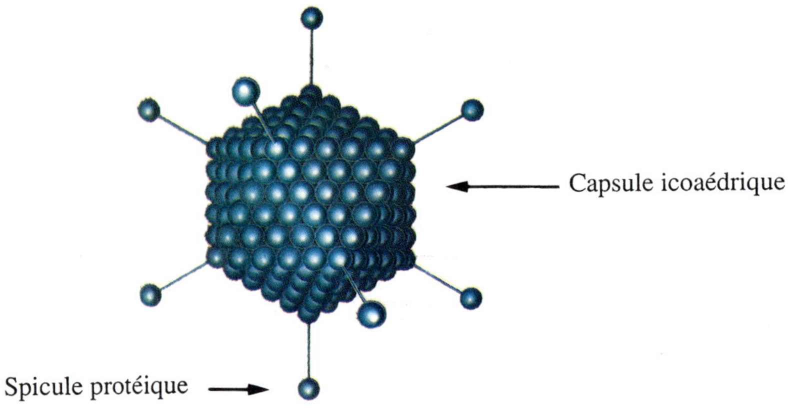


Figure 182
Modèle d'un adénovirus. Plusieurs virus de ce type sont porteurs d'oncogènes. Remarquez la forme géométrique de la capsule, qui résulte de l'autoassemblage de protéines identiques. Certains adénovirus de grande taille sont en outre enveloppés d'un feuillet bimoléculaire de nature phospholipidique.

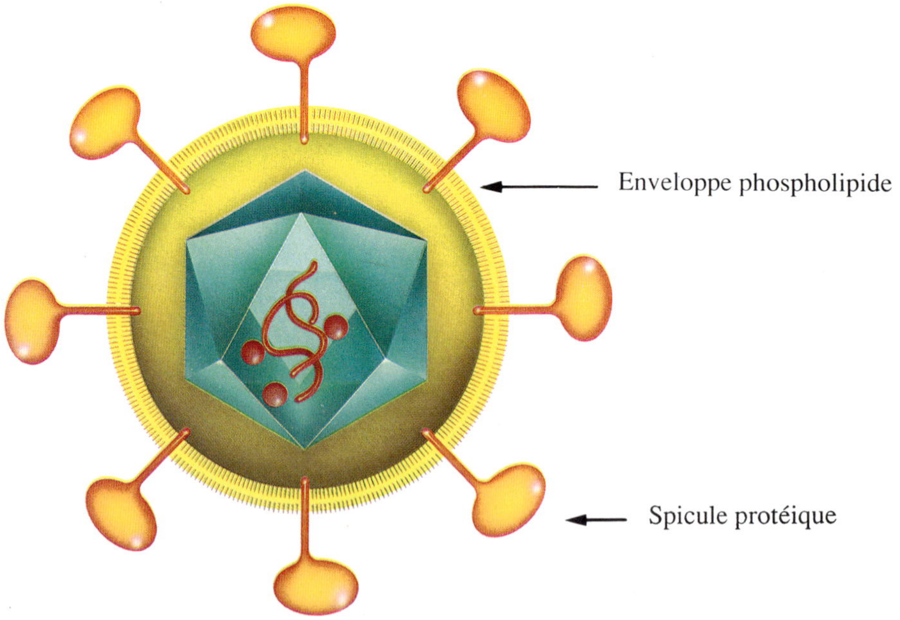


Figure 183
Modèle d'un rétrovirus. La capside polyédrique est recouverte d'un double feuillet phospholipoprotéique. Deux molécules d'enzymes (transcriptase inverse) sont représentées dans cette illustration, associées à deux molécules d'ARN, mais une particule virale peut en contenir une cinquantaine. Les protéines de spicules de l'enveloppe virale sont reconnues par des récepteurs spécialisés de l'enveloppe des cellules qu'ils infectent.

A la lumière de recherches récentes, il semblerait que la cible normale des substances cancérogènes sont les ADN. On a remarqué que la plupart de ces substances ont un effet mutagène sur les bactéries. De cette correspondance, il résulte que toute molécule fortement mutagène chez les procaryotes est soupçonnée détenir un potentiel cancérogène. Ceci pourrait amener à penser à priori que ce sont les lésions introduites dans l'ADN qui déclenchent la transformation cancéreuse. En réalité, ces lésions sont normalement réparées par des systèmes appropriés. Il semblerait plutôt que, en cas de surcharge en structures défectueuses, les systèmes de réparation se trouvent débordés et laissent en place de nombreux sites mutés. Lorsqu'une telle situation se produit chez la bactérie E. coli, celle-ci met en oeuvre un mécanisme de sauvetage de dernier recours, désigné SOS. Le mécanisme SOS colmate les lésions repérées dans la double hélice en y insérant des nucléotides sans répondre de manière stricte aux critères d'appariement. Une réparation erronée constitue évidemment une importante source de mutations supplémentaires, mais sa valeur sélective pourrait être importante et justifierait son maintien. On ignore si un tel mécanisme de réparation sujet à erreur existe également chez l'homme.

On possède un assez grand nombre d'informations sur la capacité qu'ont certains virus de transformer des cellules saines en cellules cancéreuses in vitro. Ces virus, qualifiés d'oncogènes, sont issus de deux grandes classes de particules. Ce sont d'une part des adénovirus, dont le matériel génétique est constitué d'ADN (figure 182), et d'autre part des rétrovirus, dont les gènes sont des ARN (figure 183). Ces deux catégories virales se reproduisent dans les cellules-hôtes selon des modalités communes et propres. Toutes deux insèrent leur chromosome dans celui de l'hôte et, dans chacun des cas, la transformation des cellules apparaît être une conséquence de cette insertion. Cependant, elles réalisent ce changement de manière différente. Des gènes appartenant aux papovavirus, un groupe d'adénovirus de petite taille, codent eux-mêmes pour des protéines responsables de la transformation. Quant aux gènes des rétrovirus, ils se subdivisent en deux classes. La première comprend des gènes qui leur sont propres et qui n'ont pas un effet transformant sur les cellules saines cultivées in vitro. La seconde comprend des gènes apparentés à des gènes cellulaires et absents des rétrovirus non transformants. L'introduction de ces gènes viraux dans la cellule conduit à leur transformation.

Les gènes de typc cellulaire portés par les rétrovirus transformants ont été emportés du génome cellulaire au cours d'un cycle d'infection antérieur. Le rétrovirus transformant se comporte donc comme un rétrovirus transducteur. Certains oncogènes codent et produisent des protéines saines mais en quantités anormalement élevées. On a remarqué le fait très intéressant qu'elles correspondaient fréquemment à des enzymes phosphorylants, contrôlant la multiplication des cellules normales. L'hyperactivité de l'un ou l'autre enzyme-clé pourrait ainsi entraîner par effets proches ou lointains, la division intempestive de l'hôte cellulaire (figure 184 A, B, C, D).Certains oncogènes viraux sont mutés et induisent la production de protéines cellulaires modifiées. Rappelons à ce propos ce qui a été mentionné plus haut concernant les glycoprotéines de surface altérées chez les cellules transformées. Dans ce cas, on peut soupçonner la mutation elle-même et non un excès de synthèse d'être à l'origine du pouvoir oncogène du rétrovirus.

Remarquons enfin que des rétrovirus peuvent introduire leur matériel génétique dans le chromosome d'une cellule-hôte sexuelle. Ce matériel est alors hérité par la descendance. Fort heureusement, il semble bien que la plupart des gènes viraux hérités sont inactifs.

Figure 184 A, B, C, D
La transformation d'un protooncogène en oncogène. Elle peut résulter d'au moins quatre causes différentes. Soit d'une mutation induite par un carcinogène chimique (A) ou d'un réarrangement chromosomique (B); soit d'une infection par un rétrovirus (C) ou de la duplication d'un gène provoquant son expression à un taux anormalement élevé (D).

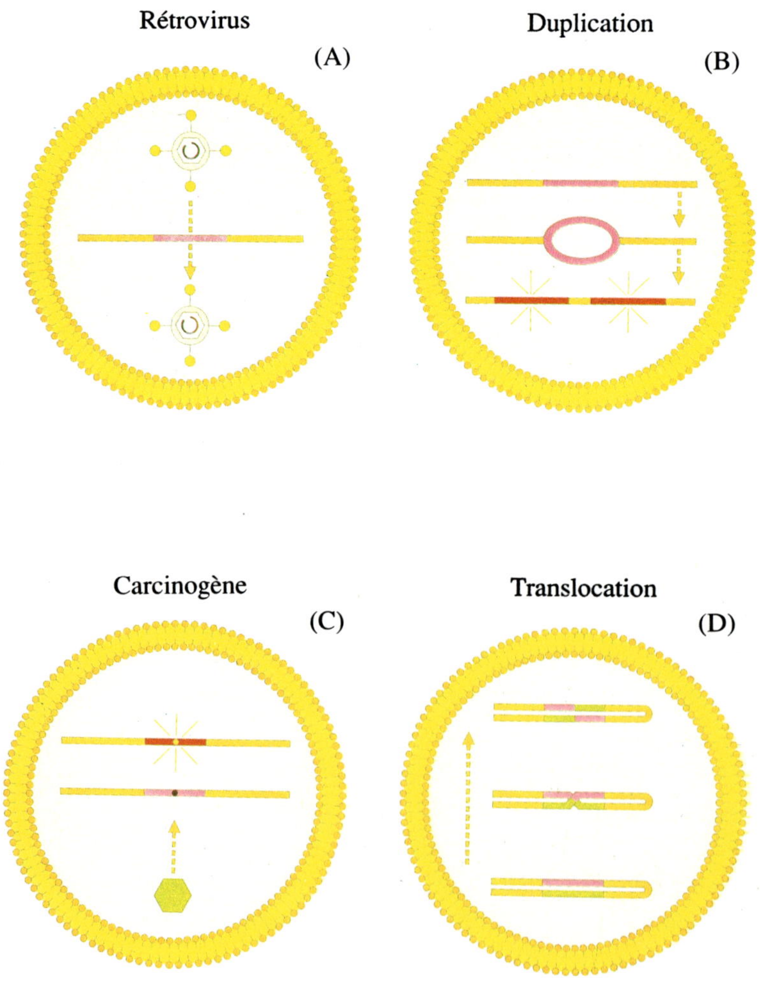

## La défense immunitaire est armée contre le cancer.

Le système immunitaire paraît disposer d'une panoplie de cellules capables de cibler et de reconnaître des cellules cancéreuses in vitro. Ceci est fortement suggéré par l'existence d'une catégorie de lymphocytes développant une activité cytolytique contre ces cellules malades. Ces lymphocytes détectent non seulement des molécules anormales sur la surface des cellules-cibles mais également et simultanément des protéines du "soi", propres aux cellules saines (figure 185). D'autre part, des protéines de surface caractéristiques des cellules cancéreuses émergent sur l'enveloppe des grands globules blancs qui les ont phagocytés. Ces leucocytes les "présentent" à des lymphocytes T et B, qui les identifient et sécrètent en réponse, soient diverses substances régulatrices ou lytiques, soient des anticorps contre les cellules atteintes. D'autres lymphocytes T répondent aux antigènes tumoraux en fabriquant des molécules qui commandent la migration des globules blancs macrophages et d'une variété de cellules "tueuses" vers les cibles cancéreuses. De nombreux travaux sont actuellement en cours pour renforcer l'action de ces cellules.

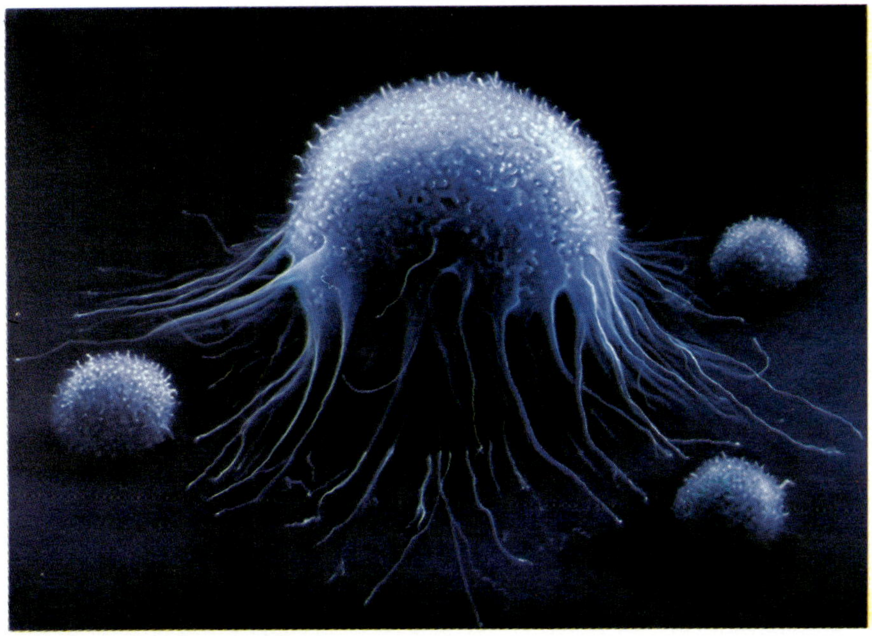

Figure 185
Cellule cancéreuse entourée de trois lymphocytes cytotoxiques. Ces derniers, appelés dans le jargon scientifique "lymphocytes tueurs", exercent une action létale sur les cellules transformées in vitro.

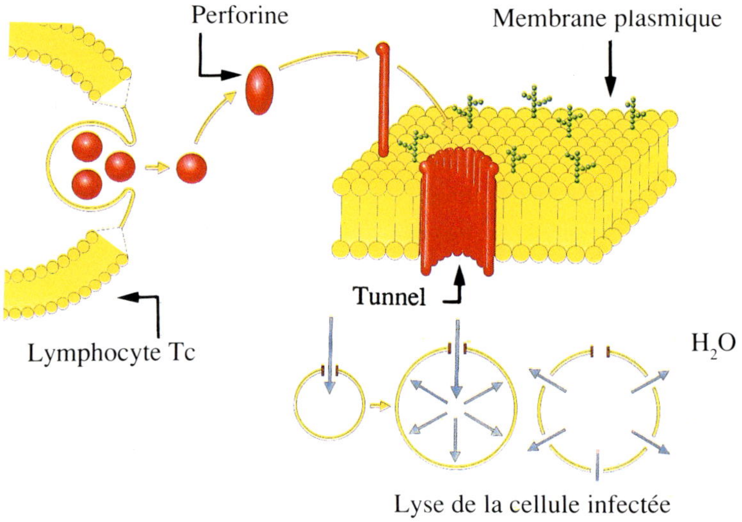


Action de la perforine. La molécule synthétisée par le lymphocyte cytotoxique change de configuration sous l'effet des ions $Ca^{2+}$ et s'implante dans la membrane de la cellule-cible (par exemple, une cellule cancéreuse in vitro). L'auto-assemblage des molécules de perforine détermine la formation d'un tunnel dans lequel l'eau pénètre en force, par osmose. La cellule finit par éclater.

## La reproduction des virus.

L'élucidation du comportement reproducteur de nombreux rétrovirus a sonné le glas d'un concept qui avait prévalu depuis la découverte de la structure de l'ADN et selon lequel le transfert de l'information génétique ne pouvait s'exécuter que dans le sens ADN → ARN. La généralisation de ce concept impliquait que le processus inverse, la fabrication d'une séquence d'ADN au départ d'une séquence d'ARN, est impossible.

Cependant un biochimiste du nom de H. Temin qui, vers les années 1965, étudiait le comportement du virus responsable du sarcome du poulet, remarqua que des agents inhibiteurs de la synthèse de l'ADN comme le méthotrexate empêchent sa réplication. Ceci était curieux car on savait à cette époque que le virus incriminé était constitué d'ARN et non d'ADN et on pouvait logiquement se demander comment ces substances produisent de tels effets. Qui plus est, la reproduction du virus était également bloquée par l'actinomycine D, un antibiotique qui inhibe la transcription! Les études ultérieures du comportement de cette étrange particule amenèrent finalement le chercheur à conclure que, non seulement l'ADN était un intermédiaire obligatoire de la multiplication du virus, mais que sa transcription était tout aussi indispensable. Finalement il suggéra que le virus du sarcome du poulet se reproduisait suivant la séquence : ARN viral → ADN viral → ARN viral.

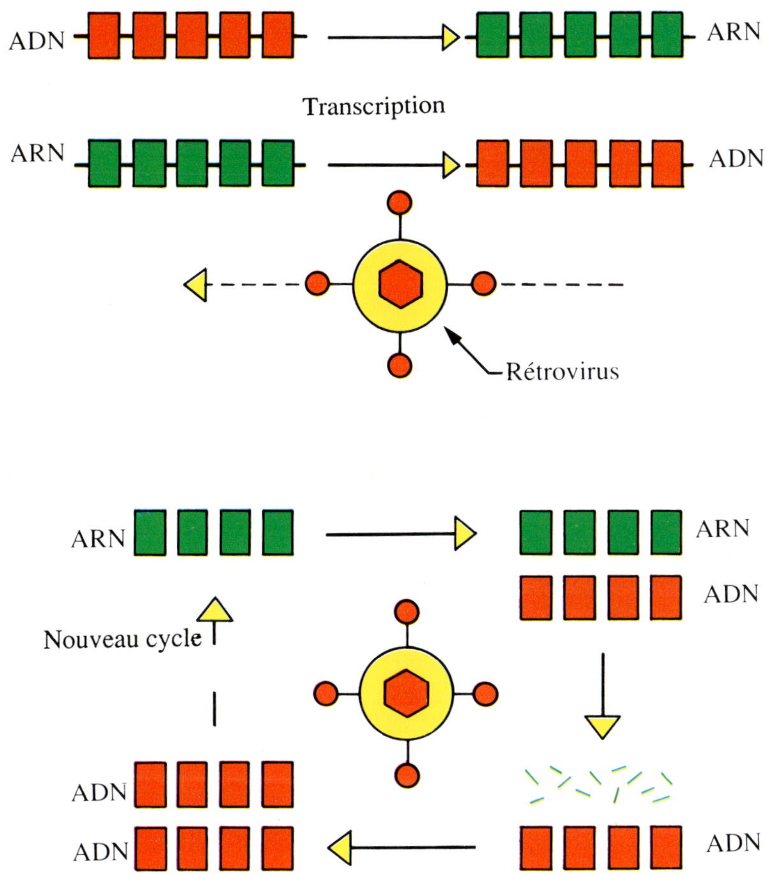


Figure 186 A,B
Renversement du "dogme" stipulant que l'expression génétique se fait uniquement dans le sens ADN → ARN → protéine. Le comportement biochimique des rétrovirus au cours de leur cycle de reproduction montre que de l'ADN peut être synthétisé à partir d'ARN (A). La figure (B) schématise le cycle de transformation de l'ARN du rétrovirus. A noter que toutes ces transformations, à l'exception de la synthèse du nouvel ARN des particules, sont réalisées par la transcriptase inverse.

Ce schéma tout à fait inattendu (figure 186) nécéssitait l'action d'une polymérase (ADN polymérase) opérant dans une direction inhabituelle et capable de transcrire un ARN en ADN. L'enzyme, qu'on appela pour cette raison transcriptase inverse, fut effectivement découvert et isolé. Tous les virus à ARN le possèdent et sont eux-mêmes appelés rétrovirus en raison du sens dans lequel ils opèrent le transfert de l'information. Comme le montre la figure 187 le rétrovirus est constitué d'une capsule icosaédrique enveloppée d'une bicouche lipoprotéique émanant de l'hôte cellulaire. L'ARN du génome est présent en double exemplaire et une cinquantaine de molécules de transcriptase y sont associées.

La stratégie empruntée par le rétrovirus au cours de sa réplication révèle une performance moléculaire surprenante de la transcriptase inverse. En effet, au cours du cycle infectieux, cet enzyme exerce à lui seul trois activités différentes. En premier lieu, il synthétise un brin d'ADN en se servant de l'ARN comme matrice et forme un hybride ADN-ARN. En second lieu, il lyse l'ARN de l'hybride et enfin, il utilise l'ADN qu'il vient de former comme matrice pour synthétiser du nouvel ADN et constituer ainsi une double hélice typiquement virale.

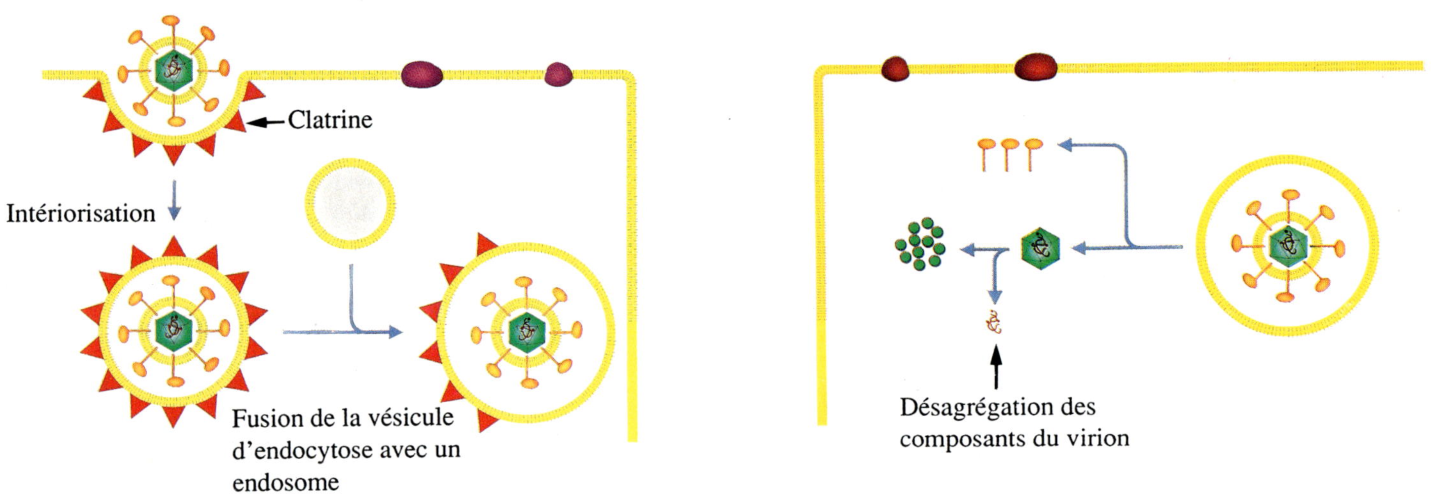


Figure 187 A, B, C, D, E
Cycle d'un rétrovirus. (A) L'entrée du rétrovirus dans la cellule se fait par endocytose. La vésicule intériorisée fusionne ensuite avec un endosome.

(B) La particule met à profit l'acidité du milieu endosomial pour fusionner avec sa membrane et pénétrer dans le cytosol. Entretemps, la couverture de clatrine de la vésicule d'endocytose a disparu. Les différents composants protéiques du virion sont ensuite lysés par des enzymes de l'hôte.

La figure 187 montre également comment les protéines de capside, celles de l'enveloppe et les autres matériaux des nouveaux virions sont assemblés. En sortant de la cellule, ceux-ci emportent une partie de la membrane plasmique de leur hôte et s'en recouvrent.

Un événement important du processus infectieux est l'intégration de la double hélice d'ADN virale dans celle de la cellule-hôte. Normalement, cette intégration persiste de sorte que les cellules-filles en héritent. On a montré que la transcription de l'ADN du rétrovirus ne se faisait que s'il était préalablement intégré. L'ARN viral néosynthétisé utilise la machinerie cellulaire de traduction pour former la transcriptase inverse et les protéines de capside ainsi que celles d'enveloppe.

Toutefois, l'ADN viral intégré d'un rétrovirus transformant peut également promouvoir la transcription de gènes cellulaires adjacents et la transduction des produits transcrits dans l'ARN des particules virales néoformées. Cette dernière propriété permet ainsi de véhiculer des gènes cellulaires hors de leurs noyaux d'origine et de les introduire dans d'autres noyaux lors d'un cycle d'infection ultérieur tout en laissant les modèles originaux en place dans l'hôte. Un gène du rétrovirus du sarcome de poulet désigné src est le premier exemple de gènes cellulaires transduits de cette manière au départ d'hôtes eucaryotes. On a montré que son produit protéique est nécessaire à la transformation cancéreuse de fibroblastes de poulets cultivés in vitro. Or cet oncogène est apparenté à

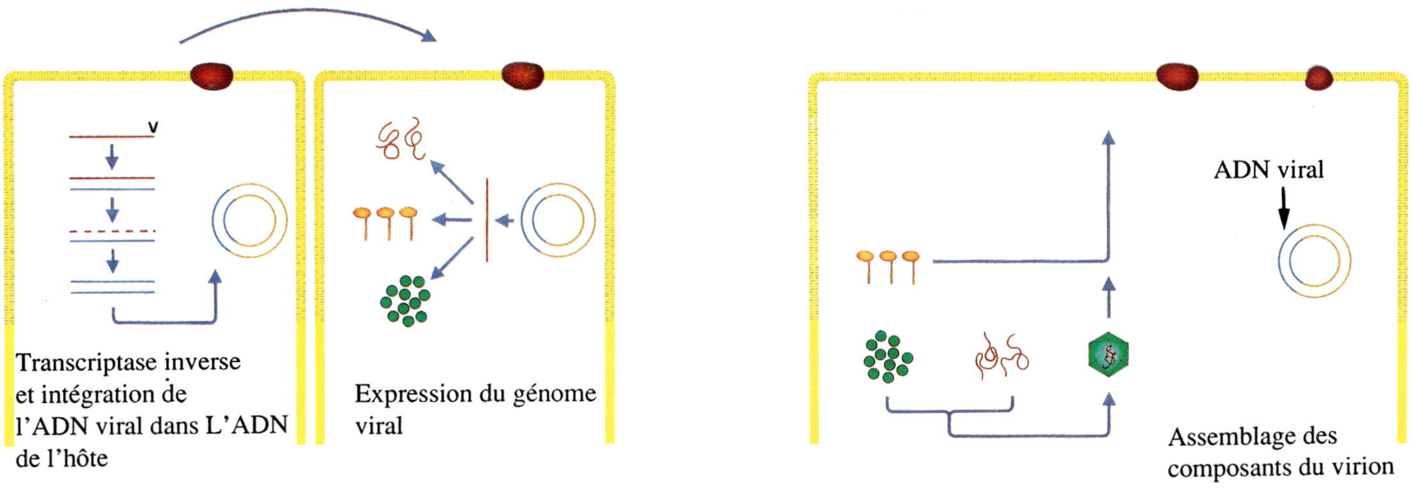


(C) La fusion de l'enveloppe du virion avec celle de l'endosome est suivie de la sortie de la particule, de sa décomposition et de la lyse de ses composants moléculaires. Toutefois, l'ARN viral est transformé en une double hélice d'ADN grâce à l'activité de la transcriptase inverse. L'ADN viral s'intègre ensuite à l'ADN de la cellule hôte. Il peut être transcrit en ARN viral, et celui-ci utilise la machinerie biosynthétique de l'hôte pour fabriquer les constituants propres des virus, notamment ses protéines de capside, ses spicules et la transcriptase inverse.

(D) Suit l'auto-assemblage des protéines de la capside et l'intégration des protéines des spicules dans la membrane plasmique. L'ADN viral reste intégré dans l'ADN de l'hôte.

un gène cellulaire qui contrôle la phosphorylation de l'acide aminé tyrosine dans de nombreuses protéines intracellulaires. Depuis sa découverte, de nombreux autres oncogènes ont été mis en évidence. Beaucoup d'entre eux ajoutent également un groupement phosphate sur des résidus de tyrosine normalement non modifiés, appartenant à des protéines saines. Comme la phosphorylation semble constituer une facette importante du métabolisme des cellules en croissance active, on est tenté de supposer que son excès serait d'une manière ou d'une autre responsable de la relance des divisions chez les cellules quiescentes en phase G1.

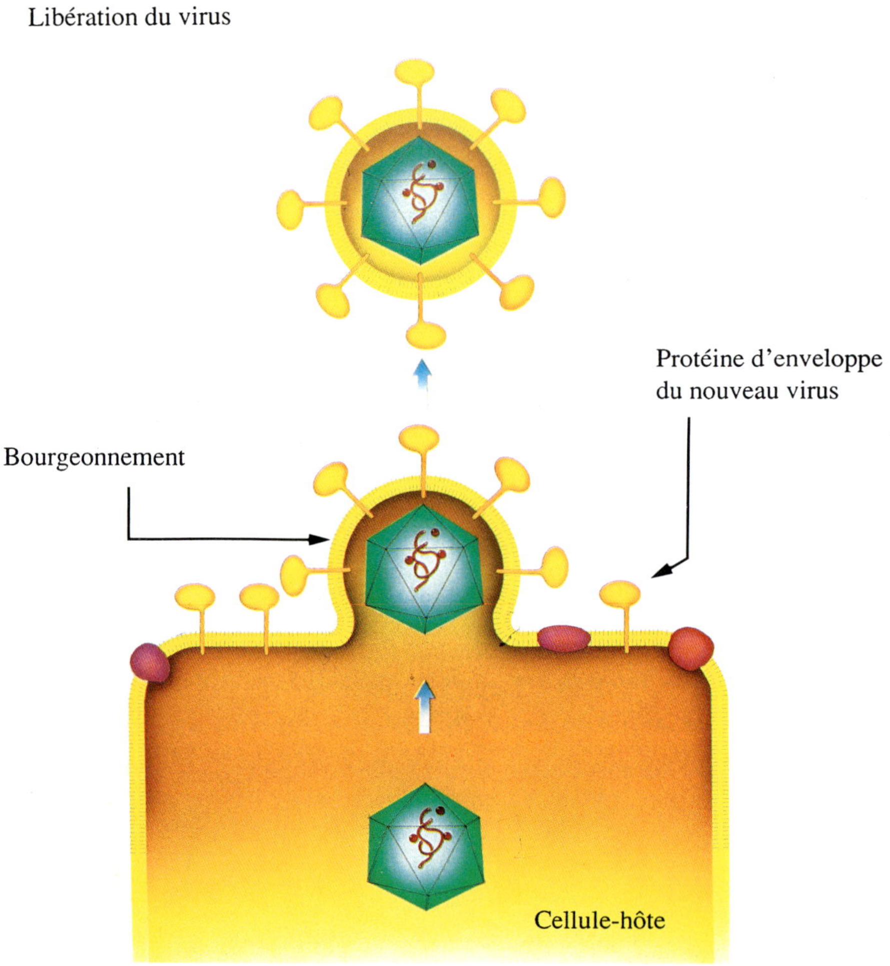


(E) La sortie du virion complet de la cellule-hôte. Au cours de cette étape, la capside s'enveloppe d'une partie de la membrane plasmique pourvue par ailleurs des nouvelles protéines constitutives des spicules viraux. Cette partie de la membrane bourgeonne et le virus complet, muni de son enveloppe phospholipoprotéique d'origine cellulaire est libéré. Une particule libre peut amorcer un nouveau cycle de reproduction en infectant une cellule saine. On remarquera que, au cours de ce processus, la cellule de l'hôte n'est pas détruite par le passage du rétrovirus. Cependant, ce dernier peut éventuellement provoquer sa transformation cancéreuse.

# Chapitre VIII

## Les cellules du sang et la défense immunitaire.

Le sang est un tissu fait de cellules en suspension dans un plasma liquide, riche en protéines. Il imprègne la quasi-totalité de l'organisme. Tout en circulant dans le réseau vasculaire, il charrie d'énormes quantités d'éléments figurés propres. Parmi ceux-ci, les globules rouges, encore appelés hématies, qui fournissent à toutes les cellules du corps l'oxygène indispensable.

D'autres cellules du sang opposent un rempart aux cellules étrangères à l'organisme et les neutralisent ou les détruisent. Elles appartiennent au vaste groupe des globules blancs ou leucocytes. Contrairement aux hématies qui sont toutes semblables, les globules blancs ont une morphologie variée et revendiquent plusieurs fonctions propres. On en distingue trois groupes principaux.

Le premier est constitué par des cellules d'aspect mononucléé, les monocytes. Lors d'une infection, ils quittent le sang, envahissent les tissus et se transforment en macrophages. Le second est constitué par des leucocytes de grande taille et d'aspect plurinucléé. Ces cellules sont appelées globules blancs polynucléaires. Leur cytoplasme contient des granules présentant une opacité variable aux électrons. Comme les macrophages, ils exercent leur action sur un spectre de microorganismes et de particules étrangères, quelque soit leur nature. Comme eux aussi, ils renforcent la réponse immune non spécifique, encore appelée réponse immune naturelle.

L'immunité spécifique est régie par un troisième groupe de leucocytes appelés lymphocytes. Ces cellules sont armées contre des cibles précises. L'immunité spécifique n'est pas exercée de facto chez les individus. Elle s'acquiert et se mémorise au contact des substances étrangères. C'est pourquoi elle est appelée immunité acquise ou encore immunité à mémoire. Enfin, les plaquettes sanguines interviennent dans l'hémostase, un processus qui arrête les hémorragies.

## Les globules rouges.

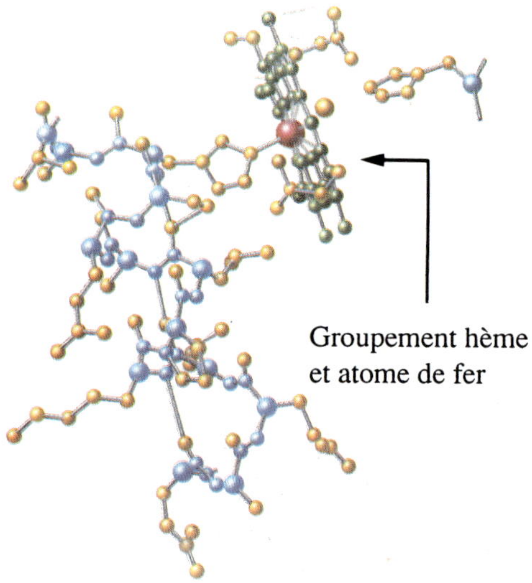


Figure 189
Le groupement hème de la molécule d'hémoglobine et son voisinage moléculaire. Le groupement qui contient l'atome de fer pouvant lier l'oxygène moléculaire est environné par plusieurs résidus d'acides aminés. Ces derniers constituent un environnement propice à la stabilité du groupement hème et à la fixation d'oxygène.

De toutes les cellules de l'organisme, ce sont à la fois les plus nombreuses et les plus simples. Les plus nombreuses, puisque chaque individu adulte en véhicule quelque 25.000 milliards dans ses vaisseaux (figure 188). Les plus simples, puisqu'ayant perdu leur noyau au cours de leur maturation dans la moelle osseuse ils ne contiennent plus, pour l'essentiel, qu'une seule espèce de molécule, l'hémoglobine (figure 189). Cette protéine fixe l'oxygène dans les poumons et y amène une partie du gaz carbonique en provenance des tissus. Les globules rouges sont donc les convoyeurs cellulaires des gaz respiratoires. Cette fonction est grandement facilitée par l'extraordinaire souplesse de ces petites cellules : leur forme se moule parfaitement au conduit très étroit des microcapillaires dont le diamètre est souvent inférieur au leur (figure 190). Contrairement aux globules blancs qui franchissent occasionnellement la paroi des vaisseaux et quittent le lit vasculaire, les globules rouges y restent confinés toute leur vie. Après deux ou trois mois d'un voyage sans repos, leur cheminement s'achève dans certains territoires de la rate, repaires de globules blancs macrophages qui les phagocytent (figure 191). Chaque seconde, quelques deux millions d'hématies naissent dans la moelle osseuse d'un organisme adulte et pénètrent dans la circulation pour remplacer celles qui, dans le même intervalle de temps, achèvent leur existence.

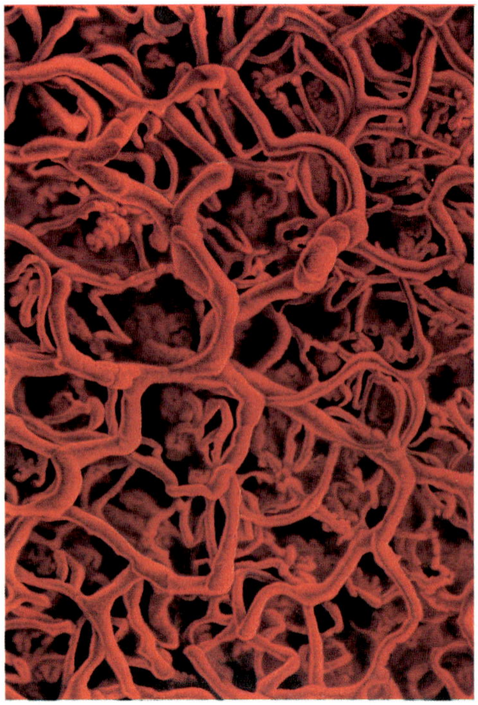

Figure 190
Réseau microcapillaire. Micrographie obtenue par balayage électronique et montrant un réseau interconnecté de très fins capillaires. Des réseaux de ce type envahissent la majeure partie des tissus et assurent un apport d'oxygène et de substances nutritives à chaque cellule de l'organisme.

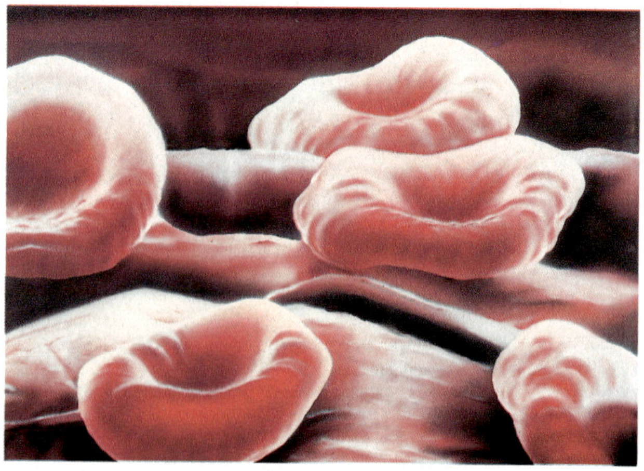

Figure 188
Globules rouges (microscopie électronique à balayage).

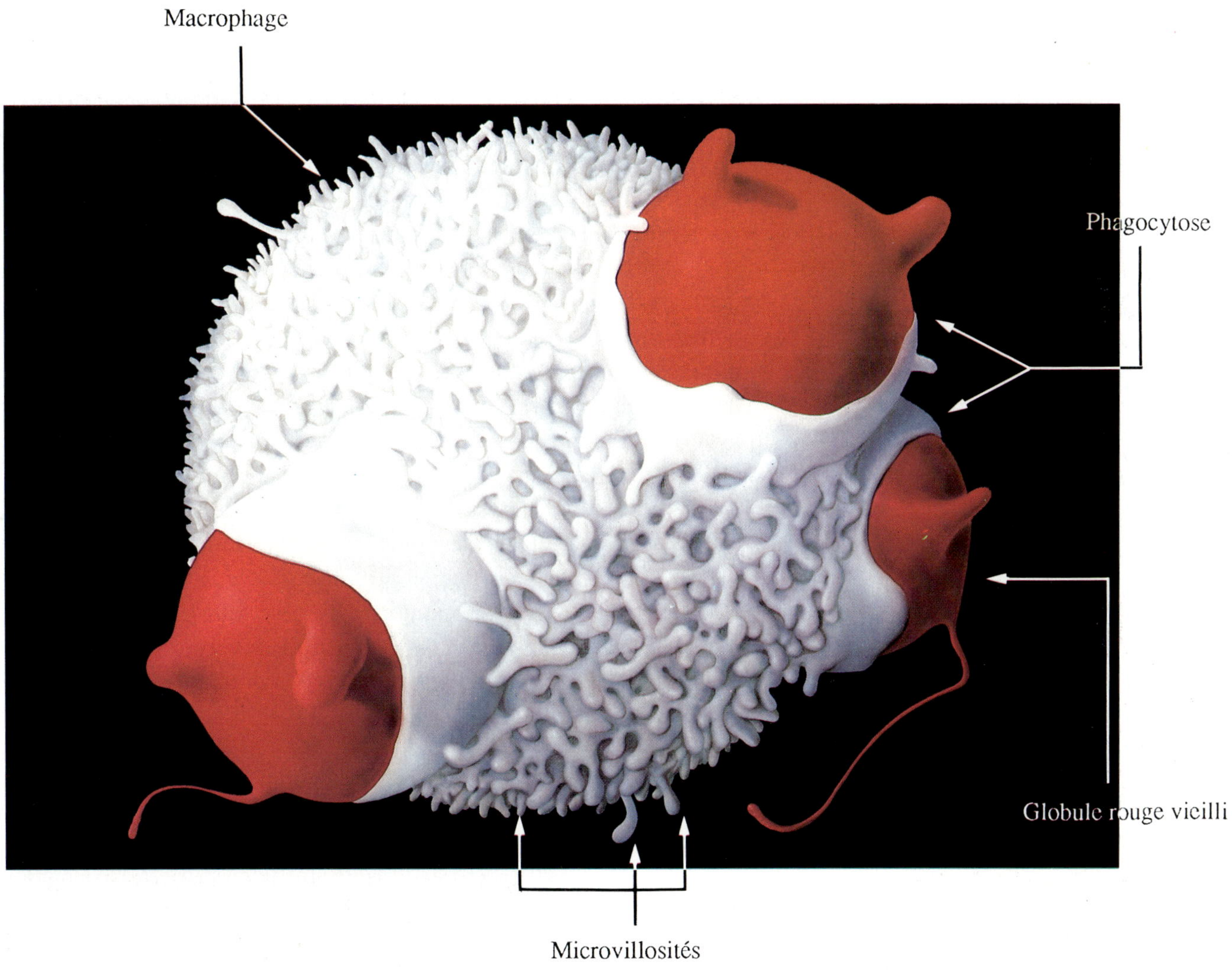


Figure 191
Phagocytose de globules rouges vieillis par un macrophage (microscopie électronique à balayage). Les globules rouges ont une durée de vie d'environ 90 jours. Au terme de leur existence, ils présentent sur leur surface des modifications chimiques qui constituent de nouveaux antigènes. Ceux-ci stimulent la reconnaissance et la phagocytose des hématies âgées par des macrophages de la rate.

## Les plaquettes sanguines

Elles peuplent le plasma à raison de 250.000 à 400.000 unités par $mm^3$ (figure 192). Ce ne sont pas à proprement parler des cellules mais plutôt des fragments de cellules énormes, les mégacaryocytes, localisées dans la moelle osseuse. Les mégacaryocytes ont un destin curieux : au cours de leur croissance, leurs membranes internes se développent intensément, se multiplient, opèrent des jonctions et créent en fin de compte une multitude de compartiments séparés dans le hyaloplasme. Ce sont ces compartiments individualisés qui, en se détachant de la cellule-mère engendrent les plaquettes.

A l'image de la majorité des cellules emportées par le courant sanguin, les plaquettes peuvent adapter leur morphologie aux exigences imposées lors de certaines situations. Cette propriété importante dépend probablement d'interactions contractiles entre des filaments d'actine et de myosine. Avec les microtubules, ces derniers constituent l'essentiel du réseau microsquelettique situé immédiatement sous leur enveloppe.

La plasticité anatomique des plaquettes sanguines et une au moins de leurs fonctions sont très bien illustrées lors de la formation des agrégats de cellules et de substance fibreuse appelés bouchons plaquettaires (figure 193). Ainsi, lorsque la paroi interne d'un vaisseau se déchire, elles projettent des expansions digitiformes qui s'entrelacent avec celles d'autres plaquettes s'accumulant à l'endroit de la blessure. Cette affinité interplaquettaire facilite la formation d'amas qui obstruent la lésion à ce niveau. Comme le montre la figure 193, le bouchon plaquettaire peut former une excroissance qui masque une partie de la lumière du vaisseau. Normalement, cette excroissance se dissous progressivement, mais il arrive qu'elle soit emportée comme telle par le courant sanguin. Un caillot plaquettaire non dissous peut boucher un conduit vasculaire et être à l'origine d'une thrombose dans les poumons, dans le cerveau ou dans d'autres tissus.

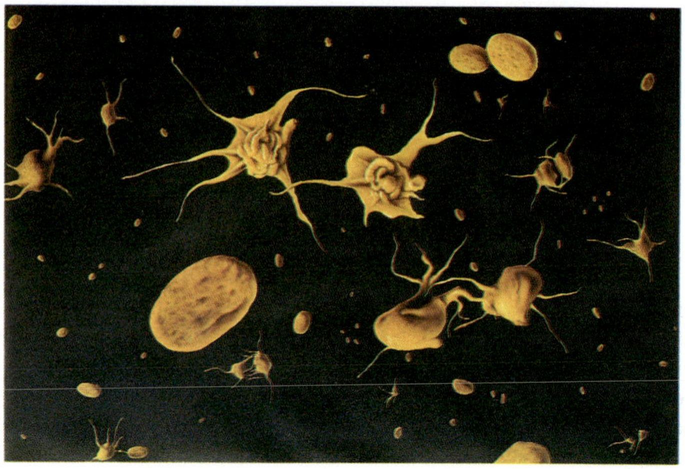

Figure 192
Plaquettes sanguines (microscopie électronique à balayage). Elles ont normalement la forme de petits disques subarrondis. Lorsqu'une lésion survient dans la paroi d'un vaisseau, elles sont stimulées et projettent de minces tentacules qui, en entrelaçant les plaquettes entre elles, facilitent leur agrégation.

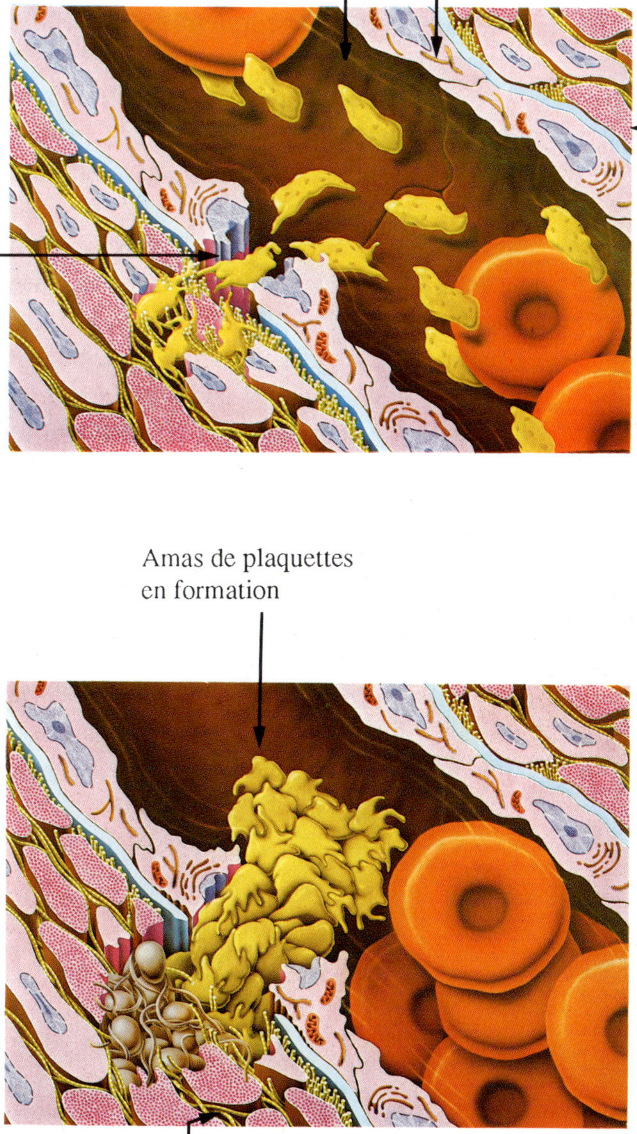


Figure 193
Formation d'un bouchon plaquettaire. Une déchirure de l'endothélium d'un vaisseau sanguin déclenche un processus qui aboutit à l'obstruction de l'endroit lésé par un amoncellement de plaquettes. La partie du caillot qui menace de boucher le conduit est, dans les conditions normales, dissoute et éliminée. Cependant, si le caillot persiste, il peut être finalement emporté comme tel par le courant sanguin au risque de créer une thrombose dans l'un ou l'autre territoire vasculaire. (Avec l'aimable autorisation de Boerhinger Ingelheim.)

## Les macrophages.

Ce sont les acteurs les plus fascinants de la défense immunitaire. Ils agissent selon une méthode "tous azymuts", élevant d'emblée une barrière vivante à toutes sortes de germes envahisseurs. Leurs cibles sont souvent des bactéries, des fragments de vers ou d'autres parasites microscopiques préalablement détruits par des toxines, ou des cellules malades ou vieillies.

Lors d'une infection, de nombreux monocytes du sang précurseurs des macrophages franchissent les interstices qui séparent les cellules endothéliales des fins vaisseaux et migrent dans le tissu conjonctif environnant. Au cours de cette traversée, leur masse fluide s'insinue et s'écoule, pour ainsi dire, à travers les étroits pertuis intercellulaires pour se retrouver finalement hors des vaisseaux. Ce processus est appelé diapédèse. On pense qu'il est déclenché lorsque les monocytes perçoivent à l'intérieur des conduits sanguins des substances chimiques émanant des tissus envahis. Arrivés dans les territoires périvasculaires, ils se transforment en macrophages et phagocytent les microorganismes intrus.

On a montré que la phagocytose est facilitée par la reconnaissance d'anticorps couvrant la surface des cibles (figure 194). L'enveloppe des macrophages est abondamment pourvue de récepteurs capables de détecter ces immunoglobines. Certaines protéines du plasma constituant le système du complément adhèrent à la surface des microorganismes et créent également des signaux utiles pour les cellules phagocytaires. En outre, le cytoplasme de ces dernières est riche en lysosomes. Nous avons vu dans le premier chapitre que ces organites contenaient une variété d'hydrolases acides, de puissants enzymes affectés à la digestion des particules endocytées.

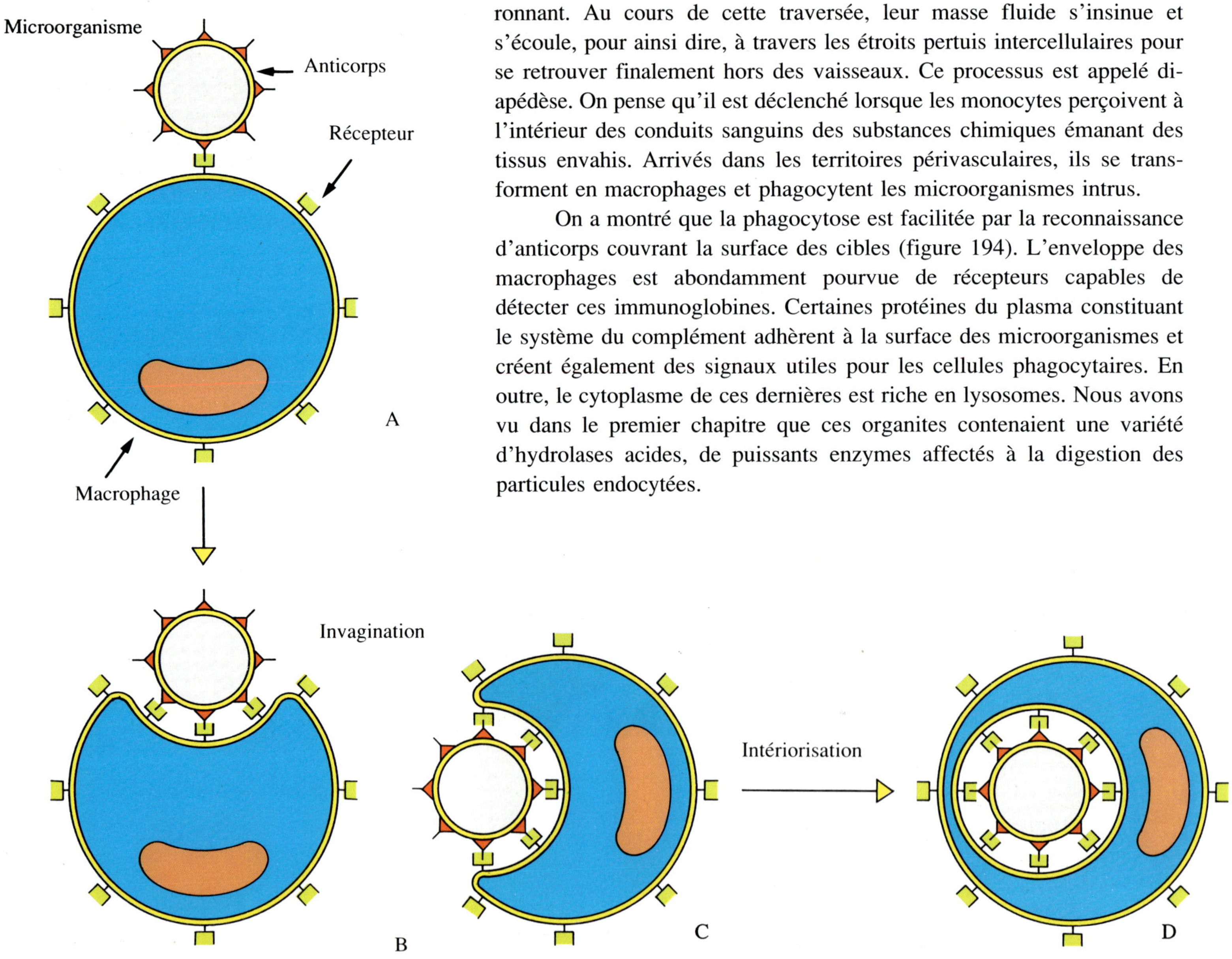


Figure 194
Le mécanisme de la phagocytose. Selon ce modèle, les régions Fc d'anticorps fixés sur la membrane d'un microorganisme sont "accrochées" au fur et à mesure par des récepteurs du phagocyte.

Certains macrophages résident de manière permanente dans les tissus fortement irrigués par le sang. Ils appartiennent à un tissu appelé tissu réticulo-histiocytaire et se répartissent en plusieurs catégories. Chacune d'elles occupe une position stratégique, qui est en fait une voie de passage susceptible d'être empruntée par des particules étrangères. On distingue entre autres les macrophages adhérant aux parois externes des alvéoles pulmonaires (figure 195). Le choix de cet habitat se comprend si on songe que les conduits respiratoires offrent des sites hautement propices aux invasions microbiennes. Les innombrables sinus veineux du foie, autres lieux de prédilection pour les envahisseurs, sont habités par les cellules de Kupffer, les macrophages spécialisés de ce tissu (figure 196). Certaines cellules synoviales des articulations, les macrophages qui occupent les nodules lymphoïdes (figure 197) ou encore les cellules phagocytaires de la microglie du système nerveux (figure 198) sont autant de globules affectés à la garde de positions-clés de l'organisme.

Tels des gardiens embusqués et des sentinelles effectuant leur ronde, ces grandes cellules assument une fonction capitale : elles forment un premier rempart contre les invasions étrangères. Elles sont en grande partie responsables de l'immunité naturelle. Les macrophages paraissent réagir uniquement en fonction du caractère "étranger" de leur cible, sans pour autant reconnaître de manière précise la nature virale, microbienne ou cellulaire, de la cible elle-même. Ce sont, en quelque sorte, de même que les autres cellules affectées aux défenses non spécifiques, des défenseurs "aveugles" de l'organisme, distinguant leurs proies des cellules normales de l'organisme mais incapables de les identifier spécifiquement. Normalement, cette forme d'immunité est suffisante pour

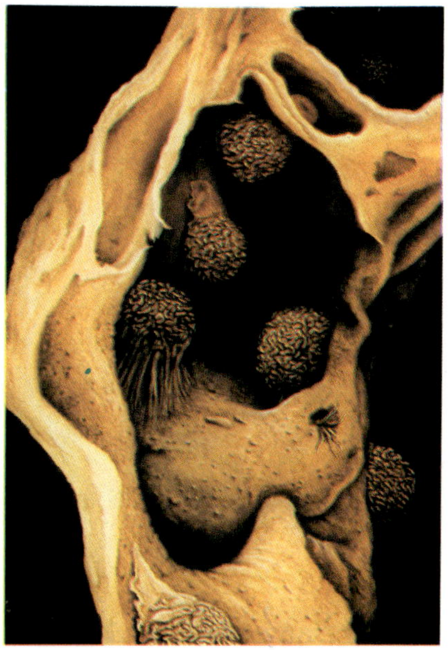

Figure 195
Macrophages des alvéoles pulmo-naires (microscope électronique à balayage). Ces cellules phagocytent des substances étrangères et les poussières qui envahissent le tractus respiratoire. Elles constituent une ligne avancée de la défense des organismes.

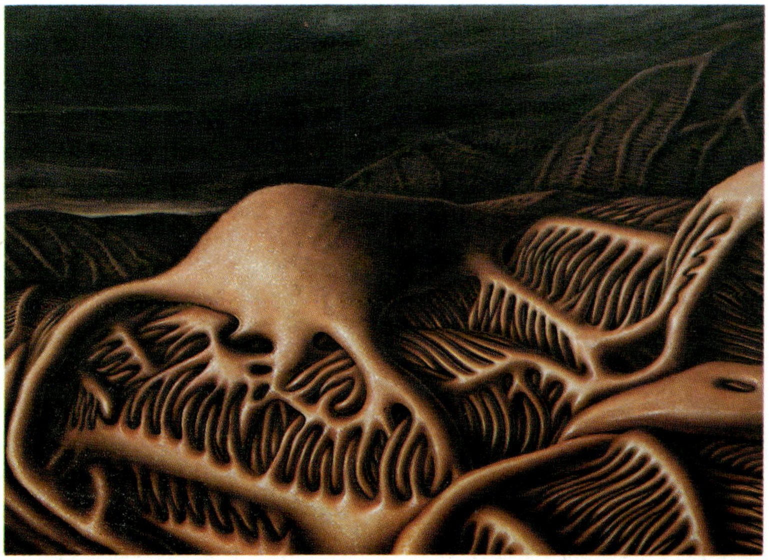

Figure 196
Macrophages associés aux glomérules de Malphigi (microscopie électronique à balayage). Ces cellules sont constituées d'un corps volumineux et d'appendices en forme de pieds, d'où leur nom de podocytes.

barrer la route aux infections. Cependant, en cas d'insuccès, des mécanismes élaborés drainent vers les lieux envahis une variété de petits lymphocytes qui identifient leurs proies avec une extraordinaire précision. Nous décrirons leurs propriétés en fin de ce chapitre.

Les fonctions des macrophages ne sont pas limitées à ces interventions directes. Par un curieux mécanisme, beaucoup d'entre eux exposent sur leur enveloppe des molécules ou des morceaux de molécules provenant de leurs victimes. On appelle ces macrophages des "cellules présentant l'antigène" (figure 199). Cette aptitude est partagée par une variété d'autres cellules, comme les cellules de Langerhans de la peau ou des cellules des ganglions appelées cellules dendritiques du fait de l'aspect filiforme et articulé des prolongements de leur enveloppe.

Ainsi que nous l'avons signalé lors de notre étude de la transformation cancéreuse d'origine virale, l'incorporation de protéines étrangères dans l'enveloppe des cellules infectées paraît résulter normalement du processus infectieux.

Les cellules présentant l'antigène jouent un rôle-clé au cours de la réaction immunitaire. Elles informent d'autres cellules de la défense, notamment des lymphocytes, de la présence de tel ou tel antigène dans les tissus. En dévoilant de manière précise leur identité moléculaire, ces cellules établissent un pont important entre l'immunité naturelle et l'immunité spécifique.

Les macrophages sont les défenseurs de première ligne de l'organisme. Nombre d'entre eux jonchent les aires d'affrontements biologiques au terme de combats dont la majorité se livrent à notre insu, dans les profondeurs violées de nos organes.

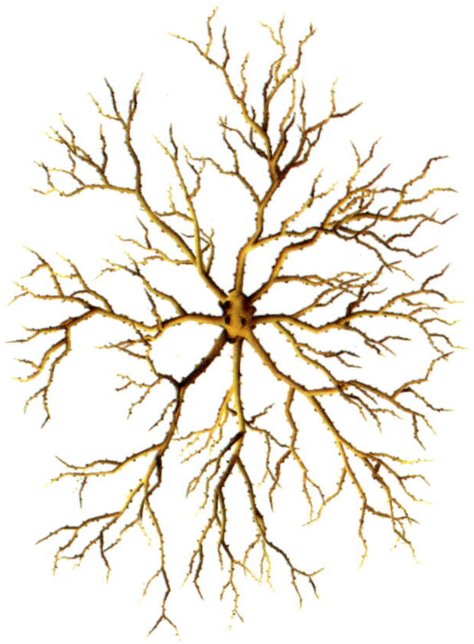

Figure 198
Le microgliocyte. C'est une cellule de glie spécialisée dans la phagocytose. Les prolongements cellulaires minces rayonnent tout autour du corps central et s'enchevêtrent à des éléments du tissu nerveux (non représentés ici).

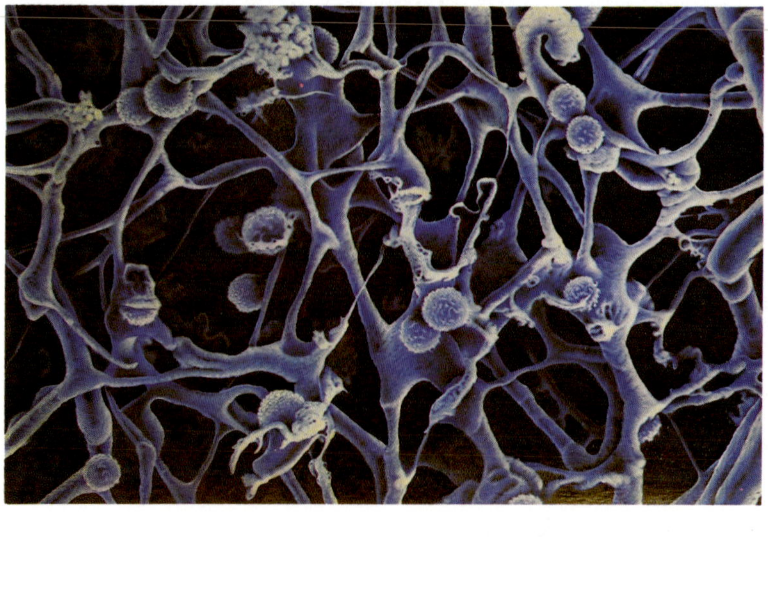

Figure 197
Le module lymphoïde. Observé en microscopie électronique à balayage, il apparaît constitué de fins trabécules interconnectés, constituant une sorte de vaste filet tridimensionnel. Ces espaces sont occupés par des cellules macrophages ainsi que par une variété de lymphocytes B et T. Les nodules lymphoïdes se trouvent sur le trajet de la circulation lymphatique.

## Les globules blancs polynucléaires.

Dans les combats de première ligne qui les opposent aux substances et aux cellules étrangères, les macrophages ne sont pas seuls. En réalité, l'organisme engage dans ces affrontements un spectre étonnamment riche de molécules et d'autres cellules blanches. Parmi ces dernières figurent principalement les globules blancs polynucléaires. Cette appellation n'est pas tout à fait exacte. Le noyau de ces globules est en réalité unique mais fortement échancré de sorte que, en coupe, il donne parfois l'impression d'être constitué de plusieurs parties séparées par du cytosol. Les globules blancs polynucléaires sont encore appelés granulocytes parce que leur cytoplasme renferme de nombreux granules. Ces derniers, qui présentent un aspect variable, sont soit des lysosomes bourrés de substances lytiques soit des vésicules contenant d'autres substances.

Trois catégories de granulocytes, qualifiés respectivement de neutrophiles, d'éosinophiles et de basophiles du fait de leur sensibilité différentielle aux colorants acides et basiques sont, comme les macrophages, doués d'une mobilité propre (figure 200). Alors que les neutrophiles paraissent plus spécialisés dans la phagocytose, les éosinophiles semblent avoir une prédilection pour décharger leurs produits lytiques sur des cibles qui ont une trop grande taille pour être absorbées directement, par exemple des vers parasites. Les cellules éosinophiles conjuguent de ce fait leur action à celles des macrophages. En effet, le morcellement qui résulte de leur action rend la phagocytose plus aisée.

Les globules blancs basophiles contiennent des molécules comme l'héparine et l'histamine. Ils interviennent dans la réaction allergique au même titre que les mastocytes du tissu conjonctif auxquels ils ressemblent d'ailleurs par plusieurs autres traits.

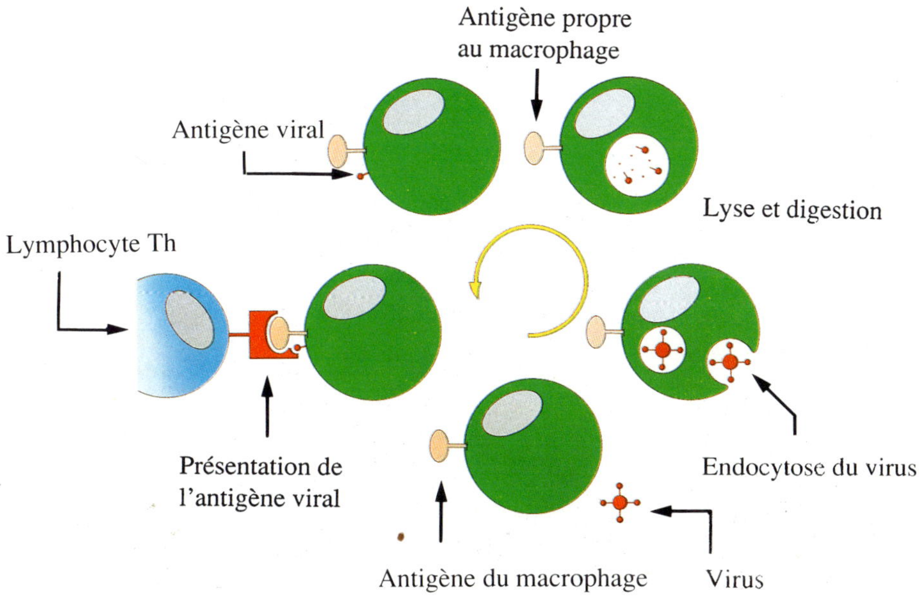


Figure 199
Mécanisme de présentation d'un antigène. L'absorption et la destruction de la particule étrangère, par exemple une particule virale, par le macrophage sont suivies de la fixation d'antigènes viraux sur sa surface externe. Un antigène viral fixé de cette manière est présenté à une cellule T aidante qui le reconnaît, en association avec un autoantigène.

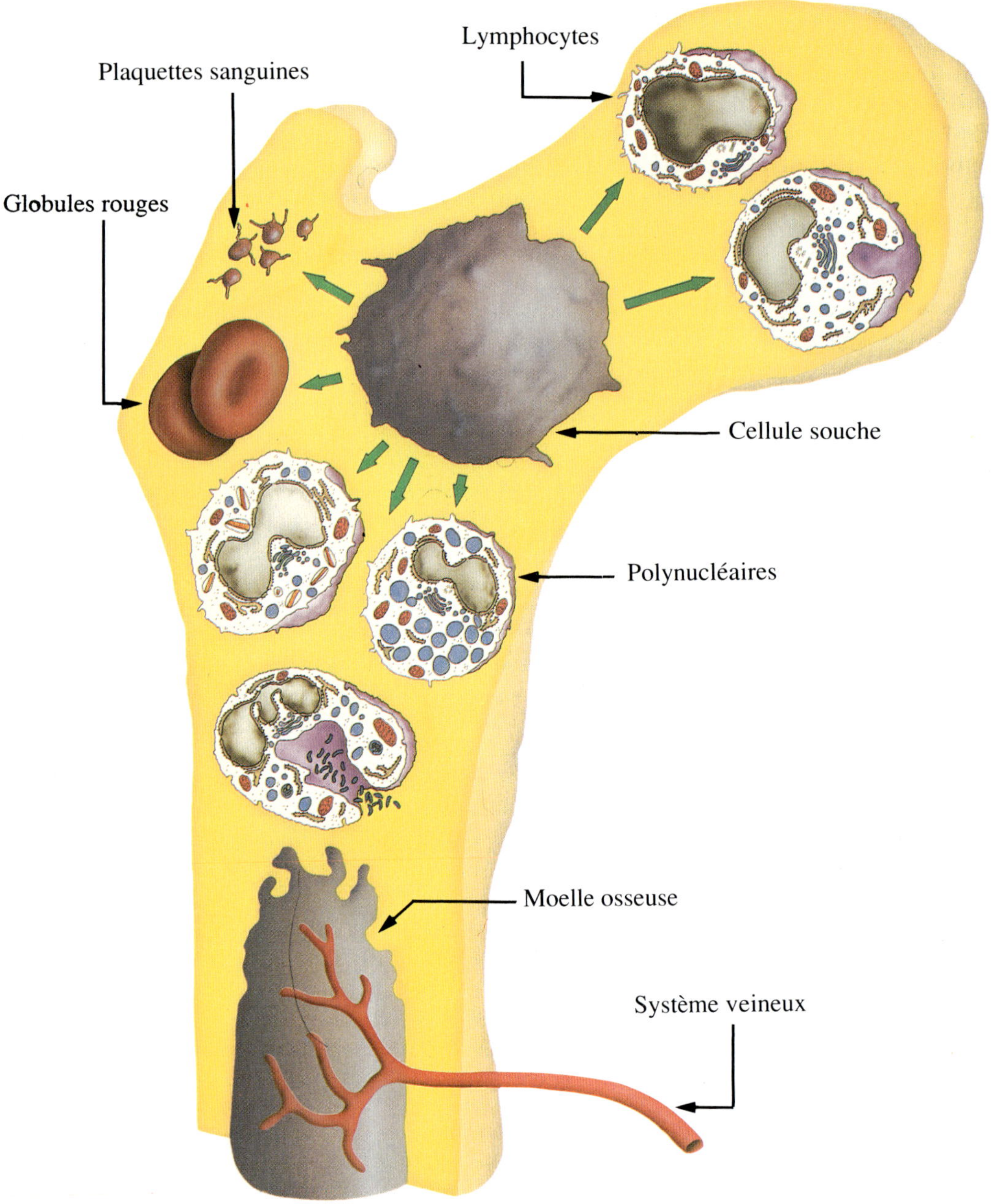


Figure 200
La moelle osseuse et l'origine des cellules sanguines. La moelle osseuse est le siège de la formation et du renouvellement des cellules du sang et de la lymphe. Des cellules-mères pluripotentes donnent naissance, par différenciation aux grands et aux petits globules blancs. De même, elles sont à l'origine des hématies et des plaquettes sanguines. Ces dernières ne sont pas des cellules entières mais des fragments des cellules souches. Cellules et plaquettes mûrissent et se différencient au sein de la moelle. Elles sont ensuite exportées dans le système veineux.

Les globules blancs polynucléaires vivent bien moins longtemps que les macrophages, -deux à trois jours seulement contre plusieurs années chez ces derniers-. Cependant, ils compensent largement cette brêve existence par un renouvellement régulier et massif : environ 85 millions de cellules polynucléaires jeunes envahissent chaque minute la circulation. Comme les macrophages, beaucoup de leucocytes granuleux franchissent aisément les parois vasculaires au voisinage des espaces occupés par les germes infectieux. De même, on les rencontre dans les organes lymphoïdes comme le thymus, la rate et les ganglions lymphatiques. De nombreux éosinophiles sont étroitement associés au revêtement externe des fins vaisseaux.

## Les tueuses naturelles.

Ce sont les "actrices périphériques" de la défense immune. Comme les macrophages et les polynucléaires ces cellules, encore désignées NK (de l'anglais : Natural Killer) sont associées aux défenses immunes naturelles. Cultivées en laboratoire, elles exhibent une forte propension à attaquer des cellules infectées par des virus et particulièrement celles qui ont subi la transformation cancéreuse.

Cette affinité préférentielle pour les cellules des tumeurs a laissé germer des espoirs -peut-être injustifiés- dans la recherche anti-cancéreuse. En effet, les tueuses naturelles n'agissent pas de manière aussi efficace dans l'organisme. On pense aujourd'hui qu'elles vérifieraient et préviendraient, de concert avec d'autres cellules blanches, la croissance et la multiplication anarchiques des cellules tumorales jeunes à l'intérieur d'un tissu. A l'appui de cette hypothèse, on a pu montrer que les armes toxiques des tueuses naturelles exercent de préférence leurs effets sur ces dernières.

## Le complément.

La défense des organismes contre les cellules étrangères fait intervenir un groupe de protéines circulantes du plasma appelé système du complément ou complément. Les protéines du complément sont normalement inactives. Cependant, en présence d'un complexe moléculaire réunissant un antigène et un anticorps, ou encore en présence de molécules telles que des glycoprotéines appartenant à l'enveloppe de microorganismes ou de cellules étrangères, l'une d'elles est activée et déclenche une réaction en cascade qui stimule au fur et à mesure des protéines du même groupe. Dans le premier cas, le système du complément intervient dans l'immunité spécifique. Dans l'autre, il participe aux défenses naturelles.

Les fonctions exercées par les composants activés du complément sont apparemment très variées. Dans de nombreuses situations, ils opsonisent les microorganismes en se liant à leur surface, facilitant ainsi leur agglutination et leur phagocytose par des macrophages ou d'autres cellules. Une autre fonction de ces composants est d'attirer les phagocytes (chimiotactisme) sur les lieux d'infection. L'activité du complément consiste également à lyser des bactéries ou des cellules. Au cours de ce processus complexe, des composants s'assemblent et se disposent en "tunnels" au niveau d'une région de la membrane plasmique, qu'ils déstabilisent et perforent. Ces tunnels constituent en réalité des canaux transmembranaires qui laissent entrer de grandes quantités d'eau par osmose. Comme les tunnels sont assez étroits pour empêcher les macromolécules de sortir, les cellules ciblées gonflent démesurément et éclatent. Nous avons rencontré une construction moléculaire semblable lors de notre étude de l'action cytotoxique des lymphocytes Tc (page 188; perforine).

## Les mastocytes et les globules blancs basophiles.

Les mastocytes se rencontrent dans le tissu conjonctif, le plus souvent à proximité des capillaires. Les globules blancs basophiles sont des cellules qui proviennent du sang et qui, comme les monocytes précurseurs des macrophages et les autres polynucléaires, quittent leur habitat vasculaire en réponse aux infections. Leur cytoplasme, ainsi que celui des mastocytes, est bourré de gros granules contenant de l'histamine. En libérant ces substances dans le milieu environnant, elles provoquent une réaction immunitaire de type inflammatoire ou allergique. La figure 201 A, B montre comment une telle réaction peut être déclenchée. La surface des mastocytes et des cellules basophiles est pourvue de récepteurs spécifiques d'une variété d'anticorps appelés IgE. La fixation d'antigènes de type allergène à ces anticorps induit leur dégranulation explosive.

L'action de l'histamine se traduit par une augmentation du calibre des vaisseaux dans la zone infectée ainsi que par un accroissement de leur perméabilité. Il en résulte souvent une douleur causée par la pression qui s'exerce alors à ces endroits sur les terminaisons nerveuses. Lorsqu'elles sont situées à la surface du corps, ces régions prennent souvent une teinte rosée, due à l'afflux sanguin.

Des effets désagréables sont souvent associés à la réaction allergique, celle-ci a toutefois l'avantage d'amener rapidement sur les champs d'action immunitaires les renforts indispensables. Cependant, comme nous le verrons plus loin, la réaction allergique ne paraît pas nécéssaire en soi et semble plutôt résulter d'un déséquilibre dans le processus de régulation de la réponse immune.

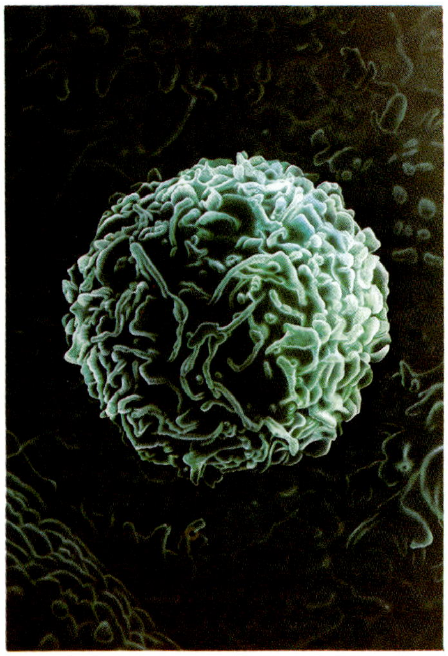

Figure 201 A
Le mastocyte (microscopie électronique à balayage). Cette cellule est localisée dans le tissu conjonctif et les muqueuses. La surface du mastocyte normal, bourré de sécrétions, contient de nombreuses microvillosités et d'autres protubérances en forme de bulles. Lorsqu'il décharge ses sécrétions, des trouées apparaissent sur la membrane plasmique.

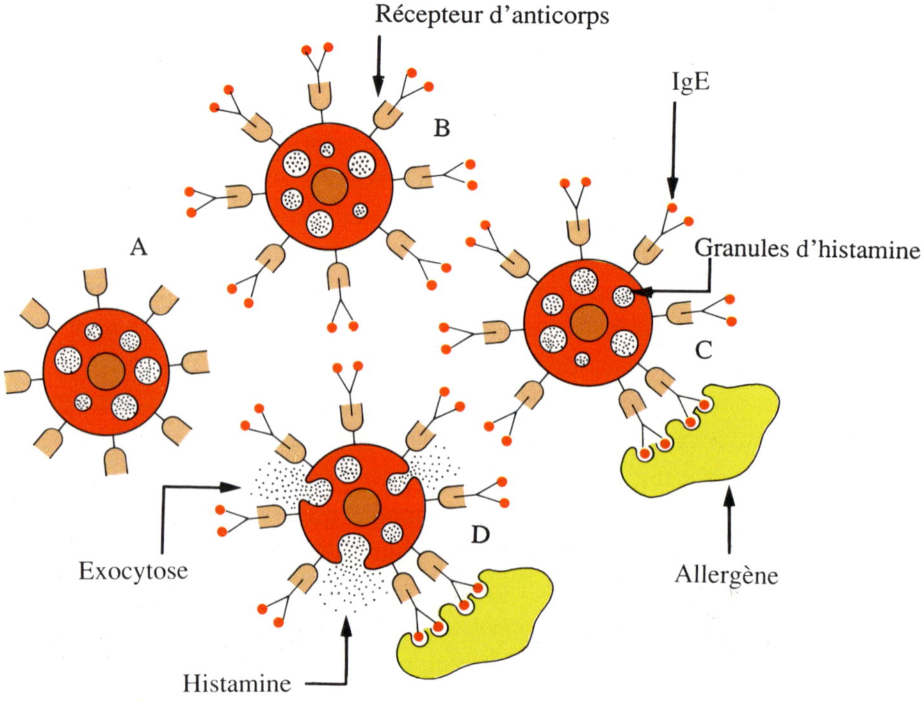


Figure 201 B
La dégranulation du mastocyte est déclenchée suite à la fixation d'allergènes aux anticorps IgE plantés sur sa surface.

## Les lymphocytes.

Tout système de défense qui se veut efficace doit être déployé sur plusieurs lignes en profondeur. Les défenseurs disposés sur les différents fronts doivent communiquer entre eux et s'entraider. Il semble bien que la défense immune dispose à cet effet de toute une panoplie d'acteurs cellulaires et moléculaires capables de développer une stratégie "interarmes" formidablement sophistiquée, et en réalité beaucoup plus élaborée qu'on ne l'avait cru d'abord. Parmi ces acteurs, nous venons de désigner les macrophages, les tueuses naturelles, les globules blancs polynucléaires et les mastocytes. Il y a aussi les grosses molécules circulantes du complément dans le plasma. Mais le fleuron du dispositif de défense de l'organisme est constitué par quelques mille milliards de cellules appelées lymphocytes.

A l'état inactivé, les lymphocytes ont une taille réduite. Bien que leur aspect soit très semblable, leur comportement au cours de la réponse immune permet d'en distinguer au moins deux grands groupes, comprenant les lymphocytes B et les lymphocytes T.

En réponse à des molécules ou des fragments de molécules étrangères, désignés par le terme général antigène, les lymphocytes B fabriquent de grosses protéines appelées anticorps. Comme ces macromolécules sont sécrétées dans le sang et les autres fluides de l'organisme, on dit que cette catégorie de lymphocytes exerce une réponse immune humorale. Les lymphocytes T, qui répondent eux-mêmes directement aux antigènes, effectuent la réponse immune dite cellulaire.

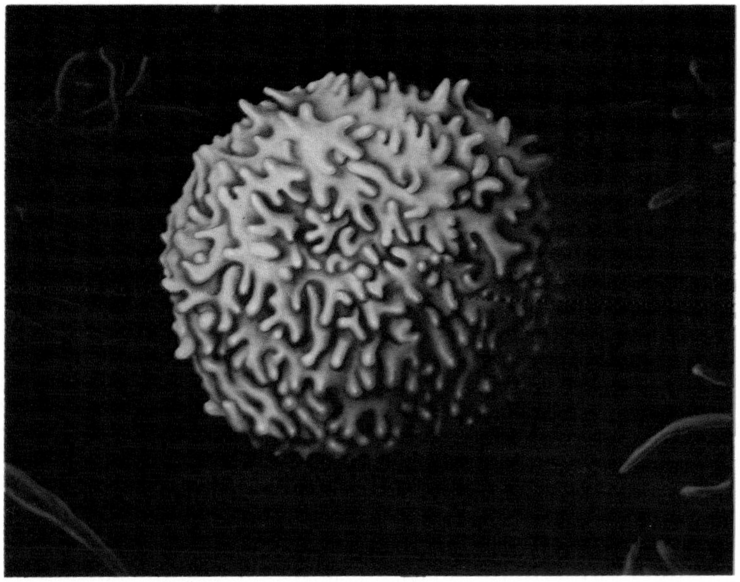

Figure 202
Le lymphocyte B (microscopie électronique à balayage). C'est la cellule responsable de la synthèse des anticorps. Le lymphocyte B stimulé se transforme en plasmocyte, qui peut sécréter environ 2000 molécules d'anticorps par seconde. Cette synthèse intense épuise la cellule qui meurt quelques jours après avoir été activée.

## Les lymphocytes B.

Lorsqu'un antigène sensibilise un lymphocyte B particulier, celui-ci s'engage dans un processus de maturation au cours duquel il croît et se divise un grand nombre de fois. La multiplication du lymphocyte sensibilisé aboutit à la formation d'un clone cellulaire ne fabriquant qu'une espèce d'anticorps, spécialement dirigée contre cet antigène (figures 202 et 203). L'adaptation sélective de la réponse humorale est évidemment très pratique : elle permet à l'organisme de ne synthétiser les molécules d'immunoglobines, énergétiquement dispendieuses, qu'au prorata de ses besoins.

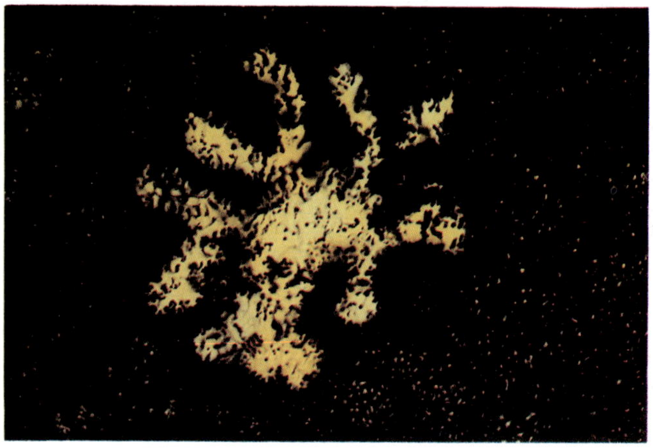

Figure 203
Molécule d'anticorps IgM observée en microscopie électronique.

Chose curieuse à priori, un certain nombre de cellules sélectionnées ne fabriquent pas tout de suite des anticorps; leur réponse à l'antigène ne survient que lorsque ce dernier entre en contact avec l'individu pour la seconde fois au cours de son existence. Ces cellules, qui restent apparemment muettes au cours de la première réponse immune mais qui produisent de grandes quantités d'anticorps par la suite, sont appelées lymphocytes à mémoire. Les systèmes de défense immunitaires spécifiques sont donc capables d'apprendre à reconnaître et à mémoriser un élément étranger ayant franchi les barrières naturelles de l'organisme, ne serait-ce qu'une seule fois au cours de son existence. Les cellules à mémoire ont une durée de vie très longue, de plusieurs années à plusieurs dizaines d'années. Elles existent également dans les populations de cellules T (voir plus loin). La réaction qui produit des anticorps face aux antigènes cible principalement des bactéries, des virus, des toxines qui circulent librement dans le plasma sanguin et les liquides de l'organisme.

Les anticorps facilitent la destruction des microorganismes de plusieurs manières différentes. Comme le montre la figure 194, ils renforcent la capacité de phagocytose des macrophages, eux-mêmes pourvus de récepteurs aptes à les reconnaître. Ils peuvent également stimuler l'activité des cellules tueuses, qui détruisent des particules dont la surface est opsonisée. Ou encore, ils favorisent la lyse et la destruction des microbes en activant les protéines lytiques du complément.

## Les anticorps.

Ce sont de grosses molécules d'immunoglobine produites par les lymphocytes B. Chaque molécule d'anticorps est composée de deux chaînes d'acides aminés appelées chaînes lourdes et de deux autres chaînes appelées chaînes légères, du fait de leur poids moléculaire plus petit. Les chaînes lourdes et légères sont unies entre elles par des liaisons covalentes. Leur association détermine la formation, à l'une des extrémités des molécules d'anticorps, de sites de fixation spécifiques pour une immense variété d'antigènes. Cette spécificité est telle qu'à chaque antigène correspond au moins une molécule d'anticorps capable de le reconnaître et de le fixer (figure 204). Chaque molécule d'anticorps possède deux sites de combinaison antigéniques identiques.

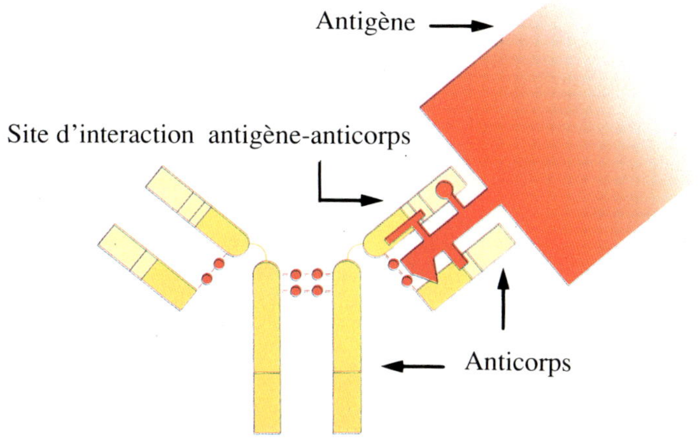


Figure 204
Le complexe antigène-anticorps. L'extrémité des chaînes lourdes et légères des bras d'une molécule d'anticorps présente deux sites identiques capable de lier une molécule d'antigène. Cette relation entre un anticorps et un antigène est très spécifique. L'organisme peut apparemment former autant d'anticorps que d'antigènes existant dans la nature.

La partie de la molécule d'anticorps qui ne contient pas les sites de fixation de l'antigène est appelée région Fc. C'est elle qui règle le comportement particulier de la classe à laquelle l'anticorps appartient. Il existe par exemple une classe d'anticorps appelée IgG. Lorsqu'un anticorps IgG fixe un antigène, un changement de configuration allostérique rend sa région Fc identifiable par les macrophages. La partie Fc des anticorps IgG constitue également une région stimulatrice du complément tandis que la partie correspondante des anticorps de type IgE interagit avec des sites de fixation présents dans l'enveloppe des cellules spécifiques de la réponse allergique.

Le répertoire des anticorps de l'organisme humain doit être immense. A titre de comparaison, celui de la souris est estimé à environ un milliard. En principe, la quantité de sites de combinaison antigéniques d'un organisme est tel qu'il est censé répondre à la plupart des antigènes peuplant son environnement proche et lointain. Une telle diversité d'anticorps devrait en principe requérir une diversité correspondante de gènes pour les coder, en fait beaucoup plus que ce que possède un bagage chromosomique ordinaire.

En réalité, on a montré que les mécanismes génétiques impliqués dans la synthèse des chaînes d'acides aminés des molécules d'immunoglobines étaient différents de ceux qui interviennent dans la fabrication des autres protéines. Des réarrangements variés de différents gènes codant pour les anticorps, ajoutés à des combinaisons de chaînes polypeptidiques déjà synthétisées, accroissent considérablement leur diversité. A cela s'ajoutent des mutations somatiques se produisant de préférence au niveau de gènes spécifiques des immunoglobulines.

Figure 205 A, B
Destruction par un lymphocyte T d'une cellule cancéreuse transformée par un virus. Le lymphocyte est équipé de récepteurs spécifiques des antigènes viraux (en rouge) présents sur l'enveloppe de la cellule malade. Cette reconnaissance concerne également une protéine antigénique du soi, propre à la cellule infectée. Elle est suivie de la décharge d'enzymes lytiques par le lymphocyte et de la destruction de la cible.

## Les lymphocytes T.

Les lymphocytes T répondent directement aux cellules porteuses d'antigènes. Ils sécrètent contre elles une variété de substances toxiques ou régulent les interactions entre différentes catégories de cellules immunitaires. Les cellules T sont responsables de la réponse immunitaire dite à "médiation cellulaire". Comme nous l'avons fait remarquer plus haut, elles sont également capables de mémoriser le contact avec l'antigène. Seuls les lymphocytes T cytotoxiques, encore désignés Tc et connus sous le nom commun de "lymphocytes tueurs", participent directement à la réponse immune. Ils détruisent des cellules infectées par des virus, des cellules malignes, ou encore des cellules étrangères en sécrétant contre elles des toxines qui détruisent leur membrane et leur contenu. Comme le montre la figure 205 A, B, cette catégorie de lymphocytes dispose de récepteurs liant les antigènes présents sur la surface de leurs cibles.

D'autres lymphocytes T, encore appelés cellules auxillaires, agissent en modulant la réponse immune. Par exemple, les lymphocytes "aidants", -désignés Th, de l'anglais : T helper- sécrètent des lymphokines qui stimulent les lymphocytes cytotoxiques, les lymphocytes B et les macrophages, ainsi que la plupart des cellules impliquées dans la lutte

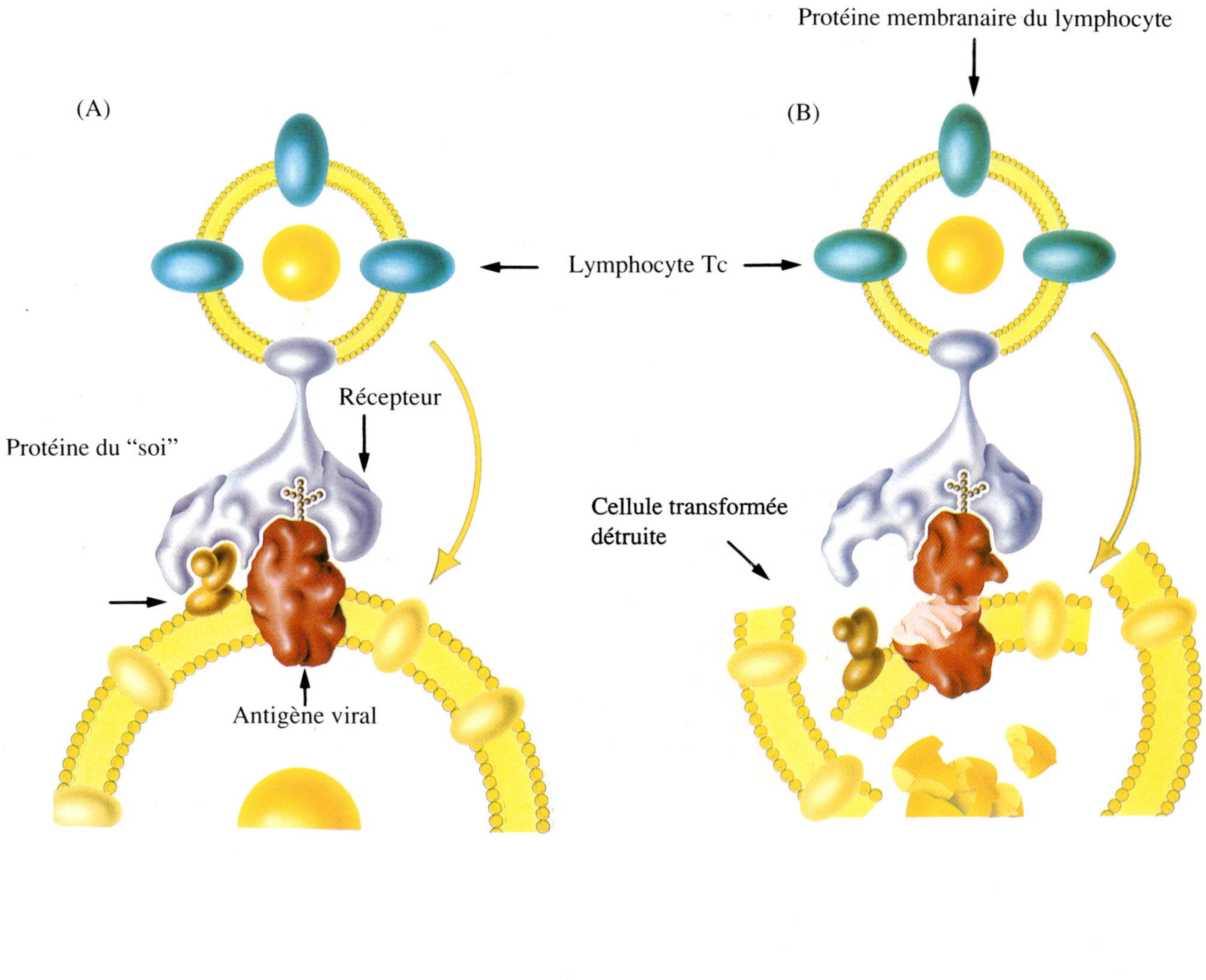

contre les antigènes. D'autres lymphocytes, les lymphocytes "suppresseurs" régulent la réponse immune en freinant l'action des cellules productrices d'anticorps ainsi que celle des cellules cytotoxiques ou des cellules aidantes elles-mêmes (figure 206).

Ceci peut paraître assez curieux à priori car l'organisme n'a pas intérêt à inhiber ses réactions de défense vis-à-vis d'un envahisseur, surtout si celui-ci est dangereux. Cependant, il importe de remarquer que l'action antagoniste de ces lymphocytes est nécéssaire. Ainsi, lorsque la réponse immune a éliminé l'antigène ou réduit son taux à un niveau inoffensif, elle doit être stoppée ou au moins freinée. D'autre part, la "surveillance" d'une réaction immunitaire peut tempérer une réponse trop vive des lymphocytes agissants, laquelle pourrait s'avérer nocive pour les tissus. Une telle réponse survient parfois au cours d'une réaction allergique. C'est ainsi que la libération d'histamine peut, dans certains cas, être à l'origine d'une réaction appelée choc anaphyllactique. Ce dérangement se caractérise par la constriction des voies respiratoires et peut entraîner la mort par asphyxie. On a de plus en plus la certitude que la réponse immune excessive à certains antigènes résulte d'un défaut de cellules T suppressives.

La réaction qui fait intervenir les cellules T est principalement dirigée contre les cellules infectées par des virus ou encore contre des organismes de plus grande taille comme les protozoaires, les vers parasites… etc. Enfin, les cellules T sont aussi responsables du rejet des greffes.

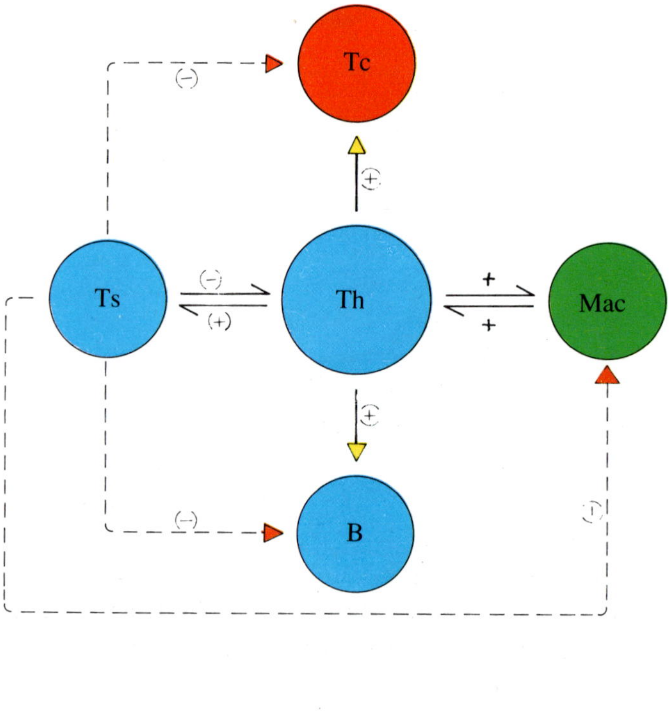


Figure 206
Schéma général de la réponse immunitaire. Les cellules de l'immunité coordonnent leur action de manière à former un système de défense cohérent et efficace. Les macrophages informent les cellules de l'immunité spécifique, les lymphocytes, de la présence des antigènes dans l'organisme. Les lymphocytes aidants et les lymphocytes suppresseurs utilisent cette information pour contrôler la réponse des autres cellules de l'immunité aux antigènes.

## La plupart des lymphocytes B ne répondent efficacement à l'antigène que s'ils sont stimulés par des lymphocytes T.

Lorsqu'une cellule B rencontre un antigène pour lequel il est spécifique, il le fixe à un récepteur présent sur sa surface. Cependant, la combinaison antigène-anticorps ne paraît pas à elle seule suffisante pour l'activer efficacement. Le lymphocyte B a besoin d'un stimulant, fourni par un lymphocyte Th approprié.

Le mécanisme grâce auquel ce dernier interfère avec la réponse humorale peut être résumé de la manière suivante (figure 207). Le récepteur du lymphocyte B n'est autre qu'une molécule d'anticorps du type de celles qu'il synthétise lui-même. Lorsque le complexe récepteur-anticorps est formé, il est endocyté et fragmenté. Des morceaux d'antigènes sont ensuite transportés et intégrés à son enveloppe superficielle. Ce procédé rappelle celui qu'on observe chez les cellules présentatrices d'antigènes comme les macrophages. Un lymphocyte Th spécifique du même antigène reconnaît celui-ci en même temps qu'il détecte sur la surface du lymphocyte B une protéine faisant normalement partie de son assortiment membranaire. Cette double reconnaissance de l'étranger et du "soi" est également pratiquée par les lymphocytes Tc. La raison n'en est pas parfaitement claire, mais elle est probablement importante. La liaison du lymphocyte aidant au lymphocyte B a pour effet de déclencher une synthèse accrue d'anticorps, spécifiquement dirigés contre l'antigène qui a initié la réaction immune.

## La reconnaissance de soi.

Dans les conditions normales, la défense immunitaire opère la distinction entre le soi et le non soi. Ceci signifie que les lymphocytes ne répondent qu'aux antigènes étrangers et ignorent ceux qui appartiennent en propre aux organismes.

En ce qui concerne les lymphocytes B, on pense que cette tolérance vis-à-vis du soi résulte d'un apprentissage effectué pendant la formation de l'embryon. Apparemment, le système immunitaire immature libère des millions de lymphocytes vierges capables de répondre à toutes sortes d'antigènes, du soi aussi bien que du non-soi. Cependant, on pense que ceux qui sont spécifiques des antigènes du soi sont progressivement inactivés de l'une ou l'autre manière. L'organisme apprend ainsi à mémoriser et à respecter sa propre identité. Par contre, les lymphocytes armés contre les antigènes étrangers peuvent proliférer et seront aptes à exprimer plus tard une réponse, humorale ou cellulaire.

La tolérance de nos défenses vis-à-vis des cellules du soi peut être altérée dans certains cas. On connaît par exemple une affection appelée myasthénie grave, caractérisée par une très grande faiblesse musculaire. On a montré que chez les sujets atteints, des anticorps "ignorent" le signal "soi" et se fixent sur les récepteurs de l'acétylcholine des jonctions neuromusculaires, empêchant le médiateur d'exercer son action.

Contrairement à celle des lymphocytes B, la tolérance immunitaire des cellules T n'est pas acquise définitivement par l'embryon. Elle paraît plutôt maintenue par le contact de ces cellules avec ses propres antigènes après la naissance.

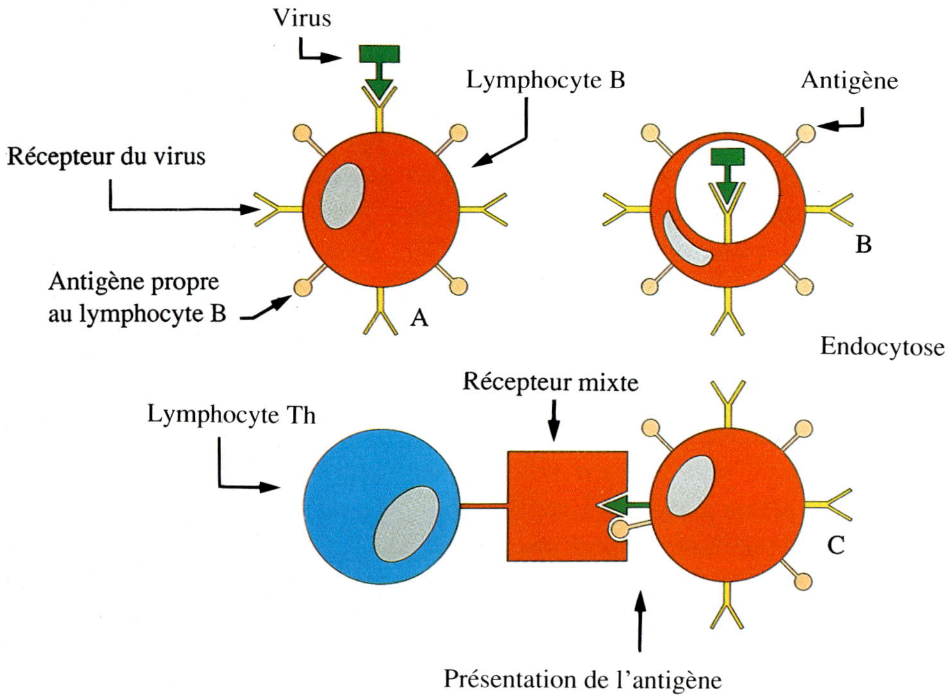


Figure 207
La coopération entre le lymphocyte aidant et le lymphocyte B. D'après ce modèle, le lymphocyte B absorbe un microorganisme par endocytose, le dégrade et en présente des éléments moléculaires sur sa surface. Ces antigènes étrangers sont reconnus par un lymphocyte T aidant, en association avec des antigènes propres au lymphocyte B (autoantigènes). La double reconnaissance est nécessaire pour stimuler la cellule B à produire des anticorps contre le microorganisme qui a initié le processus.

# Chapitre IX

# Les origines de la vie.

## Les premiers monomères et polymères biologiques ont été formés dans un environnement abiotique.

Au cours des années 1950-1960, un intérêt extraordinaire s'est manifesté dans les milieux scientifiques pour les problèmes traitant des origines de la vie. De nombreux chercheurs se demandaient comment les constituants chimiques fondamentaux de la matière vivante étaient apparus sur la terre primitive. Ils s'interrogeaient également sur la façon dont ces constituants s'étaient assemblés pour édifier les premières cellules. De nombreuses recherches débutèrent suite au coup d'envoi donné par les expériences d'un biochimiste américain, le Dr. H. S. Miller. Ce chercheur pensait que, en reproduisant les conditions physico-chimiques supposées avoir existé primitivement sur la surface de la terre, on pouvait construire un schéma plausible de la formation des premières molécules de la vie. Pour ce faire, il isola divers mélanges gazeux dans des systèmes clos renfermant également de l'eau, et leur appliqua des décharges électriques de longue durée (figure 208). Ces mélanges étaient composés de concentrations variées de méthane, de vapeur d'eau, d'oxyde de carbone ainsi que de composés nitrés et soufrés et d'autres molécules simples. A sa grande surprise, il isola du fond des ballons diverses substances organiques... y compris les acides aminés alanine et glycine. Comme les protocoles d'expériences ne laissaient supposer aucune contamination extérieure, ces produits devaient nécéssairement provenir des gaz introduits dans les dispositifs expérimentaux. Les résultats du jeune savant

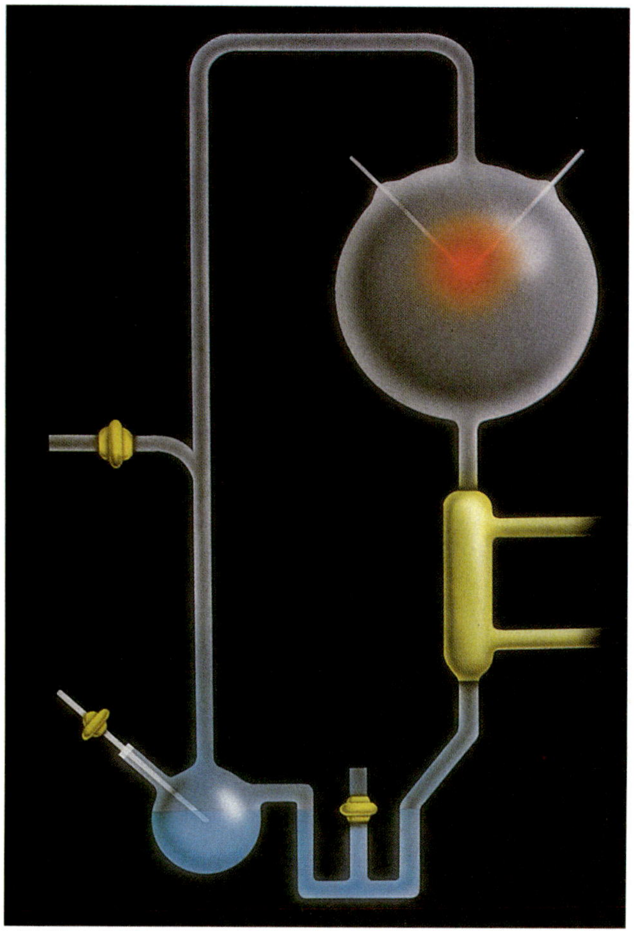

Figure 208
L'appareil de Miller. Ce dispositif permet d'appliquer des décharges électriques à un mélange de différents gaz concentrés dans un ballon de verre muni d'électrodes suivant des proportions connues. Les composés synthétisés au cours de ces décharges sont décelés dans la phase aqueuse du ballon. Les mélanges gazeux présents dans le ballon sont supposés mimer ceux d'une atmosphère primitive.

étaient révélateurs puisqu'ils établissaient une parenté physico-chimique possible entre la matière organique et la matière minérale. De plus, ils permettaient d'imaginer un scénario qui laisserait entrevoir comment la vie elle-même a pu apparaître spontanément sur notre globe.

De nombreux chercheurs poursuivirent des travaux dans des voies similaires, modulant les paramètres expérimentaux et utilisant d'autres énergies, comme la chaleur ou le rayonnement ultraviolet. S'il était assez aisé, d'une manière générale, d'obtenir des acides aminés simples il s'avéra par contre plus difficile de synthétiser des nucléotides, notamment ceux qui composent les acides nucléiques actuels. Par ailleurs, il était tentant de déterminer les conditions qui auraient permis à ces monomères de s'assembler en chaînes caractéristiques des êtres biologiques. Les essais de polymérisation d'acides aminés ou de nucléotides furent particulièrement ardus. Logiques dans l'hypothèse que des polymérisations semblables devaient avoir eu lieu de manière naturelle dans les eaux primitives, ils butaient contre un obstacle majeur : l'eau. En effet, effectuées en milieu aqueux, les réactions de polymérisation sont elles-mêmes productrices d'eau. Il en résulte que les produits obtenus sont hydrolysés aussi vite que formés et l'équilibre de ces réactions a tendance à se déplacer en faveur des réactifs (figure 209).

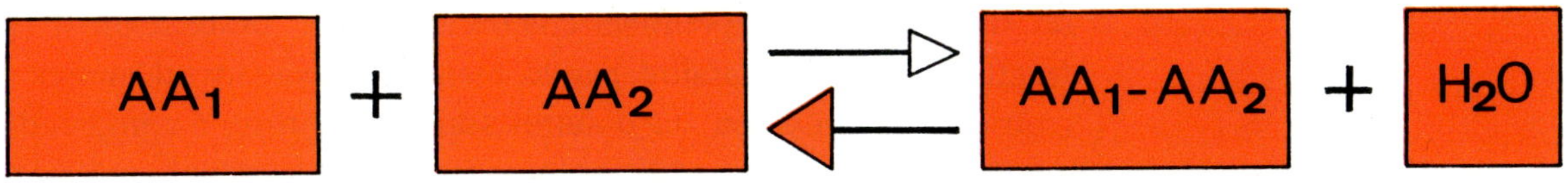


Figure 209
Impossibilité théorique d'une réaction de polymérisation en phase aqueuse. Un des produits de la réaction est l'eau, dont la concentration dans le milieu réactionnel dépasse largement celle des réactifs. L'équilibre de la réaction est fortement déplacé vers la gauche car le polymère est hydrolysé au fur et à mesure de sa synthèse.

Les recherches plus récentes montrèrent que la surface des feuillets argileux imbibés d'eau constituaient de bien meilleurs laboratoires que les ballons pour aborder et rentabiliser ce type d'expériences. Ces feuillets se superposent si étroitement qu'ils ne ménagent entre eux que des espaces ultraminces, ce qui réduit au maximum les concentrations locales en eau (figure 210 A, B). Outre le pouvoir catalytique des ions minéraux qui y sont adsorbés et qui peut être mis à profit pour les polymérisations, les argiles peuvent capter et transmettre de l'énergie. Des expériences conduites avec des argiles ionisées du type montmorillonite ont permis d'obtenir des polymères d'acides aminés et de nucléotides longs d'une centaine de résidus ou plus, et même des molécules fonctionnant grossièrement comme des enzymes. Si des argiles catalysantes ont effectivement existé au cours de la période précédant l'apparition de la vie sur la terre, ce type d'essai mérite d'être soutenu et poursuivi.

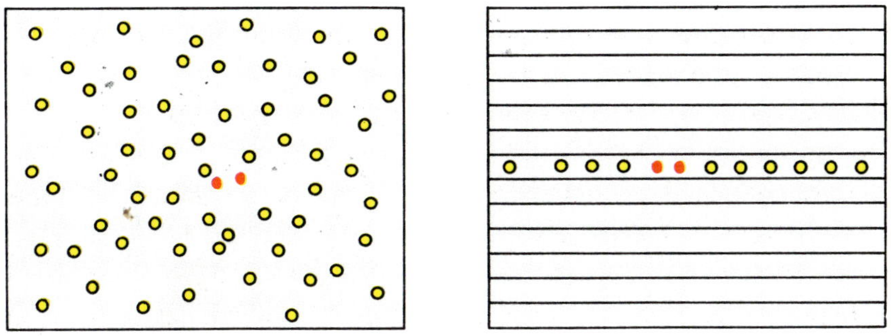

Réactifs en solution dans un grand volume d'eau

Réactifs en solution dans une mince couche d'eau séparant 2 feuillets d'argile superposés

Figure 210 A, B
Feuillets argileux et polymérisation. La superposition étroite de minces feuillets d'argile imbibés d'eau et contenant des ions diminue la concentration locale en eau et permet l'adsorption des réactifs sur de grandes surfaces ainsi que la formation de polymères. Des ions peuvent jouer le rôle de catalyseurs (B). Dans la partie (A) de l'illustration, les réactifs sont environnés de toutes parts par l'eau dont la concentration déplace la réaction vers la gauche, au fur et à mesure que les produits se forment.

D'une manière générale, les expériences en ballons, ou celles réalisées sur des surfaces argileuses ont laisser soupçonner que des quantités substantielles de molécules organiques de complexité variée se sont accumulées d'une manière ou d'une autre dans les eaux ancestrales et ont constitué une sorte de "soupe organique primitive". On admet actuellement que les premières formes de vie naquirent dans ce berceau moléculaire.

Le développement des premières chaînes de nucléotides, probablement des polyribonucléotides méritent une attention toute particulière. Si on suppose que les premiers chaînons d'ARN, probablement courts et fragiles, ont pu apparaître par le biais de processus aléatoires sur des matrices argileuses ou sur d'autres supports, il reste à comprendre comment ces polymères ont pu se transformer en molécules réplicatives et informatives longues et stables, du type de celles que nous connaissons actuellement. De récentes hypothèses suggèrent que de petites protéines formées par l'assemblage aléatoire d'acides aminés et dotées d'une activité polymérisante rudimentaire ont pu favoriser la formation et "l'amélioration" de chaînons primitifs d'ARN. Certains d'entre eux auraient acquis au fil du temps, grâce à l'apparition d'un système de codification simple, la capacité de former en retour des chaînes d'acides aminés.

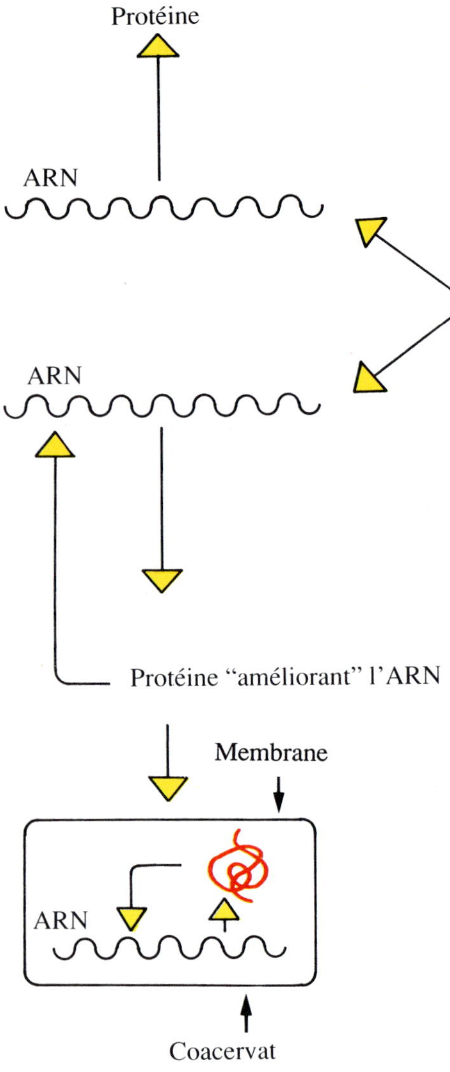


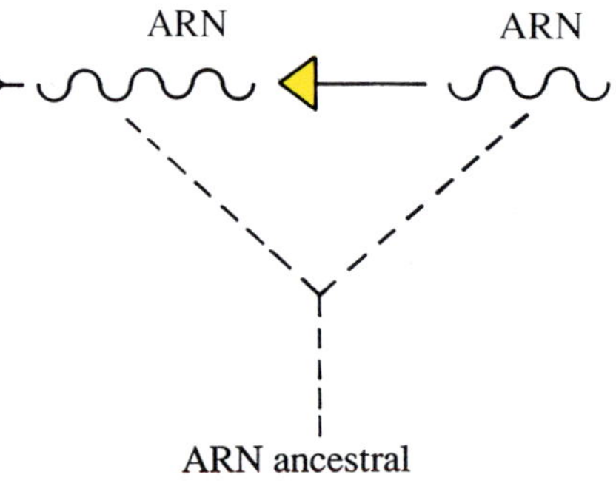


Figure 211 A, B
Evolution des ARN et remplacement des ARN par des ADN. Ce modèle évolutif suppose l'apparition d'un ARN codant pour une protéine favorisant sa propre réplication (A).

Remarquons qu'une forme de sélection primitive a dû peu à peu favoriser la formation d'ARN codant de préférence des polypeptides qui catalysaient en retour leur propre synthèse, et mieux encore leur réplication (figure 211 A, B). De tels systèmes, bâtis sur l'interaction et l'amélioration réciproques d'acides nucléiques et de protéines purent être à la base de l'évolution ultérieure des grands moyens d'expression génétique, à savoir la réplication, la transcription et la traduction. Remarquons aussi que le passage des ARN aux ADN pourrait s'expliquer dans le contexte largement "UV" de l'époque. Le rayonnement ultraviolet, qui traversait massivement les couches gazeuses de l'atmosphère primitive, altérait ou rompait les polymères nucléotidiques trop exposés. Les brins d'ARN, extrêmement ténus et fragiles, ne pouvaient probablement guère se maintenir tels quels sous leur impact. L'apparition de molécules plus résistantes a pu dépendre dans ces conditions de l'acquisition de formes polymériques plus stables, plus résistantes au rayonnement (figure 211B).

De ce point de vue, une structure en deux chaînes appariées en double hélice, dont l'une est complémentaire de l'autre, aurait présenté un net avantage sur une structure à chaîne unique. En effet, outre la stabilité que confèrent les liaisons qui unissent les deux chaînes, un dommage causé dans l'une d'elles peut être éventuellement réparé par un système approprié se servant de la chaîne intacte comme matrice modèle pour repolymériser le fragment lésé.

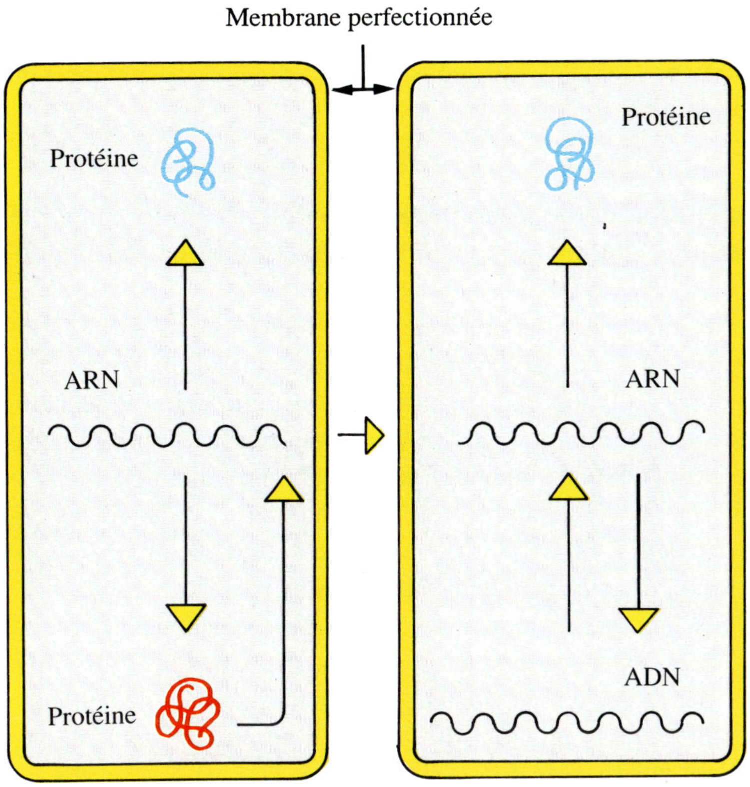


Ce modèle suppose la synthèse d'un ADN sur une matrice ARN en réponse aux pressions sélectives induites par le rayonnement ultraviolet (B).

La double hélice d'ADN correspond à une structure idéale de ce type. De détenteurs de l'information qu'ils étaient au départ, les acides ribonucléiques ont apparemment cédé ce rôle à leurs homologues déoxyribonucléiques pour se spécialiser eux-mêmes dans son transfert ou dans d'autres fonctions importantes de l'expression génétique.

De récentes informations montrent que des ARN peuvent, à la manière d'enzymes polypeptidiques, jouer un rôle dans la catalyse de certaines réactions. Dans la mesure où cette propriété est le reliquat d'une fonction ancestrale, le rôle de l'ARN primitif ne pouvait être exclusivement informatif. Lorsque les structures et fonctions des ARN impliqués dans la traduction des protéines chez les bactéries et les cellules modernes seront connues avec plus de précision, il n'est pas impossible que l'on découvre l'une ou l'autre activité suggérant que les premiers polyribonucléotides, ou du moins certains d'entre eux, avaient également des propriétés enzymatiques plus larges et plus diversifiées qu'aujourd'hui. Une telle découverte constituerait un grand pas en avant dans notre compréhension de l'évolution des modalités du fonctionnement des gènes.

Ce survol rapide de l'évolution des premières molécules organiques est bien incomplet, mais il constitue toutefois un fil conducteur suivi par la majorité des biologistes d'aujourd'hui. Il dépeint un scénario plausible de ce qui a pu se produire sur la terre, voici peut-être déjà quelques 4 milliards d'années, et laisse germer la possibilité que ces événements ont pu ou pourraient également se reproduire ailleurs dans l'univers. Dans les paragraphes suivants, nous allons tenter de maintenir et de prolonger ce fil conducteur en imaginant un modèle d'apparition et d'évolution des cellules qui repose sur les connaissances que nous en avons aujourd'hui.

## L'apparition d'une membrane enveloppante a dû constituer un événement majeur de l'évolution des premières formes de vie.

La formation des premiers polymères et la naissance d'un métabolisme rudimentaire ne permettent pas à elles seules d'expliquer comment les premières cellules sont apparues. Pour interagir rapidement, les molécules des cellules doivent être confinées dans des espaces suffisamment petits. L'existence même d'une cellule implique donc celle d'une enceinte séparant son contenu du milieu ambiant. L'enceinte des cellules vivantes actuelles est constituée d'une très fine membrane de nature lipoprotéique, organisée en deux feuillets superposés.

Nous ignorons comment les membranes enveloppant les cellules sont apparues, mais il est clair que la tendance spontanée des lipides à s'agréger dans l'eau a été le moteur de leur formation et de leur cohésion (figure 212). Cette propriété invite à supposer que, au fur et à mesure que les premiers polynucléotides et polypeptides se sont formés, ils ont été peu à peu emprisonnés et isolés du milieu aqueux des mers primitives. Les membranes enveloppantes ne pouvaient être tout à fait imperméables car les cellules, si primitives soient-elles, sont nécéssairement des

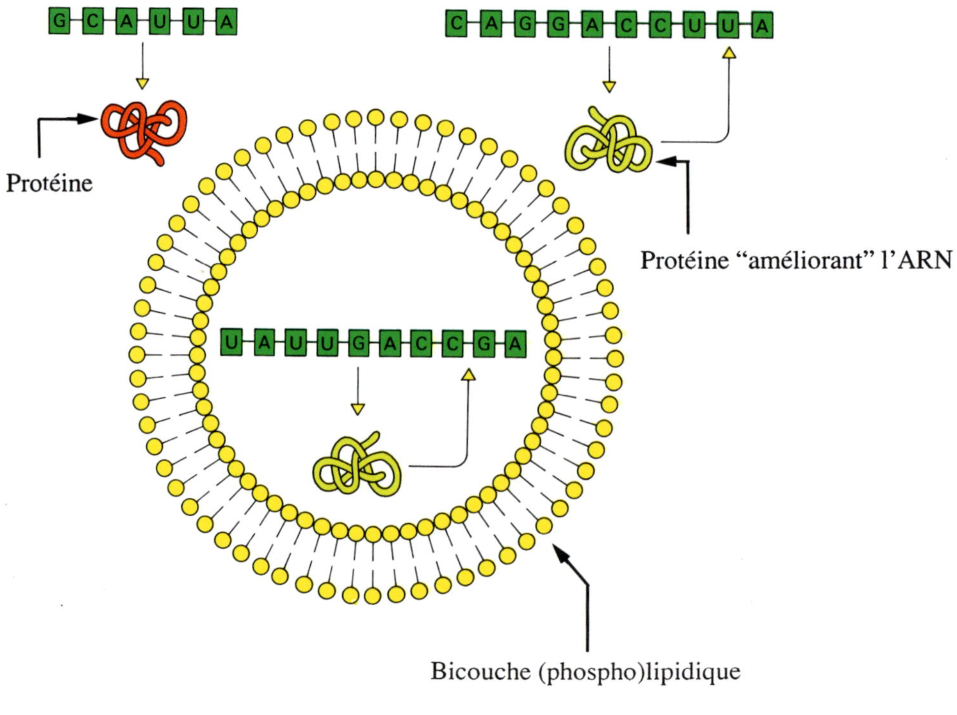


Figure 212
Le liposome. C'est un compartiment aqueux bordé d'une ou de deux bicouches lipidiques. Il peut être obtenu par traitement d'une suspension de lipides dans l'eau par des ondes sonores à haute fréquence (sonication), ou encore en agitant une solution contenant de l'eau, de l'éthanol et un lipide comme la phosphatidylcholine. Des conditions permettant d'obtenir des vésicules de ce type ont dû exister sur la surface de la terre primitive.

systèmes ouverts, échangeant des matériaux et de l'énergie avec le milieu environnant. Une enceinte imperméable ne pourrait créer que des systèmes clos, isolés, et périssables à court terme, ce qui est incompatible avec la vie elle-même. On peut donc supposer que des petites molécules, formées dans des conditions abiotiques, pénétraient assez facilement dans les cellules. Elles en constituaient d'ailleurs les premiers éléments "nutritifs" puisqu'elles leur apportaient atomes et énergie nécéssaires au maintien des structures qu'elles avaient déjà réussi à mettre en place. Les enceintes lipidiques primitives, peut-être déjà "perméabilisées" par des canaux protéiques rudimentaires, et leur contenu en polymères et en matériaux nourrissants ont pu constituer des formations préludant à

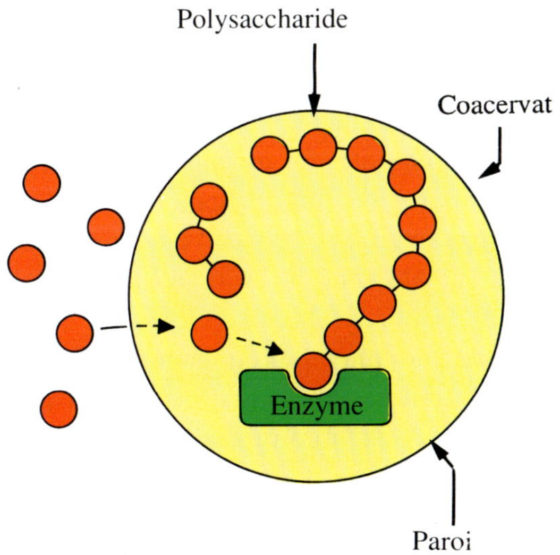


Figure 213 A
Coacervats permettant de synthétiser des chaînes polypeptidiques ou des chaînes d'ARN. Une vésicule renfermant un enzyme permet de polymériser un sucre introduit dans la solution.

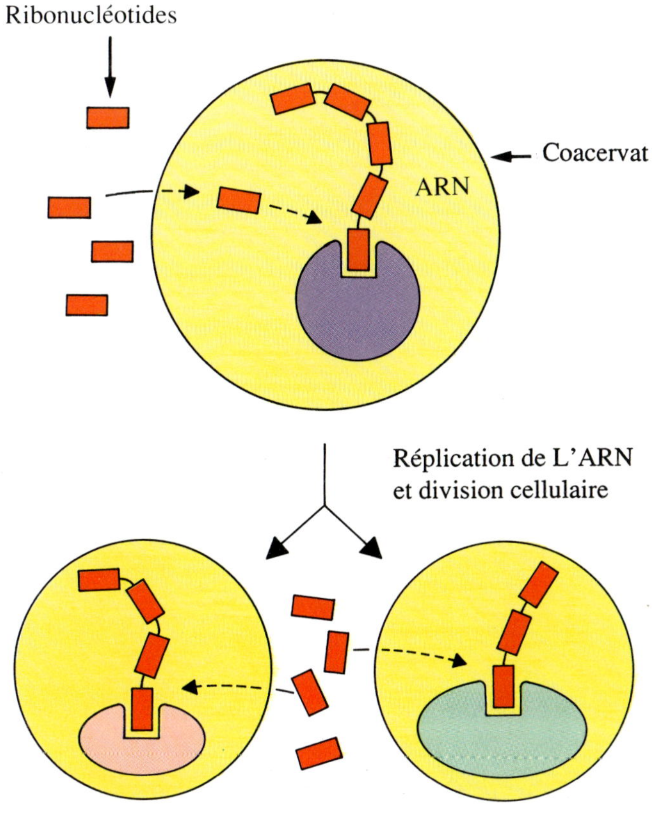


Figure 213 B
Une vésicule contenant un enzyme permet de polymériser de l'ARN à partir de ribonucléotides. Ces structures, obtenues en laboratoire laissent supposer que des vésicules isolant des systèmes métaboliques très simples ont pu apparaître et évoluer dans les temps ancestraux.

l'avènement des premières vraies cellules. Des structures semblables, obtenues en laboratoire ont été appelées protobiontes. Comme le suggèrent les expériences d'Oparine, le développement de cellules primitives dans les mers ancestrales dépendait de leur constitution et de leur aptitude à puiser dans le milieu des substances suceptibles de suppléer à leurs besoins et de consolider leur patrimoine (figure 213 A, B). Celles qui ne possédaient pas d'acides nucléiques se divisaient parfois mais étaient incapables d'assurer leur propagation de manière correcte. Au contraire, celles que l'évolution avait enrichi en ces polymères apprirent peu à peu à se reproduire plus ou moins fidèlement en dictant la fabrication de protéines qui favorisaient cette aptitude (voir plus haut). C'était là un événement tout à fait capital puisqu'il permettait au protobionte naturel de former des protobiontes-fils assez semblables à leurs parents.

Le protobionte évolué définit d'une manière pragmatique la cellule vivante élémentaire. C'est une entité capable de s'autoreproduire, formée d'une collection de molécules interagissantes confinées dans un espace minuscule par une membrane, laquelle échange des molécules et de l'énergie avec le milieu ambiant.

L'apparition des premiers protobiontes fut probablement un événement rarissime. Mais l'autoreproductibilité a dû donner à ces organismes une suprématie éclatante. Les ressemblances profondes qui existent entre tous les êtres vivants actuels, notamment au niveau de leur code génétique, plaident d'ailleurs en faveur de l'idée qu'ils sont tous les descendants diversifiés d'un ancêtre unique, protobiontique. Dans la mesure où les acides nucléiques primitifs ont appris à diriger et à contrôler la fabrication de catalyseurs et d'enzymes utiles, ils ont pu orchestrer peu à peu la mise en place d'un réseau de voies métaboliques déjà dotées de systèmes régulateurs essentiels. En évoluant, la membrane protobiontique a fait place à des membranes plus perfectionnées, assumant progressivement la responsabilité d'un choix affiné des matériaux

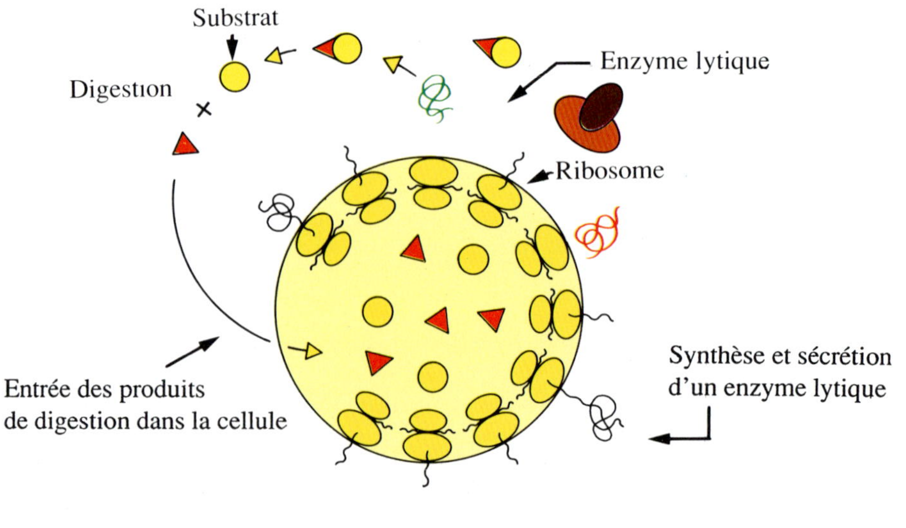


Figure 214 A
Modèle hypothétique représentant un protobionte opérant la digestion externe grâce à des enzymes sécrétés dans le milieu ambiant. Remarquez les ribosomes adhérant à la face interne de la vésicule. Les bactéries procèdent encore ainsi de nos jours.

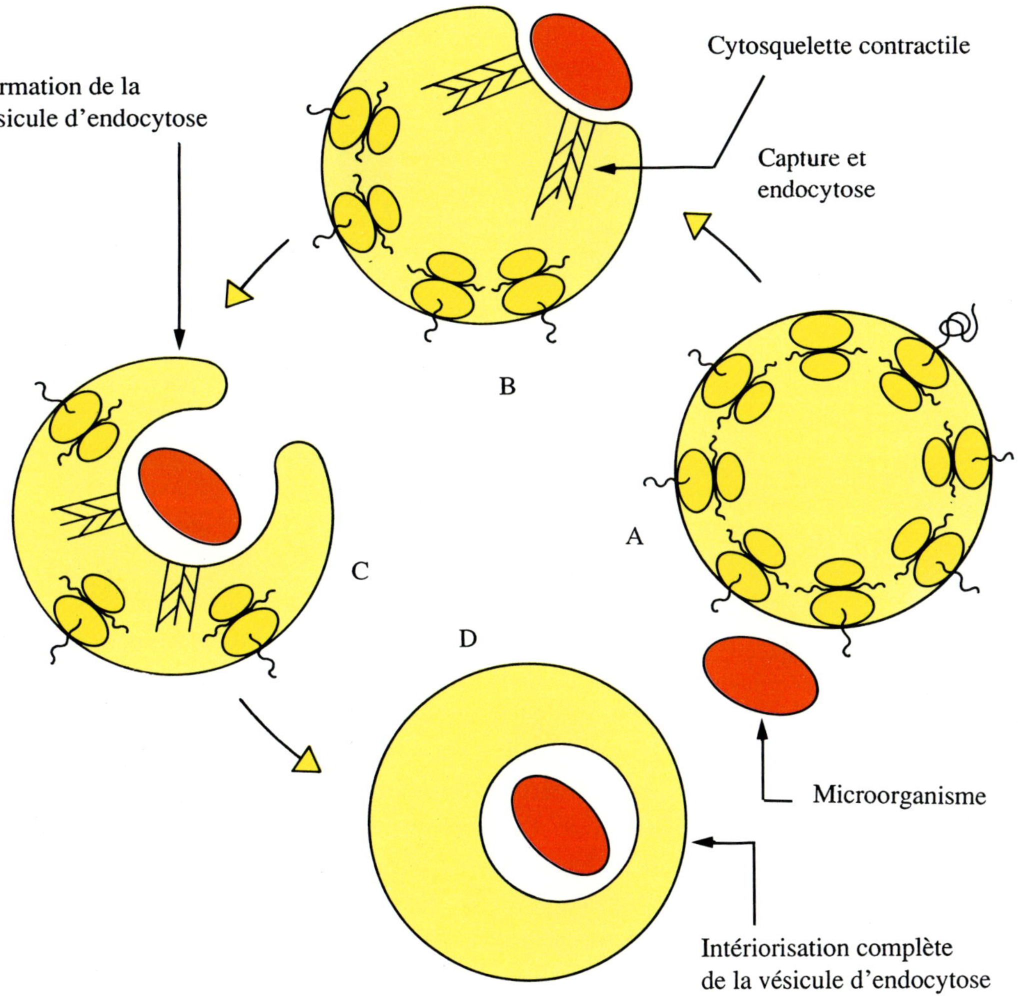


Figure 214 B
Modèle suggérant comment la phagocytose a pu apparaître. On peut penser que l'invagination de la membrane plasmique a été associée très tôt au développement d'un appareil cytosquelettique sous-membranaire. Dans les cellules actuelles, des interactions actine-myosine paraissent intervenir dans la traction de l'enveloppe de la cellule dans le cytosol au cours de la phagocytose. Les vésicules de phagocytose ont permis d'isoler les proies capturées à l'avantage exclusif des phagocytes, évitant ainsi une concurrence désavantageuse.

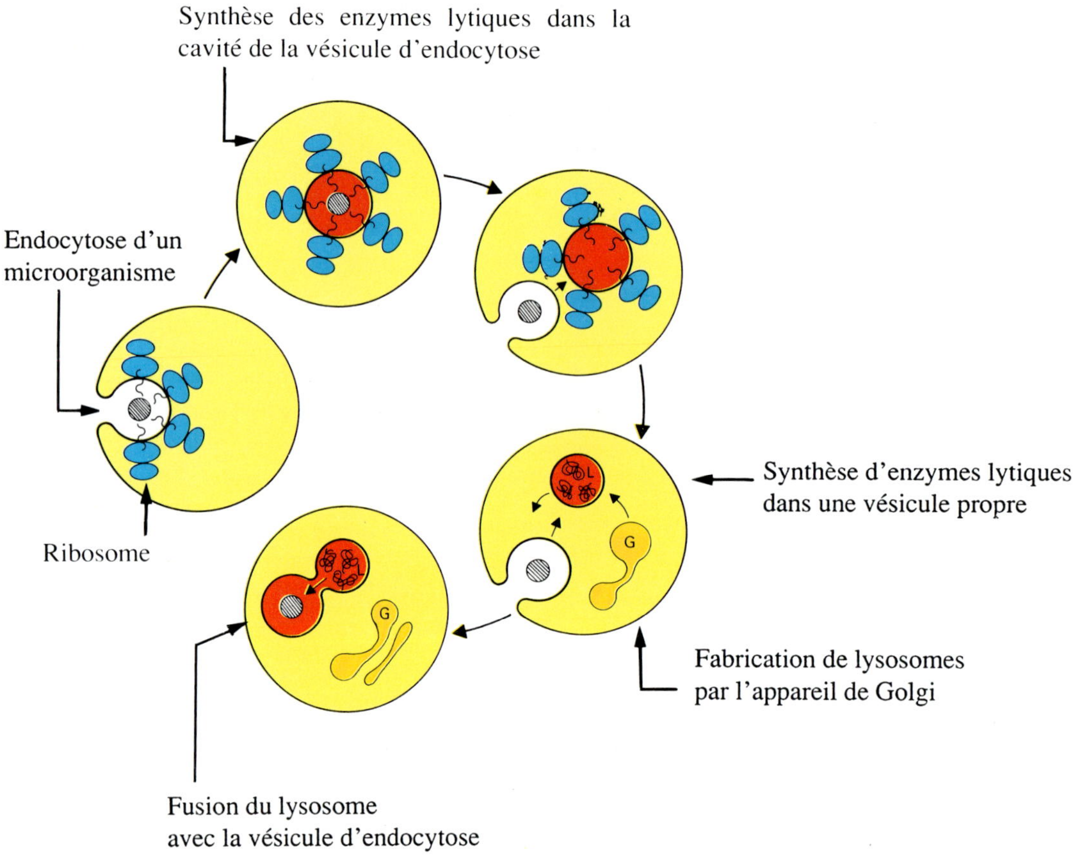


Figure 215 A, B, C, D, E
La fusion des vésicules d'endocytose aves des lysosomes a pu constituer une étape importante dans l'acquisition de membranes spécialisées par les premières cellules. La figure ci-dessus décrit successivement : la formation et l'intériorisation d'une poche d'endocytose et son acheminement vers une vésicule spécialisée contenant des enzymes digestifs, le lysosome (A, B); l'intériorisation d'une poche d'endocytose et sa fusion avec un lysosome (C) provenant lui-même par vésiculation de l'appareil de Golgi (G) (D, E).

d'entrée et de sortie grâce à des protéines spécialisées, ancêtres possibles des perméases actuelles. En sélectionnant ces matériaux, les protéines "douanières" conféraient à l'enceinte cellulaire une fonction de tri et donc de surveillance constante du milieu intérieur des cellules. La membrane, de grossièrement imperméable qu'elle devait être au départ, devint ainsi au fil de l'évolution, une membrane semi-perméable c'est-à-dire dotée d'un haut pouvoir sélectif. En outre, des pompes ioniques conférant aux membranes un caractère polaire et maintenant un milieu ionique intracellulaire optimal pour l'activité enzymatique durent se former pour répondre à un besoin pressant de la part des cellules qui évoluaient.

## La phagocytose a peut-être constitué une étape cruciale de l'évolution des premières cellules.

Les moyens utilisés par les premières cellules pour digérer leurs aliments étaient rudimentaires. Des ribosomes fixés sur la face interne de l'enveloppe superficielle synthétisaient des enzymes lytiques qui diffusaient dans le milieu ambiant. Arrivés là, ils opéraient tant bien que mal des cassures dans leurs substrats, créant des fragments de molécules assez petits pour pouvoir filtrer en retour vers la cellule.

La prédigestion externe des aliments abiotiques avait l'avantage de permettre l'exploitation de substrats volumineux mais elle comportait également des inconvénients. Non seulement elle astreignait les cellules à vivre dans leur strict environnement alimentaire, mais elle impliquait en outre un départage des produits digérés avec des cellules concurrentes. Une amélioration utile du comportement alimentaire intervint lorsque certains protobiontes plus performants apprirent à intérioriser en vrac de gros paquets de molécules, voire d'autres microorganismes entiers. Un tel procédé a pour conséquence directe que la totalité de la proie capturée reste cette fois au bénéfice exclusif de son prédateur. Toutefois, il nécéssite un mouvement d'invagination de la membrane plasmique. D'un point de vue mécanique, ceci suppose des changements importants au niveau de l'enveloppe cellulaire. Une portion de membrane invaginée représente en effet une masse moléculaire considérable et il est difficile d'imaginer qu'un tel mouvement puisse se produire de façon spontanée. Chez les cellules actuelles, le hyaloplasme sous-membranaire situé juste sous la membrane plasmique est garni d'un assortiment de protéines fibreuses squelettiques qui, à l'aide d'énergie, contrôlent des déplacements de ce type. Les cellules primitives ne devaient sans doute pas posséder une armature squelettique aussi élaborée que celle des cellules évoluées. Aussi, il est vraisemblable qu'en un premier temps, l'invagination de l'enveloppe cellulaire n'a pu être que partielle et n'isoler les substrats capturés que de manière imparfaite. Par la suite, une intériorisation plus profonde de l'aire membranaire concernée, suivie d'un étranglement de la poche et de la fusion des feuillets lipidiques formant ses bords a permis d'enfermer les proies dans une cavité vésiculaire complètement fermée.

De nos jours encore, cette performance est inconnue des bactéries. Elle est le propre des cellules animales et végétales et nécéssite d'amples déplacements de leur membrane enveloppante. La figure 214 A, B illustre quelques étapes hypothétiques de ce mode d'appropriation de la nourriture, appelé phagocytose. On voit que l'intériorisation de la membrane superficielle entraîne avec elle les ribosomes adhérant sur sa face interne, devenue maintenant la face externe de la membrane vésiculaire. La vésicule de phagocytose devient une poche digestive, une sorte d'estomac intracellulaire dans lequel les enzymes lytiques sont déchargés et exercent leur activité. D'un point de vue topologique, le processus digestif dépend d'un mécanisme excréteur puisque la vésicule digestive contient du milieu ambiant intériorisé en même temps que la proie. Quant aux produits de digestion qui en diffusent, ils pénètrent de ce fait dans la cellule elle-même et empruntent éventuellement des voies métaboliques qui les utilisent dans différents buts.

Un autre pas en avant, devant aller de pair avec l'intériorisation des matériaux nutritifs, a permis la décharge de résidus inassimilables à l'extérieur de la cellule. Ce procédé d'expulsion implique préalablement la fusion des vésicules digestives avec la membrane superficielle. Outre le fait de débarrasser la cellule d'éléments indésirables, le mécanisme de l'exocytose incorporait à la membrane superficielle des morceaux de membranes vésiculaires qui compensaient plus ou moins les pertes enregistrées au cours du processus inverse. Le contrôle de la quantité optimale d'enveloppe cellulaire a dû progressivement nécéssiter des moyens de recyclage plus élaborés. A l'heure actuelle, on pense qu'il n'est qu'un aspect d'un vaste système de remaniement dynamique qui concerne tout aussi bien la plupart des membranes internes, et qui est sans doute orchestré en majeure partie par l'appareil de Golgi.

Une amélioration supplémentaire de ces premiers schémas de digestion a été l'incorporation préalable des enzymes lytiques dans des vésicules propres, ressemblant plus ou moins aux lysosomes actuels (figure 215). Une telle ségrégation favorisa une compartimentation plus ordonnée de l'activité digestive, mais nécéssita une reconnaissance et une fusion spécifiques de la membrane lysosomiale avec la membrane

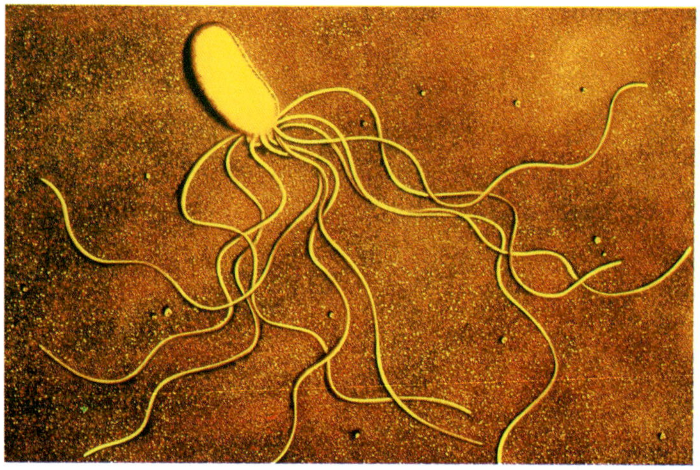

Figure 216
Bactérie munie d'un flagelle locomoteur. Selon la théorie endosymbiotique, ce flagelle pourrait dériver d'une bactérie primitive du type des spirochètes actuelles et dont l'association permanente à l'hôte aurait abouti à sa transformation dans ce sens. A l'appui de cet argument on peut noter l'existence actuelle d'associations symbiotiques entre des bactéries spirochètes et un protozoaire polymastigote (Mixotricha paradoxa). Le protozoaire est propulsé par quelques 500.000 bactéries filamenteuses fixées sur son enveloppe.

vacuolaire des premières vésicules d'endocytose. Comme nous l'avons fait remarquer dans le premier chapitre de cet ouvrage, l'incarcération des enzymes lytiques dans les enceintes lysosomiales et la fusion de ces organites avec des cibles convenablement détectées empêchent l'activité digestive de déborder son champ d'action et de détruire les autres constituants du cytoplasme.

Une autre étape importante dans l'évolution des techniques membranaires de préhension de la nourriture a permis aux cellules d'éviter l'incorporation de substances non assimilables ou non nécéssaires. L'apparition sur la surface externe de la membrane plasmique de protéines réceptrices capables de reconnaître spécifiquement des molécules nutritives a transformé l'intériorisation en vrac primitive en une endocytose capable d'opérer une fine discrimination des matériaux entrants. Chez les cellules modernes, ce mécanisme d'importation porte le nom d'endocytose par récepteurs interposés (voir chapitre 1).

Dans le contexte évoqué plus haut, on peut concevoir que des moyens de transport intracellulaires associés au développement d'un squelette cytoplasmique sont rapidement devenus indispensables au fur et à mesure que les mécanismes d'intériorisation se développaient chez les premières cellules. On peut en parallèle imaginer qu'une partie du squelette cytosolique a pu se différencier pour favoriser la locomotion de cellules entières sur un support. Il n'est pas impossible que la progression de type amiboïde, qui paraît faire intervenir des protéines filamenteuses contractiles, illustre un acquis ancestral élaboré au cours du perfectionnement de la phagocytose.

Les cellules pourvues d'un appareil locomoteur perfectionné purent le mettre à profit pour rechercher et capturer leurs proies sur des étendues plus vastes (figure 216). Cependant, alors que dans les immenses masses océaniques et lacustres, les premiers phagocytes autopropulsés ne devaient se contenter que de prises relativement rares, leurs descendants purent, voici peut-être quelques 2 milliards d'années, profiter des formidables concentrations de "cellules-aliments" qui avaient évolué grâce à la photosynthèse naissante.

Tout le scénario que nous venons d'ébaucher à propos de la phagocytose nous permet de miser que, d'un point de vue sélectif, les plus importants progrès enregistrés dans l'évolution des organismes primitifs concernaient avant tout les moyens biologiques garantissant leur apport alimentaire. Chez les premières cellules hétérotrophes, dépendantes d'une source extérieure de nourriture, le développement d'un moyen de locomotion dirigé leur fournit évidemment un atout crucial. Quant aux cellules autotrophes, qui acquirent des moyens propres d'autosubsistance, nous verrons plus loin que c'est plutôt le développement de performances physico-chimiques et métaboliques particulières qui est à la base de leur succès. Autosubsistance et locomotion dirigée constituent les 2 bases essentielles sur lesquelles repose le grand équilibre, toujours actuel, réglant les rapports entre autotrophes et hétérotrophes.

## La phagocytose est sans doute à l'origine des membranes internes des eucaryotes primitifs et des cellules actuelles.

Nous venons de voir que la phagocytose entraîne une partie de la membrane plasmique, -celle formant les vacuoles alimentaires-, à l'intérieur de la cellule; il en résulte que celle-ci acquiert, au moins provisoirement, des membranes internes. Certains biologistes pensent que l'invagination et l'intériorisation de l'enveloppe des cellules primitives ont pu être à l'origine du système développé des membranes intracytoplasmiques qui est l'apanage des protistes et des cellules animales et végétales actuelles. D'une importance particulière fut l'apparition d'une enceinte propre, qui permit d'isoler le bagage chromosomique du reste du cytoplasme.

Figure 217
Apparition de membranes internes. Le modèle décrit par cette illustration suppose que les membranes internes ont pu se différencier au départ de membranes intériorisées au cours de l'endocytose. Selon cette hypothèse, l'acquisition de la compartimentation interne des cellules pourrait être étroitement associée aux moyens mis en œuvre par elles pour s'approprier leur nourriture.

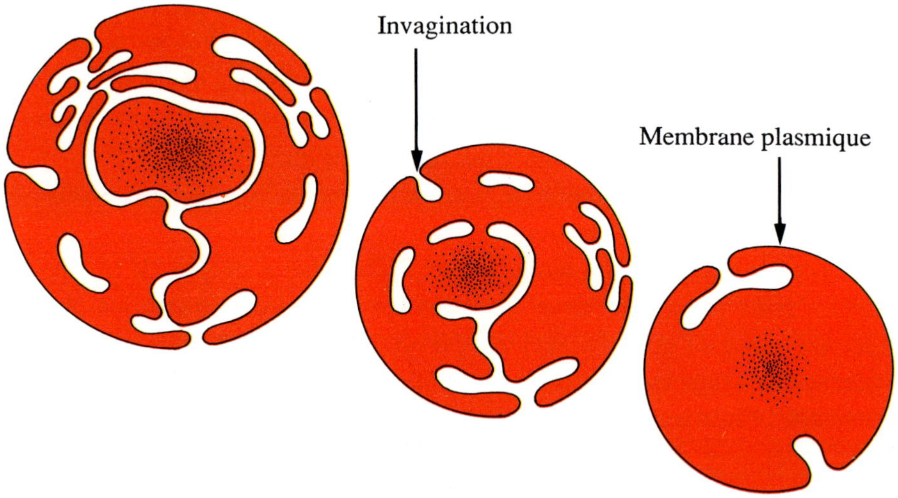


La compartimentation nucléaire, inexistante chez les bactéries, a fait désigner les autres cellules du nom de cellules eucaryotes, ou cellules à vrai noyau. La transition entre les cellules bactériennes, chez lesquelles le patrimoine génétique est à nu dans le cytoplasme, et les cellules plus évoluées, chez lesquelles celui-ci est incarcéré dans une cavité propre, est assez imprécise. On rencontre chez les protozoaires actuels différents groupes au sein desquels les chromosomes et les protéines qui leur sont associées ne sont isolés que de manière imparfaite du reste du cytoplasme. Ces membranes incomplètes sont peut-être le reliquat de structures primitives ayant jalonné l'évolution de la membrane nucléaire. Celle-ci est par ailleurs une structure très complexe puisqu'elle est percée de nombreux pores qui s'avèrent être de grands édifices protéiques. Il y a de fortes chances que son élaboration au fil de l'évolution fut très progressive.

Le réseau endoplasmique, l'appareil de Golgi, les lysosomes et les nombreuses vésicules qui vagabondent dans le cytoplasme sont autant d'édifices membranaires internes qui ont marqué le développement des cellules modernes. Comme le suggère la figure 217, toutes ces membranes ont pu provenir par différenciation des membranes intériorisées au cours du développement de la phagocytose.

## Dans la biosphère naissante, les aliments synthétisés abiotiquement n'ont pu constituer qu'une source temporaire de nourriture.

Les expériences de Miller et d'autres savants ont suggéré qu'une énorme réserve de substances organiques nutritives s'était constituée sous l'impulsion de diverses sources d'énergie agissant sur des molécules de l'atmosphère et des eaux ancestrales. Rappelons ici que le rayonnement ultraviolet a peut-être été le principal agent de cette thésaurisation. Mais on peut également soupçonner le volcanisme intense qui devait régner à cette époque, ainsi qu'une énergie considérable développée par l'impact de météorites.

Les molécules constituant le bol alimentaire des premières cellules devaient au moins leur fournir des atomes d'hydrogène, de carbone, d'oxygène, d'azote, de phosphore et d'autres éléments, indispensables à leur entretien et à leur croissance. Le contenu des aliments en hydrogène était particulièrement vital puisqu'il est le composant quantitativement le plus important du vivant. De plus l'hydrogène constitue, sous sa forme non ionisée, la seule source d'électrons réducteurs disponibles pour les synthèses anaboliques, qui permettent d'édifier les grands constituants moléculaires du cytoplasme. Il était donc important que son apport soit assuré dans le temps et en tous les points du globe où la vie était apparue.

Les molécules nutritives étaient décomposées de manière sommaire dans des chaînes cataboliques simples, de type glycolytique ou fermentaire. Ces dernières en extrayaient l'énergie par petites étapes et l'emmagasinaient dans des molécules d'ATP. Tant que les premiers hétérotrophes n'étaient pas très nombreux, un équilibre pouvait être maintenu entre leurs populations et l'approvisionnement en substances organiques abiotiques. Par contre, au fur et à mesure que les mécanismes de reproduction s'amélioraient et que leurs populations s'accroissaient, le stock constitué par la soupe prébiotique s'amenuisait et une pénurie alimentaire se profila peu à peu à l'horizon de la vie naissante. On peut penser que dans ces conditions de disette plus ou moins généralisée, les cellules subirent de fortes pressions pour développer l'une ou l'autre aptitude à phagocyter des cellules-sœurs, considérant celles-ci comme une source alimentaire. Il est vrai que de telles stratégies de survie, qui impliquaient une sélection par les cellules prédatrices de cellules plus ou moins semblables à elles-mêmes, ne pouvaient apporter que des réponses temporaires, d'ailleurs en partie dommageables à la vie. Qui plus est, elles repoussaient dans le temps la nécéssité d'une technique d'approvisionnement à la fois plus fiable et moins suicidaire ! En fait la solution ne pouvait résider dans un apport de molécules abiotiques, même garanti. Il fallait plutôt que les premières cellules trouvent un moyen de fabriquer leurs propres substrats alimentaires, au prorata de leur croissance et de leur multiplication. En un mot, l'indépendance du microorganisme vis-à-vis d'un apport extérieur de nourriture conditionnait à terme sa propre survie. Pour garantir la continuité et l'évolution de ce qui avait été ébauché jusqu'alors, un mode de vie autotrophe devait donc se substituer, au moins en partie, au mode de vie hétérotrophe.

L'autotrophie est par définition la capacité d'une cellule d'élaborer ses propres substances nutritives. Il s'agit en l'occurence de substrats comme les glucides, qui pourront entrer dans des chaînes de dégradation cataboliques et fournir aux cellules atomes et énergie nécéssaires à leurs biosynthèses. Une caractéristique importante de l'autotrophie est que le bol alimentaire est élaboré au départ de substances minérales exogènes, n'ayant pas en soi de valeur nutritive. Ce "make it yourself" est rendu possible grâce à l'apport d'une énergie physique, celle du soleil. Toutefois, ce n'est plus le rayonnement ultraviolet qui est cette fois à la base de la production trophique, mais les radiations visibles.

Le bon fonctionnement de l'autotrophie repose sur le caractère en pratique illimité de ces apports minéraux et de l'énergie qui leur confère une valeur nutritive. Ces éléments doivent toujours être disponibles en suffisance, quelque soit l'accroissement numérique des populations qui les utilisent.

Figure 218
Trois étapes du développement de la photosynthèse. Selon ce modèle, l'apport organique abiotique de nourriture fait progressivement place à l'autosynthèse, parallèlement au développement d'un système domestiquant l'énergie solaire.
Première étape : les petites molécules organiques nutritives riches en hydrogène alimentent la synthèse des macromolécules grâce à un outillage enzymatique plus ou moins développé.

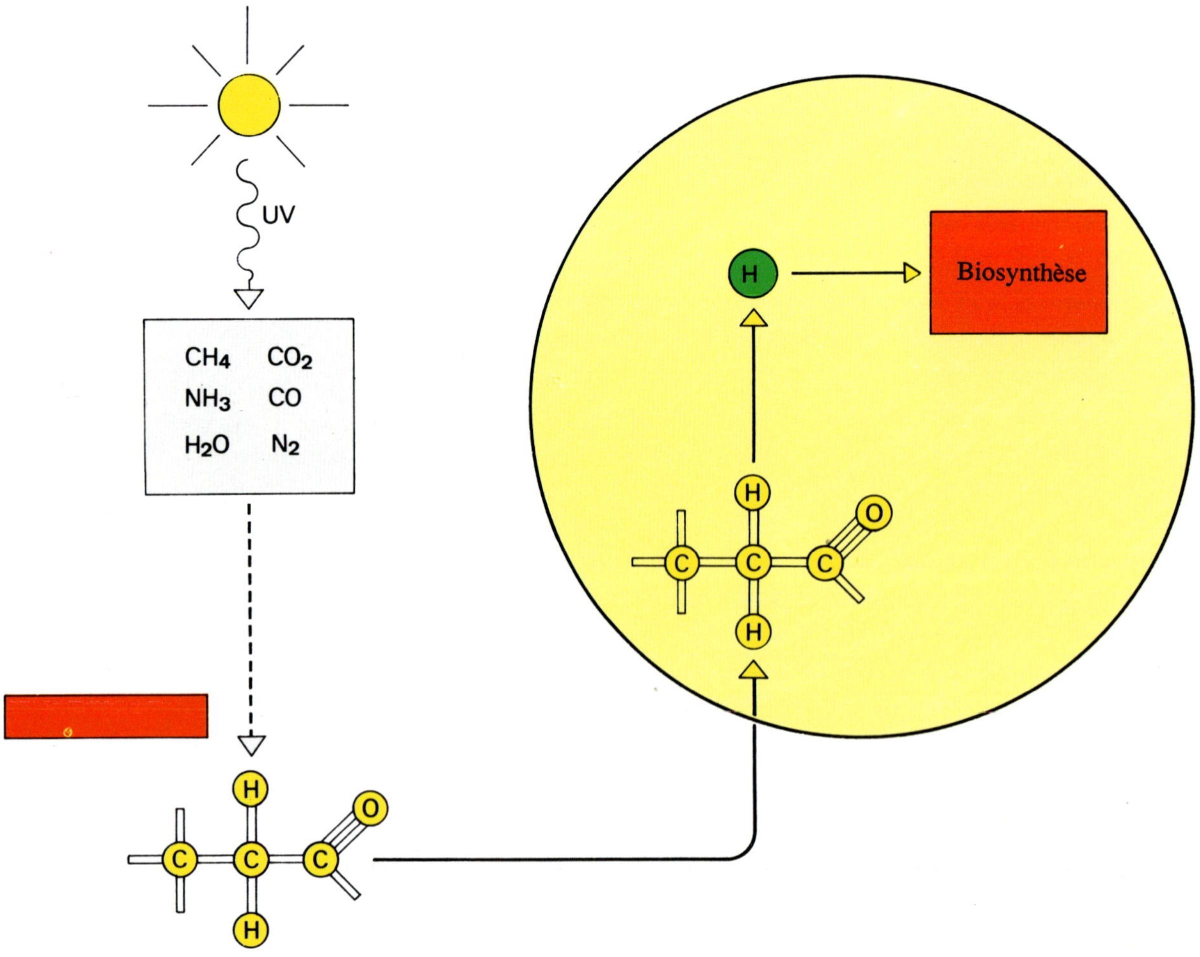

## La photosynthèse garantit un apport inépuisable d'hydrogène réducteur aux biosynthèses cellulaires.

Le gaz carbonique, qui devait être abondant en ces époques de volcanisme intense, constituait en principe une source fiable de carbone et d'oxygène. Dans la mesure où cette source était utilisable, l'approvisionnement en ces deux éléments ne devait pas poser de problèmes, même à long terme. Il est fort probable par ailleurs qu'une source plus ou moins importante d'hydrogène réducteur, probablement celle qui était constituée des émanations gazeuses volcaniques d'acide sulfurique ($H_2S$), fut dès le départ disponible. Tant que les produits organiques fermentables synthétisés abiotiquement étaient abondants, les cellules pouvaient se "nourrir" d'électrons suffisamment énergisés pour alimenter leurs biosynthèses (figure 218). Cependant, au fur et à mesure que ces produits s'épuisaient et que les provisions de coenzymes réduits ($NADH_2$) accumulés par la glycolyse s'amenuisaient à leur tour (voir chapitre : Le Métabolisme) la

Deuxième étape: une molécule exogène ($H_2S$) fournit les atomes d'hydrogène (protons + électrons) aux cellules tandis que celles-ci inventent un procédé d'utilisation des radiations visibles du soleil pour élever le potentiel de leurs électrons. Les cellules acquièrent les enzymes nécéssaires pour synthétiser elles-mêmes des substrats simples tout en puisant leurs atomes d'oxygène et de carbone dans les molécules organiques abiotiques ou le $CO_2$.

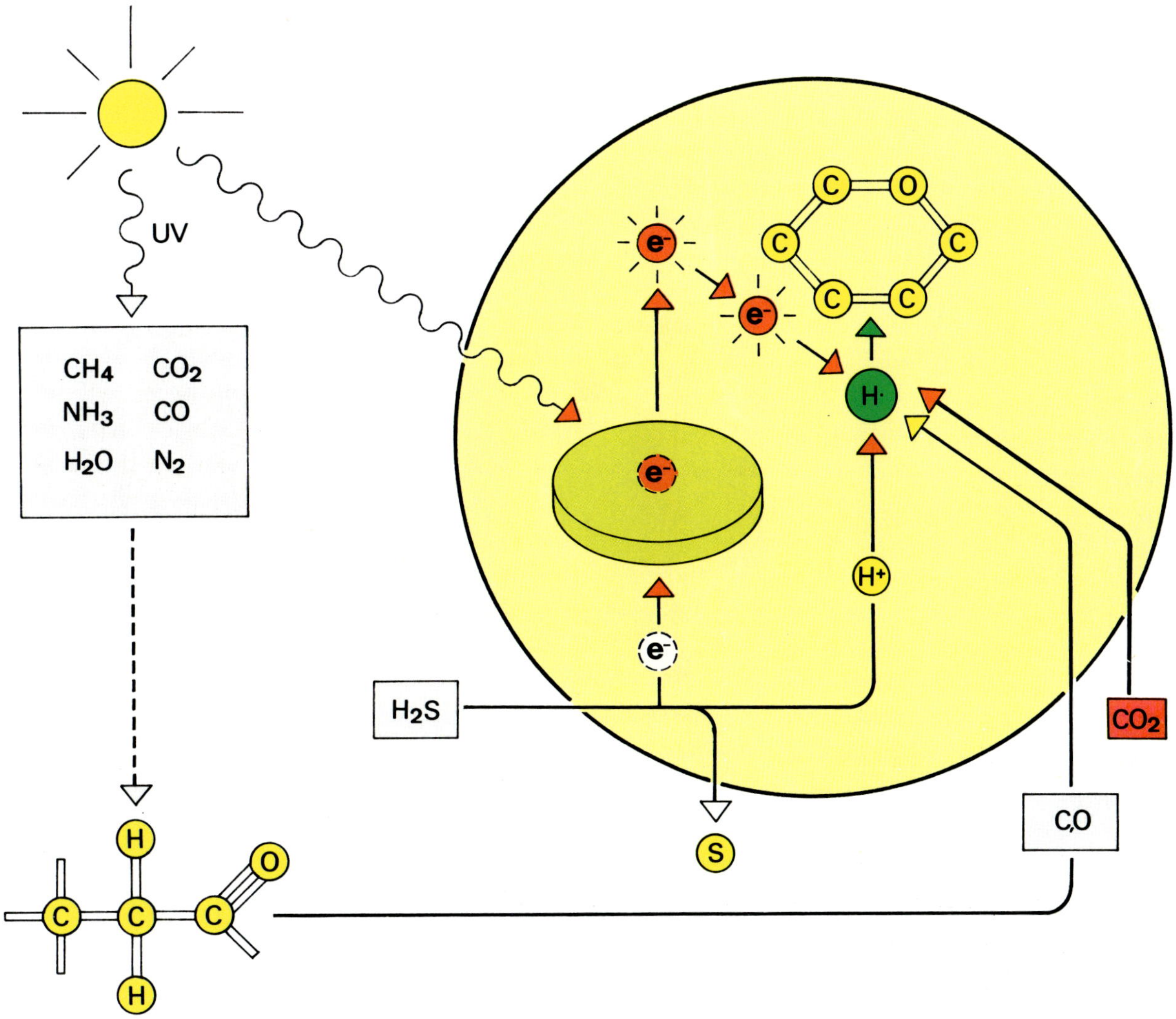

disponibilité à long terme d'un pouvoir réducteur n'était plus garanti. Comme tel, l'hydrogène présent dans les acides minéraux comme l'$H_2S$ n'avait pas le potentiel électronique requis pour enrichir le $CO_2$ en électrons et protons. A moins de l'apport d'une source d'énergie et de l'élaboration d'un mécanisme capable d'utiliser cette énergie pour valoriser ses électrons. Nulle autre forme d'énergie que celle de la lumière visible ne pouvait constituer un moyen plus approprié pour ce faire, à la fois abondant et, au contraire des UV, non dommageable. Le mécanisme permettant de capter l'énergie des radiations lumineuses visibles pour rehausser le potentiel énergétique d'un donneur exogène d'électrons est au cœur de la photosynthèse elle-même. A une extrémité du processus, des électrons du donneur sont "photoexcités" et quittent leurs orbitales basses à potentiel faible. A l'autre, ils accèdent aux orbitales hautes à potentiel élevé d'un accepteur final et deviennent ainsi disponibles pour enrichir le contenu électronique de molécules en cours de fabrication.

Troisième étape : un système de capture de l'énergie solaire plus perfectionné utilise l'eau comme donneur exogène d'électrons et de protons. Il en résulte un dégagement d'oxygène ($O_2$ photosynthétique) et la formation d'ozone (O3). Ce dernier forme un écran qui, en absorbant la majeure partie du rayonnement UV freine et arrête finalement la formation abiotique des molécules organiques. Ce phénomène entraîne la nécéssité de constituer l'approvisionnement en carbone et en oxygène au départ du $CO_2$.

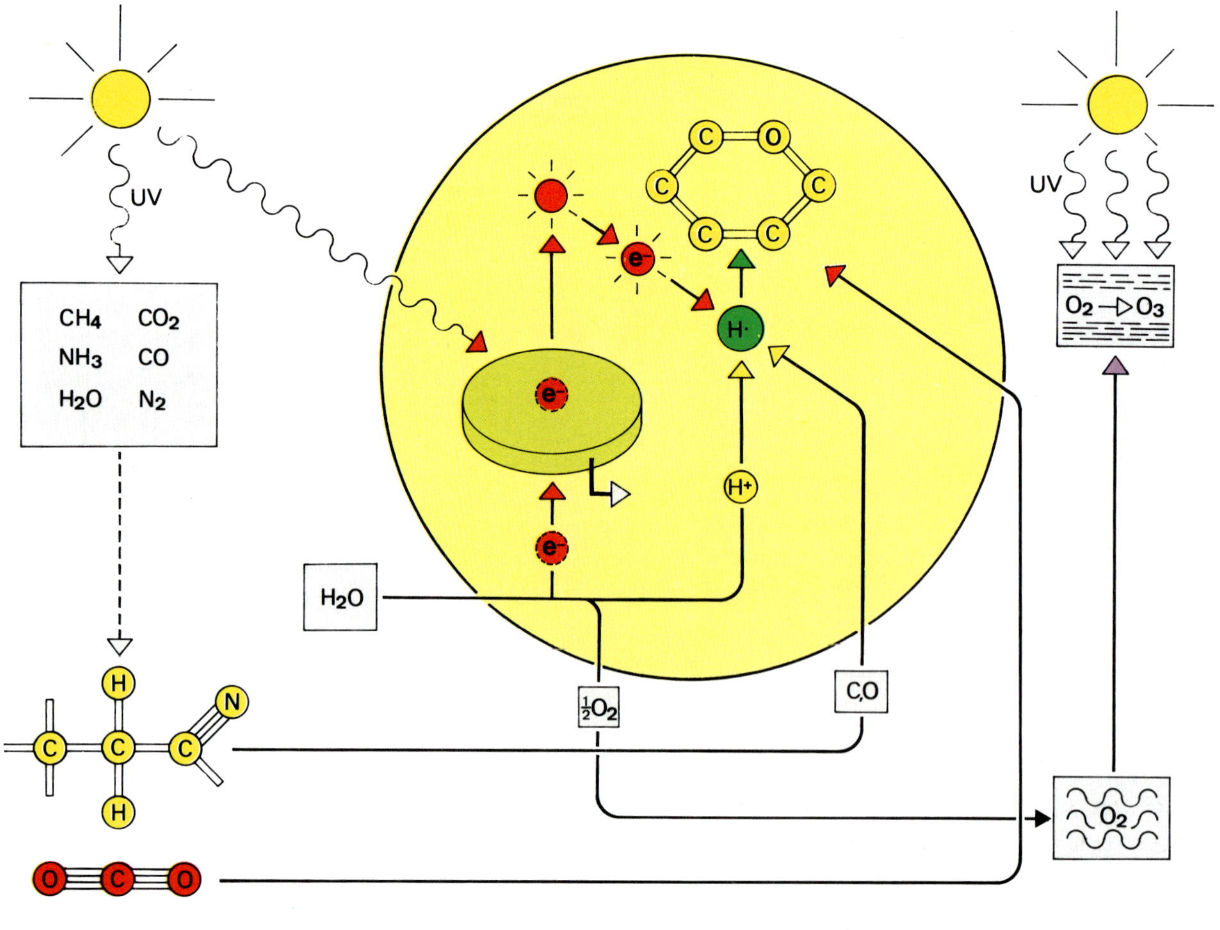

Le dévcloppement et le perfectionnement de la photosynthèse s'est donc fait dans le sens d'un départage efficace du travail total à réaliser. En premier lieu, un moyen de capture fiable de photons lumineux et le transfert de leur énergie à des électrons endogènes. Cette capture a lieu au niveau d'un centre réactionnel qui transfère cette énergie à un accepteur primaire, puis à une chaîne de transporteurs d'électrons disposés en série et aboutissant à un accepteur final. En second lieu, l'utilisation des électrons valorisés de l'accepteur final pour construire de nouvelles liaisons interatomiques dans les molécules en formation, au prorata du carbone, de l'hydrogène et de l'oxygène assimilés.

L'édification du parcours photosynthétique des électrons utilisant l'$H_2S$ comme source primaire d'hydrogène a été une étape majeure de l'évolution des êtres vivants en même temps qu'une magnifique réponse adaptative aux fluctuations stressantes de nourriture abiotique. Toutefois, bien que cette réponse ait favorisé l'émergence de nombreuses espèces bactériennes nouvelles, elle n'était encore qu'imparfaite car l'$H_2S$ était une substance dont le renouvellement ne pouvait être garanti à un rythme suffisant. Une nouvelle crise alimentaire menaça la biosphère au fur et à mesure de son tarissement. A défaut d'un nouvel apport providentiel d'hydrogène, il semble que la vie eut alors été condamnée, sinon à disparaître, du moins à stagner au ras du sol. Cet apport providentiel fut constitué par l'eau, un élément en contact étroit avec la source énergétique solaire et comme elle, surabondante.

La récupération et la valorisation des électrons de l'eau requirent la création d'un second centre réactionnel photosynthétique, disposé en série par rapport au précédent. Ce centre, qui doit arracher et énergiser des électrons plus stables -et donc de potentiel énergétique plus faible que ceux du $H_2S$-, capte des radiations lumineuses de longueur d'onde plus courte, porteuses de photons d'énergie plus élevée. Une fois de plus, une adaptation du métabolisme -l'utilisation de l'eau en lieu et place du sulfure d'hydrogène-, répondait à une contrainte exercée par l'épuisement du pouvoir réducteur. Une fois de plus, mais aussi la dernière car l'eau était un élément irremplaçable.

Les cyanobactéries primitives, qui avaient développé ce type de photosynthèse, pouvaient probablement utiliser alternativement l'$H_2S$ ou l'$H_2O$ comme source d'électrons et d'hydrogène (figure 219 A-B). Un tel mode alternatif d'appropriation des matériaux hydrogénés existe d'ailleurs encore chez certaines cyanobactéries actuelles, et dépend de la disponibilité relative de ces deux composés. L'épuisement de l'$H_2S$ dut cependant entraîner peu à peu l'utilisation quasi exclusive de l'eau et la majorité des espèces qui n'étaient pas pourvue du nouveau centre réactionnel s'éteignirent.

Selon divers indices et systèmes de datation, ces événements se produisirent il y a quelques deux milliards d'années. On peut imaginer que la biosphère était à cette époque partagée entre les nouveaux organismes autotrophes et les anciens hétérotrophes qui s'étaient adapté aux changements majeurs que nous venons de décrire. Pour autant que cer-

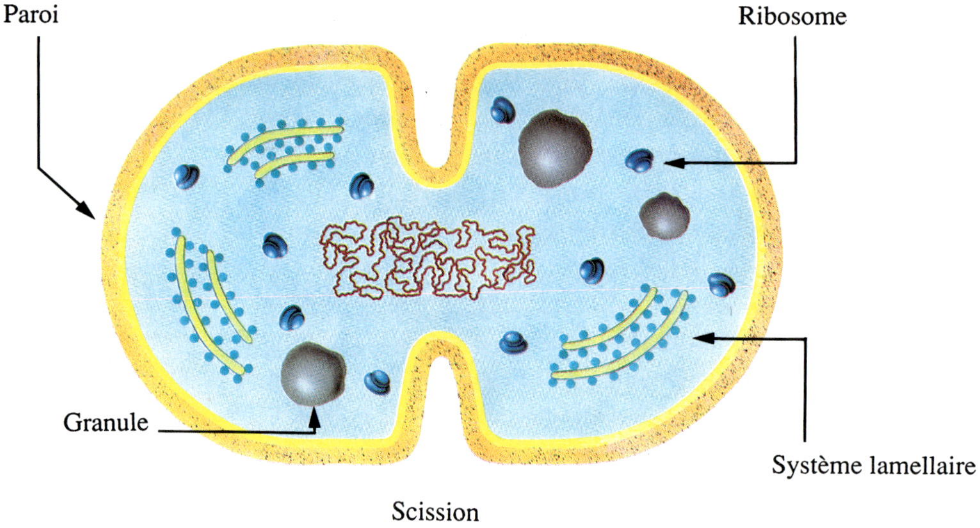


Figure 219 A
Représentation schématique d'une cyanobactérie.

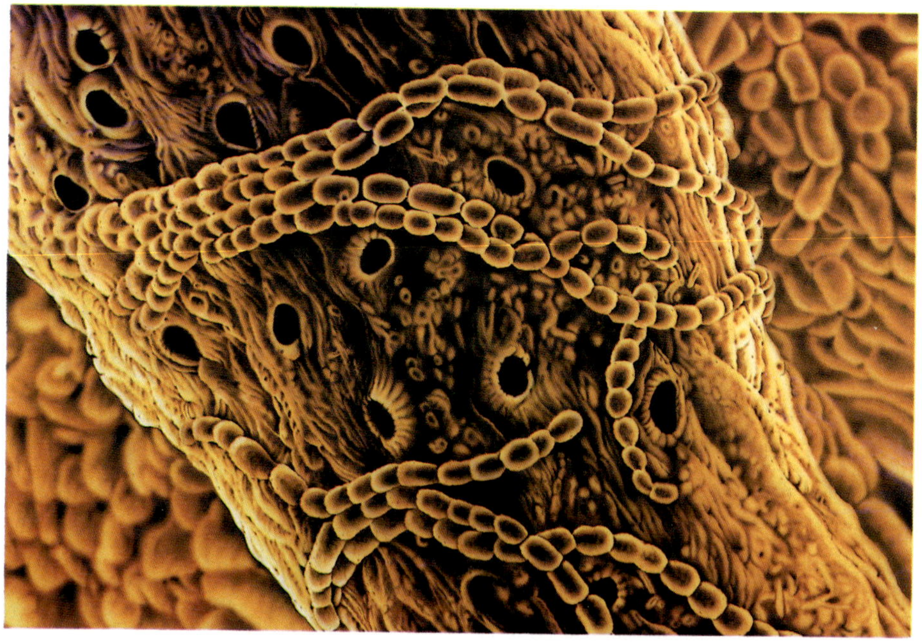

Figure 219 B
Cyanobactéries actuelles, observées au microscope à balayage. Les cellules sont groupées en longues chaînes. Ce sont probablement leurs ancêtres qui ont inventé la photosynthèse aérobie en utilisant l'eau comme source d'électrons et de protons pour leurs synthèses glucidiques. Les cyanobactéries actuelles vivent dans les eaux des lacs, des marais ou encore dans les sols humides. Certaines espèces sont marines. La plupart vivent en colonies, comme celles représentées sur cette microphotographie. Les cellules de la colonie adhèrent entre elles par une matrice extracellulaire.

tains hétérotrophes étaient équipés pour phagocyter, les espèces autotrophes devaient constituer pour eux une manne inespérée. Une victoire facile, il est vrai mais dont ils allaient, ainsi que l'ensemble du monde microscopique d'alors, payer un prix exhorbitant. En effet, alors que l'arrachage des électrons des molécules d'$H_2S$ ne laissait comme résidu que les dépôts de soufre inoffensif pour le reste de la biosphère, la capture des électrons de l'eau libérait de l'oxygène moléculaire. Non seulement ce gaz était, comme tel, hypertoxique pour les êtres vivants, mais en plus son accumulation progressive dans l'atmosphère allait entraîner la formation d'ozone (figure 220 A, B). Ce nouveau composé, fait de la combinaison de trois atomes d'oxygène, forma dans la haute atmosphère un écran qui arrêta la majeure partie du rayonnement ultraviolet, annihilant ainsi peu à peu la source principale de nourriture abiotique. Peu à peu, l'autotrophie devint la seule source primaire de nourriture de la biosphère, mais une réponse à l'oxygène moléculaire s'annonça impérieuse. Parmi

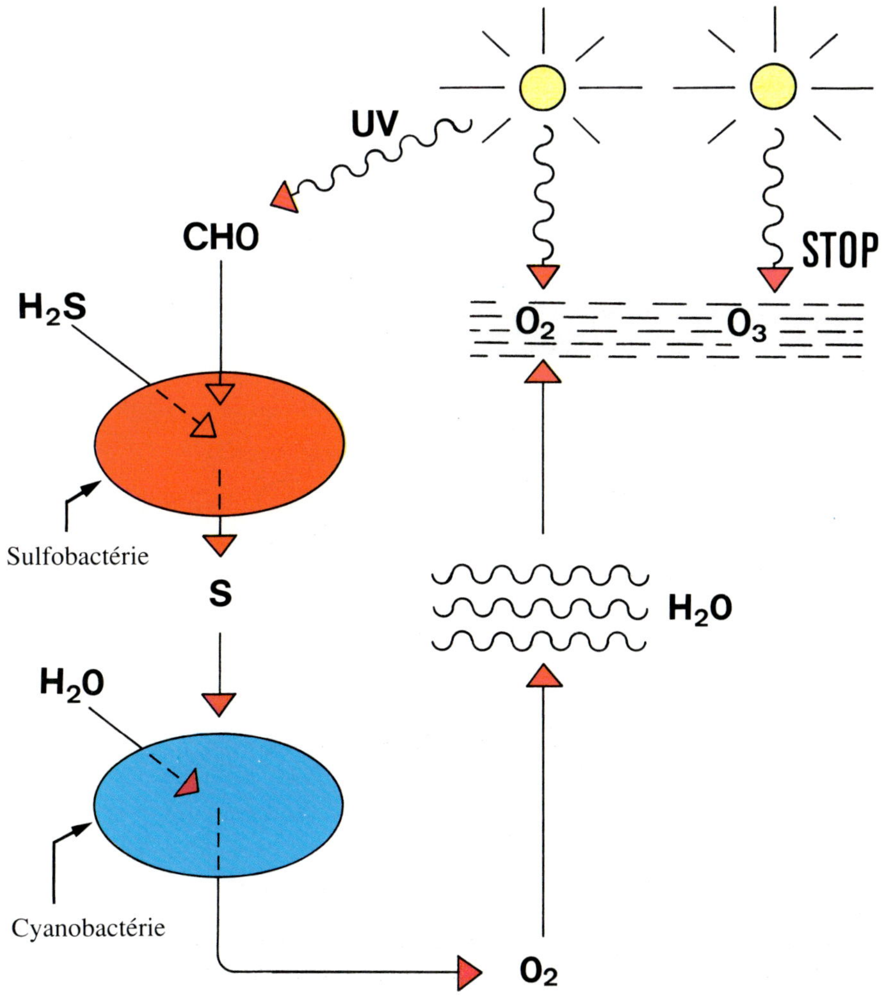


Figure 220 A, B
Formation de l'ozone atmosphérique. En remplaçant progressivement l'$H_2S$ comme source d'électrons par l'$H_2O$, la photosynthèse primitive a dégagé de l'oxygène. Le gaz a progressivement saturé les eaux de surface et a ensuite occupé l'atmosphère (A). L'illustration montre comment des molécules d'oxygène peuvent réagir avec les UV pour produire de l'ozone. Les molécules d'$O_2$ se dissocient en atomes d'oxygène par collisions avec des photons ultraviolets. Ces atomes, très réactifs, peuvent alors se combiner avec d'autres molécules biatomiques pour former des molécules d'ozone, contenant 3 atomes d'oxygène (B).

les solutions adaptatives proposées par les microorganismes face à ce nouveau défi, le plus dangereux que la biosphère ait jamais connu, l'une allait marquer formidablement la suite de l'évolution.

## L'introduction de l'oxygène photosynthétique dans les eaux et l'atmosphère primitives a bouleversé l'évolution de la biosphère, voici quelques deux milliards d'années.

L'oxygène libéré par les autotrophes primitifs pouvait fort heureusement diffuser dans le milieu aqueux environnant, où sa concentration était presque nulle. Etant donné le volume considérable des eaux recouvrant le globe terrestre à cette époque, il ne présentait guère de danger immédiat, ni pour eux, ni pour leurs cousins hétérotrophes. Les bactéries disposèrent donc d'un répit considérable, les unes pour aménager au mieux, voire pour perfectionner leur dispositif photosynthétique, les autres pour moderniser leur appareillage motile et la capture de leurs proies.

Une telle situation ne pouvait cependant durer indéfiniment. En effet, les premières bactéries photosynthétiques aérobies, fortes de performances métaboliques récemment acquises, augmentèrent sans cesse leurs populations et dominèrent la biosphère. Ce faisant, la concentration en oxygène dissous des océans augmentait également et risquait de dépasser le seuil qui commanderait son retour dans les cellules photosyn-

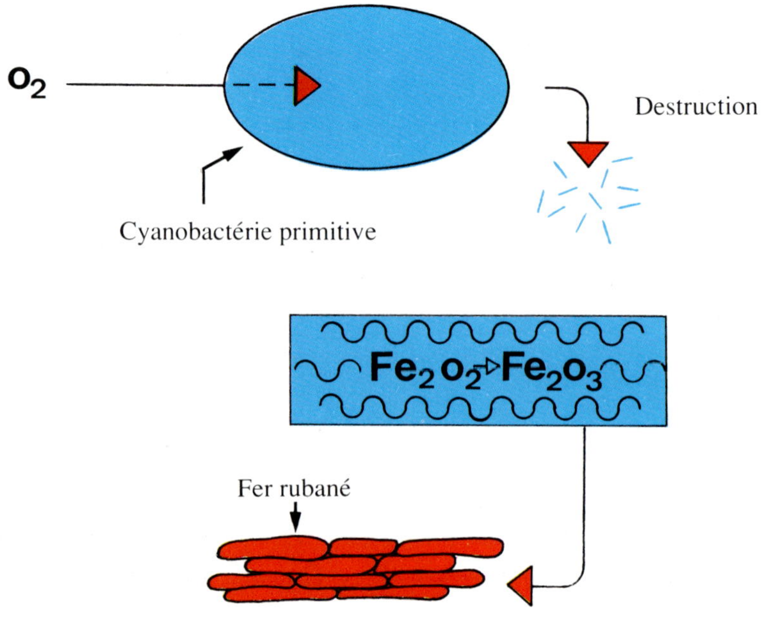


Figure 221
Fer dissous et fer rubané. Les ions ferreux en solution dans les mers primitives ont pu constituer une sorte de tampon capable de neutraliser l'oxygène photosynthétique naissant. Le fer oxydé s'est déposé progressivement au fond des océans et a constitué les lames minces et superposées des gisements rubanés actuels (hypothèse). Le fer dissous des océans primitifs s'est ainsi peu à peu amenuisé.

thétiques elles-mêmes, aussi bien que son entrée dans les autres. Cette perspective semble heureusement avoir été retardée, peut-être de quelques centaines de millions d'années, par un processus géochimique. On pense en effet que les océans primitifs contenaient une forte quantité de fer dissous (figure 221). En fixant le gaz rejeté par les bactéries, l'ion métallique a maintenu sa concentration suffisamment faible pour le rendre inopérant pendant un temps assez long. La fixation de l'oxygène par les minéraux dissous a par ailleurs vraisemblablement été à l'origine des oxydes de fer qui ont précipité et ont formé les énormes couches de fer rubané tapissant le fond des océans actuels.

Pour les nombreux microorganismes qui avaient déjà acquis toutes sortes de galons évolutifs au cours des deux premiers milliards d'années d'existence de la biosphère, ce sursis supplémentaire ne put malgré tout que décaler dans le temps l'épineux problème de la protection contre l'oxygène. Lorsque la concentration des océans en ions ferreux se réduisit, des pressions sélectives de plus en plus drastiques obligèrent les cellules à édifier leurs propres remparts contre le gaz nocif.

## La respiration a d'abord constitué un moyen idéal de protection des premiers organismes contre l'oxygène photosynthétique.

Diverses "techniques" ont dû être expérimentées au cours de l'évolution pour opposer un barrage à l'oxygène ou pour neutraliser ses effets oxydants. L'une d'elles a pu incidemment concourir au développement de la bioluminescence : ce processus, qui neutralise l'oxygène et produit de l'eau et de la lumière n'est pas compris dans les détails. De plus, son mécanisme diffère selon les espèces bioluminescentes. Chez les bactéries, il peut être résumé de la manière suivante. Un transporteur d'électrons, le NADH + $H^+$ cède sa charge à une flavine mononucléotide, un autre transporteur d'électrons. La flavine réduite réagit avec un enzyme appelé luciférase et retourne à l'état oxydé. Au cours de cette réaction, l'enzyme acquiert un état énergisé, conservant dans sa structure, pendant un temps bref, une fraction de l'énergie électronique cédée par le coenzyme réduit. Le retour de l'enzyme, de l'état excité à l'état normal restitue une partie de cette énergie sous forme de lumière.

Comme le montre la figure 222, la voie métabolique aboutissant à la bioluminescence peut théoriquement se prolonger dans une voie qui n'est autre qu'une chaîne de transport d'électrons menant à l'oxygène moléculaire. Au lieu d'être convoyés par les transporteurs flavoprotéiques et le complexe cytochrome oxydase vers cet élément, les électrons atteignent la même cible par le biais d'un enzyme qui convertit leur potentiel en énergie photonique. On remarquera au passage que la bioluminescence apparaît globalement comme un processus inverse de la photosynthèse. Alors que celui-ci utilise le potentiel énergétique des photons pour réduire un coenzyme, l'autre oxyde ce coenzyme pour produire des photons lumineux.

Un autre moyen de neutraliser l'oxygène moléculaire a pu être d'introduire ce sous-produit de la photosynthèse dans des molécules lipidiques oxygénées comme le cholestérol (figure 223). On peut faire remarquer à ce propos la proportion particulièrement élevée de cette molécule dans l'enveloppe du noyau. Peut-être faut-il y voir un timide essai de protection du matériel génétique des premiers eucaryotes contre le gaz envahissant. Par ailleurs, de nombreuses réactions d'oxygénation se produisant dans les cellules actuelles incorporent l'oxygène moléculaire dans des substrats intermédiaires du métabolisme. Il faut peut-être également en rechercher l'origine dans ce contexte.

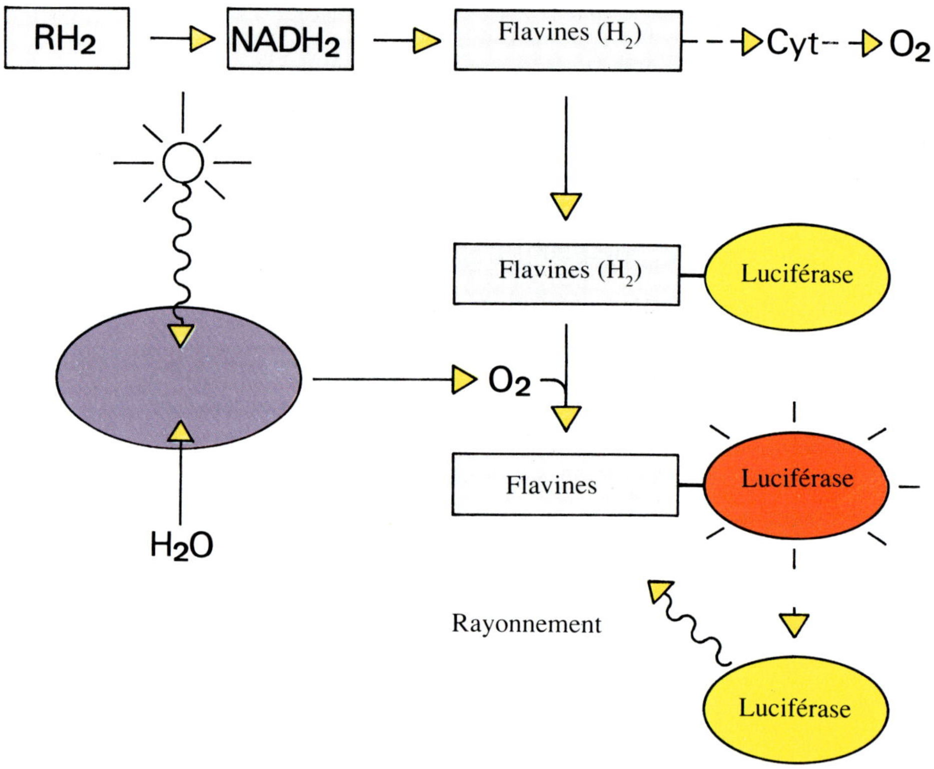


Figure 222
La bioluminescence. Ce fut peut-être un des moyens primitifs mis au point par les microorganismes primitifs pour neutraliser l'oxygène. De nos jours, de nombreuses espèces mettent à profit ce phénomène comme signaux de reconnaissance (voir explication dans le texte).

On remarquera cependant que ces solutions n'ont constitué une fois de plus que des pis-aller provisoires. Une manière idéale de résoudre le problème serait plutôt de "traiter" l'oxygène de manière à le transformer en un composé à la fois inoffensif et évacuable. L'ingéniérie bactérienne a plus que largement satisfait à ce critère. Elle a en quelque sorte neutralisé le caractère oxydant de l'oxygène en l'incorporant massivement dans une substance, l'eau, utile à l'ensemble de la biosphère. Cette réponse adaptative a profondément marqué l'évolution du métabolisme. En pratique, elle consiste à fournir à l'oxygène des électrons et des protons et à produire de l'eau. C'est précisément le mécanisme biochimique de la

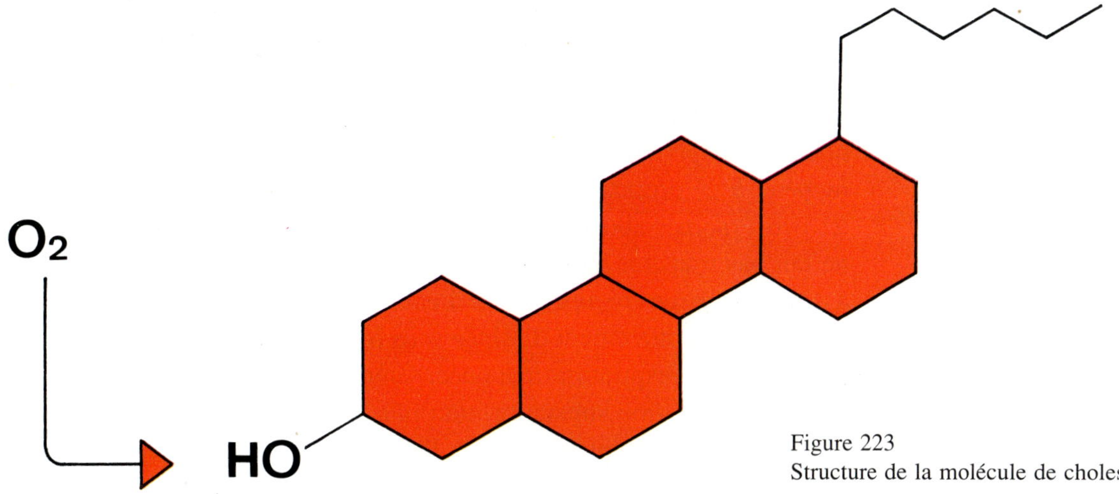


Figure 223
Structure de la molécule de cholestérol.

respiration qui, en transférant à l'oxygène moléculaire les électrons et les protons arrachés aux aliments, réalise ce remarquable transfert (figure 224). La synthèse respiratoire de l'eau boucle ainsi un processus biosphérique qui a débuté lors de sa photodissociation : les électrons arrachés à l'eau au cours de la photosynthèse enrichissent les molécules du vivant. La dégradation des aliments les restitue à l'eau après leur avoir ravi leur plus-value énergétique, utilisée pour les biosynthèses et les multiples formes de travaux cellulaires.

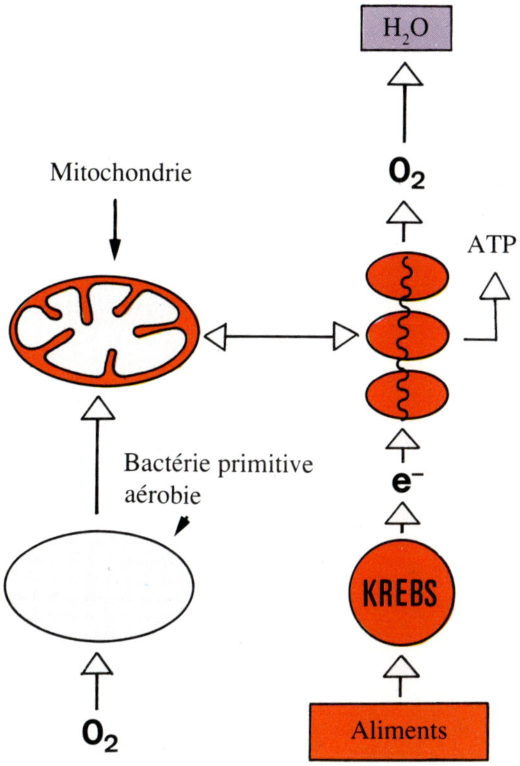


Figure 224
Schéma montrant comment l'oxygène photosynthétique a pu être neutralisé par la cellule. Le développement des relations symbiotiques entre les bactéries aérobies et leurs hôtes proto-eucaryotes suppose que les premières ont progressivement acquis la structure des mitochondries actuelles, équipées pour assurer la transformation de l'oxygène en eau grâce à l'aménagement d'une chaîne de transporteurs d'électrons. La transformation de l'oxygène en eau est globalement associée à la formation de l'essentiel des réserves énergétiques cellulaires (ATP).

L'avènement de la respiration comme moyen de protection contre l'oxygène a dû hautement favorisé la croissance des populations qui avaient inventé ce mécanisme. En effet, outre l'effet protecteur dû au "camouflage" de l'oxygène dans la molécule d'eau, la respiration a permis de récupérer l'énergie des électrons alimentaires avec une efficacité nettement supérieure à celle de la glycolyse et de la fermentation. On peut rappeler à ce propos (voir chapitre 1) que l'oxydation de substrats dans les peroxysomes aboutit également à la production d'eau. Cependant, elle ne fait pas transiter les électrons par une chaîne de transporteurs couplée à des mécanismes récupérateurs d'énergie et l'énergie d'oxydation peroxysomiale est entièrement dissipée sous forme de chaleur. Certains auteurs parlent ici de respiration manquée. Grâce à la respiration, l'oxygène est apparu comme une substance, non plus nuisible, mais utile et indispensable puisque son intervention à l'extrémité de la chaîne respiratoire a permis à la cellule de bénéficier d'un apport énergétique inégalé jusqu'alors. L'avantage sélectif qui en a résulté a transformé un mode de vie strictement anaérobie en un mode de vie où prédominent les formes aérobies. Seuls quelques groupes de microorganismes n'ont pu s'adapter et ont été relégués dans des niches écologiques étroites, à l'abri de l'oxygène. Les microorganismes anaérobies actuels sont sans doute les descendants de ceux qui ratèrent ce pas en avant dans l'évolution.

## Les mitochondries et les chloroplastes dérivent probablement de bactéries primitives capables de respirer ou de photosynthétiser.

Bien que les deux organites cellulaires soient distincts, l'étude de leur anatomie et de leur physiologie laisse apparaître plusieurs similitudes frappantes. Plusieurs d'entre elles concernent également les bactéries aérobies et photosynthétiques actuelles. Les mitochondries, les chloroplastes et ces bactéries ont un génome propre, un appareil de synthèse protéique comprenant des ribosomes, des ARN messagers et des ARN de transfert. De plus, ils se divisent et donnent naissance à des organites-fils ou à des bactéries-filles. Tous trois sont des convertisseurs d'énergie utilisant des complexes ATP-asiques pour synthétiser l'ATP (figure 225 A, B).

Cette conversion fait appel dans chacun des cas à un flux protonmoteur, lui-même alimenté par un flux d'électrons (voir chapitre 2). Les mitochondries et les chloroplastes sont enveloppés de deux membranes. Une membrane externe assez perméable, ayant une structure semblable aux autres biomembranes de la cellule. Une membrane interne, plutôt apparentée à une membrane bactérienne, et opérant un contrôle étroit de l'entrée et de la sortie des molécules. Chez les deux organites, la membrane interne délimite une cavité abritant chacune des voies et cycles métaboliques importants. La membrane mitochondriale interne contient également des systèmes transporteurs d'électrons ainsi que des complexes ATPasiques. Chez les chloroplastes toutefois, ces derniers sont

Figure 225 A, B
L'ATPase de la mitochondrie et du chloroplaste. Le complexe qui synthétise l'ATP aux dépends d'un flux d'électrons fonctionne de manière assez semblable chez les deux organites. Un canal protéique permet le transfert d'ions hydrogène d'un compartiment où ils ont été accumulés, dans un compartiment où leur concentration est plus faible.

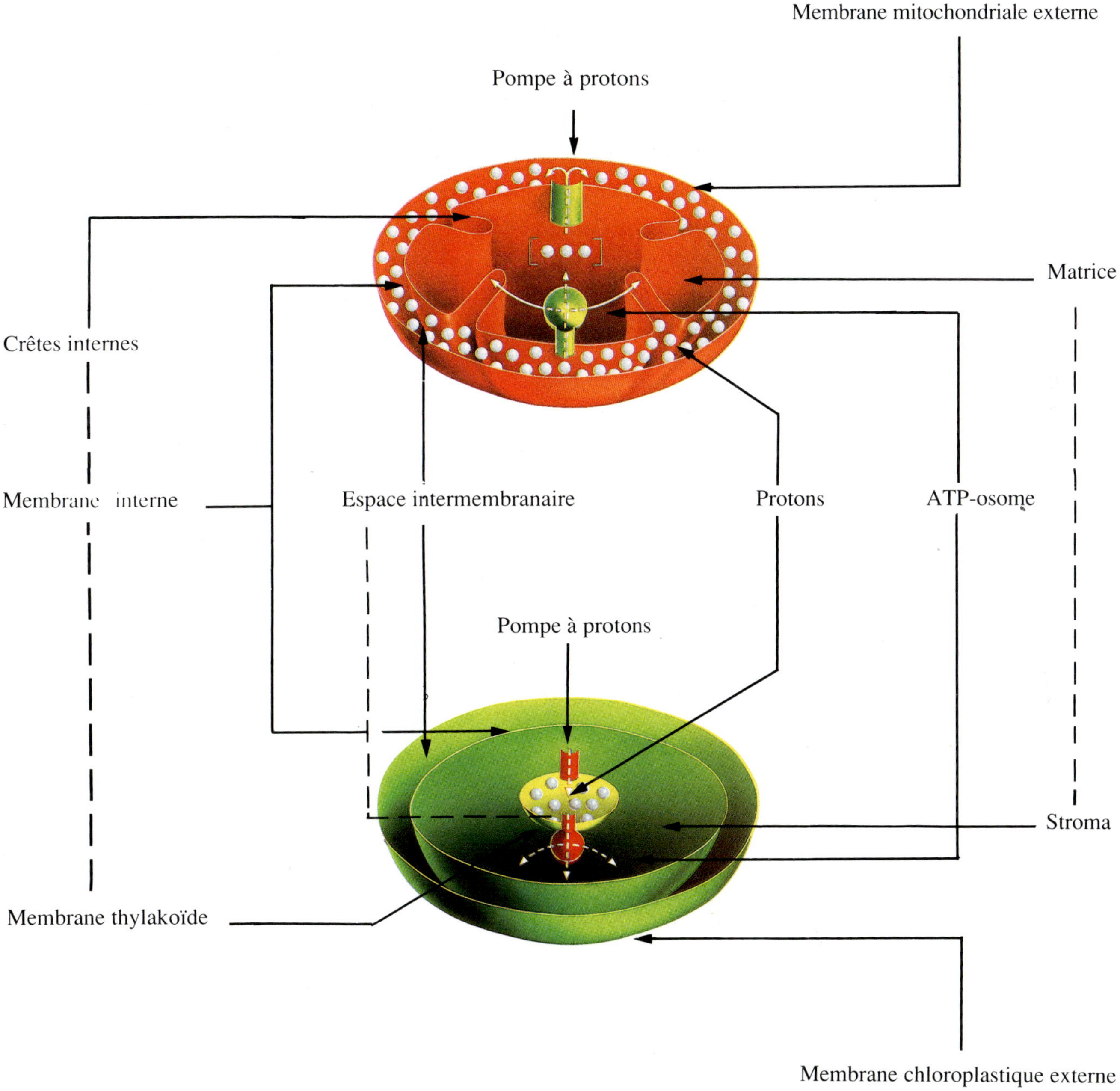


Dans chacun des cas, l'écoulement du flux protonique est associé à la fabrication de "liaisons à haute énergie" des molécules d'ATP. On notera que chez la mitochondrie, les protons sont accumulés dans l'espace intermembranaire alors que chez le chloroplastes, leur concentration a lieu dans la cavité intrathylakoïde.

situés sur un troisième système membranaire, les membranes thylakoïdiennes qui baignent dans le stroma. Le génome des mitochondries et des chloroplastes a une structure procaryotique. L'ADN est constitué d'un simple duplex nucléotidique et n'est pas, comme chez les cellules à noyau, associé à des protéines. Toutes ces observations ont suscité l'idée que les deux organites auraient une ascendance bactérienne lointaine.

Comme nous l'avons fait remarquer plus haut, les eaux primitives furent peut-être habitées par des cellules amiboïdes géantes, capables de phagocyter des proies de taille importante. La capture et l'intériorisation, par de telles cellules, d'une bactérie pourvue d'un dispositif moléculaire photosynthétique ou respiratoire aurait été à l'avènement lointain d'une relation endosymbiotique bénéfique pour les hôtes aussi bien que pour les envahisseurs (figure 226). Les premiers ayant amplement profité d'un large supplément d'ATP ou d'une autosynthèse qui les rendait plus indépendants d'un apport nutritif extérieur. Les seconds ayant pu apprécier l'une ou l'autre forme de protection ou d'enrichissement génétique offerts par leur hôte, une fois adaptés à leur environnement cytoplasmique. Toutefois, comme le suggèrent plusieurs indices, le système génétique du phagocyte a dominé peu à peu celui des protomitochondries et des protochloroplastes pour s'assurer aujourd'hui la maîtrise

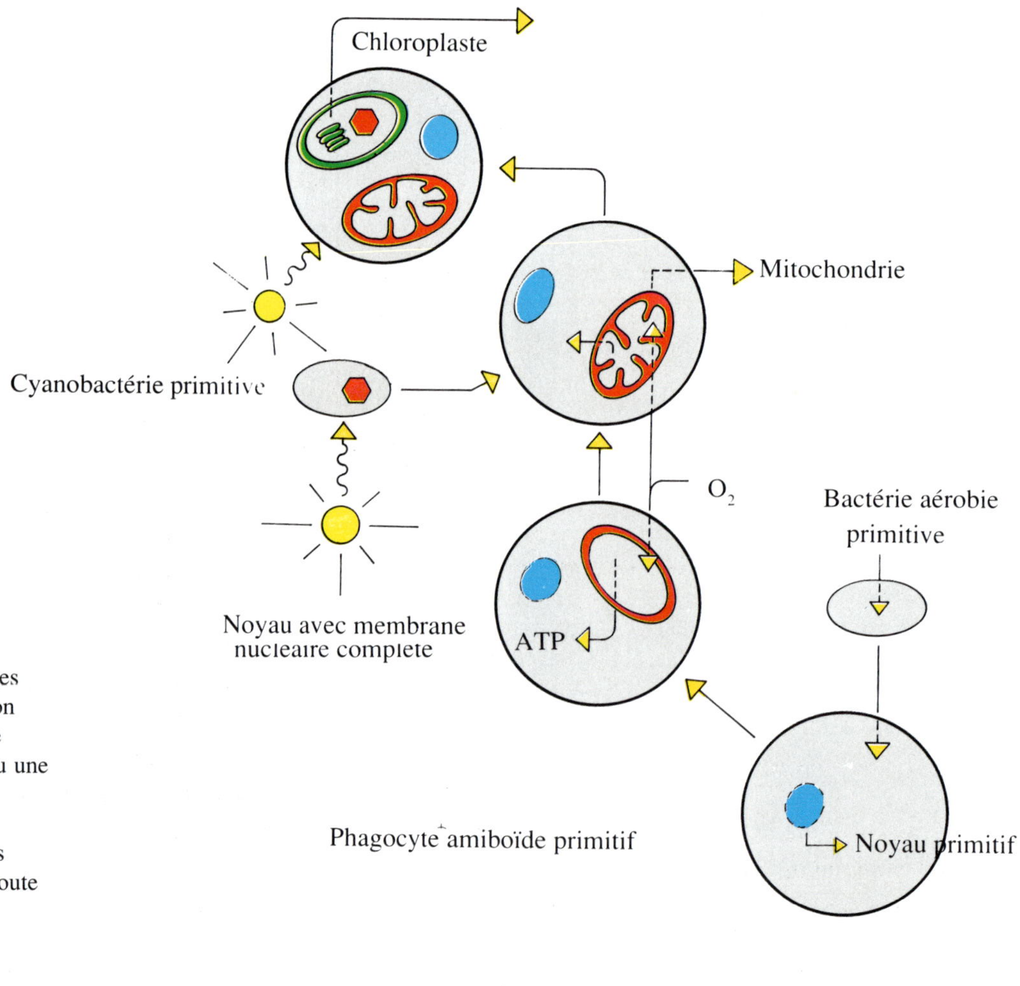


Figure 226
Schéma résumant l'hypothèse endosymbiotique concernant l'origine des mitochondries et des chloroplastes. Selon cette hypothèse, un phagocyte amiboïde primitif contenant peut-être un noyau ou une ébauche de noyau a d'abord établi une relation de type symbiotique avec une bactérie aérobie. La capture de bactéries photosynthétiques primitives n'a sans doute eu lieu que plus tard.

et l'asservissement d'une bonne part de leur savoir-faire. Cette domination s'est peut-être exercée par le biais du transfert, dans le noyau des hôtes de gènes appartenant primitivement aux endosymbiotes. On a remarqué qu'en effet, certains gènes nucléaires ont une ressemblance frappante avec des séquences génétiques isolées chez les bactéries actuelles. Un tel transfert est en outre suggéré par le fait que plusieurs complexes multienzymatiques des deux organites sont constitués de sous-unités dont certaines sont synthétisées au départ de gènes nucléaires et d'autres au départ de gènes présents dans les organites. C'est le cas par exemple, de la ribulose biphosphate carboxylase, la protéine qui incorpore le gaz carbonique dans le cycle de Calvin.

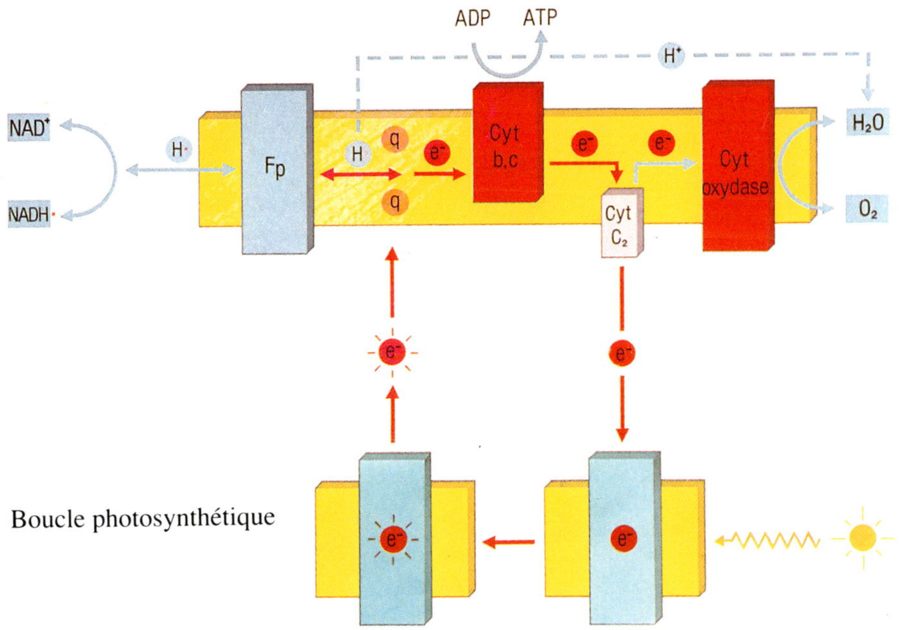


Figure 227
Chaîne de transport photosynthétique d'électrons chez la bactérie Rhodomonas sphéroïdes. La succession de molécules de type quinone et cytochrome bc se retrouve dans les systèmes photosynthétiques et respiratoires des cellules des plantes et des animaux. Ce fait, combiné à la remarquable similitude observée entre les cytochromes C des bactéries aérobies, des bactéries photosynthétiques et des organismes supérieurs plaident en faveur d'une origine commune des deux chaînes de transport.

Certaines caractéristiques bactériennes des chloroplastes et des mitochondries laissent également entrevoir un lien de parenté possible entre la fonction photosynthétique et la respiration. Il semble que le second processus aurait pu dériver du premier. On sait par exemple que la bactérie Cyanophora paradoxa possède une chaîne de transport d'électrons mixte fonctionnant comme chaîne respiratoire ou comme chaîne photosynthétique, selon les besoins. La figure 227 montre que la cytochrome oxydase autorise la dérivation des électrons de la boucle photosynthétique sur l'oxygène moléculaire. Une mutation qui affecterait un enzyme ou un transporteur du circuit photophosphorylant ne laisserait subsister que la chaîne respiratoire. Il n'est pas impossible que des bactéries ancestrales possédant une chaîne fonctionnellement double aient donné, par mutations, naissance à des lignées n'ayant conservé que la capacité de respirer. Parmi ces dernières, d'aucunes auraient été à l'origine lointaine de nos organites respiratoires. D'autres au contraire auraient pu, grâce à des mutations différentes, perdre le chaînon menant à l'oxygène et ne conserver que la photosynthèse. De tels mutants furent peut-être à l'origine des chloroplastes actuels.

# Une brêve histoire des origines de la vie

## Des protobiontes aux biontes

D'innombrables petites vésicules remplissent les eaux en profondeur et se nourissent de molécules organiques synthétisées abiotiquement. Certaines molécules comme l'ATP et les polyphosphates sont pour elles une source d'énergie abondante.

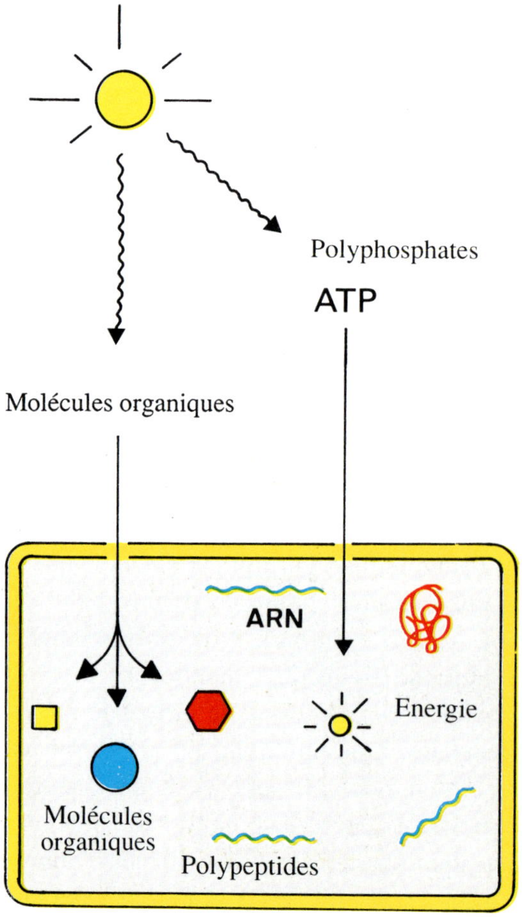

Cependant, au fur et à mesure que les vésicules croissent en nombre, ces substances s'amenuisent et finalement, ne satisfont plus à leurs besoins grandissants. La pénurie de "fuel" favorise la formation de voies métaboliques permettant de répondre aux exigences énergétiques des premières cellules. La glycolyse se développe et avec elle des mécanismes de production d'ATP et de coenzymes réduits ($NADH_2$).

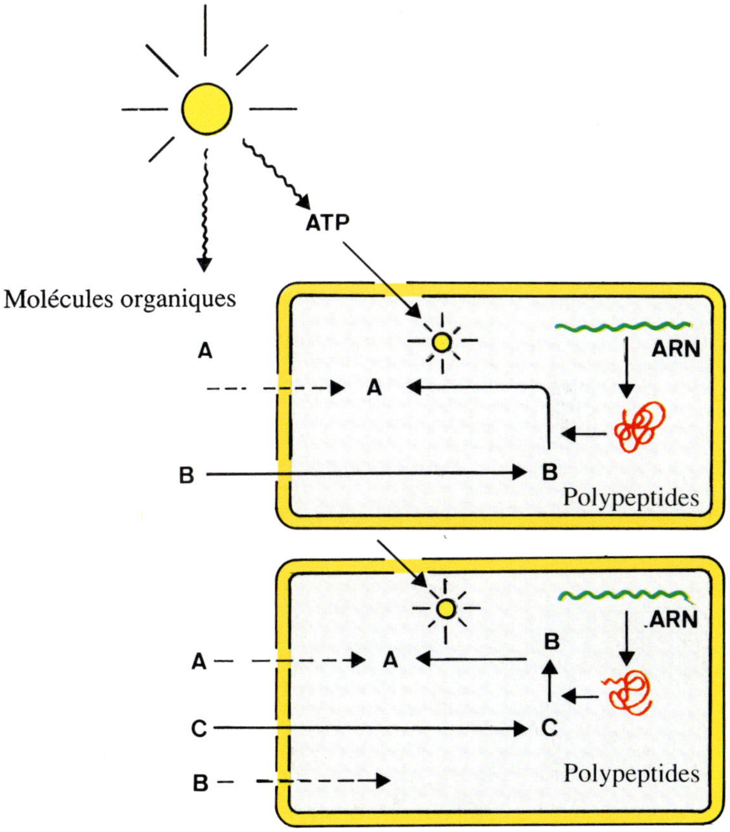


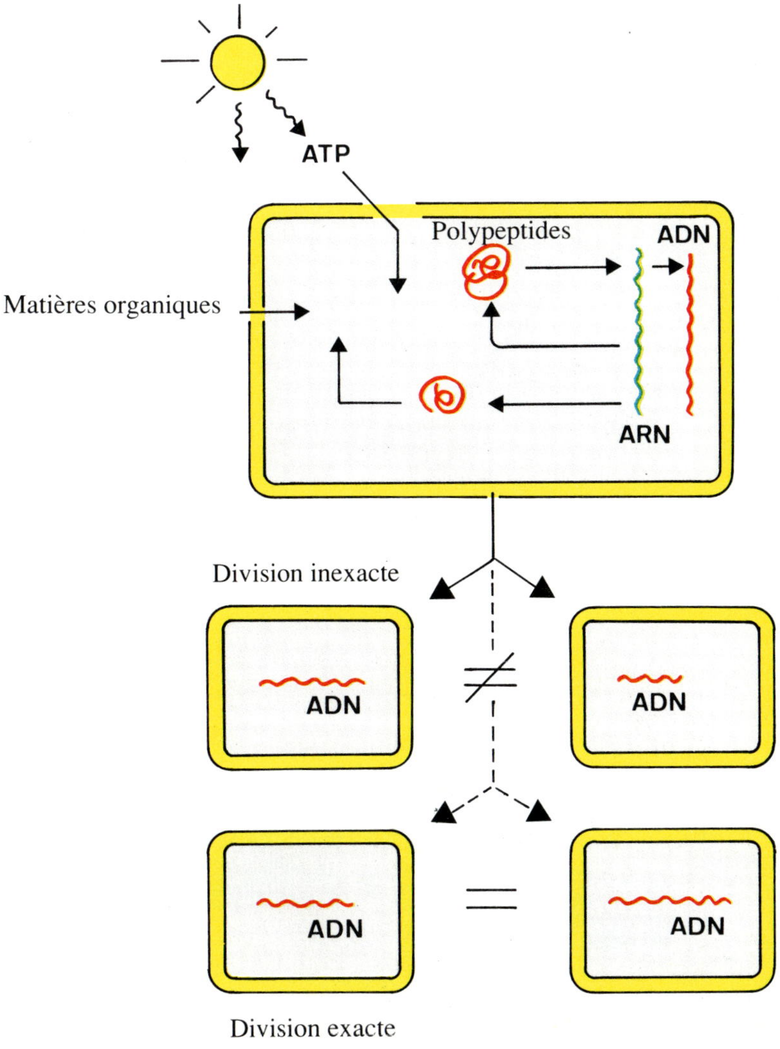

## Développement de l'autoreproduction.

L'apparition d'enzymes capables de répliquer l'ARN et plus tard l'ADN favorise une reproduction plus fidèle du matériel génétique. Des cellules-filles, ressemblant "mieux" à leurs parents, sont elles-mêmes à l'origine de nouvelles générations et leur transmettent les gènes codant pour les protéines essentielles du métabolisme.

## De nombreux dangers menacent la vie naissante.

Le rayonnement ultraviolet, lui-même à la source de la nourriture abiotique, a des effets délétères sur le matériel génétique des premières cellules. Il s'en suit que celles-ci doivent inventer des moyens de réparer leurs gènes lésés et se réfugier dans des niches écologiques à l'abri des radiations. D'autre part, l'oxygène moléculaire produit par la photodissociation de la vapeur d'eau est potentiellement dangereux du fait de son caractère oxydant. De l'hyperoxyde d'hydrogène ($H_2O_2$) est formé et doit être éliminé. Des protéines avec un noyau métallique lié à des porphyrines (métalloporphyrines) apparaissent et traitent le composé nocif. La photosynthèse, la respiration et le transport de l'oxygène dans le sang feront appel ultérieurement à des composés très semblables.

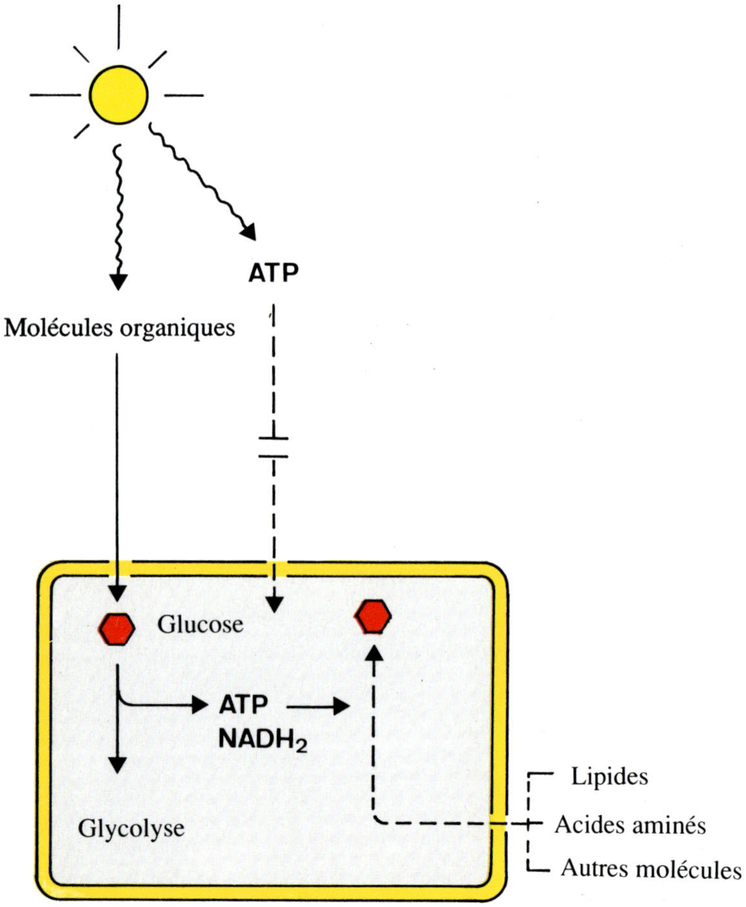


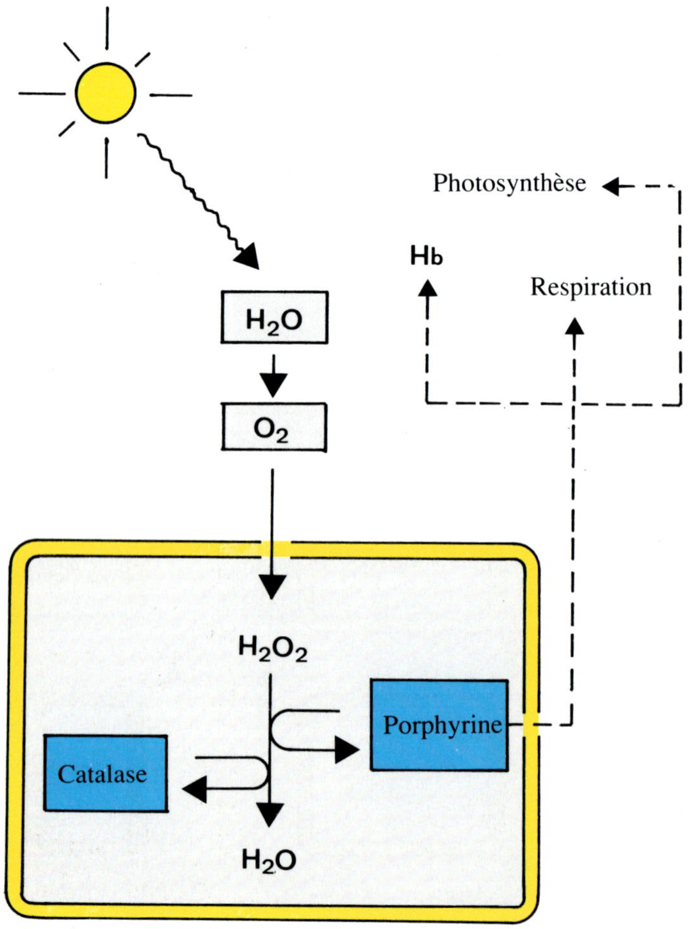

## Développement des porphyrines à $Mg^{2+}$.

Le développement de la reproduction n'a pas été suivi d'un accroissement correspondant de l'apport de nourriture. D'où le danger d'une disette généralisée. Pour survivre, des cellules inventent le moyen d'absorber d'autres cellules et fabriquent des enzymes pour les digérer. De telles méthodes d'approvisionnement ne sont profitables qu'à court terme. La réponse la plus efficace à la contrainte imposée par la raréfaction des substances organiques abiotiques a été l'apparition et le développement de la photophosphorylation. Des noyaux porphyriques contenant un atome de $Mg^{2+}$ canalisent de l'énergie lumineuse pour obtenir un gain de chaleur en un premier temps, puis de l'ATP et des coenzymes réduits ($NADH_2$). Par la suite, ces énergies stockées suppléeront aux besoins de la production de glucides (photosynthèse). Des enzymes de la glycolyse et de la gluconéogenèse participent à l'élaboration du cycle de Calvin. Les nutrients sont principalement composés de $H_2$, de $H_2S$ et de $CO_2$. Le stade de la bactérie photosynthétique sulfureuse est atteint.

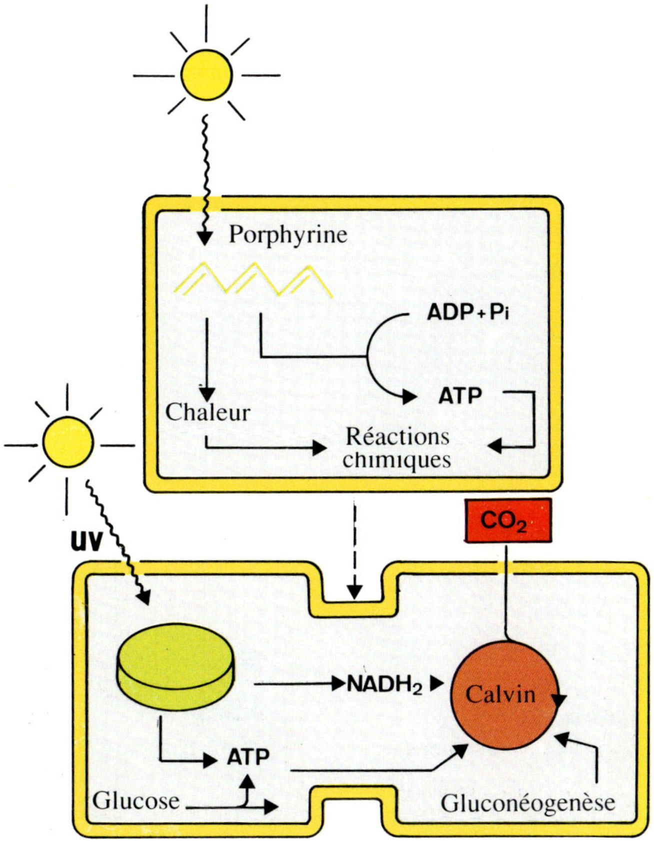

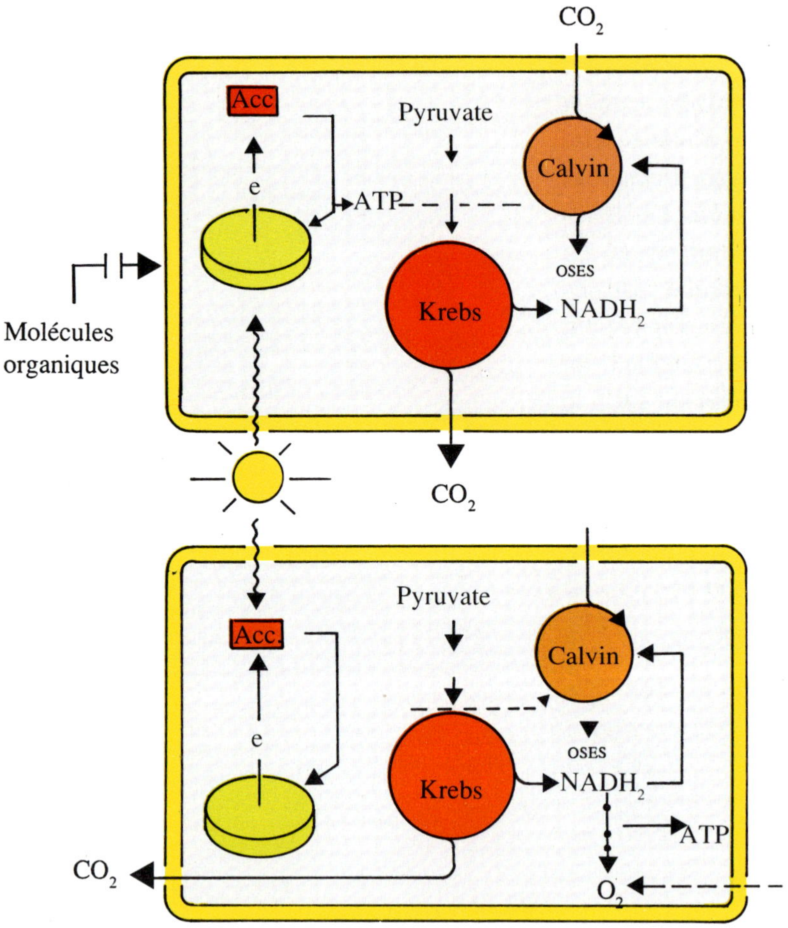


## Développement du cycle de Krebs comme source alternative de production de $NADH_2$.

Le développement du cycle de Krebs fournit aux cellules un stock de coenzymes réduits plus important que celui qui est produit par la glycolyse. Ceci a pour conséquence de rendre les bactéries sulfureuses moins dépendantes de $H_2S$ en tant que source d'électrons et de protons et donc moins dépendantes de la photophosphorylation non cyclique. On peut y voir une cause de l'avènement des bactéries non sulfureuses pourpres, dont l'approvisionnement en ATP dépend surtout de la photophosphorylation cyclique.

## Invention de la respiration.

Une association intéressante se développe entre les bactéries sulfureuses et Desulfovibrio desulfuricans, un microorganisme qui utilise le sulfate produit par les bactéries photosynthétiques dépendantes de $H_2S$ pour arracher des électrons à des aliments (oxydation) et en soustraire de l'énergie. Le sulfate réduit peut constituer en retour un fournisseur d'hydrogène des bactéries sulfureuses. Cette coopération est alimentée à la source par l'énergie lumineuse. La respiration "sulfate" fera place ultérieurement à la respiration "oxygène".

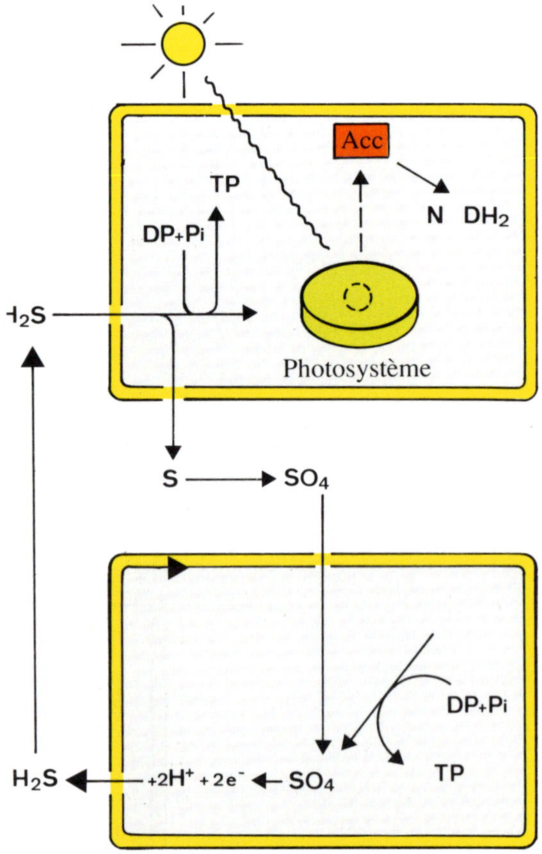

## Emergence de la photosynthèse moderne.

Un événement majeur conditionne la poursuite et le déroulement de l'évolution. Chez des proches parents des bactéries pourpres, des individus acquièrent un second centre photosynthétique, couplé au premier. Ce centre, qui extrait cette fois des électrons et des protons de l'$H_2O$, fournit une réponse adéquate à l'épuisement progressif de l'acide sulfydrique. Un donneur d'électrons exogène est maintenant disponible en quantité pratiquement illimitée. Alimenté par une source d'énergie et une source de carbone ($CO_2$) tout aussi abondante, le nouveau système photosynthétique constitue un formidable trépied pour l'évolution future. Ces événements sont situés à environ 2.500 millions d'années.

## Développement de la chaîne respiratoire.

L'avènement de la photosynthèse oxygénique, qui fait intervenir la scission photolytique de l'eau, s'est traduit par la libération d'oxygène moléculaire et la concentration progressive de ce composé dans les mers et l'atmosphère de cette époque. S'ajoutant à celui qui était produit par la photodissociation de la vapeur d'eau dans l'atmosphère, l'oxygène photosynthétique accroît de manière cruciale le problème de la survie des cellules.

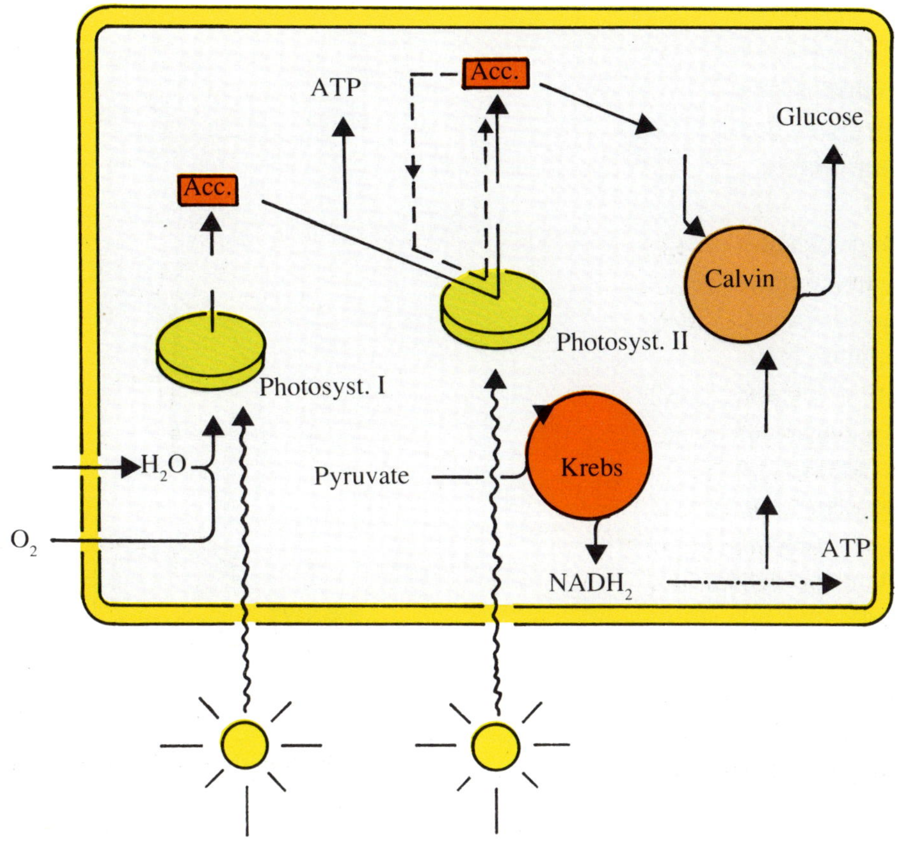

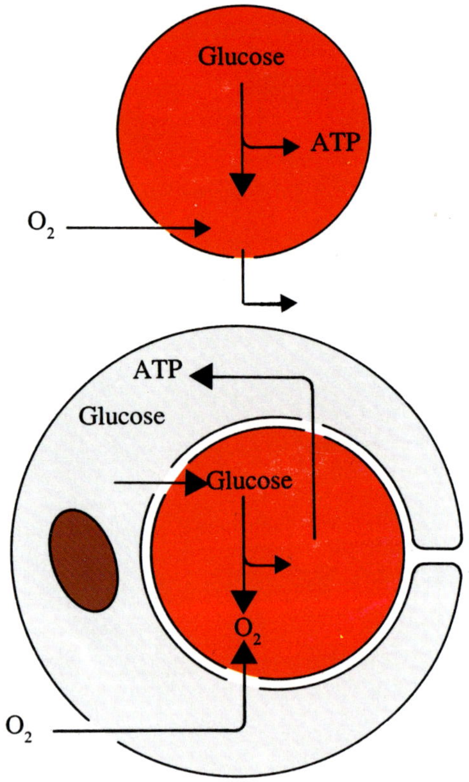


Son utilisation comme accepteur final d'électrons à l'extrémité d'une voie métabolique couplée au cycle de Krebs (chaîne respiratoire) résoud le problème tout en permettant aux cellules de fabriquer une quantité d'ATP nettement plus importante à partir des mêmes substrats nutritifs que ceux absorbés par les organismes anaérobies. Une autre conséquence de l'introduction d'oxygène dans l'atmosphère est la formation d'une pellicule d'ozone absorbant les UV. Peu à peu, la production de nourriture abiotique diminue, en même temps que les composants de la soupe prébiotique sont oxydés et décomposés. La nocivité du rayonnement ultraviolet étant considérablement réduite, de nombreuses formes de vie, qui jusque là étaient contraintes de se réfugier dans des niches en profondeur dans le sol ou dans les eaux purent croître et se propager en surface. Enfin, les bactéries pourpres purent abandonner le système photophosphorylant cyclique et fabriquer leur ATP aux dépens d'un système respiratoire complet, beaucoup plus performant que la respiration primitive inventée par Desulfovibrio.

**Endosymbiose des mitochondries et des chloroplastes.**

Des cellules amiboïdes géantes phagocytèrent des cellules aérobies et des cellules photosynthétiques, tirant ainsi parti de leur métabolisme convertisseur d'énergie. En revanche, les bactéries endocytées profitèrent de l'un ou l'autre avantage conféré par leur hôte, -par exemple un matériel génétique plus important, protégé par une membrane propre (noyau), et une adaptation s'opéra dans le sens d'une endosymbiose durable. Ce phénomène d'endosymbiose est peut-être à l'origine des cellules modernes.

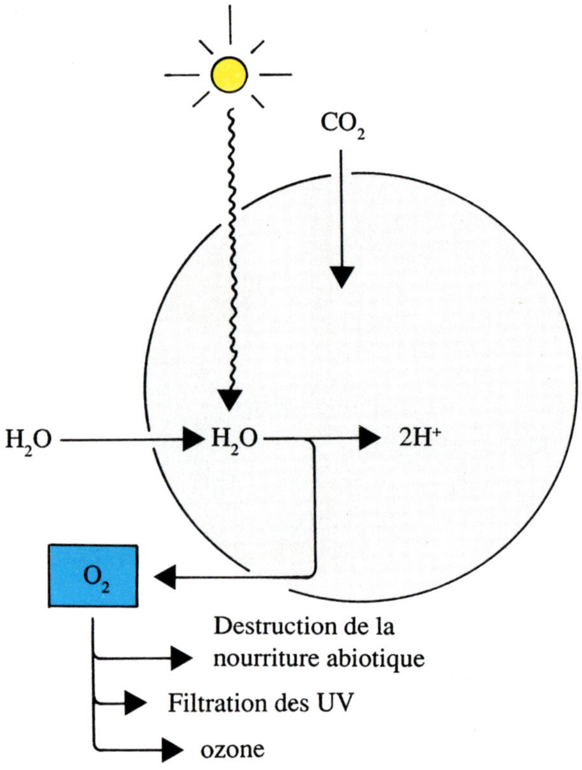

# Index

**D**



**E**



**F**



**G**



**H**

**I**



**J**



**K**



**L**



**M**



**N**



**O**



**P**

## U



## V



## W - X - Y